U0155398

高频电子电路 S 参数
测量与校准技术

Measurement and Calibration Techniques of
S-Parameters for High-Frequency Electronic Circuits

郁发新　丁　旭　王志宇　著
Faxin Yu，Xu Ding，Zhiyu Wang

ZHEJIANG UNIVERSITY PRESS
浙江大学出版社
·杭州·

图书在版编目(CIP)数据

高频电子电路 S 参数测量与校准技术 / 郁发新,丁旭,
王志宇著. —杭州:浙江大学出版社,2023.10
ISBN 978-7-308-23989-9

Ⅰ.①高… Ⅱ.①郁… ②丁… ③王… Ⅲ.①高频－
电子电路－电路参数测量 ②高频－电子电路－校验 Ⅳ.
①TM93

中国国家版本馆 CIP 数据核字(2023)第 120141 号

高频电子电路 S 参数测量与校准技术

郁发新　丁　旭　王志宇　著

策　　划	徐有智　许佳颖	
责任编辑	金佩雯	
责任校对	李　琰	
封面设计	浙信文化	
出版发行	浙江大学出版社	
	(杭州市天目山路 148 号　邮政编码 310007)	
	(网址:http://www.zjupress.com)	
排　　版	浙江大千时代文化传媒有限公司	
印　　刷	浙江海虹彩色印务有限公司	
开　　本	787mm×1092mm　1/16	
印　　张	24	
字　　数	480 千	
版 印 次	2023 年 10 月第 1 版　2023 年 10 月第 1 次印刷	
书　　号	ISBN 978-7-308-23989-9	
定　　价	320.00 元	

序

FOREWORD

近几十年来，半导体工艺制程的革命性进步，推动了射频微波芯片及其构建的系统快速发展。它们的集成度越来越高，空间尺寸越来越小，也越来越轻，产品质量与可靠性水平有了很大提升，制造成本明显下降，进而推动了以 2G、4G、5G、6G 与低轨卫星通信等为代表的高频电子电路技术发展的日新月异，极大地改变和丰富了人们的生产与生活。然而，如何准确而快速地评价射频微波芯片及系统性能的优劣是业界的重大挑战。正因如此，测试测量技术作为人类正确认知现实世界的基石，在半导体与芯片等领域正发挥着至关重要的作用。测试测量是在科学的研究体系与规范下不断探究事物本质的过程，精度与效率一直是该领域不断钻研求索的两个永恒主题。测试测量技术博大精深，细化到高频电子领域，仍有非常多的内容值得深入探索。

描述射频微波传输通道频域特性的 S 参数（散射参数），用于表征被测器件线性矢量参数频率响应的幅频与相频特性，是高频电子领域最基本的也是最常用的核心指标参数之一。测量 S 参数必须使用矢量网络分析仪，矢量网络分析仪的性能决定着测试结果的精度。而使用矢量网络分析仪进行 S 参数测试与使用其他高频仪器最大的不同之处在于：测试之前必须进行相应的系统校准。可以说，校准方法的有效性及其对相关参数的敏感程度决定着最终测试结果的精度，校准是 S 参数测试最核心的技术。

本书的几位作者中，既有微电子领域的顶级专家，又有具有丰富高频电子电路测试经验的资深工程技术人员。他们深厚的理论基础、丰富的实践经验以及独到的心得体会使本书既有充足的理论支撑，又有非常实用的现实功能。故而本书可谓是集 S 参数基本概念与发展历史、矢量网络分析仪结构与工作原理、性能指标解读与评判、各种校准方法原理与优缺点、不确定度分析、自动测试技术、使用技巧和注意事项、相关技术最新发展等研究成果于大成的宝贵知识财富，也是值得反复认真阅读的实用工作指南。

　　本书是我国首次出版的系统性论述 *S* 参数校准、去嵌及应用等内容的原创性科技专著，充分反映了作者在该领域多年的原创性研究积累。书中所呈现的丰富成果具有系统性和前沿性，本书的出版对未来该领域的学者和工程师具有重要参考价值和指导意义。

中国电科首席科学家　姜万顺

前 言

PREFACE

19世纪末,麦克斯韦、赫兹等物理学家的研究为人类揭开了电磁场与电磁波的神秘面纱。马可尼、特斯拉等在前人成果的基础上将无线电技术带入现实生活,电路研究迈入高频领域。20世纪30年代,无线通信、雷达等技术的广泛应用,极大地拓展了高频电子电路的应用领域。随着20世纪下半叶半导体技术依摩尔定律的迅猛发展,20世纪80年代开启了波澜壮阔的移动通信时代。当前,以5G、6G与低轨卫星通信等为代表的先进无线通信技术发展日新月异,万物互联、元宇宙等概念也成为人们热议的话题。

当前的无线通信及雷达等主要工作于射频微波毫米波频段,相关芯片及系统作为实现信号收发的核心部件,广泛地应用在移动通信、无线网络、导航定位、雷达探测等诸多民用及军用领域,实现了人与人、物与物、人与物的泛在连接和感知,在极大地扩展与改变人们认识世界手段的同时,也显著提升了生活的便利。

实现这些复杂功能需要用到大量的高频电子元件、芯片及它们组成的系统,其中最典型的例子就是射频微波毫米波芯片与系统。当前它们的集成度越来越高,功能越来越复杂,评测指标越来越多,因此,如何准确且快速地评估其性能好坏对相关从业人员提出了越来越高的挑战。在高频电子电路领域的众多测试指标项中,S参数(散射参数)及其衍生参数是最基本与最常用的核心指标参数之一。校准技术是S参数测量也是高频电子电路测试领域长期研究的关键技术之一,应用先进的校准技术可以更准确地评估被测件性能,尽早发现问题,缩短研发周期。

本书系统地论述了S参数校准、去嵌及应用等相关内容,既包含了大量的理论推导,又有丰富的实践经验总结,具有很高的理论价值和实用价值。本书所呈现的系统性、前沿性和指导性的成果,是笔者在该领域多年的研究总结。希望这些研究成果可以推动我国在射频微波领域的突破研究,并为该领域的研究者提供有价值的参考和指导。

本书内容简介如下。第 1 章简要介绍了 *S* 参数及其衍生参数的数学与物理意义，Smith(史密斯)图基础，两端口网络各参数([*Z*]、[*Y*]、[*ABCD*]、[*H*]、[*S*]、[*T*]、[*X*])矩阵的数学与物理意义及它们之间的变换关系，以及其他常用数学公式等。第 2 章介绍了矢量网络分析仪的基本硬件结构及功能，结合实测结果分析了决定其测试精度的各项关键指标，并概述了 *S* 参数校准的基本过程。第 3 章介绍了校准件制造与建模过程中的关键技术，分别阐明了同轴、波导、在片校准件及射频探针的技术特点，着重介绍了在片校准件制造的关键点，结合实际案例说明校准件参数质量对最终校准结果的影响，并给出了校准件的精确数学模型及同轴数据基校准件的制备方法。第 4 章介绍了信号流图的基本原理及 Mason(梅森)增益公式的相关内容，根据矢量网络分析仪的内部架构特点，详细描述了单端口、两端口和多端口误差模型的信号流图，以及 8、10、12、16 项误差模型及其相互关系。第 5 章对当今所有校准方法进行了完整的梳理与比较，给出了如何利用开关项和隔离项修正原始数据，并按不同端口数依次介绍单端口、两端口和多端口校准及去嵌各种方法的优缺点、算法原理和数据对比结果，还介绍了对 *S* 参数进行数据内插的圆形内插算法以及高低温情况下校准等相关内容，并在章末简要概述了全自动在片校准与测试系统中的关键技术及当今技术演进的最新方案和研究成果。第 6 章详细阐明了校准前、校准中、校准后需重点留意的关键点，结合具体案例给出了笔者根据多年经验总结的推荐设置和几种工程及定量判断校准结果好坏的方法，并介绍了不确定度分析的数学原理与实际应用。第 7 章首先分析和讨论了影响 *S* 参数校准稳定性的各种因素——短期漂移与长期漂移，并结合实际案例给出了提高校准稳定性的一些方法与技巧。

本书适合各行各业使用矢量网络分析仪进行 *S* 参数测试的相关专业人士阅读使用，也适合作为广大高等院校相关专业高年级本科生及研究生的参考书，更适合作为相关专业的培训教材使用。

由于笔者水平有限，书中错漏之处在所难免，诚恳希望读者不吝指正，谢谢。

作　者

2022 年 4 月于杭州

术语清单

中文意义	英文全称	英文缩写	页码
10 项误差模型	10-term error model		108
12 项误差模型	12-term error model		105
16 项误差模型	16-term error model		107
8 项误差模型	8-term error model		106
$ABCD$ 参数,级联参数,传输参数	$ABCD$ parameters, chain parameters, transmission line parameters		11
H 参数,混合参数	H-parameters, hybrid parameters		12
S 参数,散射参数	S-parameters, scattering parameters		1
T 参数,级联散射参数	T-parameters, chain scattering parameters		12
X 参数	X-parameters		8
Y 参数,导纳参数	Y-parameters, admittance parameters		11
Z 参数,阻抗参数	Z-parameters, impedance parameters		10
巴伦,平衡—不平衡变换器	BALanced-to-UNbalanced transformer	BALUN	227
被测件	Device Under Test	DUT	21
本地振荡器	Local Oscillator	LO	38
本底噪声	noise floor		39
波导型	waveguide		46
波形工程	waveform engineering		8
不确定度	uncertainty		309
插入损耗	Insertion Loss	IL	141
差分模式	differential mode		224
长期漂移	long-term drift		345
超定方程	over-determined equation		67
超集	superset		2
超外差接收机	superheterodyne receiver		38
传输线、反射、传输线(校准方法)	Line Reflection Line	LRL	129
传输线、反射、匹配(校准方法)	Line Reflection Match	LRM	129

续表

中文意义	英文全称	英文缩写	页码
传输线、反射开路、反射短路、匹配负载（校准方法）	Line Reflection-open Reflection-short Match	LRRM	129
传输线、匹配、反射开路、反射短路（校准方法）	Through Match Reflection-open Reflection-short	TMRR	129
传输线组合	line pair		159
单片微波集成电路	Monolithic Microwave Integrated Circuit	MMIC	215
低噪声放大器	Low Noise Amplifier	LNA	26
电磁	ElectroMagnetic	EM	198
电压驻波比	Voltage Standing Wave Ratio	VSWR	4
动态范围	dynamic range		40
短路、开路、负载、互易直通（校准方法）	Short Open Load Reciprocal-through	SOLR	128
短路、开路、负载、直通（校准方法）	Short Open Load Through	SOLT	128
短期漂移	short-term drift		323
多传输线、直通、反射、传输线（校准方法）	Multiple-line Through Reflection Line，Multiple-line TRL	MTRL	129
多项式模型	polynomial model		53
多谐波失真	Poly-Harmonic Distortion	PHD	8
厄米特共轭	Hermitian conjugate		154
厄米特矩阵	Hermitian matrix		154
二阶去嵌方法	two-tier deembedding method		122
发射与接收	Transmitter and Receiver	T/R	215
非横向电磁波	Non-Transverse ElectroMagnetic wave	NTEM	2
非线性矢量网络分析仪	Non-linear Vector Network Analyzer	NVNA	10
负载标准件	load		48
傅里叶级数	Fourier series		8
高频结构仿真器	High Frequency Structure Simulator	HFSS	75
高斯-马尔可夫定理	Gauss-Markov theorem		148
隔离误差项	isolation terms		118
公共模式	common mode		224
功率放大器	Power Amplifier	PA	26
功率附加效率	Power Added Efficiency	PAE	4

中文意义	英文全称	英文缩写	页码
共面波导	CoPlanar Waveguide	CPW	58
共模抑制比	Common Mode Rejection Ratio	CMRR	226
共用线	common line		158
光电倍增管	PhotoMultiplier Tube	PMT	257
国际计量词汇	International Vocabulary of Metrology	VIM	309
过去嵌	over-deembedding		200
恒定阻抗负载	fixed load		48
横向电磁波	Transverse ElectroMagnetic wave	TEM	74
互易性	reciprocal		123
滑动负载	sliding load		49
滑动平均	Moving Average	MA	275
回归系数	regression coefficient		154
混合模式	mixed mode		224
基于 16 项误差模型和奇异值分解校准方法,16-SOLT-SVD 方法	16-term error model singular value decomposition method		130
迹线噪声	trace noise		41
金属氧化物半导体	Metal Oxide Semiconductor	MOS	63
聚焦离子束	Focused Ion Beam	FIB	210
开关误差项	switching error terms		116
开路、短路、负载(校准方法)	Open Short Load	OSL	119
空气共面探针	Air Coplanar Probe	ACP	63
快速短路、开路、负载、直通(校准方法)	Quick Short Open Load Through	QSOLT	128
梅森增益公式	Mason's gain formula		101
美国国家标准与技术研究院	National Institute of Standards and Technology	NIST	152
美国国家标准与技术研究院直通、反射、传输线(校准方法)	National Institute of Standards and Technology Through Reflection Line	NIST TRL	88
面向仪器的外设部件互连标准扩展总线,面向仪器的 PCI 扩展总线	PCI eXtension for Instrument express	PXI-e	20
模拟数字	Analog-to-Digital	AD	22
欧拉公式	Euler's formula		15
欧洲微波周	European Microwave Week	EuMW	66

续表

中文意义	英文全称	英文缩写	页码
膨体聚四氟乙烯	expanded PolyTetraFluoroEthylene	ePTFE	269
偏置短路、直通（校准方法）	Short Short Short Through	SSST	48
漂移误差	drift error		43
频谱纯度	spectrum purity		27
频域	frequency domain		21
普通最小二乘法	Ordinary Least Squares	OLS	50
奇异值分解	Singular Value Decomposition	SVD	107
去嵌	deembedding		198
热真空	Thermal VACuum	TVAC	238
萨维茨基-戈莱滤波	Savitzky-Golay filter		275
扫描电子显微镜	Scanning Electron Microscope	SEM	210
射频	Radio Frequency	RF	38
射频微波测试测量技术研讨会	Automatic Radio Frequency Techniques Group	ARFTG	63
时域	time domain		21
史密斯图	Smith chart		4
矢量网络分析仪	Vector Network Analyzer	VNA	3
数控振荡器	Numerically Controlled Oscillator	NCO	38
数字模拟	Digital-to-Analog	DA	22
双极互补金属氧化物半导体	Bipolar Complementary Metal Oxide Semiconductor	BiCMOS	63
随机误差	random error		43
锁相环	Phase Locked Loop	PLL	25
特征向量	eigenvalue		154
特征值	eigenvector		154
同轴型	coaxial		46
退化校准	devolved calibration		136
外设部件互连标准	Peripheral Component Interconnect	PCI	20
微机电系统	Micro-Electro-Mechanical System	MEMS	63
伪逆	pseudo-inverse		184
未知直通、开路、短路、匹配（校准方法）	Unknown-through Open Short Match	UOSM	129
无折叠相位	unwrapped phase		123
误差模型	error model		43

中文意义	英文全称	英文缩写	页码
系统误差	system error		43
线性回归	linear regression		154
相位噪声	phase noise		35
响应校准	Response Calibration	RC	136
校准件	calkit		46
信号流图	signal flow graph		12
赝配型高电子迁移率晶体管	pseudomorphic High Electron Mobility Transistor	pHEMT	206
印刷电路板	Printed Circuit Board	PCB	63
圆形内插	circular interpolation		233
在片校准件,校准片,阻抗标准基板	Impendence Standard Substrate	ISS	58
在片型	on wafer		46
增强型传输线、反射、匹配(校准方法)	Line Reflection Match plus,enhanced Line Reflection Match	LRM+,eLRM	129
增强型响应校准	Enhanced Response Calibration	ERC	137
正定方程	determined equation		122
正交距离回归	Orthogonal Distance Regression	ODR	148
直接数字式频率合成器	Direct Digital Synthesizer	DDS	25
直通、反射、传输线(校准方法)	Through Reflection Line	TRL	129
直通、反射、匹配(校准方法)	Through Reflection Match	TRM	129
直通、开路、短路、匹配(校准方法)	Through Open Short Match	TOSM	128
直通去嵌	through deembedding		200
指数滑动平均	exponential moving average		275
中频	Intermediate Frequency	IF	38
中频带宽	Intermediate Frequency Band Width	IFBW	27
主处理器	Central Processing Unit	CPU	22
紫外光刻	Ultra-Violet LIthographie,Galvanoformung,Abformung	UV-LIGA	63
自动电平控制	Automatic Level Control	ALC	247
自校准方法	self-calibration algorithm		75
最佳线性无偏估计	Best Linear Unbiased Estimator	BLUE	154

注:为便于读者记忆,以上有英文缩写的术语,其英文全称中的大写字母与其缩写相对应。

变量清单

符　号	意　义
a	入射波
b	反射波
f	频率
A	各阶入射波
B	各阶反射波
G	电导
L	电感
R	电阻
V	电压
P_{In}	输入功率
P_{Out}	输出功率
R_L	线阻
R_{Series}	串联电阻
Z_0	特征阻抗
$[ABCD]$	传输参数矩阵
$[C]$	噪声关联参数矩阵
$[H]$	混合参数矩阵
$[S]$	散射参数矩阵
$[T]$	级联散射参数矩阵
$[X]$	X 参数矩阵
$[Y]$	导纳参数矩阵
$[Z]$	阻抗参数矩阵
τ_D	时延
τ_{GD}	群时延
Γ	反射系数
φ	相位

常量清单

缩　写	意　义	数　值	单　位
c	真空光速	299792458	m/s
ε_0	真空介电常数	$8.854187817 \times 10^{-12}$	F/m
μ_0	真空磁导率	$4\pi \times 10^{-7}$	N/A^2

目　录

CONTENTS

插图目录

表格目录

第**1**章

S 参数及其与其他参数矩阵间变换关系

开尔文勋爵(Lord Kelvin,即 William Thomson,1824—1907)有一句关于测量的名言:"To measure is to know(测量即认知)。"钱学森院士(1911—2009)也对新技术革命有过这样的论述:"新技术革命的关键技术是信息技术。信息技术由测量技术、计算机技术、通信技术三部分组成,测量技术则是关键和基础。"笔者认为,测试测量是在科学的研究体系与规范下不断探究事物的本质的过程,而测试精度与测试效率一直是测试测量领域不断钻研求索的两个永恒主题。

测试测量技术博大精深,是现代科学的基石,细化到射频微波领域仍有非常多的内容值得深入探索(具体内容详见文献[1-5]),而 *S* 参数是射频微波领域最基本且最重要的参量,也是本书研究的核心。*S* 参数(scattering parameters,散射参数)的早期理论研究开始于 20 世纪 50 年代(参见 Matthews 所著论文"The Use of Scattering Matrices in Microwave Circuits"[6]),成型于 20 世纪 60 年代[参见贝尔实验室(Bell Telephone Laboratories)的 Kurokawa 所著论文"Power Waves and the Scattering Matrix"[7]]。*S* 参数和其他参数一样,是一种描述网络各端口间信号关系的数学表达,它们本质上是互通的,因此正确理解 *S* 参数的定义及其与各种两端口矩阵的变换关系是理解本书的基础。

1.1 *S* 参数定义

S 参数主要描述了传输通道的频域特性,用于表征器件的线性矢量参数频率响应特性(即幅频与相频特性),也是射频微波领域最常用的指标参数之一。信号与能量是微波系统研究中的两大关键问题:信号问题主要针对信号的幅频与相频特性;能量问题重点探究能量如何高效传输[8-9]。微波系统是一类分布参数电路,理论上需要利用场分析法加以研究。然而,实地运用场分析法有诸多不便且测试系统十分复杂。场分析法测试系统如图 1.1 所示。不难看出,该系统非常复杂,因此迫切需要一种更加简便可行的分析方法。

分析各种微波系统时,广泛使用微波网络法。该方法是一种等效电路法,在场分布的基础上,用电路的方法将微波元件等效为电抗与电阻等微元,将实际的波导传输系统

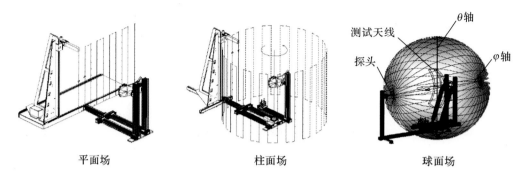

图 1.1　场分析法测试系统

转化为简单的传输线,经式(1.1)至式(1.3)将实际微波系统简化为微波网络,将场的问题变为电路的问题分析。传输线分布参数电路模型如图 1.2 所示。

$$\frac{\mathrm{d}V(z)}{\mathrm{d}z} = -(R + \mathrm{j}\omega L) \cdot I(z) \tag{1.1}$$

$$\frac{\mathrm{d}I(z)}{\mathrm{d}z} = -(G + \mathrm{j}\omega C) \cdot V(z) \tag{1.2}$$

$$Z_{Loss} = \sqrt{\frac{R + \mathrm{j}\omega L}{G + \mathrm{j}\omega C}} \tag{1.3}$$

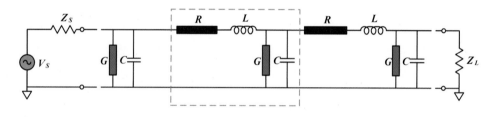

图 1.2　传输线分布参数电路模型

微波网络理论是在低频网络理论的基础上衍生出的数学超集(superset),低频电路分析可视为微波电路分析简化后的特例。对于一个网络,通常可用 **Z**、**Y** 和 **S** 等参数矩阵来测量分析,**Z** 称为阻抗参数,**Y** 称为导纳参数,**S** 称为散射参数。**Z** 和 **Y** 参数主要用于集总参数电路分析且行之有效,低频时各个参数可十分方便地测量。然而在微波系统中,由于测定非横向电磁波(non-transverse electromagnetic wave,NTEM)的电压和电流非常困难,同时实际测量微波频段的电压与电流的难度很大,因此在分析高频网络时,等效电压和电流及有关的阻抗和导纳参数变得非常复杂、抽象。电压源与双导传输线网络中电压波按式(1.4)至式(1.6)传输变换,如图 1.3 所示。

$$V_S = V_1 + I_1 Z_0 \tag{1.4}$$

$$V_F = \frac{1}{2}(V_1 + I_1 Z_0) \tag{1.5}$$

$$V_R = \frac{1}{2}(V_1 - I_1 Z_0) \tag{1.6}$$

得出入射波 a_n、反射波 b_n 与前向电压波 V_{nF}、反向电压波 V_{nR} 的关系如式(1.7)所示：

$$a_n = \frac{V_{nF}}{\sqrt{Z_0}}, \quad b_n = \frac{V_{nR}}{\sqrt{Z_0}} \tag{1.7}$$

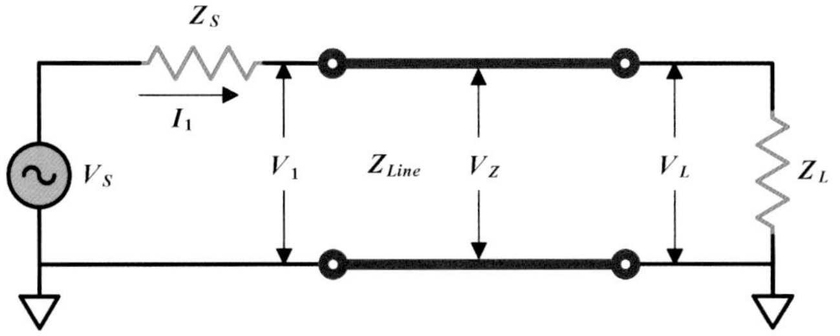

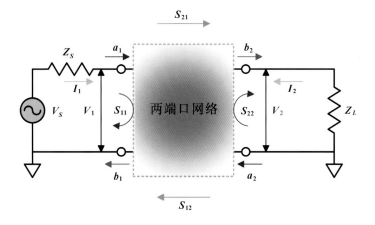

图 1.3　电压源与双导传输线网络(假设 $Z_S = Z_0$)

　　综上,学者们提出了与直接测量入射波、反射波与传输波更加一致的数学表述——散射参数矩阵(亦作 S 参数矩阵),它更适用于描述分布参数电路。S 参数是建立在入射波与反射波关系基础上的网络参数,更便于分析微波电路,以器件端口的反射信号及从该端口传向其他端口的传输信号来描述该电路网络。与 N 端口网络的阻抗和导纳矩阵同理,用 S 参数矩阵亦能对该网络进行完备的描述。阻抗和导纳矩阵反映的是各端口总电压与电流间的关系,而 S 参数矩阵反映的是各端口入射/反射电压波间的关系,其数学定义如式(1.8)和式(1.9)所示,这里尤其要注意约束条件。S 参数可以用矢量网络分析仪(vector network analyzer,VNA)直接测量,继而采用网络分析技术计算得出。只要知晓该网络的 S 参数,即可轻松将它转换成其他矩阵参数。S 参数定义如图 1.4 所示。需注意图 1.4 中标明的电压、电流及输入波与输出波方向,若采用不同的方向,在计算中会引起符号变化。本书中均按图 1.4 定义的方向来推导计算。

图 1.4　S 参数定义

$$\begin{bmatrix} b_1 \\ b_2 \end{bmatrix} = \begin{bmatrix} S_{11} & S_{12} \\ S_{21} & S_{22} \end{bmatrix} \begin{bmatrix} a_1 \\ a_2 \end{bmatrix} \tag{1.8}$$

$$S_{11} = \frac{b_1}{a_1}\bigg|_{a_2=0}, S_{12} = \frac{b_1}{a_2}\bigg|_{a_1=0},$$

$$S_{21} = \frac{b_2}{a_1}\bigg|_{a_2=0}, S_{22} = \frac{b_2}{a_2}\bigg|_{a_1=0} \tag{1.9}$$

得到 **S** 参数后,一些常见的微波参量如输入电压驻波比($VSWR_{In}$)、输出电压驻波比($VSWR_{Out}$)、增益($Gain$)、插入损耗(IL)、隔离度(ISO)、传输相位(φ_{21})、群时延(τ_{GD})可由式(1.10)至式(1.15)计算:

$$VSWR_{In} = \frac{1+|S_{11}|}{1-|S_{11}|} \tag{1.10}$$

$$VSWR_{Out} = \frac{1+|S_{22}|}{1-|S_{22}|} \tag{1.11}$$

$$Gain = 20 \cdot \lg(|S_{21}|) \tag{1.12}$$

$$IL = ISO = -20 \cdot \lg(|S_{21}|) \tag{1.13}$$

$$\varphi_{21} = \arctan\left[\frac{\mathrm{Im}(S_{21})}{\mathrm{Re}(S_{21})}\right] \tag{1.14}$$

$$\tau_{GD} = -\frac{\mathrm{d}\varphi_{21}^{\mathrm{rad}}}{\mathrm{d}\omega} = -\frac{\mathrm{d}\varphi_{21}^{\circ}}{360 \cdot \mathrm{d}f} \tag{1.15}$$

1.2　**S** 参数与 Smith 图

在射频与微波领域中,最基本的运算发生在反射系数 Γ、阻抗 Z、电压驻波比 $VSWR$ 等工作参数之间,它们的运算是在已知特征参数(特征阻抗 Z_0、传输系数 γ、衰减系数 α、相移系数 β 和单位长度 l)的基础上进行的。如图 1.5 所示的 Smith(史密斯)图正是把特征参数和工作参数融为一体,采用图解法解决这一问题的一种可视化工具。它自 20 世纪 30 年代出现以来,已历经七十多年而不衰,足可见其简单、方便和直观。

为了方便计算与分析,早在 1939 年,菲利普·黑格·史密斯(Phillip Hagar Smith, 1905—1987)开发了以保角映射原理为基础的图解方法(图 1.6 至图 1.8),在反射系数平面上标绘了归一化输入阻抗(和导纳)等值圆族的计算图,称为 Smith 图,也称 Smith 圆图。这种方法可在同一个图中简单、直观地显示传输线阻抗以及反射系数。这种方法虽然已开发逾七十载,但至今仍普遍使用,在描述有源/无源射频、微波元件和系统的数据手册上几乎都有体现。绝大多数计算机辅助设计软件应用 Smith 图进行电路阻抗的分析、匹配网络的设计及噪声系数、增益、输入/输出功率、功率附加效率(power added efficiency,PAE)、Q 值及环路稳定性等参数的计算;甚至于仪器,诸如广泛使用的矢量网络分析仪也使用 Smith 图,以便图形化地表示某些测量结果。读者如有兴趣深入了解 Smith 图,可仔细阅读文献[10-11]中相关内容。

Phillip Hagar Smith (1905—1987)

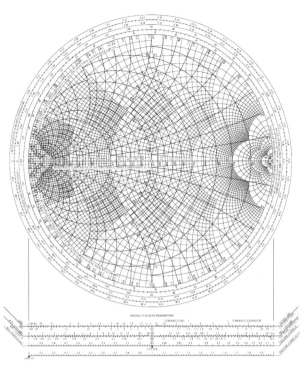

图 1.5　Phillip Hagar Smith 与 Smith 图

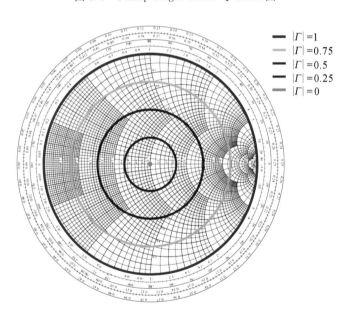

图 1.6　等驻波比圆

下面来简单推导如何得出广泛使用的射频图解法工具——Smith 图,以得到作为线长或频率函数的传输线的阻抗特性。我们从距负载 d 处终端有载传输线的归一化输入阻抗表达式(1.16)——Z 式开始叙述:该式能转化为两个圆的方程式(1.17)(对于归一化电阻 r)和式(1.18)(对于归一化电抗 x)。将这两个等式所描述的圆在整个归一化阻

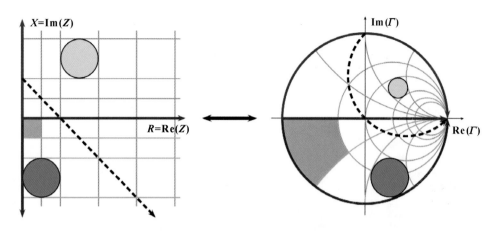

图 1.7　保角映射与等阻抗圆变换

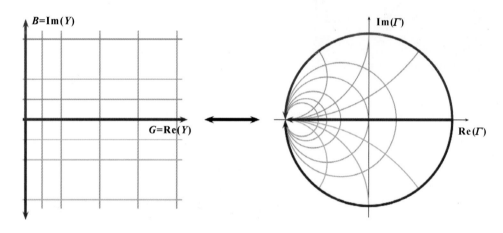

图 1.8　等导纳圆变换

抗复数极坐标 Z 平面上重叠,这样在单位圆内即可获得 Smith 图。其中关键的性质是旋转一整周等于半波长,这是因为在反射系数表达式(1.19)中,指数幂是 $2\beta d$,Γ_0 和 θ_L 分别由式(1.20)和式(1.21)定义。另外,为了说明阻抗性质,在 Smith 图中,我们也能用电压驻波比($VSWR$)公式(1.22)表示失配度,电压驻波比能从 Smith 图中直接得到。变换到导纳圆图(或称 Y-Smith 图)可通过式(1.23)——Y 式进行:Y 式与 Z 式的差别只是反射系数前面的符号相反。因此,在 Z-Smith 图上的反射系数旋转 $180°$,就能得到在 Y-Smith 图上的结果。实际上这种旋转能避免转动 Smith 图本身。在原来的 Z-Smith 图上叠加其旋转后的 Smith 图便得到组合的 ZY-Smith 图。在电路设计中,此种复合图便于从并联向串联转换。

$$z_{In} = \frac{Z_{In}}{Z_0} = r + \mathrm{j}x = \frac{1 + \Gamma(d)}{1 - \Gamma(d)} = \frac{1 + \Gamma_r + \mathrm{j}\Gamma_i}{1 - \Gamma_r - \mathrm{j}\Gamma_i} \tag{1.16}$$

$$\left(\Gamma_r - \frac{r}{r+1}\right)^2 + \Gamma_i^2 = \left(\frac{1}{r+1}\right)^2 \tag{1.17}$$

$$(\Gamma_r - 1)^2 + \left(\Gamma_i - \frac{1}{x}\right)^2 = \left(\frac{1}{x}\right)^2 \tag{1.18}$$

$$\Gamma(d) = |\Gamma_0| e^{j\theta_L} e^{-j2\beta l} = \Gamma_r + j\Gamma_i \tag{1.19}$$

$$\Gamma_0 = \frac{Z_L - Z_0}{Z_L + Z_0} = \Gamma_{0r} + j\Gamma_{0i} = |\Gamma_0| e^{j\theta_L} \tag{1.20}$$

$$\theta_L = \arctan\left(\frac{\Gamma_{0i}}{\Gamma_{0r}}\right) \tag{1.21}$$

$$VSWR(d) = \frac{1 + |\Gamma(d)|}{1 - |\Gamma(d)|} \tag{1.22}$$

$$y_{In} = \frac{Y_{In}}{Y_0} = \frac{1}{z_{In}} = \frac{1 - \Gamma(d)}{1 + \Gamma(d)} \tag{1.23}$$

Smith 图上有三个关键点(图 1.9):

①开路点,坐标为$(1,0)$;

②短路点,坐标为$(-1,0)$;

③Z_0 匹配点,坐标为$(0,0)$。

Smith 图上有两个特殊面:

①Smith 图实轴以上的上半平面(绿色)是感性阻抗的轨迹;

②Smith 图实轴以下的下半平面(红色)是容性阻抗的轨迹。

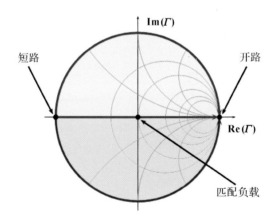

图 1.9　Smith 图上关键点与特殊面

利用 Smith 图可以清晰地看出电路中增加元件的移动规律(图 1.10),串联电阻 R 沿电抗圆向开路方向移动,并联电阻 R 沿电纳圆向短路方向移动,串并联 L、C 元件在 Smith 图中的移动轨迹具有规律性,其移动轨迹如下:

①串联电感沿电阻圆顺时针方向移动;

②串联电容沿电阻圆逆时针方向移动;

③并联电感沿电导圆逆时针方向移动;

④并联电容沿电导圆顺时针方向移动。

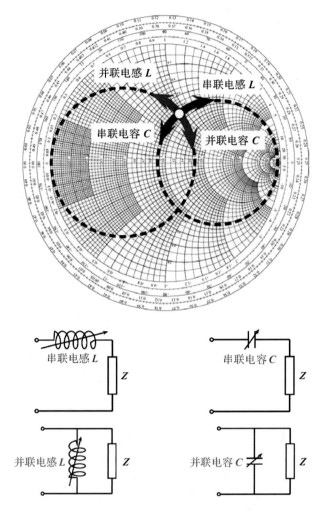

图 1.10 Smith 图与匹配电路变换

1.3 *S* 参数与 *X* 参数关系

S 参数的定义假设系统是线性的,即系统中各信号不包含谐波分量。但随着人们对微波网络理论与器件非线性特征研究的深入,近年来有学者提出了以 *X* 参数(*X*-parameters)模型为代表的多谐波失真(poly-harmonic distortion,PHD)模型与波形工程(waveform engineering),用以描述微波网络在非线性状态下各端口入射/反射波同量信号之间的关系。*X* 参数是 *S* 参数的数学超集,通过傅里叶级数(Fourier series)展开将非线性状态下各端口的谐波分量也考虑在内,有助于分析大信号下被测器件的参数状态。两端口 *X* 参数如图 1.11 所示。

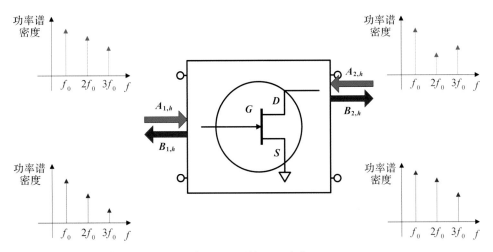

图 1.11　两端口 **X** 参数

注：$B_{1,k} = F_{1,k}(DC, A_{11}, A_{12}, \cdots, A_{21}, A_{22}, \cdots)$，$B_{1,k} = F_{1,k}(DC, A_{11}, A_{12}, \cdots, A_{21}, A_{22}, \cdots)$。

以 $B_{1,k}$ 为例说明：1 为端口序号，k 为谐波或载波序号，此模型适用于晶体管、放大器、微波系统等。

任意端口各阶反射波与各端口各阶入射波之间的函数关系如式(1.24)和式(1.25)所示：

$$B_{p,m} = X_{p,m}^{(F)}(DC, |A_{11}|)P^m + \sum_{q, n \neq 1,1} X_{p,m,q,n}^{(S)}(DC, |A_{11}|)P^{m-n}A_{q,n}$$

$$+ \sum_{q, n \neq 1,1} X_{p,m,q,n}^{(T)}(DC, |A_{11}|)P^{m+n}A_{q,n}^{*} \tag{1.24}$$

$$P = e^{j(\angle A_{11})} \tag{1.25}$$

非线性矢量网络分析仪（non-linear vector network analyzer，NVNA）（图 1.12）与

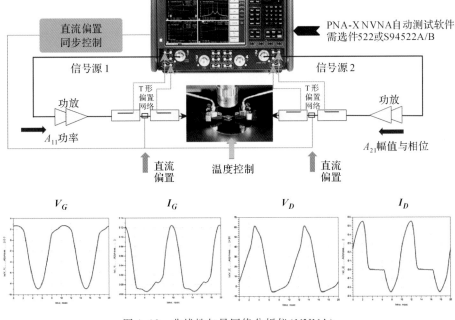

图 1.12　非线性矢量网络分析仪(NVNA)

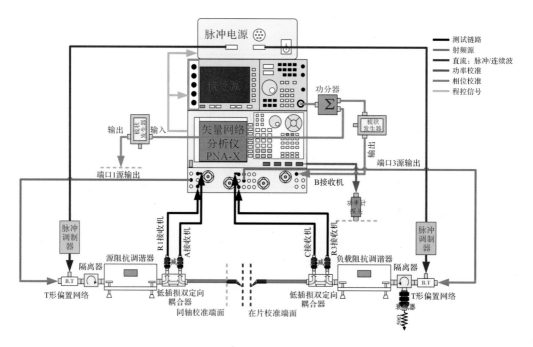

图 1.13　*X* 参数测试系统

X 参数测试系统(图 1.13)的原理非常复杂,与本书主要内容关系不大,故而本书不做过多展开,有兴趣的读者可参阅文献[12-20]。

1.4　其他两端口矩阵及其与 *S* 参数变换关系

为了建立集总参数模型且便于计算,*S* 参数矩阵经常会与其他两端口矩阵 *Z*、*Y*、*H*、*ABCD*、*T* 参数进行相互转换,*S* 参数矩阵与 *T* 参数矩阵和其他两端口矩阵的最大不同在于:其他矩阵用终端电流项和电压项关系来定义两端口网络,为集总参数矩阵[21];而[*S*]和[*T*][①]矩阵用输入波与反射波来定义,为分布参数矩阵。各种参数定义和具体变换过程如下。

1.4.1　*Z* 参数

阻抗参数 *Z* 定义如式(1.26)和式(1.27)所示:

$$\begin{bmatrix} V_1 \\ V_2 \end{bmatrix} = \begin{bmatrix} Z_{11} & Z_{12} \\ Z_{21} & Z_{22} \end{bmatrix} \begin{bmatrix} I_1 \\ I_2 \end{bmatrix} \tag{1.26}$$

$$Z_{11} = \frac{V_1}{I_1} \bigg|_{I_2 = 0}, \quad Z_{12} = \frac{V_1}{I_2} \bigg|_{I_1 = 0},$$

---

①　为更清晰地区分矩阵及其元素,本书中用[*X*]表示矩阵,用 X_{ij} 表示[*X*]矩阵第 *i* 行第 *j* 列的元素。此外,还可能有[*X*ij],表示某种矩阵运算符。

$$Z_{21} = \frac{V_2}{I_1}\bigg|_{I_2=0}, \quad Z_{22} = \frac{V_2}{I_2}\bigg|_{I_1=0} \tag{1.27}$$

一般[**Z**]矩阵用如图 1.14 所示的 T 形网络等效,方便提取模型参数,由此得出的[**Z**]矩阵如式(1.28)所示:

$$\begin{bmatrix} Z_{11} & Z_{12} \\ Z_{21} & Z_{22} \end{bmatrix} = \begin{bmatrix} Z_1 + Z_2 & Z_2 \\ Z_2 & Z_2 + Z_3 \end{bmatrix} \tag{1.28}$$

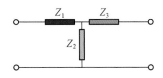

图 1.14　T 形变换

1.4.2　**Y** 参数

导纳参数 **Y** 定义如式(1.29)如式(1.30)所示。**Y** 参数本质上是 **Z** 参数的倒数,[**Y**]矩阵是[**Z**]矩阵的逆矩阵。

$$\begin{bmatrix} I_1 \\ I_2 \end{bmatrix} = \begin{bmatrix} Y_{11} & Y_{12} \\ Y_{21} & Y_{22} \end{bmatrix} \begin{bmatrix} V_1 \\ V_2 \end{bmatrix} \tag{1.29}$$

$$Y_{11} = \frac{I_1}{V_1}\bigg|_{V_2=0}, \quad Y_{12} = \frac{I_1}{V_2}\bigg|_{V_1=0},$$

$$Y_{21} = \frac{I_2}{V_1}\bigg|_{V_2=0}, \quad Y_{22} = \frac{I_2}{V_2}\bigg|_{V_1=0} \tag{1.30}$$

一般[**Y**]矩阵用如图 1.15 所示的 Ⅱ 形网络等效,方便提取模型参数,由此得出的[**Y**]矩阵如式(1.31)所示:

$$\begin{bmatrix} Y_{11} & Y_{12} \\ Y_{21} & Y_{22} \end{bmatrix} = \begin{bmatrix} Y_1 + Y_2 & -Y_2 \\ -Y_2 & Y_2 + Y_3 \end{bmatrix} \tag{1.31}$$

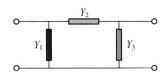

图 1.15　Ⅱ 形变换

1.4.3　**ABCD** 参数

为了更好地计算网络间的级联关系,引入 **ABCD** 参数(即级联参数或传输参数),其定义如式(1.32)和式(1.33)所示。传输参数可以依矩阵相乘来将各两端口网络级联起来。

$$\begin{bmatrix} V_1 \\ I_1 \end{bmatrix} = \begin{bmatrix} A & B \\ C & D \end{bmatrix} \begin{bmatrix} V_2 \\ I_2 \end{bmatrix} \qquad (1.32)$$

$$A = \frac{V_1}{V_2}\bigg|_{I_2=0}, \quad C = \frac{V_1}{-I_2}\bigg|_{V_2=0},$$

$$B = \frac{I_1}{V_2}\bigg|_{I_2=0}, \quad D = \frac{I_1}{-I_2}\bigg|_{V_2=0} \qquad (1.33)$$

1.4.4 *H* 参数

混合参数 *H* 定义如式(1.34)和式(1.35)所示。*H* 参数在描述晶体管电路时用途十分广泛：H_{11} 称为晶体管的输入电阻，H_{12} 称为晶体管的内部反馈系数或电压传输比，H_{21} 称为晶体管的电流放大倍数或电流增益，H_{22} 称为晶体管的输出电导。

$$\begin{bmatrix} V_1 \\ I_2 \end{bmatrix} = \begin{bmatrix} H_{11} & H_{12} \\ H_{21} & H_{22} \end{bmatrix} \begin{bmatrix} I_1 \\ V_2 \end{bmatrix} \qquad (1.34)$$

$$H_{11} = \frac{V_1}{I_1}\bigg|_{V_2=0}, \quad H_{12} = \frac{V_1}{V_2}\bigg|_{I_1=0},$$

$$H_{21} = \frac{I_2}{I_1}\bigg|_{V_2=0}, \quad H_{22} = \frac{I_2}{V_2}\bigg|_{I_1=0} \qquad (1.35)$$

1.4.5 *T* 参数

值得注意的是，信号流图(signal flow graph)技术对于计算多个器件级联网络而言过于复杂。为方便以波函数形式计算多两端口网络级联，采用级联散射参数 *T* 来描述各端口间的波函数关系。*T* 参数定义依不同变换关系，如式(1.36)至式(1.39)所示，实际使用中要根据具体变换形式准确使用各个公式。

1.4.5.1 变换方式 1

$$\begin{bmatrix} b_1 \\ a_1 \end{bmatrix} = \begin{bmatrix} T_{11} & T_{12} \\ T_{21} & T_{22} \end{bmatrix} \begin{bmatrix} a_2 \\ b_2 \end{bmatrix} \qquad (1.36)$$

$$T_{11} = \frac{b_1}{a_2}\bigg|_{b_2=0}, \quad T_{12} = \frac{b_1}{b_2}\bigg|_{a_2=0},$$

$$T_{21} = \frac{a_1}{a_2}\bigg|_{b_2=0}, \quad T_{22} = \frac{a_1}{b_2}\bigg|_{a_2=0} \qquad (1.37)$$

1.4.5.2 变换方式 2

$$\begin{bmatrix} a_1 \\ b_1 \end{bmatrix} = \begin{bmatrix} \check{T}_{11} & \check{T}_{12} \\ \check{T}_{21} & \check{T}_{22} \end{bmatrix} \begin{bmatrix} b_2 \\ a_2 \end{bmatrix} \qquad (1.38)$$

$$\check{T}_{11} = \frac{a_1}{b_2}\bigg|_{a_2=0}, \quad \check{T}_{12} = \frac{a_1}{a_2}\bigg|_{b_2=0},$$

$$\check{T}_{21} = \frac{b_1}{b_2}\bigg|_{a_2=0}, \quad \check{T}_{22} = \frac{b_1}{a_2}\bigg|_{b_2=0} \qquad (1.39)$$

1.5　各矩阵间变换关系

本书在表 1.1 至表 1.3 中总结了各矩阵间的变换关系，方便读者查询。

表 1.1　$[Z]$、$[Y]$、$[H]$、$[ABCD]$矩阵转换关系

	$[Z]$	$[Y]$	$[H]$	$[ABCD]$
$[Z]$	$\begin{bmatrix} Z_{11} & Z_{12} \\ Z_{21} & Z_{22} \end{bmatrix}$	$\dfrac{1}{Z_{11}Z_{22}-Z_{12}Z_{21}}\begin{bmatrix} Z_{22} & -Z_{12} \\ -Z_{21} & Z_{11} \end{bmatrix}$	$\dfrac{1}{Z_{22}}\begin{bmatrix} Z_{11}Z_{22}-Z_{12}Z_{21} & Z_{12} \\ -Z_{12} & 1 \end{bmatrix}$	$\dfrac{1}{Z_{21}}\begin{bmatrix} Z_{11} & Z_{11}Z_{22}-Z_{12}Z_{21} \\ 1 & Z_{22} \end{bmatrix}$
$[Y]$	$\dfrac{1}{Y_{11}Y_{22}-Y_{12}Y_{21}}\begin{bmatrix} Y_{22} & -Y_{12} \\ -Y_{21} & Y_{11} \end{bmatrix}$	$\begin{bmatrix} Y_{11} & Y_{12} \\ Y_{21} & Y_{22} \end{bmatrix}$	$\dfrac{1}{Y_{11}}\begin{bmatrix} 1 & -Y_{12} \\ Y_{21} & Y_{11}Y_{22}-Y_{12}Y_{21} \end{bmatrix}$	$-\dfrac{1}{Y_{21}}\begin{bmatrix} Y_{22} & 1 \\ Y_{11}Y_{22}-Y_{12}Y_{21} & Y_{11} \end{bmatrix}$
$[H]$	$\dfrac{1}{H_{22}}\begin{bmatrix} H_{11}H_{22}-H_{12}H_{21} & H_{12} \\ -H_{12} & 1 \end{bmatrix}$	$\dfrac{1}{H_{11}}\begin{bmatrix} 1 & -H_{12} \\ H_{21} & H_{11}H_{22}-H_{12}H_{21} \end{bmatrix}$	$\begin{bmatrix} H_{11} & H_{12} \\ H_{21} & H_{22} \end{bmatrix}$	$-\dfrac{1}{H_{21}}\begin{bmatrix} H_{11}H_{22}-H_{12}H_{21} & H_{11} \\ H_{22} & 1 \end{bmatrix}$
$[ABCD]$	$\dfrac{1}{C}\begin{bmatrix} A & AD-BC \\ 1 & D \end{bmatrix}$	$\dfrac{1}{B}\begin{bmatrix} D & -(AD-BC) \\ -1 & A \end{bmatrix}$	$\dfrac{1}{D}\begin{bmatrix} B & AD-BC \\ -1 & C \end{bmatrix}$	$\begin{bmatrix} A & B \\ C & D \end{bmatrix}$

表 1.2　$[S]$矩阵转换为$[Z]$、$[Y]$、$[H]$、$[ABCD]$、$[T]$、$[\check{T}]$矩阵

	$[S] \rightarrow [X]$
$[Z]$	$\dfrac{Z_0}{(1-S_{11})(1-S_{22})-S_{12}S_{21}}\begin{bmatrix} (1+S_{11})(1-S_{22})+S_{12}S_{21} & 2S_{12} \\ 2S_{21} & (1-S_{11})(1+S_{22})+S_{12}S_{21} \end{bmatrix}$
$[Y]$	$\dfrac{1}{Z_0\left[(1-S_{11})(1-S_{22})-S_{12}S_{21}\right]}\begin{bmatrix} (1-S_{11})(1+S_{22})-S_{12}S_{21} & -2S_{12} \\ -2S_{21} & (1+S_{11})(1-S_{22})-S_{12}S_{21} \end{bmatrix}$
$[H]$	$\dfrac{1}{(1-S_{11})(1+S_{22})+S_{12}S_{21}}\begin{bmatrix} Z_0\left[(1+S_{11})(1+S_{22})-S_{12}S_{21}\right] & 2S_{12} \\ -2S_{21} & \dfrac{(1-S_{11})(1-S_{22})-S_{12}S_{21}}{Z_0} \end{bmatrix}$
$[ABCD]$	$\dfrac{1}{2S_{21}}\begin{bmatrix} (1+S_{11})(1-S_{22})+S_{12}S_{21} & Z_0\left[(1+S_{11})(1+S_{22})-S_{12}S_{21}\right] \\ \dfrac{(1-S_{11})(1-S_{22})-S_{12}S_{21}}{Z_0} & (1-S_{11})(1+S_{22})+S_{12}S_{21} \end{bmatrix}$
$[T]$	$\dfrac{1}{S_{21}}\begin{bmatrix} -(S_{11}S_{22}-S_{12}S_{21}) & S_{11} \\ -S_{22} & 1 \end{bmatrix}$
$[\check{T}]$	$\dfrac{1}{S_{21}}\begin{bmatrix} 1 & -S_{22} \\ S_{11} & -(S_{11}S_{22}-S_{12}S_{21}) \end{bmatrix}$

表 1. 3　[*Z*]、[*Y*]、[*H*]、[*ABCD*]、[*T*]、[*Ť*]矩阵转换为[*S*]矩阵

	[*X*]→[*S*]
[*Z*]	$\dfrac{1}{(Z_{11}+Z_0)(Z_{22}+Z_0)-Z_{12}Z_{21}}\begin{bmatrix}(Z_{11}-Z_0)(Z_{22}-Z_0)-Z_{12}Z_{21} & 2Z_{12}Z_0 \\ 2Z_{21}Z_0 & (Z_{11}+Z_0)(Z_{22}+Z_0)-Z_{12}Z_{21}\end{bmatrix}$
[*Y*]	$\dfrac{1}{(1+Y_{11}Z_0)(1+Y_{22}Z_0)-Y_{12}Y_{21}Z_0^2}\begin{bmatrix}(1-Y_{11}Z_0)(1+Y_{22}Z_0)+Y_{12}Y_{21}Z_0^2 & -2Y_{12}Z_0 \\ -2Y_{21}Z_0 & (1+Y_{11}Z_0)(1-Y_{22}Z_0)+Y_{12}Y_{21}Z_0^2\end{bmatrix}$
[*H*]	$\dfrac{1}{\left(\dfrac{H_{11}}{Z_0}+1\right)\left(\dfrac{H_{22}}{Z_0}+1\right)-H_{12}H_{21}}\begin{bmatrix}\left(\dfrac{H_{11}}{Z_0}-1\right)\left(\dfrac{H_{22}}{Z_0}+1\right)-H_{12}H_{21} & 2H_{12} \\ -2H_{21} & \left(\dfrac{H_{11}}{Z_0}+1\right)\left(\dfrac{H_{22}}{Z_0}-1\right)+H_{12}H_{21}\end{bmatrix}$
[*ABCD*]	$\dfrac{1}{A+\dfrac{B}{Z_0}+\dfrac{C}{Z_0}+D}\begin{bmatrix}A+\dfrac{B}{Z_0}-\dfrac{C}{Z_0}-D & 2(AD-BC) \\ 2 & -A+\dfrac{B}{Z_0}-\dfrac{C}{Z_0}+D\end{bmatrix}$
[*T*]	$\dfrac{1}{T_{22}}\begin{bmatrix}T_{12} & T_{11}T_{22}-T_{12}T_{21} \\ 1 & -T_{21}\end{bmatrix}$
[*Ť*]	$\dfrac{1}{\check{T}_{11}}\begin{bmatrix}\check{T}_{21} & (\check{T}_{11}\check{T}_{22}-\check{T}_{12}\check{T}_{21}) \\ 1 & -\check{T}_{12}\end{bmatrix}$

1. 6　矩阵基本运算

　　S 参数计算和校准、去嵌等过程涉及频繁的矩阵运算，故而整理二阶矩阵的基本运算规则及其行列式求法，如式(1.40)至式(1.44)所示：

$$[\boldsymbol{A}]^{-1}=\begin{bmatrix}A_{11} & A_{12} \\ A_{21} & A_{22}\end{bmatrix}^{-1}=\frac{1}{A_{11}A_{22}-A_{12}A_{21}}\begin{bmatrix}A_{22} & -A_{12} \\ -A_{21} & A_{11}\end{bmatrix} \tag{1.40}$$

$$\det[\boldsymbol{A}]=|[\boldsymbol{A}]|=A_{11}A_{22}-A_{12}A_{21} \tag{1.41}$$

$$[\boldsymbol{A}]+[\boldsymbol{B}]=\begin{bmatrix}A_{11} & A_{12} \\ A_{21} & A_{22}\end{bmatrix}+\begin{bmatrix}B_{11} & B_{12} \\ B_{21} & B_{22}\end{bmatrix}=\begin{bmatrix}A_{11}+B_{11} & A_{12}+B_{12} \\ A_{21}+B_{21} & A_{22}+B_{22}\end{bmatrix} \tag{1.42}$$

$$[\boldsymbol{A}]-[\boldsymbol{B}]=\begin{bmatrix}A_{11} & A_{12} \\ A_{21} & A_{22}\end{bmatrix}-\begin{bmatrix}B_{11} & B_{12} \\ B_{21} & B_{22}\end{bmatrix}=\begin{bmatrix}A_{11}-B_{11} & A_{12}-B_{12} \\ A_{21}-B_{21} & A_{22}-B_{22}\end{bmatrix} \tag{1.43}$$

$$[\boldsymbol{A}]\times[\boldsymbol{B}]=\begin{bmatrix}A_{11} & A_{12} \\ A_{21} & A_{22}\end{bmatrix}\times\begin{bmatrix}B_{11} & B_{12} \\ B_{21} & B_{22}\end{bmatrix}$$
$$=\begin{bmatrix}A_{11}B_{11}+A_{12}B_{21} & A_{11}B_{12}+A_{12}B_{22} \\ A_{21}B_{11}+A_{22}B_{21} & A_{21}B_{12}+A_{22}B_{22}\end{bmatrix} \tag{1.44}$$

1. 7　其他基本数学公式

　　S 参数校准与去嵌方法还经常涉及复数域运算，常用核心计算公式如下，之后章节的很多算法会多次用到它们。

1.7.1　欧拉公式

欧拉公式(Euler's formula)如图 1.16 和式(1.45)所示,又称为欧拉定理,由莱昂哈德·欧拉(Leonhard Euler,1707—1783)提出,用于复分析领域。欧拉公式将三角函数与复数指数函数相关联。

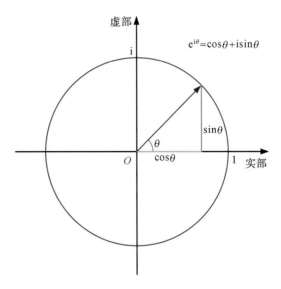

图 1.16　欧拉公式的几何意义

$$\mathrm{e}^{\mathrm{i}\theta} = \cos\theta + \mathrm{i}\sin\theta \tag{1.45}$$

欧拉公式的巧妙之处在于,它没有任何多余的内容,将数学中最基本的 e、i、π 放在了同一个式子中,同时加入了数学也是哲学中最重要的 0 和 1,再以简单的加号相连。约翰·卡尔·弗里德里希·高斯(Johann Carl Friedrich Gauss,1777—1855)曾经说:"一个人第一次看到这个公式而不感到它的魅力,他不可能成为数学家。虽然不敢肯定它是世界上'最伟大的公式',但是可以肯定它是最完美的数学公式之一。"它对数学领域的缔造也产生了广泛影响,例如在三角函数、傅里叶级数、泰勒级数、概率论、群论中都有它的影子。因此,数学家们评价它是"上帝创造的公式,我们只能看它却不能完全理解它"。

1.7.2　复数根式运算

由欧拉公式可推出复数根式运算规则如式(1.46)至式(1.48)所示。据此,复系数一元二次方程(1.49)亦可用标准求根公式(1.50)求解。

$$a + bi = \sqrt{a^2 + b^2}\,(\cos\alpha + \mathrm{i}\sin\alpha), \quad \alpha = \arctan\left(\frac{b}{a}\right) \tag{1.46}$$

$$\sqrt[n]{a + bi} = \sqrt[n]{\sqrt{a^2 + b^2}}\left[\cos\left(\frac{\alpha + 2k\pi}{n}\right) + \mathrm{i}\sin\left(\frac{\alpha + 2k\pi}{n}\right)\right] \tag{1.47}$$

$$\sqrt{a+bi} = \pm \sqrt[4]{a^2+b^2}\left[\cos\left(\frac{\alpha}{2}\right)+i\sin\left(\frac{\alpha}{2}\right)\right] \tag{1.48}$$

$$ax^2 + bx + c = 0 \tag{1.49}$$

$$x = \frac{-b \pm \sqrt{b^2 - 4ac}}{2a} \tag{1.50}$$

1.8 本章小结

本章作为后续章节的基础与前提,首先简要介绍了 *S* 参数及其衍生参数的数学定义与物理意义,以及 Smith 图的一些基本知识;其次介绍了描述两端口网络各参数($[\pmb{Z}]$、$[\pmb{Y}]$、$[\pmb{ABCD}]$、$[\pmb{H}]$、$[\pmb{S}]$、$[\pmb{T}]$、$[\pmb{X}]$)矩阵的数学定义与物理意义,并阐明了它们与 *S* 参数之间的变换关系;然后简要概括了矩阵运算的基本公式;最后给出了几个复数运算的核心公式。

参考文献

[1] Wartenberg S A. RF Measurements of Die and Packages[M]. Norwood:Artech House,2002.

[2] Hiebel M. Fundamentals of Vector Network Analysis[Z]. München:R&S®,2007.

[3] Dunsmore J P. Handbook of Microwave Component Measurements:With Advanced VNA Techniques[M]. Palo Alto:Wiley,2012.

[4] Teppati V,Ferrero A,Sayed M. Modern RF and Microwave Measurement Techniques[M]. Cambridge:Cambridge University Press,2013.

[5] Dunsmore J P. Handbook of Microwave Component Measurements:With Advanced VNA Techniques[M]. 2nd ed. Palo Alto:Wiley,2021.

[6] Matthews E W. The Use of Scattering Matrices in Microwave Circuits[J]. IRE Transactions on Microwave Theory and Techniques,1955,3(3):21-26.

[7] Kurokawa K. Power Waves and the Scattering Matrix[J]. IEEE Transactions on Microwave Theory and Techniques,1965,13(2):194-202.

[8] 丁旭. 基于C♯语言与数据库的微波自动测试系统设计[D]. 杭州:浙江大学,2015.

[9] 丁旭. 基于全矢量精度优化修正算法的一体化微波自动测试技术研究[D]. 杭州:浙江大学,2019.

[10] Smith P H. Electronic Applications of the Smith Chart[M]. 2nd ed. Chennai:Scitech Publishing,1995.

[11] Poole C,Darwazeh I. Microwave Active Circuit Analysis and Design[M]. Salt Lake City:Academic Press,2015.

[12] Verspecht J. Large-Signal Network Analysis[J]. IEEE Microwave Magazine,2015,6(4):82-92.

[13] Verspecht J,Root D E. Polyharmonic Distortion Modeling[J]. IEEE Microwave Magazine,2006,7(3):44-57.

[14] Root D E,Verspecht J,Horn J,et al. X-Parameters:Characterization,Modeling,and Design of

Nonlinear RF and Microwave Components[M]. Cambridge：Cambridge University Press，2013.

[15] Simpson G，Horn J，Gunyan D，et al. Load-Pull ＋ NVNA ＝ Enhanced X-Parameters for PA Designs with High Mismatch and Technology-Independent Large-Signal Device Models[C]// 72nd ARFTG Microwave Measurement Symposium，2008：88-91.

[16] Root D E. Future Device Modeling Trends[J]. IEEE Microwave Magazine，2012，13(7)：45-59.

[17] Widemann C，Weber H，Schatz S，et al. A Comparison of the Volterra Series-Based Nonlinear S-Parameters and X-Parameters[C]// 22nd International Conference Mixed Design of Integrated Circuits & Systems (MIXDES)，2015：453-457.

[18] Ghannouchi F M，Hammi O，Helaoui M. Behavioral Modeling and Predistortion of Wideband Wireless Transmitters[M]. Chennai：Wiley，2015.

[19] Essaadali R，Jarndal A，Kouki A B，et al. Conversion Rules Between X-Parameters and Linearized Two-Port Network Parameters for Large-Signal Operating Conditions[J]. IEEE Transactions on Microwave Theory and Techniques，2018，66(11)：4745-4756.

[20] Keysight[®]. Nonlinear Vector Network Analyzer (NVNA) Brochure[Z]. Santa Rosa：Keysight[®]，2019.

[21] 范承志,孙盾,童梅,等. 电路原理[M]. 2 版. 北京：机械工业出版社，2004.

第 **2** 章

矢量网络分析仪简介

矢量网络分析仪（vector network analyzer，VNA）的诞生与发展伴随着射频微波测试领域研究的不断深入与进步，而其最重要也是最基础的功能就是测量 S 参数。如前所述，S 参数的早期理论研究开始于 20 世纪 50 年代[1]，成型于 20 世纪 60 年代[2]。矢量网络分析仪从如图 2.1 所示的 Rohde & Schwarz®（R&S®）公司的 Z-g-Diagraph 开始算起（尽管当时还没有这个名字）至今已逾七十年，Hewlett Packard®（HP®）公司最早在 20 世纪 60 年代提出了矢量网络分析仪这一名称。笔者在表 2.1 中整理了 20 世纪矢量网络分析仪的发展历程。

图 2.1 Rohde & Schwarz®公司 Z-g-Diagraph 矢量网络分析仪

表 2.1　20 世纪矢量网络分析仪发展历程

发布年份	厂　商	国　别	型　号	频　率
1950	R&S	德国	Z-g Diagraph	30MHz～300MHz
1952	R&S	德国	ZD-9D Diagraph	300MHz～2400MHz
1965	Wiltron	美国	W-310/311	1GHz～2GHz；2GHz～4GHz；4GHz～8GHz
1966	HP	美国	HP-8405	18GHz
1967	HP	美国	HP-8410	12.4GHz
1968	HP	美国	HP-8540	18GHz
1970	HP	美国	HP-8542	18GHz
1972	HP	美国	HP-8409	18GHz
1984	HP	美国	HP-8510	26.5GHz
1987	Wiltron	美国	360	40GHz
	HP	美国	HP-8510	50GHz
	HP	美国	HP-8510	60GHz
	Wiltron	美国	W-360	65GHz
	Wiltron	美国	W-360	110GHz
	HP	美国	HP-8510	110GHz
	HP	美国	HP-8753	3GHz；6GHz
	HP	美国	HP-8720	20GHz；40GHz
1994	Wiltron/Anristu	美国/日本	37XXX	20GHz；40GHz
1998	Wiltron/Anristu	美国/日本	MS462XX	9GHz
1998	R&S	德国	ZVT8	8GHz

在矢量网络分析仪的发展历史中[3-5]，20 世纪 80 年代至 90 年代期间，如图 2.2 和图 2.3 所示的 HP®-8510 与 HP®-8753 是业内领先的射频和微波矢量网络分析仪，人们对矢量网络分析仪性能与局限性的许多重要理解就是基于这两类仪器得出的。因此，本章下面的讨论会提及这两种分析仪的多种特性，并以此为背景讨论现代矢量网络分析仪的特性。值得强调的是，目前在大多数情况下，这两类仪器曾经众所周知的一些局限性早已不复存在，本章会向读者简要说明这些改进。

2000 年前后，在矢量网络分析仪的世界中，多种产品几乎在同一时期如军备竞赛般涌现，例如 Agilent®公司（1999 年由 HP®公司仪器部拆分独立）的 PNA 与 ENA 系列，Ballmann®公司的 S100，R&S®公司的 ZVR 与 ZVK 系列，Anritsu®公司（1990 年与 Wiltron®公司合并）的 Lightning 与 Scorpion 系列，以及 Advantest®公司的 R376X 系

图 2.2　HP®-8510 矢量网络分析仪

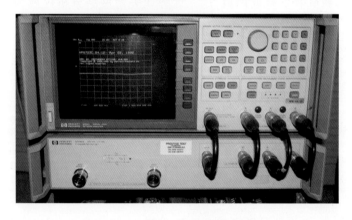

图 2.3　HP®-8753 矢量网络分析仪

列。2010 年前后,Agilent® 公司和 R&S® 公司着手开发并推出了现代多功能元器件测试平台 PNA-X[6-14] 和 ZVA[15-16],而 Anristu® 公司的大多数产品仍停留在线性 **S** 参数测试领域,如 Vectorstar[17]。而在 2020 年前后,以 Keysight® 公司(2014 年由 Agilent® 公司电子测量仪器部拆分独立)的 PNA-X[7-8,11-12] 系列和 R&S® 的 ZNA[18-19] 系列为代表的现代化矢量网络分析仪在软硬件能力与测试集成度方面已经有了巨大提升,频率上限最高可至 1.5THz,因此矢量网络分析仪可以取代多种测试仪表组成的复杂系统,成为射频微波测试领域核心中的核心,经常被称为“仪器之王”和“航空母舰”。同时,矢量网络分析仪正向着模块化、小型化进一步发展,Keysight® 和 NI® 公司等基于高速串行计算机扩展总线标准——PXI-e(面向仪器的外设部件互连标准扩展总线,即面向仪器的

PCI 扩展总线)架构的模块化矢量网络分析仪[20-21]的性能也在逐年提升,如果读者想对这些矢量网络分析仪的知识有更深入的了解,可阅读参考文献[6-21]。

我国矢量网络分析仪的研发起步较晚,中国电子科技集团第四十一研究所(CETC41,中电科思仪科技股份有限公司)于 1995 年研制出中国第一台矢量网络分析仪 3616。目前最为先进的 3674 系列[22]与国际最先进水平相比仍有一定差距。在本书成型时,其他国内品牌尚处于早期研发阶段,仪器功能尚不完善。

多年来笔者对比验证了国内外各品牌的矢量网络分析仪,本章会结合使用经验简要介绍矢量网络分析仪测量系统。

如图 2.4 和图 2.5 所示的矢量网络分析仪是电子测量领域内的重要仪器,可以用于分析各种微波器件的性能参数。矢量网络分析仪主要测量被测件(device under test,DUT)的散射参数、功率特性、噪声参数等,它集成了频域(frequency domain)、时域(time domain)两类测试功能,能够很好地应对诸如滤波器(filter)、放大器(amplifier)、混频器(mixer)及系统中有源(active)与无源(passive)等微波元件的各种参数的调试、测试需求。矢量网络分析仪以其强大的校准功能,即通过数学方法消除自身的阻抗失配与频响误差等,使得其测量效果趋近理想,这一优势让矢量网络分析仪成为目前最通用和最复杂的电学测试仪器,"仪器之王"的称号由此而来。以美国 Keysight® 公司的 PNA-X 系列和德国 R&S® 公司的 ZNA 系列矢量网络分析仪为例,如图 2.6 和图 2.7 所示,当今全球最先进的矢量网络分析仪可取代之前多台仪器组成的测试系统来实现多种测试功

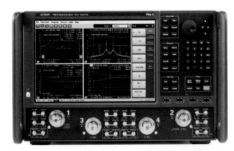
(a) Keysight® PNA-X B Model正面板

(b) R&S® ZNA正面板

(c) Keysight® PNA-X B Model背面板

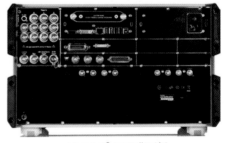
(d) R&S® ZNA背面板

图 2.4　现代矢量网络分析仪

能。矢量网络分析仪主要由射频微波源、射频测试座（test set）、接收机、数模转换器（AD/DA）、主处理器（CPU）、前面板、后面板几大关键部件组成。矢量网络分析仪各组件功能如表 2.2 所示。

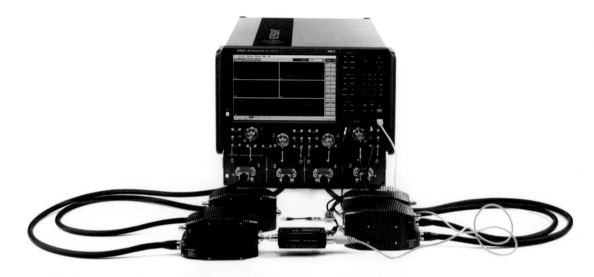

图 2.5　毫米波矢量网络分析仪 Keysight® PNA-X N5291A

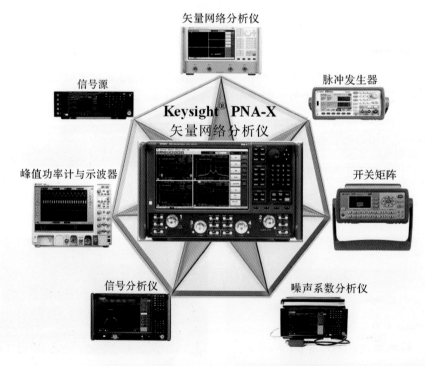

图 2.6　现代化矢量网络分析仪的测试能力

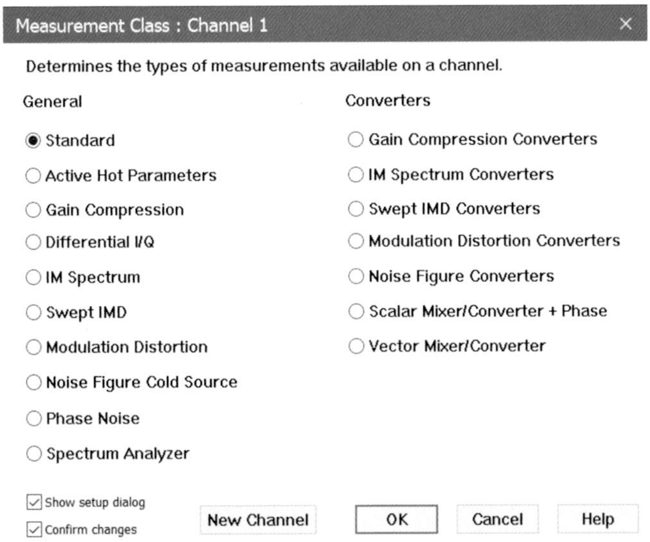

图 2.7 Keysight® PNA-X 的测试功能

表 2.2 矢量网络分析仪各组件功能

组成部件	功 能
射频微波源	给被测件提供激励信号
接收机	同时测量入射波与反射波的幅度与相位,实现复杂的校准方法
射频测试座	对每个端口的入射和反射信号进行切换与分离
数模转换器	具有复杂信号处理和先进的触发功能,同步脉冲射频信号与测量直流参数
主处理器	由自定义的微控器组成,可提供丰富的编程环境
前面板	数字显示和日常的用户界面
后面板	提供大部分的触发、同步和编程接口

现代化矢量网络分析仪的内部结构如图 2.8 和图 2.9 所示,以一端口为例对其测试原理做简单说明。射频微波源产生的信号通过耦合器输入到参考接收机 R1 中,从而实现对入射信号的测量;反射信号经测试信道耦合器输入到参考接收机 A 中,从而实现对反射信号的测量;再由校准方法得出被测件"真实"的散射参数与功率参数等。

关于如何评价一台矢量网络分析仪性能的好坏,笔者总结了主要性能指标,将在第 2.1 节中详细介绍。

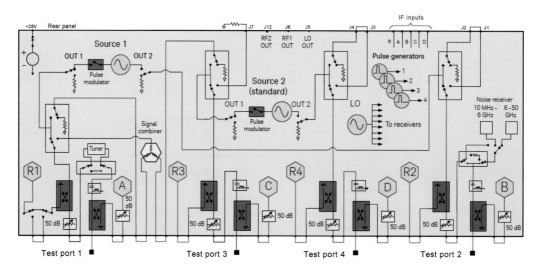

图 2.8 Keysight® PNA-X N5247B 全配版矢量网络分析仪内部结构

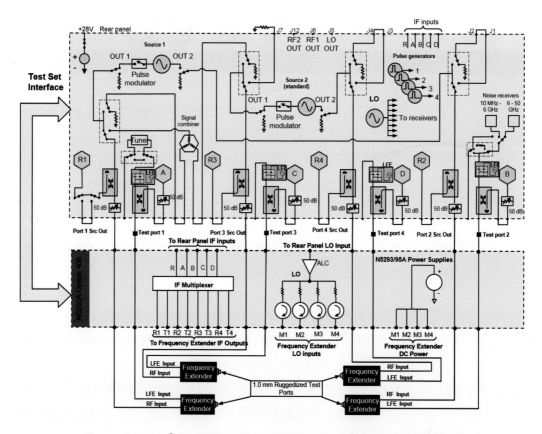

图 2.9 Keysight® PNA-X N5291A 全配版毫米波矢量网络分析仪内部结构

2.1　矢量网络分析仪关键参数指标

从矢量网络分析仪结构分析,核心器件为射频微波源与接收机,与其测试精度密切相关的指标有源频谱纯度、源输出功率、源相位噪声、接收机本底噪声,以及由其计算出来的迹线噪声和动态范围等。若要评价一台矢量网络分析仪性能的好坏,便会逐一验证这些指标,评估测试系统示例如图 2.10 所示,其中迹线噪声($Trace\_Noise_{dB}$)和动态范围($Dynamic\_Range$)计算公式如式(2.1)至式(2.3)所示。

$$Trace\_Noise_{dB} = 20 \cdot \lg\left(\frac{b_{2\_Noise} + b_{2\_Signal}}{b_{2\_Signal}}\right) \tag{2.1}$$

$$b_{2\_XmW} = 10^{\frac{b_{2\_XdBm}}{20}} \tag{2.2}$$

$$Dynamic\_Range = Maxpower_{Port} - Noise\_Floor_{Port} \tag{2.3}$$

图 2.10　矢量网络分析仪性能评估系统

注:左上为 R&S® ZNA43,左下为 Keysight® PNA-X N5244B,右上为 JiuJin® 1000A,右下为 CETC 41® 3672C。

2.1.1　源参数指标

矢量网络分析仪内置信号源结构如图 2.11 所示,目前一般有直接数字式频率合成器(direct digital synthesizer,DDS)和锁相环(phase locked loop,PLL)两种实现形式,两者的优缺点比较如表 2.3 所示。

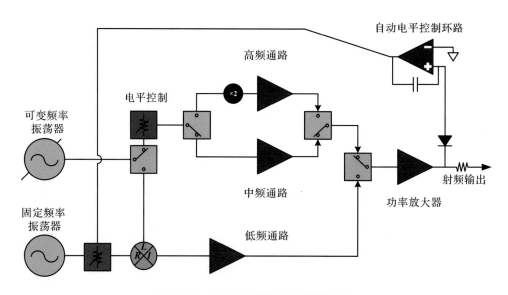

图 2.11　矢量网络分析仪信号源结构

表 2.3　DDS 与 PLL 优缺点比较

比较项	DDS	PLL
频率分辨率	√	×
频率捷变性	√	×
相位分辨率与捷变性	√	×
幅度分辨率与捷变性	√	×
功耗	×	√
价格	×	√
宽频谱纯度	×	√
辅助电路	×	√
频率上变频	×	√

2.1.1.1　最大输出功率

笔者实测 Keysight® PNA-X N5247B 与 N5251A 最大输出功率,结果如图 2.12 和图 2.13 所示,目前网分内置源最大输出功率量级可用于测试驱动放大器和低噪声放大器(low noise amplifier,LNA),用于测试功率放大器(power amplifier,PA)时需要以外耦合形式加载外置功率放大器,从而提高推动能力。

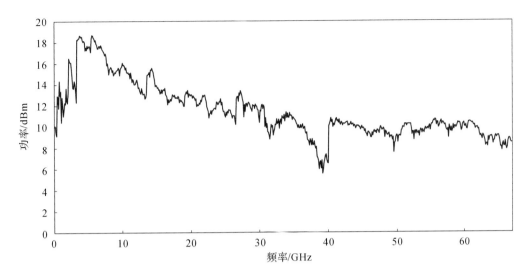

图 2.12　Keysight® PNA-X N5247B 最大输出功率

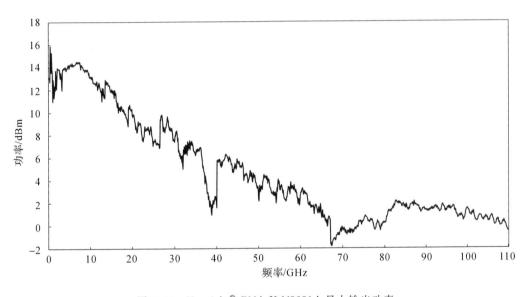

图 2.13　Keysight® PNA-X N5251A 最大输出功率

2.1.1.2　源频谱纯度

笔者实测并比较了 Keysight® 新旧 PNA-X(内置源分别为 DDS 和 PLL)的宽带和近端频谱纯度(spectrum purity),在图 2.14 至图 2.33 中给出了测试结果。图 2.14 至图 2.18 测试条件为:端口 1 源最大功率输出,接收机内置衰减器设置 20dB,接收机中频带宽(intermediate frequency band width, IFBW)为 1kHz。图 2.19 至图 2.28 测试条件为:端口 2 源输出功率 0dBm,接收机内置衰减器设置 0dB,接收机中频带宽为 1kHz。图 2.29 至图 2.33 测试条件为:端口 2 源输出功率 0dBm,接收机内置衰减器设置 0dB,接收机中频带宽为 3Hz。表 2.4 和表 2.5 统计并比较了新旧 PNA-X 内置源的谐波抑制情况,从测试结果来看,新版 DDS 源整体优于旧版 PLL 源,端口 1 有滤波器组而端口 2 无滤波器组。

表 2.4　新旧 PNA-X 内置源谐波抑制比较(端口 1 有滤波器)

频　率	新 PNA-X(DDS 源)	旧 PNA-X(PLL 源)
谐波抑制@1GHz(dBc)	56.32	52.91
谐波抑制@10GHz(dBc)	59.75	62.78
谐波抑制@20GHz(dBc)	70.79	63.02
谐波抑制@30GHz(dBc)	68.31	63.60
谐波抑制@40GHz(dBc)	—	—

表 2.5　新旧 PNA-X 内置源谐波抑制比较(端口 2 无滤波器)

频　率	新 PNA-X(DDS 源)	旧 PNA-X(PLL 源)
谐波抑制@1GHz(dBc)	36.49	34.63
谐波抑制@10GHz(dBc)	25.10	31.11
谐波抑制@20GHz(dBc)	58.66	61.14
谐波抑制@30GHz(dBc)	58.42	61.25
谐波抑制@40GHz(dBc)	—	—

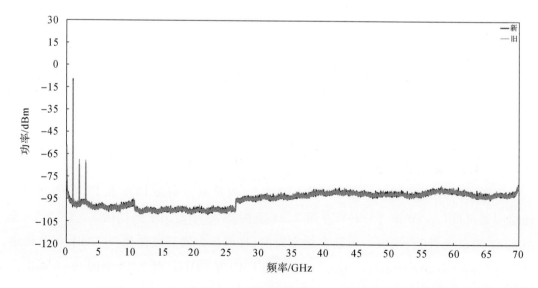

图 2.14　Keysight® PNA-X 新旧内置源 1GHz 下最大输出功率频谱

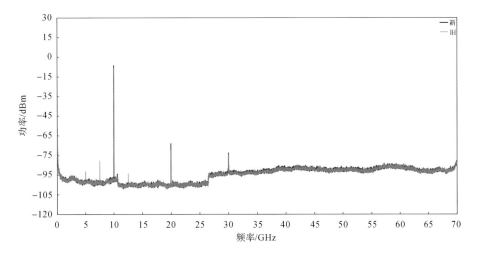

图 2.15　Keysight® PNA-X 新旧内置源 10GHz 下最大输出功率频谱

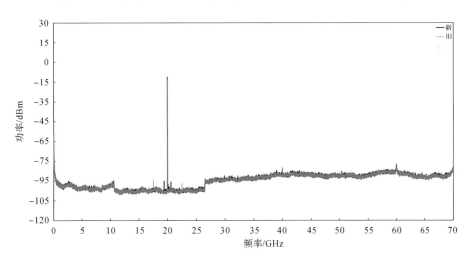

图 2.16　Keysight® PNA-X 新旧内置源 20GHz 下最大输出功率频谱

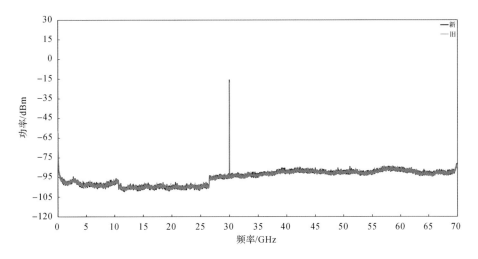

图 2.17　Keysight® PNA-X 新旧内置源 30GHz 下最大输出功率频谱

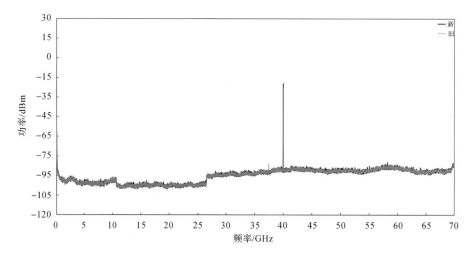

图 2.18　Keysight® PNA-X 新旧内置源 40GHz 下最大输出功率频谱

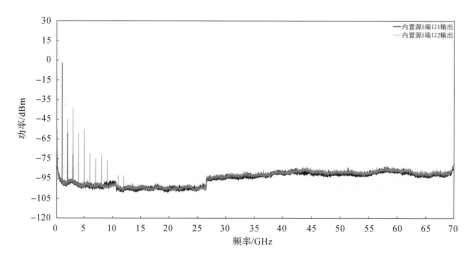

图 2.19　Keysight® PNA-X 新旧内置源 1GHz 下不同端口输出频谱比较

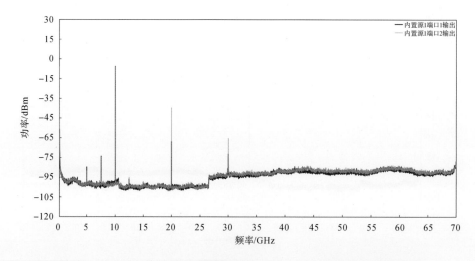

图 2.20　Keysight® PNA-X 新旧内置源 10GHz 下不同端口输出频谱比较

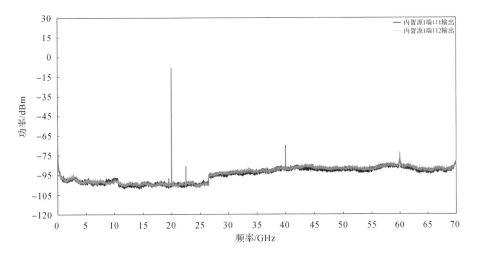

图 2.21 Keysight® PNA-X 新旧内置源 20GHz 下不同端口输出频谱比较

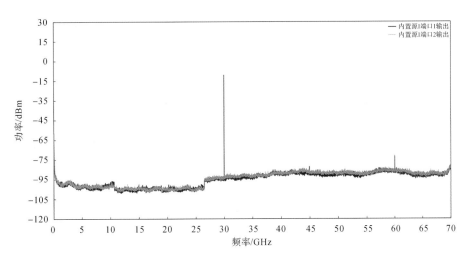

图 2.22 Keysight® PNA-X 新旧内置源 30GHz 下不同端口输出频谱比较

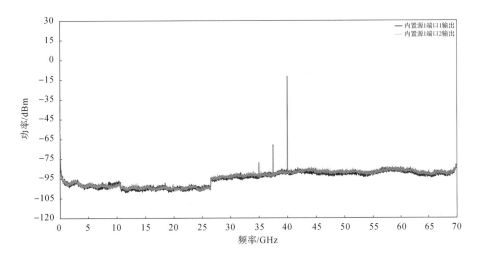

图 2.23 Keysight® PNA-X 新旧内置源 40GHz 下不同端口输出频谱比较

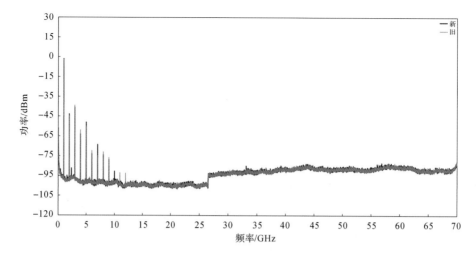

图 2.24　Keysight® PNA-X 新旧内置源 1GHz,0dBm 输出功率频谱

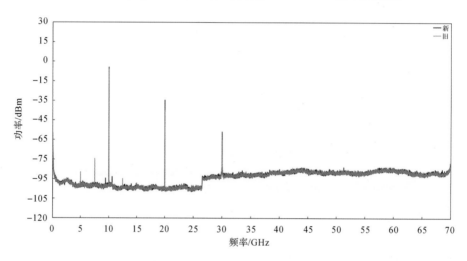

图 2.25　Keysight® PNA-X 新旧内置源 10GHz,0dBm 输出功率频谱

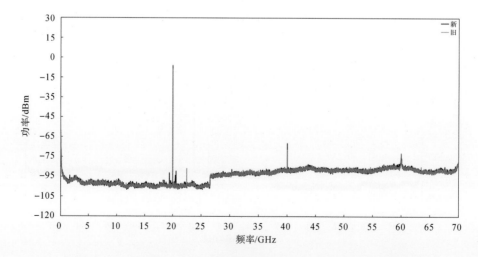

图 2.26　Keysight® PNA-X 新旧内置源 20GHz,0dBm 输出功率频谱

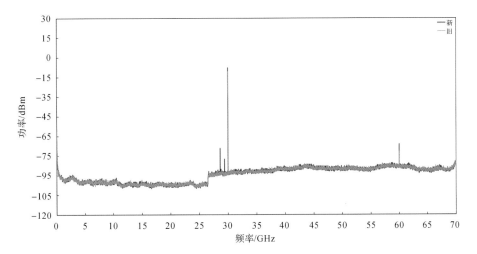

图 2.27 Keysight® PNA-X 新旧内置源 30GHz,0dBm 输出功率频谱

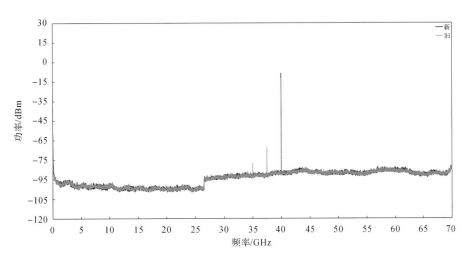

图 2.28 Keysight® PNA-X 新旧内置源 40GHz,0dBm 输出功率频谱

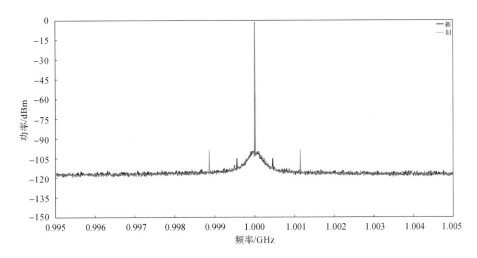

图 2.29 Keysight® PNA-X 新旧内置源 1GHz 下近端频谱

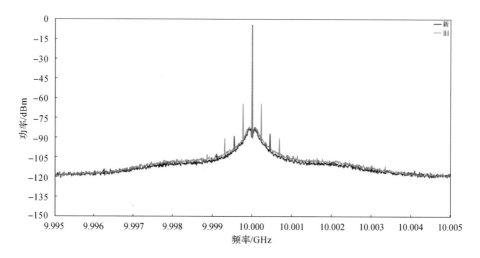

图 2.30　Keysight® PNA-X 新旧内置源 10GHz 下近端频谱

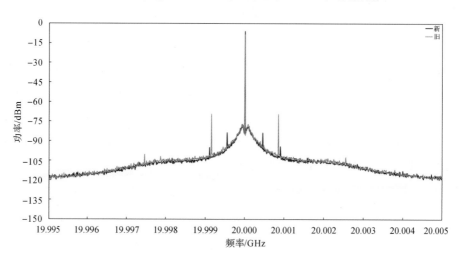

图 2.31　Keysight® PNA-X 新旧内置源 20GHz 下近端频谱

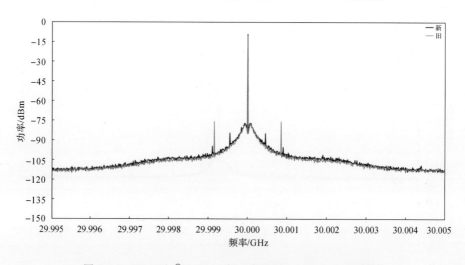

图 2.32　Keysight® PNA-X 新旧内置源 30GHz 下近端频谱

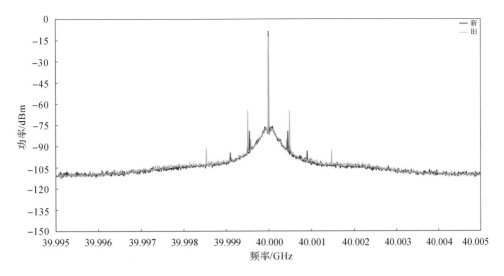

图 2.33　Keysight® PNA-X 新旧内置源 40GHz 下近端频谱

2.1.1.3　源相位噪声

笔者实测并比较了新旧 Keysight® PNA-X（内置源分别为 DDS 和 PLL）的源相位噪声（phase noise），测试条件为端口 1 源输出功率 0dBm，接收机内置衰减器设置 0dB，测试结果如图 2.34 至图 2.38 所示。表 2.6 统计并比较了新旧 PNA-X 内置源相位噪声，从测试结果来看，新版 DDS 源相噪整体明显优于旧版 PLL 源，依 Keysight® 公司提供的资料，其出口管制版本会进一步提高源相噪水平，对比结果如图 2.39 所示。

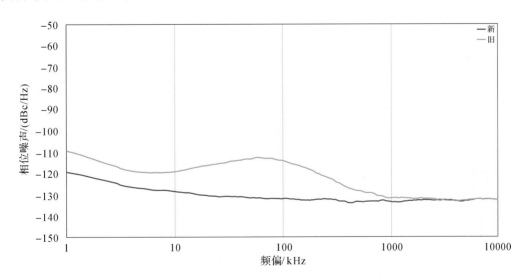

图 2.34　Keysight® PNA-X 新旧内置源 1GHz 下相位噪声

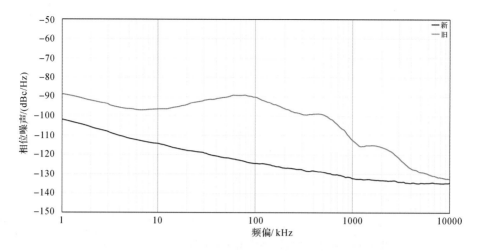

图 2.35　Keysight® PNA-X 新旧内置源 10GHz 下相位噪声

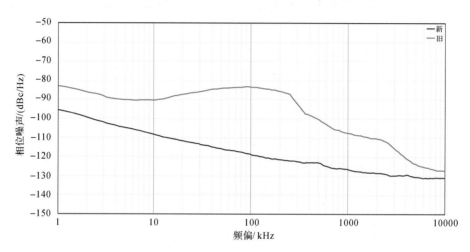

图 2.36　Keysight® PNA-X 新旧内置源 20GHz 下相位噪声

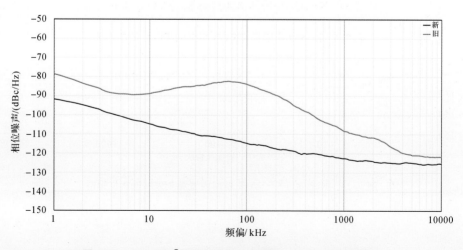

图 2.37　Keysight® PNA-X 新旧内置源 30GHz 下相位噪声

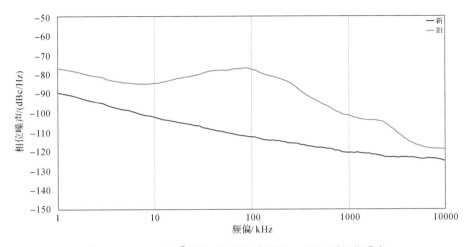

图 2.38　Keysight® PNA-X 新旧内置源 40GHz 下相位噪声

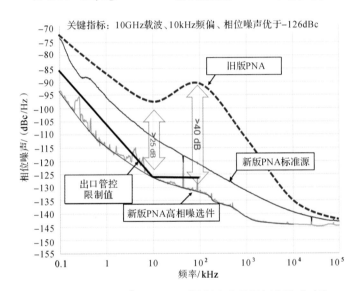

图 2.39　Keysight® PNA-X 不同版本内置源相位噪声对比

表 2.6　Keysight® 新旧 PNA-X 相位噪声对比测试结果

频偏	仪器	中心频点				
		1GHz dBc/Hz	10GHz dBc/Hz	20GHz dBc/Hz	30GHz dBc/Hz	40GHz dBc/Hz
1kHz	新 PNA-X	−119.33	−101.76	−95.39	−91.65	−89.43
	旧 PNA-X	−109.40	−88.55	−82.96	−76.60	−76.93
10kHz	新 PNA-X	−128.50	−114.18	−108.18	−104.63	−102.12
	旧 PNA-X	−119.20	−96.42	−90.328	−88.80	−84.60
100kHz	新 PNA-X	−131.95	−124.46	−118.509	−114.60	−112.49
	旧 PNA-X	−114.18	−90.16	−83.46	−83.80	−77.47

续表

频偏	仪器	中心频点				
		1GHz dBc/Hz	10GHz dBc/Hz	20GHz dBc/Hz	30GHz dBc/Hz	40GHz dBc/Hz
1MHz	新 PNA-X	−133.46	−132.21	−126.33	−122.49	−120.59
	旧 PNA-X	−131.70	−112.43	−107.48	−108.26	−101.39
10MHz	新 PNA-X	−132.48	−134.54	−130.97	−125.28	−124.78
	旧 PNA-X	−132.45	−132.53	−127.02	−121.78	−118.80

2.1.2 接收机参数指标

2.1.2.1 超外差接收机

矢量网络分析仪接收机结构如图 2.40 所示,一般采用经典的超外差接收机(superheterodyne receiver)结构。

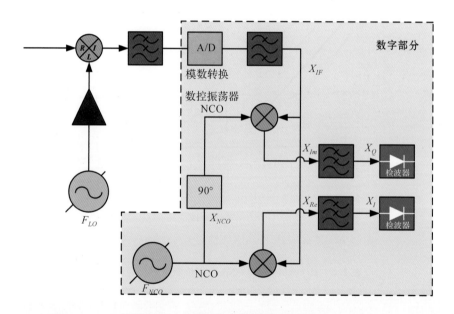

图 2.40 矢量网络分析仪接收机结构

超外差接收机原理如图 2.41(左)所示。接收机本地振荡器(local oscillator,LO)生成频率为 F_{LO} 的正弦信号,输入中心频率作为射频(radio frequency,RF),F_{RF} 是经调制的频带有限信号,通常 $F_{LO} > F_{RF}$,两信号由混频器变频后,输出差频分量 F_{IF},F_{IF} 称作中频(intermediate frequency,IF)信号,中频频率 $F_{IF} = F_{LO} - F_{RF}$,如图 2.41(右)所示。输出的中频信号除中心频率由 F_{RF} 变为 F_{IF} 外,其他频谱结构与输入信号完全相同,保留了输入信号的全部有用信息。

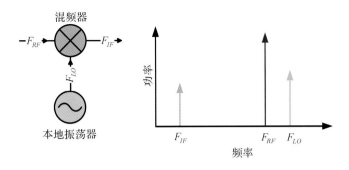

图 2.41 超外差接收机原理与频谱

典型超外差接收机结构如图 2.42 所示。接收机前端收到的信号经低噪声放大器进行高频放大后,与本振产生的信号一起进入混频器变频并得出中频信号,再经由中频放大、检波与低频放大等电路处理后,最终送至解调器分析。超外差接收机工作频带通常很宽,在接收不同频率的输入信号时,通过改变本振频率 F_{LO} 的方式,使混频后的中频频率 F_{IF} 保持固定。

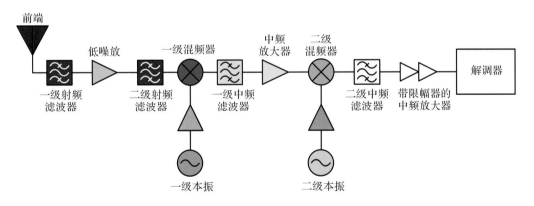

图 2.42 典型超外差接收机结构

2.1.2.2 本底噪声

笔者实测并比较了 Keysight® PNA-X N5247B 和 N5251A 矢量网络分析仪的接收机本底噪声(noise floor),测试结果如图 2.43 和图 2.44 所示。由测试结果可分析得出以下几点结论。

①中频带宽大小直接影响本底噪声的高低,中频带宽每提升一个数量级,本底噪声提升 10dB。

②Keysight® PNA-X 系列矢量网络分析仪接收机在 26.5GHz 以下采用基波混频方式而在 26.5GHz 以上采用谐波混频方式,由本底噪声上台阶的突变位置可以很清晰地观测到这个转变点。

③N5251A 900Hz~110GHz 毫米波矢量网络测试系统在 70GHz 以内使用 N5247B

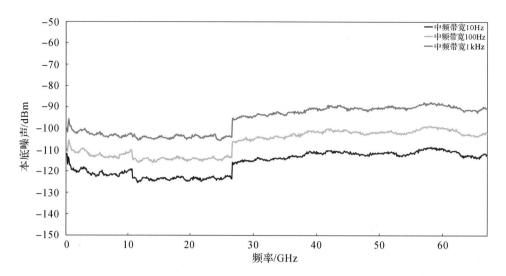

图 2.43　Keysight® PNA-X N5247B 本底噪声与中频带宽关系

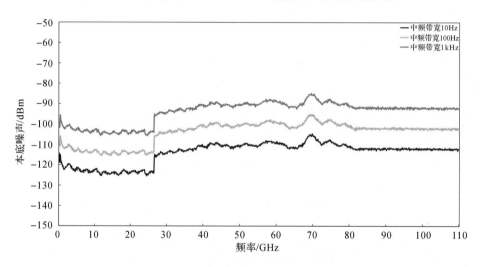

图 2.44　Keysight® PNA-X N5251A 本底噪声与中频带宽关系

矢量网络分析仪自身接收机,在 70GHz 以上信号经过 OML®公司毫米波扩频模块进行下变频后再进入矢量网络分析仪接收机,变频位置本底噪声最差,该硬件上的影响会在之后的校准结果上有所体现,表现为 70GHz 附近的校准结果最差。

2.1.3　综合指标

2.1.3.1　动态范围

笔者实测并比较了 Keysight® PNA-X N5247B 和 N5251A 矢量网络分析仪的动态范围(dynamic range),测试结果如图 2.45 和图 2.46 所示。该值由内置源最大输出功率和接收机本底噪声共同决定,其影响因素亦是以上两者之和,在实际测试过程中,应尽量优化系统设置,提高系统的动态范围。

图 2.45　Keysight® PNA-X N5247B 动态范围与中频带宽关系

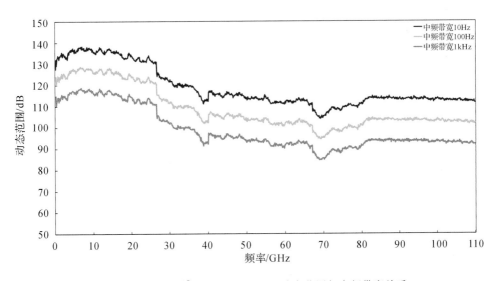

图 2.46　Keysight® PNA-X N5251A 动态范围与中频带宽关系

2.1.3.2　迹线噪声

笔者实测并比较了 Keysight® PNA-X N5247B 和 N5251A 矢量网络分析仪在不同频率与不同中频带宽下的迹线噪声(trace noise),测试结果如图 2.47 和图 2.48 所示。图 2.49 给出了实测 N5247B 在不同输入功率下的迹线噪声,图 2.50 给出了实测 R&S® ZNA43 的迹线噪声并与官方手册比较,希望读者可以参考实测值,优化系统设置,提高测试精度。

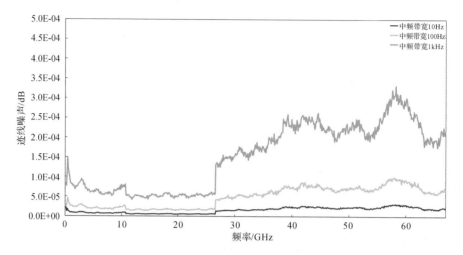

图 2.47 Keysight® PNA-X N5247B 0dBm 输入功率时迹线噪声与中频带宽关系

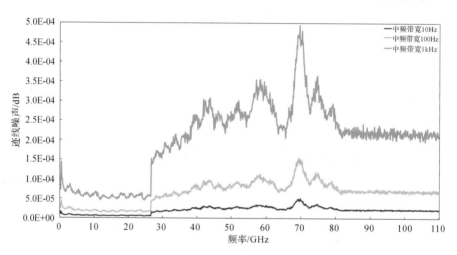

图 2.48 Keysight® PNA-X N5251A 0dBm 输入功率时迹线噪声与中频带宽关系

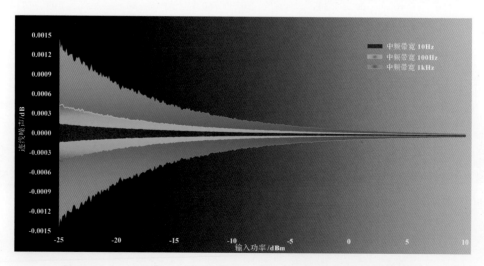

图 2.49 Keysight® PNA-X N5247B 10GHz 时迹线噪声与输入功率关系

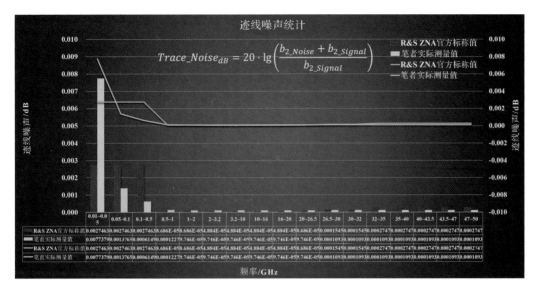

图 2.50　R&S® ZNA43 迹线噪声标称值与实测值比较

2.2　S 参数校准基本过程

众所周知,任何测试系统都存在测试误差,测试误差从其来源上可分为三种:系统误差、随机误差和漂移误差。

①系统误差(system error)是由仪表内部测试装置不理想引起的,是可预知和可复现的,假定为不随时间变化的,能够定量描述的,可以在测试过程中通过校准消除的误差。

②随机误差(random error)是不可预知的,以随机形式存在的,会随时间变化,不能通过校准消除的误差。随机误差的主要来源有仪表内部噪声(如信号源相位噪声、采样噪声、中频接收机本底噪声等)、开关动作重复性、连接器重复性等,一般通过多次测量求平均值来降低随机误差干扰。

③漂移误差(drift error)是仪表在校准后测试装置性能漂移引起的误差。漂移误差主要由温度变化造成,可通过进一步校准(如去专门机构计量)消除,校准后仪表能够保持稳定精度的时间长短取决于测试环境中仪表的漂移速度。

传统的误差修正是一个后置处理过程,即测量结束后在原始的测量数据上叠加误差项与误差修正算法得到准确的结果。校准原理如图 2.51 所示。

矢量网络分析仪的误差修正包括两个步骤:第一步是校准或误差项采集,通过表征已知校准标准件,确定矢量网络分析仪的系统误差项;第二步为测量或误差修正应用,测试被测件后利用误差修正算法来获得正确的结果。

矢量网络分析仪基于内部结构有两种基本的误差模型(error model):一种要求测量时同时使用 3 个同步接收机,包括共用的 1 个入射波接收机和 2 个反射波接收机,称为

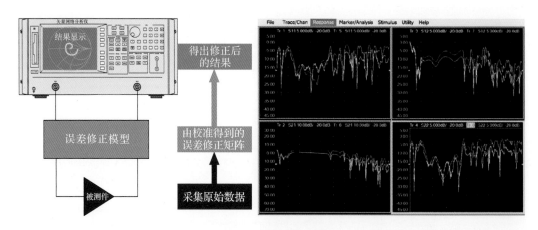

图 2.51 校准原理与实例

12 项误差模型(简称 12 项模型,8 项、16 项等情况同理);另一种要求 4 个接收机都参与测量,即 2 个测量入射波、2 个测量反射波,称为 8 项模型。现代矢量网络分析仪都会应用这两种误差模型,两者之间的转换关系也很简单。实际中,大多数现代矢量网络分析仪严格使用 12 项模型来表示误差项,但在确定其值时,使用 8 项模型更方便。其他模型如 16 项模型等会涉及更多影响因素,但并不常用。具体的校准方法及原理将会在第 5 章中详细讨论。

2.3 本章小结

本章首先简要介绍了作为射频微波测试领域中最核心也是最复杂的仪器——现代化矢量网络分析仪的基本硬件结构及当前可实现的测试功能;然后详细分析了决定其测试精度的各项关键指标,给出了笔者实际测试的结果并加以形象化的说明;最后简要概述了 **S** 参数校准的基本过程,让读者对校准有一个基本概念,以便后续章节的展开。

参考文献

[1] Matthews E W. The Use of Scattering Matrices in Microwave Circuits[J]. IRE Transactions on Microwave Theory and Techniques,1955,3(3):21-26.

[2] Kurokawa K. Power Waves and the Scattering Matrix[J]. IEEE Transactions on Microwave Theory and Techniques,1965,13(2):194-202.

[3] Rytting D. ARFTG 50 Year Network Analyzer History[C]// 71st ARFTG Microwave Measurement Conference,2008.

[4] Keysight®. Understanding the Fundamental Principles of Vector Network Analysis[Z]. Santa Rosa:Keysight®,2020.

[5] Keysight®. Vector Network Analyzers Technical Overview[Z]. Santa Rosa:Keysight®,2021.

[6] Keysight®. PNA Series Network Analyzers Help (User Guide,Programming Guide)[Z]. Santa Rosa:

Keysight®，2022.

［7］Keysight®. Keysight 2-Port and 4-Port PNA-X Network Analyzer N5244B 900 Hz to 43.5 GHz N5245B 900 Hz to 50 GHz Data Sheet［Z］. Santa Rosa：Keysight®，2021.

［8］Keysight®. Keysight 2-Port and 4-Port PNA-X Network Analyzer N5247B 900 Hz to 67 GHz Technical Specifications［Z］. Santa Rosa：Keysight®，2021.

［9］Keysight®. Keysight N5251A PNA Series 2-Port and 4-Port Microwave Network Analyzer System (10 MHz-110 GHz) Installation and Service Guide［Z］. Santa Rosa：Keysight®，2015.

［10］Keysight®. Keysight Technologies N5261A and N5262A Millimeter Head Controller User's and Service Guide［Z］. Santa Rosa：Keysight®，2016.

［11］Keysight®. Keysight 2-Port and 4-Port PNA-X Network Analyzer N5290A 900 Hz to 110 GHz Technical Specifications［Z］. Santa Rosa：Keysight®，2021.

［12］Keysight®. Keysight 2-Port and 4-Port PNA-X Network Analyzer N5291A 900 Hz to 120 GHz Technical Specifications［Z］. Santa Rosa：Keysight®，2021.

［13］Keysight®. PNA Family Microwave Network Analyzers (N522x/3x/4xB) Configuration Guide［Z］. Santa Rosa：Keysight®，2021.

［14］Keysight®. PNA and PNA-X Series Microwave Network Analyzers Brochure［Z］. Santa Rosa：Keysight®，2021.

［15］R&S®. R&S® ZVA、R&S® ZVB、R&S® ZVT Operating Manual［Z］. München：R&S®，2014.

［16］R&S®. R&S® ZVA Vector Network Analyzer Specifications Data Sheet［Z］. München：R&S®，2020.

［17］Anritsu®. Anritsu® VectorStar™ MS4640B Vector Network Analyzer Series Product Brochure［Z］. Allen：Anritsu®，2021.

［18］R&S®. R&S® ZNA Operating Manual［Z］. München：R&S®，2021.

［19］R&S®. R&S® ZNA Vector Network Analyzer Specifications Data Sheet［Z］. München：R&S®，2021.

［20］Keysight®. M980xA Series PXIe Vector Network Analyzer Configuration Guides［Z］. Santa Rosa：Keysight®，2022.

［21］Keysight®. Streamline Series Vector Network Analyzer (A-Models)［Z］. Santa Rosa：Keysight®，2022.

［22］中电科思仪科技股份有限公司. 3674 系列矢量网络分析仪产品手册［Z］. 青岛：中电科思仪科技股份有限公司，2022.

第 **3** 章

校准标准件制造与建模

3.1 校准件分类与特点

矢量网络分析仪与其他仪器在使用上的最大不同之处在于测试之前必须进行相应校准，而校准矢量网络分析仪必须用到校准标准件（简称校准件，calkit）。校准件依其物理接口状态不同可分为同轴型（coaxial）、波导型（waveguide）和在片型（on wafer）三种，如图 3.1 所示。

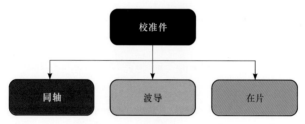

图 3.1　校准件接口类型

一般校准件典型值如图 3.2 所示，开路标准件由于边缘电容影响，一般呈容性，短路标准件呈感性，负载标准件则一般伴有寄生电感。

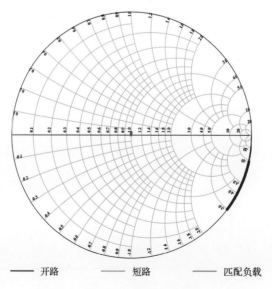

图 3.2　校准件典型值

3.1.1　同轴校准件

IEEE 287-2007[1]标准及其他资料[2-3]给出的常用同轴校准件基本参数如表 3.1 所示。同轴校准件外导体材料一般采用不锈钢镀金,中心导体一般采用铍铜镀金并用热塑聚碳酸酯(polycarbonate)或其他塑料材料制成的绝缘支架加以固定。

表 3.1　常用同轴校准件基本参数

名　称	外导体直径 (空气介质)/mm	额定频率/ GHz	理论最高主模频率 (空气介质)/GHz
N 型精密(50Ω)	7.00	18.0	19.4
3.5mm	3.50	33.0	38.8
2.92mm(K)	2.92	40.0	46.5
2.4mm	2.40	50.0	56.5
1.85mm(V)	1.85	65.0(70)	73.3
1.35mm	1.35	90(92)	≈99
1mm	1.00	110.0(120.0)	135.7
0.8mm	0.8	145.0	≈166
0.6mm	0.6	待定	≈222
0.4mm	0.4	待定	≈333

3.1.1.1　开路标准件

同轴开路标准件物理结构如图 3.3 所示。首先要明确一点:实际上并不存在完全理想的校准标准件。所有的开路结构都会伴有寄生的边缘电容,并且所有的同轴开路结构也都有长度偏置(offset)。因此,由于开路偏置的缘故,人们永远不会在 Smith 图中代表 $Z=\infty$ 的边缘处看到只有一点存在,开路在图上永远是一条弧,而这也是很多工程师疑惑的地方:校准结束后,为什么测试校准件得到的并不是理想值? 对这一问题,可以简单解释如下:校准的参考面通常在缆线端面,校准是为了修正从矢量网络分析仪的标准参考面到测试参考面的误差,校准后的测试值是从缆线端面向外看去的结果,所以自然该显示校准件含有偏置与寄生的结果。图 3.3(b)为带有中心导体延长器的阳性校准件,延长器通常加在标准件后方,并有一个用热塑聚碳酸酯或其他塑料材料制成的绝缘支架,在低成本套件的射频连接器中常见的结构没有延长器,但需要提供隔离或外部导体来避免中心针(center-pin)的辐射。这里边缘电容的确定性不如柱状线,后者的边缘电容来自中心针的延长。引起不确定性的原因之一是,阴性中心针间隙与阳性中心针间隙有所不同。开路标准件的一个常见问题是:如果没有屏蔽中心针,则会产生辐射。因此,所有精确的校准套件都为开路电路加上了屏蔽;但是夹具、探针和适配器中的开路电路有时只能用不精确的元件来充当。

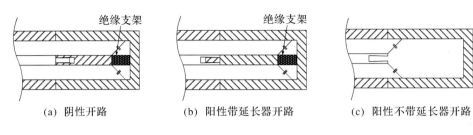

(a) 阴性开路　　　　　(b) 阳性带延长器开路　　　　　(c) 阳性不带延长器开路

图 3.3　同轴开路标准件物理结构

3.1.1.2　短路标准件

同轴短路标准件物理结构如图 3.4 所示。短路标准件在某种意义上要比开路标准件更理想,因为在短路平面处,反射特性近乎完美。在所有的机械校准件里,短路电路是最简单的一种,通常只包括一个接地的中心针。尽管短路标准件的长度不需要与开路的长度匹配,但是最好将长度做得稍长一点,这样可以使短路标准件的相位对频率偏置与开路相匹配(开路由于边缘电容的存在,会有一些过量的相位)。理想情况下,在工作频率范围内,短路与开路的相位需要保持 180° 相位差。短路标准件的残留误差通常最小,在带阻校准中,3 个校准标准件都是偏置短路(offset short),即拥有不同时延的短路(理论上只要有 3 个已知的不同匹配状态的校准件就可以完成单端口校准)。在计量学应用中经常使用偏置短路进行校准,在这些应用中,短路标准件的直径和长度可以很精确地表征出来,并可以保证阻抗和时延的计算误差最小,这样 SOLT(短路、开路、负载、直通)校准方法就变为 SSST(偏置短路、直通)校准方法。因为在高频下制造拥有良好匹配的固定负载十分困难,这些特点使得 SSST 校准方法在高频毫米波中尤其适用。

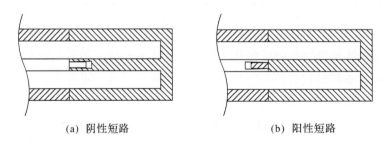

(a) 阴性短路　　　　　　　　　　(b) 阳性短路

图 3.4　同轴短路标准件物理结构

3.1.1.3　负载标准件

同轴负载标准件物理结构如图 3.5 所示。负载标准件(load)通常是最难加工生产的,随着频率升高,负载标准件的误差也会显著增加。负载标准件通过电阻性元件端接同轴校准件来构成,通常采用涂有氮化钽(TaN)的薄膜电路,在不同频率下提供恒定阻抗负载(fixed load)。常见的负载标准件模型中只有 1 个电阻和 1 段时延线,电阻的值可以与系统 Z_0 不同,但是通常都设为 Z_0。传输线的阻抗值通常也设为 Z_0。负载标准件的另一种模型是 RL 串联电路,但是很多矢量网络分析仪模型中没有 RL 组合这一项,要将负载时延线的阻抗设定到一个非常高的值(大多数矢量网络分析仪中最大允许值是 500Ω)以及调整线长度的值,使其偏置与实际电感的相位偏置等价,从而模拟电感的影响。

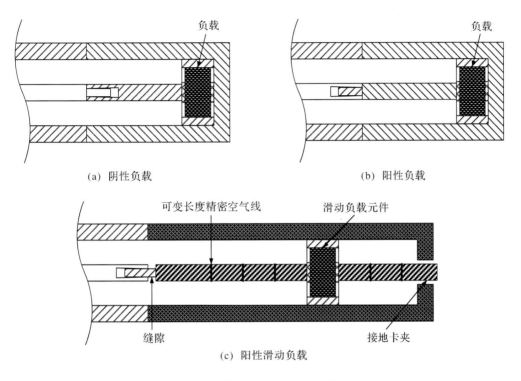

(a) 阴性负载　　　　　　　　　　　　(b) 阳性负载

(c) 阳性滑动负载

图 3.5　同轴负载标准件物理结构

　　滑动负载(sliding load)更准确的名称应该是滑动失配(sliding mismatch),它由一段空气线加上一个适当的终端构成,如图 3.5(c)所示。空气线的中心导体可以滑动到外部导体达不到的地方,以此产生平滑的连接。负载标准件通常不是电阻性标准件,更常见的是锥形珠状有损材料,使得空气线看起来是有损元件。设计上,它的阻抗不是正好的 50Ω,回波损耗一般在 26~40dB。空气线的远端以计量级长度标距,采用精确连接器固定在外导体上,这样只有测试端口处才会有间隙。滑动负载上的间隙非常重要,因为所有的测试端口都必须有间隙,以避免中心轴连接所产生的各种影响,如果滑动负载牢牢地压在测试端口中心轴上,那么此端口上的任何被测件都达不到如此良好的接触性能,反射也达不到这么小。滑动负载的设计使得中心导体的位置准确位于参考平面。值得注意的是,任何被测件在设计上都可能有稍大些的间隙,以避免测试端口的干扰。因此,测试端口和任何被测件的中心针都应该轻微凹陷。

　　滑动负载在滑动时表现出的阻抗在 Smith 图上排列成一圈。对于滑动负载标准件来说,需要采集几次数据,每次滑动的长度偏置不同。这会在 Smith 图上产生一系列点的轨迹,其中心点是空气线的阻抗。计算得出的这个中心点与 Smith 图中心点的差异就是其方向性误差项。

负载元素故意设计成不完美的匹配,这样由负载点组成的圆形轨迹的直径可以达到足够大,此时滑动位置的迹线噪声不会因计算圆心而恶化。

进行滑动负载校准时需要考虑一些特殊问题。滑动负载空气线部分的质量决定了校准的质量。由于线的空气长度是有限的,有损部分只在射频频率(300kHz~300GHz)上才起作用,因此滑动负载标准件只适用于射频及以上的频率范围。而实际的工作频率由校准条件决定,滑动负载常见的起始频率在 2GHz~3GHz,在起始频率以下,必须使用固定负载加以补充。

当使用滑动负载时,建议以偶数步进改变滑动位置,以避免产生周期性的影响:在一些频率下,负载响应与上一步进频率的相位相同。许多滑动负载外导体带有对数间隔的游标,为设置滑动位置提供参考。通常,要滑动 5 次或 5 次以上,以普通最小二乘法(ordinary least squares,OLS)来计算圆心,计算结果如图 3.6 所示,如有需要,矢量网络分析仪程序常会允许更多次的滑动。最好只沿一个方向滑动,这样可以使得稳定性误差最小。因为在高频状态下空气线的阻抗保持较高质量,滑动负载校准能更好地计算方向性误差项,正因为如此,它也能更好地确定源匹配。而在滑动负载起始频率以下处,反射追踪项不太受方向性误差项的影响。

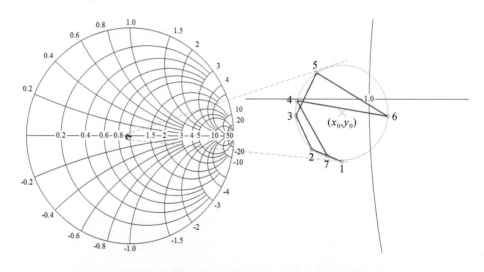

图 3.6   滑动负载不同位置反射情况(@10GHz)

以 OLS 拟合圆的过程如下:式(3.1)为圆的定义式,构造目标函数式(3.2),由于式(3.2)求解不便,改造目标函数如式(3.3)所示,展开式(3.3)得到式(3.4)。

$$(x - x_0)^2 + (y - y_0)^2 = r^2 \tag{3.1}$$

$$F = \sum_{i=1}^{n} \left[\sqrt{(x_i - x_0)^2 + (y_i - y_0)^2} - r \right]^2 \tag{3.2}$$

$$G = \sum_{i=1}^{n} \left[(x_i - x_0)^2 + (y_i - y_0)^2 - r^2 \right]^2 \tag{3.3}$$

$$G = \sum_{i=1}^{n} (x_i^2 - 2x_0 x_i + x_0^2 + y_i^2 - 2y_0 y_i + y_0^2 - r^2)^2 \tag{3.4}$$

令：

$$B = -2y_0 \tag{3.5}$$

$$A = -2x_0 \tag{3.6}$$

$$C = x_0^2 + y_0^2 - r^2 \tag{3.7}$$

由式(3.5)至式(3.7)可将式(3.4)改写为式(3.8)。

$$G = \sum_{i=1}^{n} (x_i^2 + y_i^2 + Ax_i + By_i + C)^2 \tag{3.8}$$

由 OLS 原理，参数 A、B、C 应使 G 取得极小值，则 G 此时对 A、B、C 的偏导数应该为 0，即应满足式(3.9)至式(3.11)。

$$\frac{\partial G}{\partial A} = 2\sum_{i=1}^{n} (x_i^2 + y_i^2 + Ax_i + By_i + C)^2 x_i = 0 \tag{3.9}$$

$$\frac{\partial G}{\partial B} = 2\sum_{i=1}^{n} (x_i^2 + y_i^2 + Ax_i + By_i + C)^2 y_i = 0 \tag{3.10}$$

$$\frac{\partial G}{\partial C} = 2\sum_{i=1}^{n} (x_i^2 + y_i^2 + Ax_i + By_i + C)^2 = 0 \tag{3.11}$$

构造运算 $n\dfrac{\partial G}{\partial A} - \dfrac{\partial G}{\partial C}\sum_{i=1}^{n} x_i$ 得式(3.12)。

$$\left(n\sum_{i=1}^{n} x_i^2 - \sum_{i=1}^{n} x_i \sum_{i=1}^{n} x_i\right)A + \left(n\sum_{i=1}^{n} x_i y_i - \sum_{i=1}^{n} x_i \sum_{i=1}^{n} y_i\right)B + n\sum_{i=1}^{n} x_i^3$$
$$+ \sum_{i=1}^{n} x_i y_i^2 + \sum_{i=1}^{n} (x_i^2 + y_i^2)\sum_{i=1}^{n} x_i = 0 \tag{3.12}$$

构造运算 $n\dfrac{\partial G}{\partial B} - \dfrac{\partial G}{\partial C}\sum_{i=1}^{n} y_i$ 得式(3.13)。

$$\left(n\sum_{i=1}^{n} x_i y_i - \sum_{i=1}^{n} x_i \sum_{i=1}^{n} y_i\right)A + \left(n\sum_{i=1}^{n} y_i^2 - \sum_{i=1}^{n} y_i \sum_{i=1}^{n} y_i\right)B + n\sum_{i=1}^{n} y_i^3$$
$$+ \sum_{i=1}^{n} x_i^2 y_i + \sum_{i=1}^{n} (x_i^2 + y_i^2)\sum_{i=1}^{n} y_i = 0 \tag{3.13}$$

由式(3.12)和式(3.13)可构造求解 A、B 的线性方程组即式(3.14)，其各项系数定义如式(3.15)至式(3.19)所示。

$$\begin{bmatrix} D_{11} & D_{12} \\ D_{21} & D_{22} \end{bmatrix} \begin{bmatrix} A \\ B \end{bmatrix} = \begin{bmatrix} -E_1 \\ -E_2 \end{bmatrix} \tag{3.14}$$

$$D_{11} = n\sum_{i=1}^{n} x_i^2 - \sum_{i=1}^{n} x_i \sum_{i=1}^{n} x_i \tag{3.15}$$

$$D_{12} = D_{21} = n\sum_{i=1}^{n} x_i y_i - \sum_{i=1}^{n} x_i \sum_{i=1}^{n} y_i \tag{3.16}$$

$$D_{22} = n\sum_{i=1}^{n} y_i^2 - \sum_{i=1}^{n} y_i \sum_{i=1}^{n} y_i \tag{3.17}$$

$$E_1 = n\sum_{i=1}^{n} x_i^3 + \sum_{i=1}^{n} x_i y_i^2 + \sum_{i=1}^{n} (x_i^2 + y_i^2) \sum_{i=1}^{n} x_i \tag{3.18}$$

$$E_2 = n\sum_{i=1}^{n} y_i^3 + \sum_{i=1}^{n} x_i^2 y_i + \sum_{i=1}^{n} (x_i^2 + y_i^2) \sum_{i=1}^{n} y_i \tag{3.19}$$

可用式(3.20)至式(3.22)求解参数 A、B、C。

$$A = \frac{E_2 D_{12} - E_1 D_{22}}{D_{11} D_{22} - D_{12} D_{21}} \tag{3.20}$$

$$B = \frac{E_1 D_{21} - E_2 D_{11}}{D_{11} D_{22} - D_{12} D_{21}} \tag{3.21}$$

$$C = -\frac{\sum_{i=1}^{n} (x_i^2 + y_i^2 + Ax_i + By_i)}{n} \tag{3.22}$$

最终圆方程关键参量 x_0、y_0、r 可由式(3.23)至式(3.25)求得。

$$x_0 = -\frac{A}{2} \tag{3.23}$$

$$y_0 = -\frac{B}{2} \tag{3.24}$$

$$r = \frac{\sqrt{A^2 + B^2 - 4C}}{2} \tag{3.25}$$

3.1.1.4　隔离标准件

12 项误差模型中的隔离标准件通常使用负载标准件。以端口 1、2 为例说明：在端口 1 和端口 2 连接负载标准件测量 S_{21} 和 S_{12} 时，负载贡献的 $S_{21,Load\_Act} = 0$，$S_{12,Load\_Act} = 0$，由此得出式(3.26)。其中，EXF 和 EXR 分别为前向隔离项和后向隔离项。该式说明，系统的隔离或交调误差项就是连接负载情况下的 S_{21} 和 S_{12} 测量值。通常必须使用多次测量平均值才能获得准确的测量结果，否则测量结果仅仅是矢量网络分析仪的噪声电平。某些情况下，在隔离校准时，使用被测件(端接负载)来端接测试端口有很大的好处，用这种方法，任何来自反射端口的由被测件失配泄漏的信号(例如 b_1)都可以被表征并去除(例如带阻滤波器)。

$$S_{21,Load\_Meas} = EXF, \quad S_{12,Load\_Meas} = EXR \tag{3.26}$$

3.1.1.5　直通标准件

直通标准件相对更加简单，相同规格相反极性的接口直接连接，便构成了零长度直通（0 thru[①]）［或称可插入式直通（insertable thru）］。当不满足这种条件时，要使用不可插入式直通（non-insertable thru），一般选用计量级转接器或空气线，其中无珠空气线（beadless airline）可以达到最高级别的精度。直通一般以模型参数描述，包含时延和损耗信息，当然 SOLR 方法可以不要求这些参数信息。

对于同轴校准件来讲，无论从指标还是理论角度分析，采用 MTRL 方法的机械校准件都可以将精度追溯到长度单位量纲，能提供最好的校准质量，其次是精度回溯至 MTRL 校准件的电子校准件（ecal）或基于数据（data based）的机械 SOLT 校准件，再次是带有滑动负载的 SOLT 校准件，最差的是基于多项式模型（polynomial model）的固定负载的 SOLT 校准件。影响精度的主要原因在于，在所有校准件中，描述负载反射系数的精度对最终校准结果起着至关重要的影响。

早期电子校准件的稳定性和校准方法使得它的校准质量不如机械校准件的 SOLT 方法，但是结合 SOLR 校准方法之后，最新的现代电子校准件只比最好的计量级 TRL 校准件差，与基于数据的机械校准件相当，比其他的校准质量都好。

实际使用时，由于增加了射频缆线及转接头等，缆线弯曲带来的误差会给 TRL 校准引入大量误差，并且 TRL 校准操作的复杂性与难度远高于电子校准件及 SOLT 机械校准件。电子校准件能提供优秀的校准结果，通常被认为比普通机械校准件更为稳定。为降低校准后缆线扰动的影响，最好使用计量级直通连接器及 SOLR 方法来配合电子校准件的使用，但是需要注意的是，各家电子校准件驱动不兼容，导致电子校准件的兼容性不好。综上及笔者的长期使用经验，基于数据的 SOLT 机械校准件以 SOLR 方法进行校准是目前兼顾精度、操作便捷性及仪器兼容性的最佳同轴校准方法。

笔者使用过的同轴校准件如图 3.7 至图 3.13 所示。

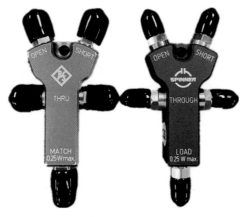

图 3.7　2.92mm 经济型 SOLT 校准件

注：左为 R&S® ZV-Z129[4]，右为 Spinner® BN533898[5]（均由 Spinner®代工）。

———————————

① 业内一般用 thru 表示 through（直通）。

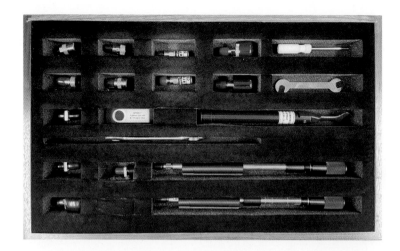

图 3.8　2.92mm 滑动负载 SOLT 校准件（Maury® 8770E[6]）

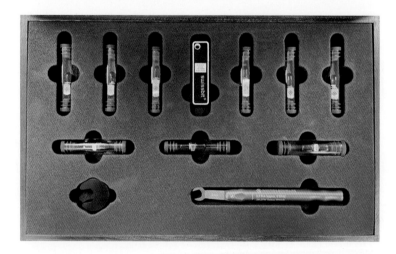

图 3.9　2.92mm 数据基 SOLR 校准件（R&S® ZN-Z229[7]）

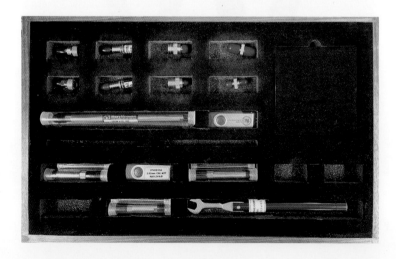

图 3.10　2.92mm LRM＋MTRL 校准件（Maury® 8760S[6]）

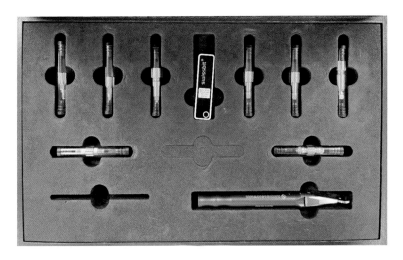

图 3.11 1.85mm 数据基 SOLT 校准件（R&S® ZV-Z218[8]，由 Spinner® 代工）

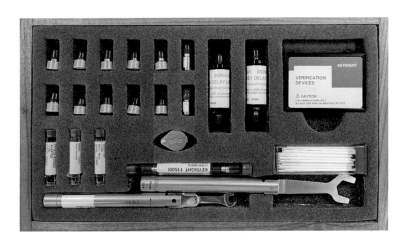

图 3.12 1.0mm 数据基 SOLR 校准与校验件（Keysight® 85059A[9]）

图 3.13 1.85mm 电子校准件（Keysight® N4694D[10]）

3.1.2 矩形波导校准件

当电磁波频率提高到 3000MHz～300GHz 的厘米波和毫米波波段时,同轴线的使用受到限制时,可以采用金属波导管或其他导波装置替代。波导管的优点是导体损耗和介质损耗小,功率容量大,没有辐射损耗,结构简单、易于制造。通常,波导专指各种形状的空心金属波导管和表面波波导,前者将被传输的电磁波完全限制在金属管内,又称封闭波导;后者将引导的电磁波约束在波导结构的周围,又称开波导。本书中所述的关于波导校准的相关内容均指矩形波导结构(简称波导),常见矩形波导基本参数如表 3.2 所示。

表 3.2　常用矩形波导

标准名称	工作频段代号	工作频率范围/ GHz	低频截止频率/ GHz	下一模式截止频率/ GHz
WR-284	S(Part)	2.60～3.95	2.08	4.16
WR-187	C(Part)	3.95～5.85	3.15	6.31
WR-137	C(Part)	5.85～8.20	4.30	8.60
WR-90	X	8.2～12.4	6.56	13.11
WR-62	Ku	12.4～18.0	9.49	18.98
WR-42	K	18.0～26.5	14.05	28.10
WR-28	Ka	26.5～40.0	21.08	42.15
WR-22	Q	33.0～50.0	26.35	52.69
WR-19	U	40.0～60.0	31.39	62.78
WR-15	V	50.0～75.0	39.88	79.75
WR-12	E	60.0～90.0	48.37	96.75
WR-10	W	75.0～110.0	59.01	118.03
WR-8	F	90.0～140.0	73.77	147.54
WR-6	D	110.0～170.0	90.79	181.58
WR-5	G	140.0～220.0	115.71	231.43
WR-4	Y	170.0～260.0	137.24	274.49
WR-3	J	220.0～325.0	173.57	347.14
WR-2	—	325～500	295.07	590.14
WR-1.5	—	500～750	393	786
WR-1	—	750～1100	590	1180

波导校准件一般使用铝合金材料加工并镀金,对于波导校准件(图 3.14 和图 3.15),波导校准与其他形式接口校准有以下几点主要区别。

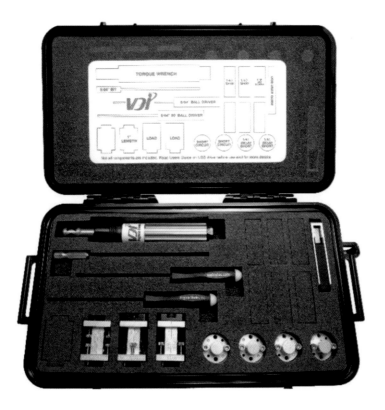

图 3.14　波导校准件(Virginia Diodes，Inc®[11])

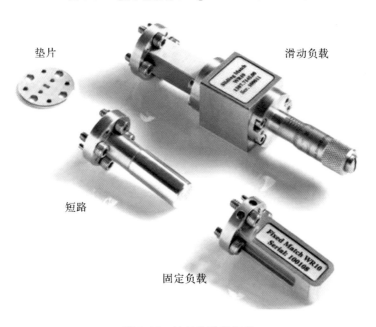

垫片

滑动负载

短路

固定负载

图 3.15　波导校准件细节

①带有开路结构的波导反射性不佳,因此不使用开路标准件,取而代之的是校准套件中的一个被称为四分之一波($\lambda/4$)垫片的标准件,它在波导带宽中心点处有 $90°$ 的相移。在规范化的波导带宽范围内,四分之一波垫片的相移范围是 $50°\sim120°$,当使用垫片作为短路校准偏置的一部分时,每个频率下的相移都必须采用波导弥散公式(3.27)进行精确计算。

$$\varphi_f = \frac{360f}{c}\sqrt{1-\left(\frac{f_c}{f}\right)}\ (°/\mathrm{m}) \tag{3.27}$$

使用四分之一波垫片校准通常采用短路、负载、偏置短路(带垫片)来进行。这样可以得到足够的标准件来进行传统的单端口校准。在最新的矢量网络分析仪中,必须用到一种额外的标准件,即偏置负载标准件。这时,短路中使用的垫片也要用在负载上,只有当垫片的阻抗和相移的不确定性小于负载的不确定性时,才能使用这种方法。波导元件大多满足上述条件,因此偏置负载校准可以将不理想负载引起的误差减少至所用垫片的水平。

②对于两端口系统来说,TRL 校准是最好也是最简单的方法,它只需一个反射标准件(通常是短路)、一个通路和一条传输线。四分之一波垫片使传输线标准件变得理想,因为它可以轻易地满足相移在 $20°\sim160°$ 的要求。这样建立标准套件就很容易,而使用 TRL 测量四分之一波垫片的准确相移也比较容易。

③对于多端口波导校准,QSOLT 校准非常合适,因为波导端口可以直接配对,这时需要使用短路、偏置短路、负载、偏置负载这 4 个标准件来进行单端口校准。接下来进行 $N-1$ 次直通连接,但是需要注意,直通的残留误差会引入到其他端口。另一种可行的方法是采用 SOLR 校准方法。

④过去假定波导校准件的波导损耗可以忽略,但随频率升高,尤其是对毫米波及以上频段而言,该假设不再成立。可采用公式(3.28),根据偏置时延和波导的维度来计算损耗。其中,h 和 w 分别为矩形波导的宽和高。

$$L_{Offset\_WG} = \frac{60\pi \cdot \ln(10)}{10}\frac{S_{21(\mathrm{dB})}}{S_{21(delay)}}\sqrt{\frac{f_c}{f}}\left[\frac{\sqrt{1-\left(\frac{f_c}{f}\right)^2}}{1+2\left(\frac{h}{w}\right)\cdot\left(\frac{f_c}{f}\right)^2}\right] \tag{3.28}$$

3.1.3 在片校准件与射频探针

3.1.3.1 在片校准件

对于在片校准件(简称校准片,ISS),采用薄膜工艺制造,如图 3.16 所示。目前常用的在片校准件一般是在电气性能良好且稳定的高纯度氧化铝陶瓷基板[12-13](Al_2O_3,"99瓷"),以蒸镀、溅射等工艺生长一层 $3\sim4\mu m$ 的金层,形成共面波导(coplanar waveguide,CPW)结构,校准件上有开路(open)、短路(short)、匹配负载(match/load)、直通(thru)、传输线(line)等结构,采用镍铬(NiCr)或氮化钽(TaN)作为电阻层材料,有些制造商采用探针悬空(in air,要求针尖高于校准片至少 $250\mu m$)作为开路结构。不过这种开路结构与短路结构的同频下相位偏差离 $180°$ 更远,校准效果不如在基板上制作的开路结构好。常见的校准件形式有 GSG、GS、GSSG、GSGSG(S:signal,G:ground)等结构,在片校准件实例如图 3.17 所示,放大结构如图 3.18 所示。一般校准件制造商会给出常温下校准片和探针配合使用的校准件参数(表 3.3),其中开路的寄生电容值一般为负数,这一点经常会让人困惑,这是因为在片校准件采用探针悬空作为开路结构时,其寄生的电容值会小于实际测试时探针接触被测件的状态,负电容表示这个差值。通常影响校准片电气参数的主要因素有校准片的物理尺寸、探针尖间距、探针压点位置等。在片校准件的详细制造过程参见第 3.2 节内容。

(a) I110-AM-GSG-10　　　　　　(b) IXT-110-GSG-100

图 3.16　Form Factor® 110GHz 毫米波探针与校准件

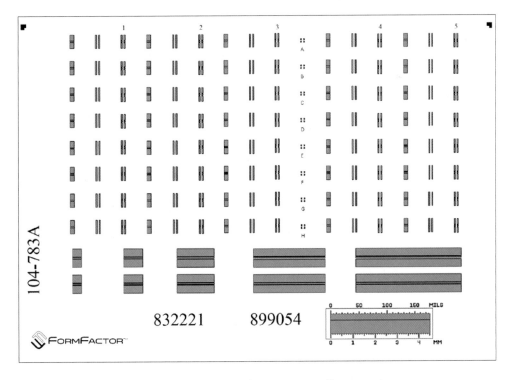

图 3.17　在片校准件实例(Form Factor® 104-783A)

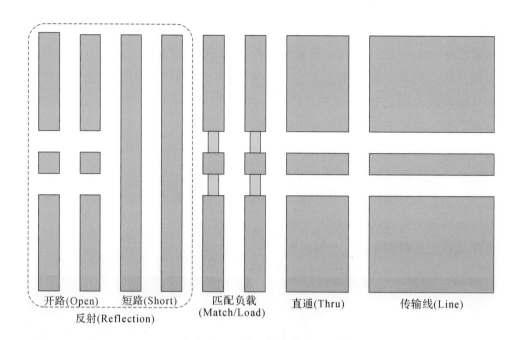

开路(Open)　　短路(Short)　　匹配负载　　直通(Thru)　　传输线(Line)
反射(Reflection)　　　　　　 (Match/Load)

图 3.18　在片校准件放大结构

表 3.3　不同探针配合 Form Factor® 104-783A[14] 校准件参数

校准件结构	参　　数	I110-AM-GSG-100	IXT-110-GSG-100
open	C_{Open}（fF）	−5.1	−5.7
short	L_{Short}（pH）	3.8	4.6
load	L_{Load}（pH）	−3.9	−2.1

3.1.3.2　射频探针

　　一提到在片测试,就必须要使用到专用的探针或探卡。射频在片测试相比于一般直流在片测试的不同之处在于,其需要使用专门的射频探针,且在片校准件的参数是和探针相配合得出的(参见表 3.3 和表 3.4),当前最常见的微同轴射频探针基本结构如图

表 3.4　Form Factor® 104-783A 校准件参数

校准件结构	物理长度/ μm	有效长度/ μm	等效介电常数/ ε_r/U	光速 c/ （m/s）	计算得电时延/ ps	电时延典型值/ ps	传输损耗/ （dB/$\sqrt{GHz}$）	偏置损耗/ （GΩ/s）
thru	200	150	5.45	299792458	1.1681	1	0.0032	37
line 1	450	400	5.45	299792458	3.1149	3	0.0100	37
line 2	900	850	5.45	299792458	6.6191	7	0.0213	37
line 3	1800	1750	5.45	299792458	13.6275	14	0.0439	37
line 4	3500	3450	5.45	299792458	26.8656	27	0.0865	37
line 5	5250	5200	5.45	299792458	40.4931	40	0.1304	37

3.19 所示。射频探针在产品生命周期的每一个阶段（从模型参数提取、设计验证及调试、小规模试生产一直到最终的量产测试）都发挥着重要作用。得益于射频探针的使用，人们可以在晶圆层面上测量射频器件的真正特性，这有助于缩短研究与设计周期并大幅降低开发成本。

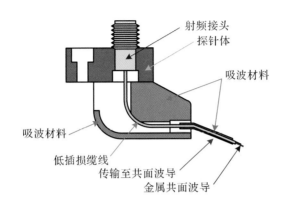

图 3.19　微同轴射频探针基本结构

在过去的近 40 年时间里，射频探针技术的发展取得了惊人的进步[15]，从早期的低频测量到如今适用多种应用场景的解决方案（如在 110GHz 高频和高低温环境进行阻抗匹配，多端口、差分和混合信号的测量，在 2GHz 连续波模式下不低于 60W、40GHz 连续波模式下 10W 左右的高功率测量），再到 1.1THz 的"太赫兹"应用中，都能见到射频探针的身影，也逐渐形成了射频探针设计的基本原则。

①射频探针的 50Ω 平面传输线应当直接与被测件焊盘相接触而不用接触导线。对于微带线和随后的共面探针设计，探针尖的接触面要足够大，以保证可靠且可重复的接触。

②为了能同时接触到被测件的信号焊盘和接地焊盘，需要将射频探针倾斜，这个过程被称为"探针平面化"。

③射频探针具有很高的接触重复性，比同轴连接器的可重复性要好得多，这保证了系统可以进行准确校准，并将测量参考平面平移至针尖处，也便于进行探针尖、在片校准件及专用校准方法的开发。

④由于射频探针针尖几何尺寸很小，可以假设在片校准件模型等效电路满足"零阶"集总参数模型，而且在知晓校准件的几何尺寸后，可以很容易地通过三维电磁场仿真软件获得校准参数模型值。

1975—2023 年射频探针发展历史如图 3.20 所示，其中统计了目前主流商用射频探针的品牌型号、发展历史及国别，下面会简要介绍它们各自的特点。

20 世纪 80 年代初，美国 Tektronix® 公司推出了最早的陶瓷基板射频探针 TMP9600 和蓝宝石（sapphire，Al_2O_3）衬底校准基片 CAL96。探针的主要开发者 Strid E

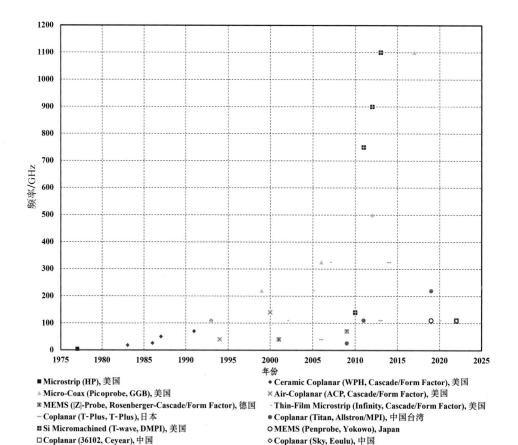

图 3.20   1975—2023 年射频探针发展历史

和 Gleason R 离开 Tektronix® 公司后，于 1983 年创办了 Cascade Microtech® 公司（2016
年被美国 Form Factor® 公司并购）并推出了 WPH 探针（陶瓷基板射频探针的基本结构
和实物照片如图 3.21 所示）。这两个公司曾经在之后的十余年间提供着非常类似的射
频探针，直到 Tektronix® 公司最终在 20 世纪 90 年代初退出射频探针市场。在这样的机
会下，Cascade Microtech® 凭借着与 HP® 公司之间良好的关系（1990 年 HP® 公司收购其
少数股权），逐渐成为工业界射频探针最主要的供应商。

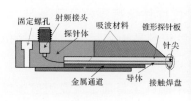

(a) 陶瓷平面探针

(b) Tektronix®
TMP9600

(c) Cascade® WPH
同轴探针

(d) Cascade® WPH
波导探针

图 3.21   陶瓷基板射频探针

　　然而陶瓷基板探针的多个技术问题无法攻克,最关键的问题在于其脆弱的陶瓷共面波导线。为了达到更好的接触,即使施加略高于建议值的压力,也会损坏探针,许多工程师将这个时刻称为"死亡之声"。由于陶瓷基板探针价格非常昂贵,尤其是对于大学和小型研究所这些经费有限的研究机构而言,探针破裂的声音通常会将整个项目推向穷途末路。虽然 Cascade Microtech® 推出了可替换针尖的 RTP 系列探针,但陶瓷基板探针还是被之后的新技术探针淘汰出了市场。

　　20 世纪 80 年代末,新的技术陆续出现,射频探针技术迅猛发展,几种典型代表如图 3.22 所示。1988 年美国 GGB® 工业公司推出了基于微同轴电缆的射频探针 Picoprobe 并申请了专利[16]。Cascade Microtech® 公司在 1994 年的第 43 届春季 ARFTG (Automatic Radio Frequency Techniques Group)会议上展示了新型的 40GHz 空气共面探针(air coplanar probe,ACP)[17]。2006 年,日本 T-Plus®[18] 公司应用同样的技术(用激光或水钻进行精密金属切割)开始制作探针。2001 年,德国 Rosenberger® 公司①推出了基于紫外光刻(UV-LIGA)和电镀 MEMS(micro-electro-mechanical system,微机电系统)工艺的可用于 PCB(printed circuit board,印刷电路板)应用、具有明显超过传统技术的射频探针的新技术——|Z|-Probe[19],该型探针具有射频功率耐受大、弹性高的特点。约 2019 年,日本 Yokowo® 公司用类似工艺制造出 Penprobe 探针[20],但其针尖设计过窄,电流与功率容量很小。随着 MOS(金属氧化物半导体)和 BiCMOS(双极互补金属氧

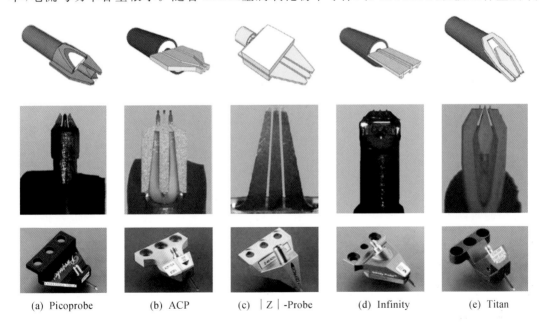

(a) Picoprobe　　(b) ACP　　(c) |Z|-Probe　　(d) Infinity　　(e) Titan

图 3.22　当前主流射频探针

---

　　①　商业层面由德国 Karl Suss® 公司(现更名为 Suss MicroTech® 测试系统部)执行,该部门于 2010 年被 Cascade Microtech® 公司收购,现已并入 Form Factor® 公司。

化物半导体）器件射频特性的发展，为应对被测件接触焊盘小型化不断增长的需求，Cascade Microtech® 公司在 2002 年的第 59 届春季 ARFTG 会议上介绍了基于薄膜工艺的新射频探针——Infinity 射频探针[17]。该型探针与 Cascade Microtech® 公司的 Pyramid 探卡[21] 技术共源，信号通过柔性的聚酰亚胺（polyimide）薄膜基板上的微带线从同轴线传向非氧化镍（niccolum，Ni）合金金属探针尖，最终传向被测件。Infinity 探针尖接触面积大约为 $12\mu m \times 12\mu m$，可以测试极小的接触焊盘[最小尺寸为 $25\mu m$（宽）$\times$ $35\mu m$（长）]。依笔者多年使用经验，Infinity 探针展现出卓越的接触一致性和很低的"探针→探针"串扰，是目前射频性能最佳的探针。2009 年，我国台湾的 Allstron® 公司（2014 年已被我国台湾 MPI® 公司收购）为 110GHz 以下的应用提供了更经济的探针方案——Titan 探针[22-23]。Titan 探针也是一种基于微同轴电缆的传统设计，接触结构是空气绝缘的 CPW 线，它类似于 ACP 探针，但是镍合金针尖被做成一定的形状来探测具有很小钝化窗口（passivation window）的铝焊盘。

这些探针采用新技术后有以下优点。

①机械方面显著改善，延长了探针的寿命。

②被损坏的探针可以通过一种相对容易且并不昂贵的方式重新修复。

③电气特性得到了改善。

④简化了制造工艺。

⑤降低了成本。

20 世纪 90 年代中期，硅（silicon，Si）材料被大量应用于射频领域，这给射频探针的制作带来一些挑战。传统上，射频探针尖是用铍铜（beryllium cuprum，BeCu）合金材料制作的，其对金焊盘有自洁性且接触电阻较小。但在测量硅基电路的铝（aluminium，Al）焊盘时，这种材料就会变得很麻烦。BeCu 针尖迅速氧化且累积的脏物（主要是 Al_2O_3 碎屑）会极大地降低对铝焊盘的接触重复性与导电性。为了解决这个问题，Cascade Microtech® 公司提供了带有钨（tungsten/wolfram，W）针尖的 ACP 探针。但钨针尖硬度大，对金（aurum，Au）焊盘损伤太大且接触电阻大，因此与之适配性并不好，这导致即使每次测试的频率范围不变，操作多用途测量装置的测试工程师们也要根据被测件类型（硅或Ⅲ-Ⅴ族化合物半导体）被迫更换探针。为解决此问题，Rosenberger® 的 |Z|-Probe 最早选择镍来制作针尖，其在与铝和金的焊盘上均展示出极佳的接触性能。随后，其他射频探针的供应商也开始用镍或其合金（Ni alloy）来制作多用途探针的针尖。

到了太赫兹频段应用阶段，美国 DMPI® 和 GGB® 成为主流供应商，其典型产品及产品内部结构如图 3.23 所示。自 2010 年以来，DMPI® 公司基于先进的硅基微机械（Si micromachined）工艺制作高频探针[24-26]，GGB® 仍基于微同轴技术制作[27]，目前两者均能提供频率最高至 1.1THz 的射频探针。

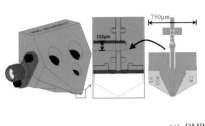

(a) DMPI® T750

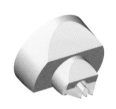

(b) GGB® M1100B

图 3.23 太赫兹探针

到了 2020 年左右,同轴射频探针又有了新的发展与突破。2019 年,MPI® 公司推出 DC～220GHz 的探针 T220A[28],配合日本 Anritsu® 公司的 VectorStar™ 系列 ME7838G 矢量分析仪及扩频系统,可以实现极宽频段的一次性测试。2020 年,Form Factor® 公司推出了以铑(rhodium,Rh)合金制作的 InfinityXT[29] 探针,该探针具有更高的温度适用范围,由普通 Infinity 探针－55～125℃ 提升至－55～200℃,12μm(宽)×5μm(长)的针尖,改善了针尖可视性、接触可靠性及寿命,可测试 20μm(宽)×40μm(长)甚至更窄的焊盘的被测件。两者实物及细节如图 3.24 所示。

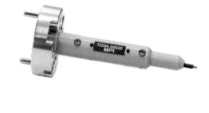

(a) Form Factor® InfinityXT射频探针　　　　　(b) MPI® T220A射频探针

图 3.24　Form Factor® InfinityXT 探针与 MPI® T220A 探针

2022 年,射频探针又有进一步发展,Form Factor® 公司在欧洲微波周(European Microwave Week,EuMW)上推出了全新的方案[30]。该方案中 DMPI® 公司开发出 DC～220GHz 双频段探针,该探针在 DC～130GHz 频段采用同轴方式与 Keysight® 公司的 N529X 扩频模块相连,在 130GHz～220GHz 频段以波导方式与 VDI® 公司的扩频模块相连,Form Factor® 公司提供完整的在片全自动高低温测试系统,所有探针及扩频模块集成在电动探针座之上,该方案实物如图 3.25 所示。MPI® 在单端 T220A 基础上进一步推出了 DC～220GHz 的差分探针。

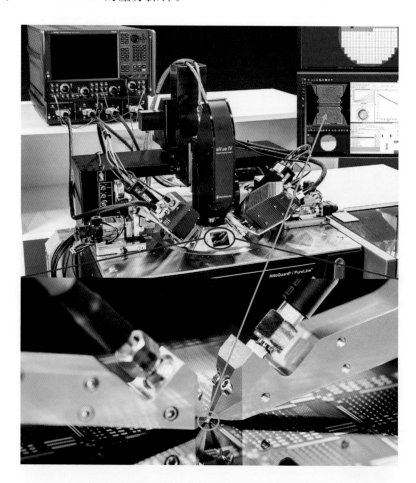

图 3.25　Form Factor® 与 DMPI® DC～220GHz 测试系统和双波段探针

由于射频探针受物理结构限制,无法真正直接测量射频探针的 *S* 参数,一般采用 OSL(二阶)去嵌方法[31]来提取,具体方法原理及细节详见第 5.2.3 小节,图 3.26 至图 3.30 给出了笔者使用独立开发的改进型 OSL 去嵌方法[32]提取 Form Factor® Infinity I110-AM-GSG-100 (SN:LL2QR)探针和 InfinityXT IXT110-A-GSG-100 (SN:PJ23G) 探针的典型 *S* 参数。使用 SOLR 方法,一端校准到同轴或波导端面,另一端校准到探针端面,使用被测探针作为未知直通,校准后测量该探针 *S* 参数再进行在片直通去嵌得到最终结果也是一种可行方案。以 Form Factor® Infinity I50A-GSG-150 (SN：MP284-1) 探针为被测件的对比测试结果如图 3.31 至图 3.38 所示，不难看出两种方法精度相近，差异不大。不过校准精度受被测探针本身性能影响，且必须有两根探针才能完成，操作上更加复杂一些。笔者自编软件提取的探针 S 参数与原厂数据手册（data sheet）参数及出厂数据一致，且本书算法与程序提取结果的数据精度及稳定性更具优势。到太赫兹频段，开路与负载标准件难以制造并保证精度，一般采用如图 3.39 所示的偏置短路组代替，使用基于求解超定方程（over-determined equation）的 OSL 变体去嵌方法提取。由于此时已不再有开路及负载标准件，称之为"二阶"（two-tier）去嵌方法更为合适。

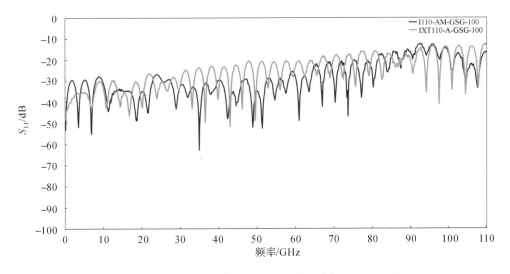

图 3.26 Form Factor® Infinity 探针典型参数——S_{11} 幅值

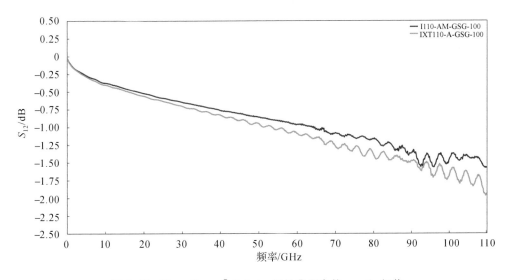

图 3.27 Form Factor® Infinity 探针典型参数——S_{12} 幅值

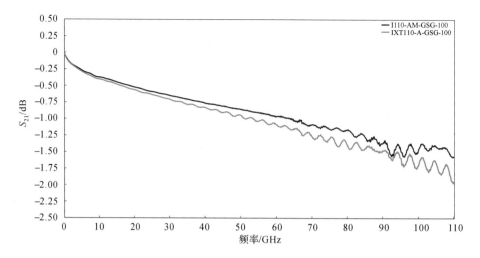

图 3.28 Form Factor® Infinity 探针典型参数——S_{21} 幅值

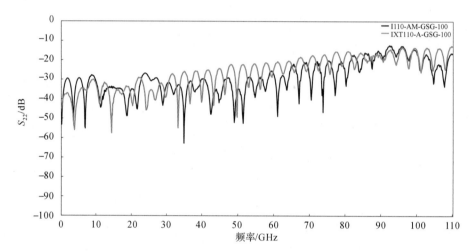

图 3.29 Form Factor® Infinity 探针典型参数——S_{22} 幅值

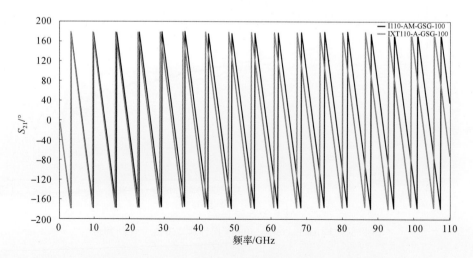

图 3.30 Form Factor® Infinity 探针典型参数——S_{21} 相位

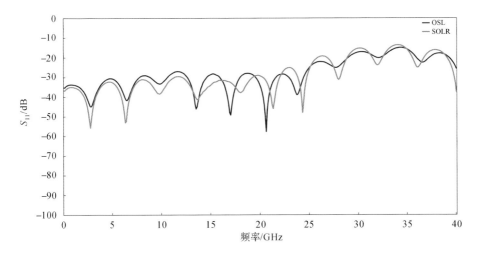

图 3.31 OSL 和 SOLR 探针提取参数对比——S_{11} 幅值

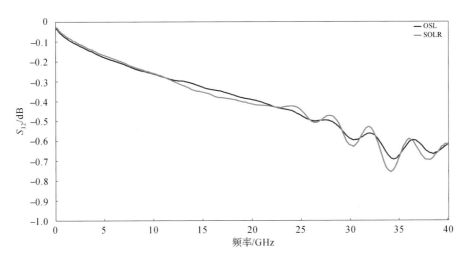

图 3.32 OSL 和 SOLR 探针提取参数对比——S_{12} 幅值

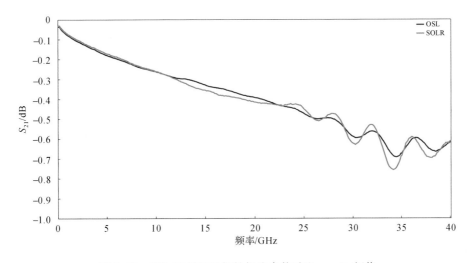

图 3.33 OSL 和 SOLR 探针提取参数对比——S_{21} 幅值

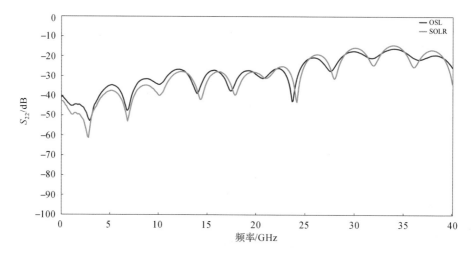

图 3.34　OSL 和 SOLR 探针提取参数对比——S_{22} 幅值

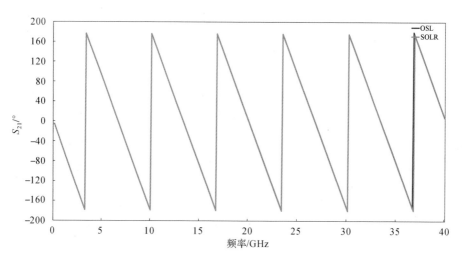

图 3.35　OSL 和 SOLR 探针提取参数对比——S_{21} 相位

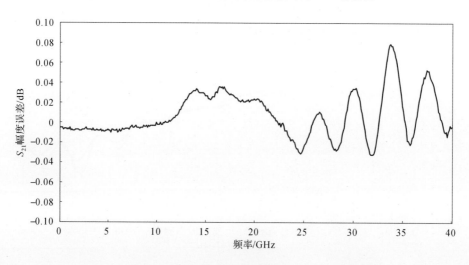

图 3.36　OSL 和 SOLR 探针提取参数对比——S_{21} 幅度误差

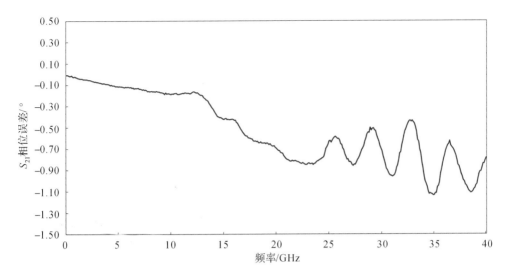

图 3.37　OSL 和 SOLR 探针提取参数对比——S_{21} 相位误差

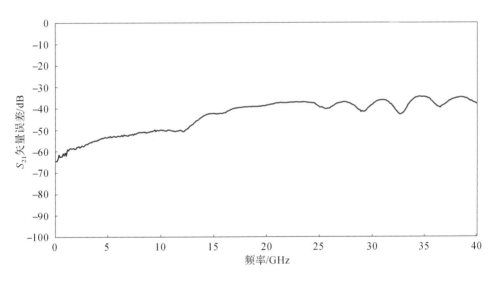

图 3.38　OSL 和 SOLR 探针提取参数对比——S_{21} 矢量误差

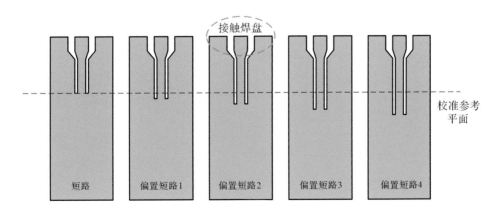

图 3.39　太赫兹频段单端口偏置短路组在片校准件

我国射频探针的研究与发展起步较晚,除台湾地区发展较快外,其他地区技术相对落后,不过可喜的是,2021 年底至 2022 年初,以中电科思仪®、苏州伊欧陆®、中电科九所等单位的产品为代表的国产射频探针(图 3.40)已基本攻克空气共面探针工艺,其技术指标已达到或接近 Form Factor® ACP 探针水平。

(a) 思仪® 36102系列射频探针   (b) 伊欧陆® Sky系列射频探针

图 3.40   国产射频探针代表

笔者实际测试并比较了多种 DC~40GHz 150μm 间距 GSG 型射频探针的实际 *S* 参数,测试结果如图 3.41 至图 3.44 所示,从中分析可以得出以下几点结论。

①采用空气共面探针技术制造的射频探针的绝对射频性能低于基于薄膜工艺的射频探针,且薄膜探针压痕更小,对焊盘损伤更低。也就是说,Infinity 探针更适合高精度、小焊盘等测试应用场景,不过同等频率下 Infinity 探针成本更高。

②Infinity 探针高电流(high current,HC)版本(最大直流耐受 2A)和普通版本(最大直流耐受 500mA)射频性能差异不大,不过高电流版本最高频率只能达到 67GHz,且只有 GSG 型。

③不同制造商基于空气共面探针技术的射频探针性能差异不大。

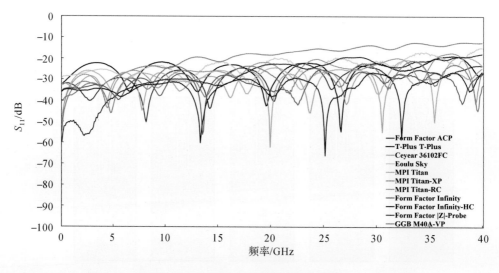

图 3.41   40GHz 150μm 间距 GSG 射频探针参数对比——S_{11} 幅值

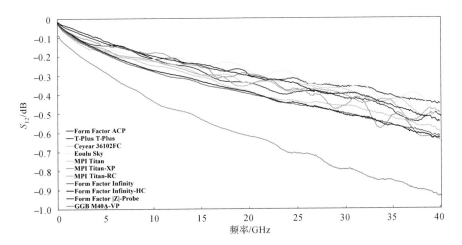

图 3.42　40GHz 150μm 间距 GSG 射频探针参数对比——S_{12} 幅值

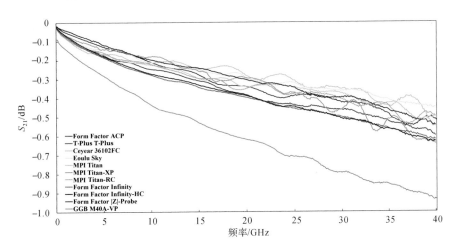

图 3.43　40GHz 150μm 间距 GSG 射频探针参数对比——S_{21} 幅值

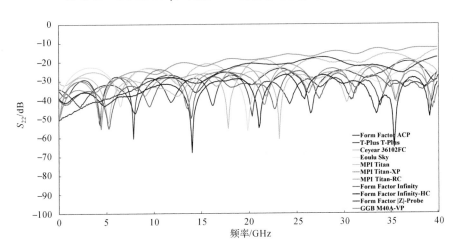

图 3.44　40GHz 150μm 间距 GSG 射频探针参数对比——S_{22} 幅值

注：本书测试的 GGB® M40A-VP 探针为深腔版本，插入损耗大于普通版。

④|Z|-Probe 的射频指标优于 Titan-XP,但|Z|-Probe 由于制造工艺原因维修成本很高。

⑤实际使用时需综合考虑探针射频性能、直流与射频功率耐受能力、采购与维修成本等因素,建议读者根据表 3.5 排名对比情况酌情选择,详细技术参数请仔细阅读各供应商提供的数据手册。

表 3.5　40GHz 150μm 间距 GSG 射频探针排名对比

性　　能	ACP-BeCu	ACP-W	T-Plus	36102	Sky	Titan	Titan-XP	Titan-RC	Infinity	Infinity-HC	|Z|-Probe	GGB-VP
射频性能优劣	2	2	2	2	3	2	3	2	1	1	2	2
电流容量大小	1	3	1	1	2	6	2	7	7	4	5	3
功率容量大小	3	3	3	3	3	4	1	4	5	5	2	3
对焊盘损伤强弱	2	1	2	2	3	2	4	5	5	4	2	
接触电阻大小	1	1	1	1	1	1	1	1	1	1	1	2
金/铝焊盘适配性好坏	5	5	5	5	5	4	4	3	1	1	2	5
价格高低	4	4	5	6	6	5	3	4	2	2	1	5
可维修性强弱	2	2	1	1	1	1	1	1	2	2	3	2

最后需要补充的是,射频探针将测试信号从一个三维媒介(同轴电缆或矩形波导)转换到二维(共面)探针的接触上。这种转换需要对传输媒介的特征阻抗 Z_0 进行仔细处理,并且要在不同传播模式之间进行电磁能量的正确转换。虽然射频探针的输入端口是一个标准化同轴或矩形波导界面,但它的输出端——探针尖,可以根据不同的方式进行设计。输出界面尤其是探针尖,会将不连续性引入到测量信号路径之中,这种不连续性本身会产生高阶传播模式。因此,要求射频探针和被测件激励必须只能支持单一准横向电磁波(transverse electromagnetic wave,TEM)传播模式,并且要排除高阶模式或者对高阶模式展现出更高的阻抗。

3.2　在片校准件制造关键点

由于如图 3.45 所示的在片校准件的实际应用场景具有特殊性,因此其外观与加工工艺跟同轴和波导校准件相比有明显区别。同轴和波导校准件通过精密的机械加工来保证精度,在宏观下通过肉眼观察和手工操作来完成校准过程;而在片校准件三维尺寸很小,采用薄膜工艺来加工制造并需要特殊的修调技术,只能在显微镜及高精度的机械辅助下才能完成微观尺度的校准工作。为区分这三者,常将在片校准件简称为校准片,将同轴和波导校准件简称为校准件。需要指出的是,在片校准件不能像同轴或波导校准件一样做到计量学上的精度"溯源"。

目前常用的在片校准件使用电气性能稳定的高纯度氧化铝陶瓷基板(Al_2O_3,"99

图 3.45　在片校准件

从左至右依次为 T-Plus® TCS1、Cascade®（Form Factor®）104-783A、Vertigo® FSS、MPI® AC-2

瓷"，纯度＞99.6％）、蓝宝石（sapphire，单晶 Al_2O_3，纯度＞99.996％）[33-34]、熔融石英（fused silica quartz，SiO_2，纯度＞99.9999％）[35]、高阻硅（HRSi，$\rho \geqslant 2000\Omega \cdot cm$）[36] 等作为衬底材料，而其中后两者一般应用于毫米波及以上频段。最新校准片采用异质集成的方式形成隔膜空气腔[37-38]，进一步提高高频性能，以溅射工艺在其上生长纳米量级的黏附层（一般为钛/钛钨，Ti/TiW），之后再溅射纳米量级的镍（Ni）或钛（Ti）作为阻挡层，再之上蒸镀或溅射一层 $3\sim4\mu m$ 的金（Au）层或铝（Al）层，形成共面波导结构。校准件上有开路（open）、短路（short）、匹配负载（match/load）、直通（thru）、传输线（line）等结构，负载结构一般采用镍铬（NiCr）或氮化钽（TaN）材料作为电阻层（两者具有不同的温度系数），通过使用激光调阻机（laser trimmer）来保证直流电阻的精度（一般误差＜0.3％）。有些校准片采用探针悬空（in air）作为开路结构，而有些校准片会在其上制作专门的开路结构（下文会详细介绍校准片的制造工艺）。常见的校准片形式有 GSG、GS、GSSG、GSGSG 等结构，一般校准片制造商会通过电磁场仿真［如 Ansoft® 公司的高频结构仿真器（HFSS）］的办法（图 3.46），给出常温下校准片和探针配合使用时的"零阶"常量模型参数，供 SOLT 校准方法使用。不过这种仿真结果在高频时偏差较大，依笔者经验，一般在 20GHz 以下适用。为提高 SOLT 校准精度，可以用 MTRL、LRRM 等精度更高的自校准方法（self-calibration algorithm）校准，然后测量开路、短路、负载结构，提取出 C_{Open}、L_{Short}、L_{Load} 这三个模型参数并用其替换掉仿真参数。计算方法如式（3.29）至式（3.31）所示，详细校准原理会在第 5 章中加以讨论。但是该方法提取参数的一致性受到多种因素的影响，不能作为计量级的标准来使用。影响校准片电气参数的关键因素有校准片的物理尺寸、探针尖间距、探针压点位置等[39-40]。要想保证校准片的良好性能，几项关键制造难点需要克服，特别是衬底材料的选择、负载直流电阻值的精确控制以及传输线特征阻抗的精确控制。下面对其中的关键点进行简要介绍。

$$C_{Open} = -\frac{\mathrm{j}(1-\varGamma_{Open})}{2\pi f Z_0 (1+\varGamma_{Open})} \tag{3.29}$$

$$L_{Short} = -\frac{\mathrm{j}Z_0(1+\varGamma_{Short})}{2\pi f (1-\varGamma_{Short})} \tag{3.30}$$

$$L_{Load} = -\frac{\mathrm{j}Z_0\varGamma_{Load}}{\pi f (1-\varGamma_{Load})} \tag{3.31}$$

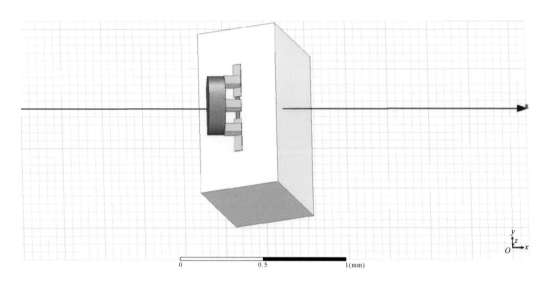

图 3.46　在片校准件参数仿真示例

3.2.1　衬底材料选择

校准片要求衬底材料具有低介质损耗和低热膨胀系数,从而保证频率适用范围更宽,高低温应用温度范围更广。

常用的衬底材料有"99 瓷"(Al_2O_3,纯度＞99.6%)、蓝宝石(sapphire,单晶 Al_2O_3,纯度＞99.996%)、熔融石英(fused silica quartz,SiO_2,纯度＞99.9999%)和高阻硅($HRSi$,$\rho \geqslant 2000\Omega \cdot cm$)。其主要物理参数如表 3.6 所示。

表 3.6　校准件用衬底材料主要物理参数

参　数	单　位	99 瓷/蓝宝石	熔融石英	高阻硅
分子式	—	Al_2O_3	SiO_2	Si
密度	g/cm^3	3.87	2.2	2.33
热膨胀系数	$10^{-6}/K$	7.0	0.55	2.5
热导率	$W/(m \cdot K)$	26.9	1.3	148
相对介电常数	—	9.9	3.83	6.5
1MHz 介质损耗角	—	0.0001	0.000015	0.0001

3.2.2　负载标准件 50Ω 电阻精确控制

校准片上两个结构的加工精度决定了其性能好坏，分别是负载的直流电阻和传输线的特征阻抗。其中，对直流电阻的精确控制需要注意以下几点。

①电阻层材料选择。采用 NiCr 或 TaN 材料，通过溅射工艺在衬底上生长出电阻层。这两种电阻层材料参数如表 3.7 所示，TaN 材料的阻值随温度变化的实测曲线如图 3.47 和图 3.48 所示。电阻温度系数计算公式如式（3.32）所示。

$$TCR = \frac{R_2 - R_1}{R_1(T_2 - T_1)} \times 10^6 \tag{3.32}$$

表 3.7　电阻层材料参数

材　料	方阻率/(Ω/sq)	电阻温度系数/(ppm/℃)
镍铬（NiCr）	50～350	25～50
氮化钽（TaN）	10～100	−120～−75

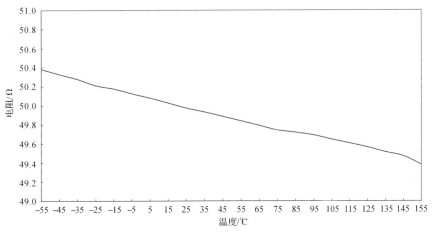

图 3.47　T-Plus® TCS1 Load 电阻随温度变化（TaN 材料）绝对值

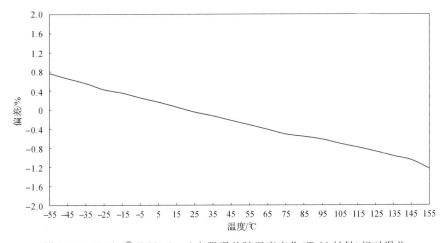

图 3.48　T-Plus® TCS1 Load 电阻误差随温度变化（TaN 材料）相对误差

②50Ω电阻精确控制。使用如图 3.49 所示的激光调阻机[41]配合半导体参数分析仪(或精密电源或高精度万用表),以"四线法"实时反馈闭环,精确控制电阻层方阻在 50Ω/sq 附近,经过修调后直流电阻误差可控制在 0.3% 以内。

图 3.49   L-TRIS® M350 晶圆级激光调阻机

3.2.3   传输线特征阻抗 50Ω 精确控制

对传输线特征阻抗的精确控制需要注意以下几点。

①各金属层材料选择。金属层从下向上依次为黏附层(Ni、Ti、TiW 等材料,几十纳米左右)、阻挡层(Ni、Ti 等材料,几百纳米左右)和导体层(Au、Al 等材料,几微米左右)。以下为一个可参考的工艺参数实例:黏附层 Ti(0.07μm)→阻挡层 Ti(0.12μm)→导体层 Au(3~5μm)。

②使用三维电磁场仿真得出最佳尺寸参数,配合精确工艺加工,保证传输线特征阻抗在 50Ω 附近。由图 3.50 至图 3.58 可以看出,Form Factor® 101-190C[33]校准片常温时短传输线特征阻抗基本稳定,而长传输线特征阻抗波动较大,特征阻抗随频率变化比较明显,传输线特征阻抗的温度稳定性要明显大于负载的直流电阻的温度稳定性。

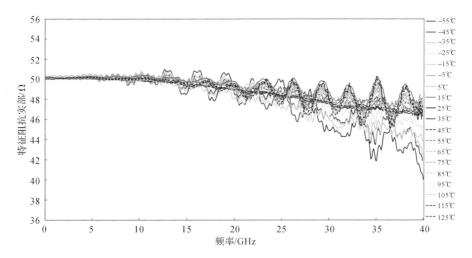

图 3.50 Form Factor® 101-190C 3ps 传输线特征阻抗实部随温度变化

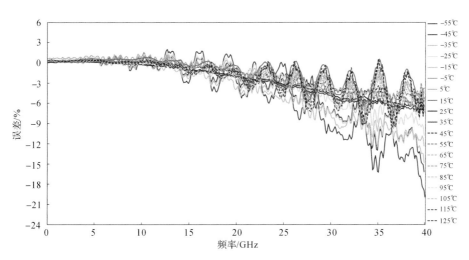

图 3.51 Form Factor® 101-190C 3ps 传输线特征阻抗实部随温度变化相对误差

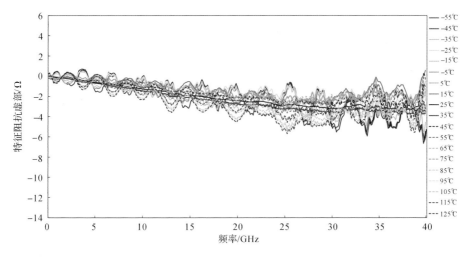

图 3.52 Form Factor® 101-190C 3ps 传输线特征阻抗虚部随温度变化

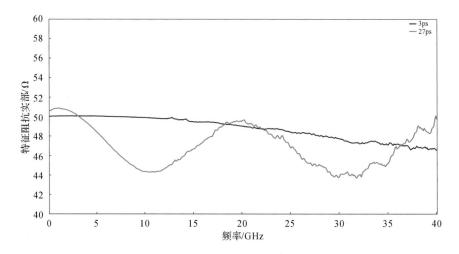

图 3.53　25℃时 Form Factor® 101-190C 3ps 与 27ps 传输线特征阻抗实部对比

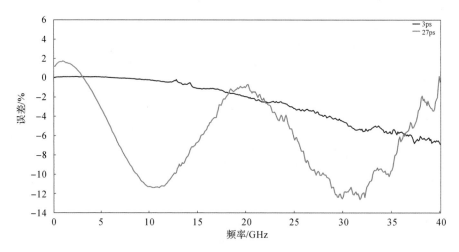

图 3.54　25℃时 Form Factor® 101-190C 3ps 与 27ps 传输线特征阻抗实部误差对比

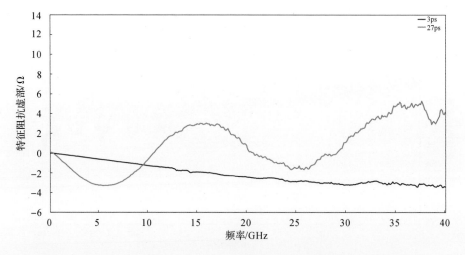

图 3.55　25℃时 Form Factor® 101-190C 3ps 与 27ps 传输线特征阻抗虚部对比

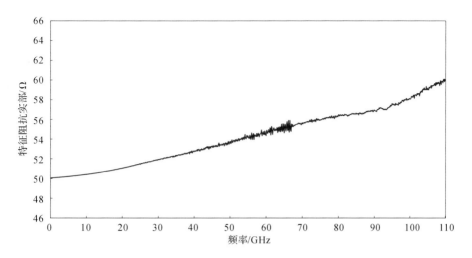

图 3.56　Form Factor® 104-783A 3ps 传输线特征阻抗实部随频率变化

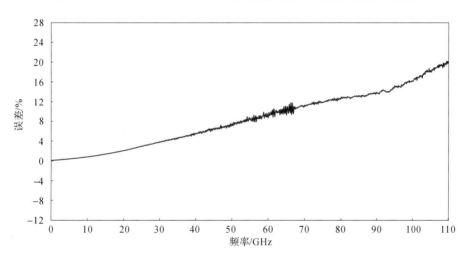

图 3.57　Form Factor® 104-783A 3ps 传输线特征阻抗实部随频率变化相对误差

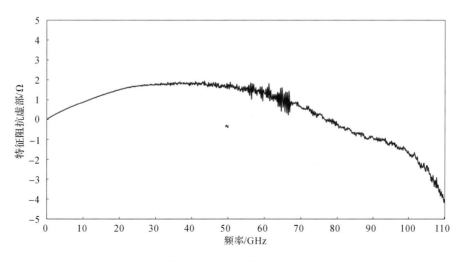

图 3.58　Form Factor® 104-783A 3ps 传输线特征阻抗虚部随频率变化

③最近又有利用异质集成工艺制造的太赫兹频段校准片制造技术见诸报道[37-38,42]，其工艺步骤如图 3.59 和图 3.60 所示。该技术通过制造真空隔膜，使电磁场主要在空气—真空中传播，进一步降低介质损耗，从而提高校准片的高频性能。

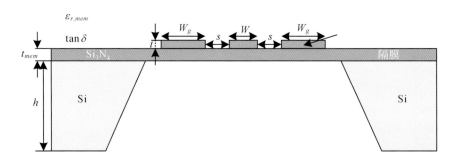

图 3.59　真空隔膜结构校准片剖面图

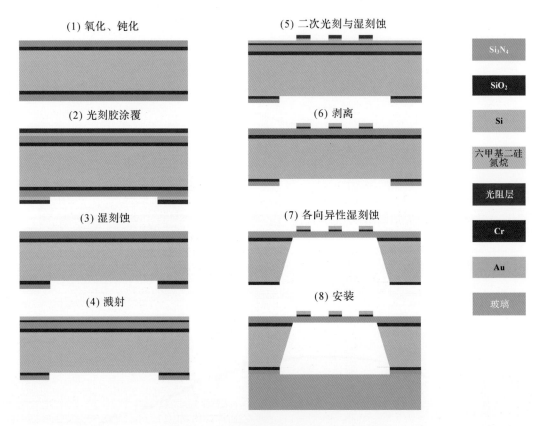

图 3.60　真空隔膜结构校准片制造工艺步骤

3.3　校准件质量对校准结果的影响

矢量网络分析仪校准件模型参数或实测数据的准确性与完整性对校准结果影响很大。图 3.61 和图 3.62 给出了制造商（Keysight® 85056KE01，由 Maury® 代工，型号 8770E）

所提供的不完整的模型参数(负载匹配只给出 50Ω,未给出寄生参数)和笔者采用 MTRL 校准方法实测得到的校准件 **S** 参数的校准结果。两者之间存在巨大差异,主要是因为负载标准件的模型值随频率升高逐渐远离真实值。由式(3.43)计算得出的反射系数存在较大误差,代入校准方法中求解系统误差项时,计算误差一直存在且无法消除,频率升高时,误差越来越大,造成高频失准,因此测试结果存在明显异常。

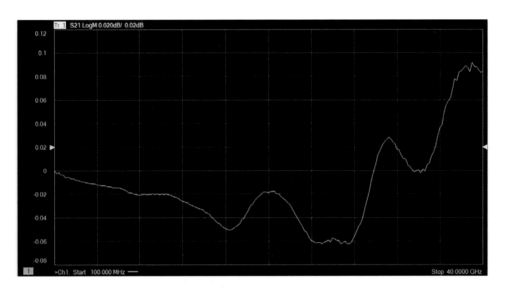

图 3.61　校准件参数修正前校准结果

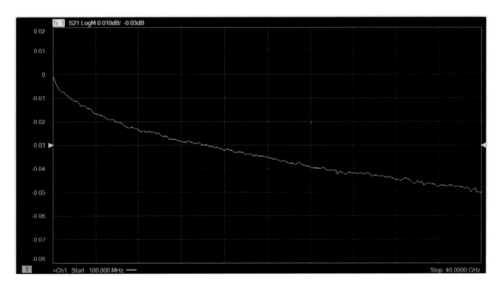

图 3.62　校准件参数修正后校准结果

3.4　校准件数学模型

矢量网络分析仪校准系统误差项需要用到多种校准标准件,如开路(open)、短路

(short)、匹配负载(match/load)、直通(thru)、反射(reflection，开路或短路均可)、传输线(line)。校准件的等效模型如图 3.63 所示。参数完全已知,经济型单端口同轴校准件在 40GHz 以下采用多项式模型[式(3.33)和式(3.34)]来描述寄生电容与电感。需要指出的是,由于在片测试的特殊性,对于如图 3.64 所示的各种负载匹配情况,如第 3.1.1.3 小节所述,很多矢量网络分析仪对负载的描述不支持 RLC 集总参数模型,此时要采用负载时延线分布参数模型来描述[43-48]。

$$C(f) = C_0 + C_1 f + C_2 f^2 + C_3 f^3 \tag{3.33}$$

$$L(f) = L_0 + L_1 f + L_2 f^2 + L_3 f^3 \tag{3.34}$$

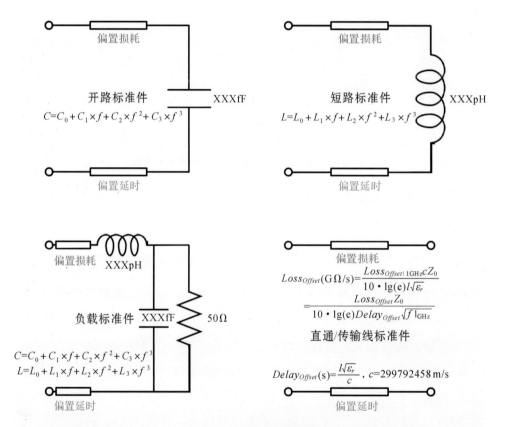

图 3.63　校准件的等效模型

　　对于感性负载(图 3.64 红线所示,等效传输线特征阻抗 $Z_D > 50\Omega$),图 3.63 可简化为 RL 串联模型。这时,时延线阻抗 Z_D 需设定到一个非常高的值,一般设到矢量网络分析仪允许的上限 $Z_D = 500\Omega$。按式(3.35)计算等效时延,同时调整线长度的值,使其偏置与实际电感的相位偏置等价,从而模拟电感的影响。对于容性负载(图 3.64 绿线所示,等效传输线特征阻抗 $Z_D < 50\Omega$),图 3.63 可简化为 RC 并联模型。极少数矢量网络分析仪会支持此模型,因此按式(3.36)至式(3.38)将其转化成有相同复阻抗的 RL 串联模型,之后仍用时延线模型来描述。这时,时延线阻抗 Z_D 需设定到一个非常低的值,一

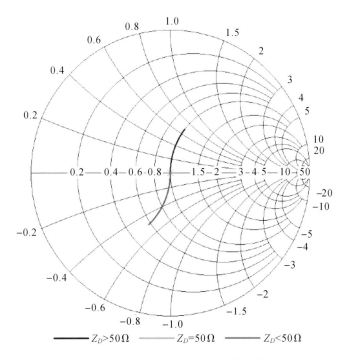

图 3.64 不同特征阻抗负载匹配反射系数表现

般设到矢量网络分析仪允许的下限 $Z_D=5\Omega$。这样计算还带来一个额外的好处：当 $R_0=50\Omega$ 时，在两种不同情况下均只用 $L/500$ 来计算 T_D，形式既简单又统一。理想负载模型（图 3.64 黄色"×"所示，等效传输线特征阻抗 $Z_D=50\Omega$）精度不高，一般适用于 10GHz 以下，进而由式(3.39)至式(3.43)计算反射系数。对于含有延长器的单端口校准件及直通和传输线，可用式(3.44)至式(3.52)来描述。其中，$Delay_{Offset}$ 为偏置时延，$Loss_{Offset}$ 为偏置损耗，$Loss_{dB}$ 为以 dB 度量的损耗，ε_r 为综合介电常数（例如无珠空气线 $\varepsilon_r=1.000649$）。对传输线损耗的描述可以有两种不同单位，即 $G\Omega/s$ 和 $dB/\sqrt{GHz}$，它们之间的变换关系如式(3.45)和式(3.46)所示。波导校准件模型可用式(3.27)和式(3.28)加以修正，而在片校准件由于空间尺寸小、物理结构简单，多项式模型可简化为"零阶"常量模型，同时由于没有延长结构，故而不需要偏置修正。频率更高时，同轴校准件采用测试数据加以描述，从而修正模型。

$$T_D = \frac{L_{Ser}}{Z_D} \tag{3.35}$$

$$Z_D = R_0 + j\omega L_{Ser} = R_0 \parallel \frac{1}{j\omega C_{Par}}, \quad \omega R_0 C_{Par} \ll 1 \tag{3.36}$$

$$C_{Par} = \frac{L_{Ser}}{R_0^2} \tag{3.37}$$

$$T_D = \frac{L_{Ser}Z_D}{R_0^2} \tag{3.38}$$

$$\Gamma_X^{Std} = \frac{Z_X - Z_0}{Z_X + Z_0} \tag{3.39}$$

$$\Gamma_O^{Std} = \frac{Z_O - Z_0}{Z_O + Z_0} = \frac{\dfrac{1}{j\omega C_O} - Z_0}{\dfrac{1}{j\omega C_O} + Z_0} \tag{3.40}$$

$$\Gamma_S^{Std} = \frac{Z_S - Z_0}{Z_S + Z_0} = \frac{j\omega L_S - Z_0}{j\omega L_S + Z_0} \tag{3.41}$$

$$\Gamma_{Ref}^{Std} = \begin{cases} 1, & \text{开路} \\ -1, & \text{短路} \end{cases} \tag{3.42}$$

$$\Gamma_{L(M)}^{Std} = \frac{Z_{L(M)} - Z_0}{Z_{L(M)} + Z_0} = \frac{R_{L(M)} + j\omega L_{L(M)} - Z_0}{R_{L(M)} + j\omega L_{L(M)} + Z_0} \tag{3.43}$$

$$Delay_{Offset}(\text{s}) = \frac{l\sqrt{\varepsilon_r}}{c}, \quad c = 299792458 \text{ m/s} \tag{3.44}$$

$$Loss_{Offset}(\text{G}\Omega/\text{s}) = \frac{Loss_{\text{dB}}|_{1\text{GHz}}c Z_0}{10 \cdot \lg(\text{e})l\sqrt{\varepsilon_r}} = \frac{Loss_{\text{dB}}Z_0}{10 \cdot \lg(\text{e})Delay_{Offset}\sqrt{f|_{\text{GHz}}}} \tag{3.45}$$

$$Loss_{\text{dB}} = Loss_{\text{dB}}|_{1\text{GHz}} \cdot \sqrt{f|_{\text{GHz}}} \tag{3.46}$$

$$\alpha l = \frac{(Loss_{Offset})(Delay_{Offset})}{2(Z_{0,Offset})}\sqrt{\frac{f}{10^9}}, \quad Z_{0,Offset} = 50\Omega \tag{3.47}$$

$$\beta l = 2\pi f(Delay_{Offset}) + \alpha l \tag{3.48}$$

$$\gamma = \alpha + j\beta \tag{3.49}$$

$$\gamma l = (\alpha + j\beta)l \approx j\beta l \tag{3.50}$$

$$[\boldsymbol{T}_{Line}^{Std}] = \begin{bmatrix} e^{-\gamma l} & 0 \\ 0 & e^{\gamma l} \end{bmatrix} \tag{3.51}$$

理想直通满足式(3.52)。

$$[\boldsymbol{T}_{Thru}^{Std}] = \begin{bmatrix} 1 & 0 \\ 0 & 1 \end{bmatrix} \tag{3.52}$$

3.5　同轴数据基校准件的制备方法

对于基于三阶多项式模型(third-order polynomial model)的同轴经济型乃至滑动负载型 SOLT/SOLR 校准件,因其数学模型的限制,无论如何做加权拟合处理也难以兼顾 DC～40GHz 甚至更宽频率范围的模型精度,在对负载匹配标准件的参数描述的准确性上表现尤甚,这导致其校准精度不佳,随频率升高残留误差逐渐增大。相比于此,同轴数据基 SOLT/SOLR 校准件在精度上有巨大优势。同轴 LRM＋MTRL 校准件烦琐而高风险的操作方式极易造成校准件或缆线损坏,且 67GHz 以上的同轴空气线结构物理尺寸过于细小,无法在一般实验室和工业应用场景中操作,这些问题在实际应用中严重制约了

LRM＋MTRL 校准方法的使用范围,最终很可能无法达到预期精度。同轴数据基 SOLT/
SOLR 校准件综合了以上两种校准方法的优点,精度仅略逊于 LRM＋MTRL 校准方法,操
作上却与经济型无异,这使其成为同轴校准实际应用中兼顾精度与操作便捷性的最佳选择。

　　需要指出的是,对于矩形波导应用场景,TRL 校准件具有先天优势,且制造和使用非常
简单,没有必要为其建造数据基校准件;而对于在片校准应用场景,每次探针接触的损伤导致
一组校准件寿命很短(一般不超过 20 次,而同轴校准件可以正常使用 500 次以上)且寿命周
期内每次使用时参数都在变化。以上两个原因使 TRL 校准件不适合数据基校准件。

　　同轴数据基校准件的制备流程如图 3.65 所示。下面详细介绍具体制备步骤和注意
事项。

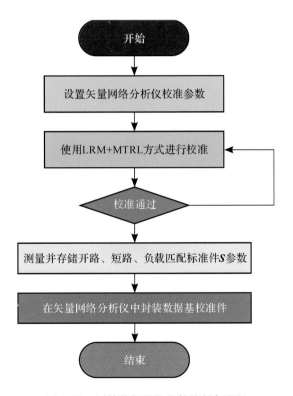

图 3.65　同轴数据基校准件的制备流程

　　构建数据基校准件的基本逻辑遵循计量学精度传递基本原理:上位精度标准校准
结果→测试仪器→被测试标准。

　　①在温湿度精确控制(18～28℃ 范围内一定点,温度变化±0.5℃,相对湿度40%～
60%)的环境中搭建测试平台,要求测试用矢量网络分析仪状态良好并在计量有效期内,
各附件缆线均为计量级且状态良好,所有设备及附件在该环境中放置 3 小时以上,测试
前矢量网络分析仪开机预热 30 分钟以上,设置测试起始频点、频率步进(建议 10MHz
或 100MHz)、中频带宽(建议 10Hz 或 100Hz)、输入功率(建议 0dBm),源与接收机衰减

器挡位设置于 0dB 处,平均次数(建议 10 次)。

②使用 LRM＋MTRL(NIST TRL)方法进行校准并增加源与接收机功率校准步骤,提高校准时间稳定性。其中校准件中空气线结构需要使用无珠结构,目前无珠空气线是微波校准中精度最高的元件,且在计量学上可以最终溯源到基本长度量纲,而 LRM＋MTRL 校准方法是目前理论精度最高的校准方法。鉴于 LRM＋MTRL 校准中无珠空气线操作难度大、风险高,笔者专门设计了如图 3.66 至图 3.70 所示的专用辅助测试机械结构。该结构通过精密导轨、丝杠、千分尺等精确控制 $X/Y/Z$ 行程,并有机械限位与锁定保护机构,这就大大降低了手动操作的难度与风险。

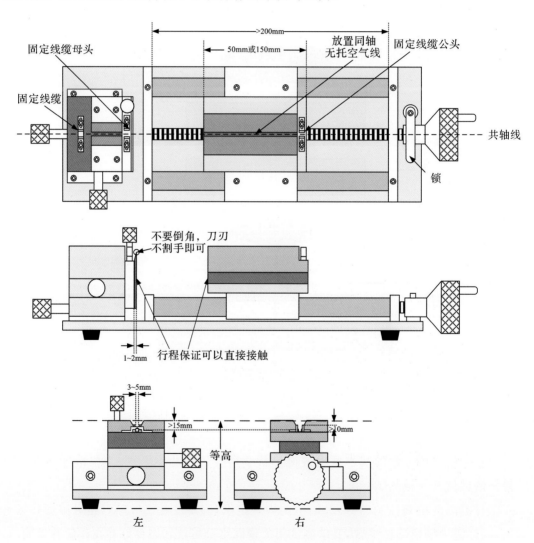

图 3.66 LRM＋MTRL 校准专用辅助机构设计图

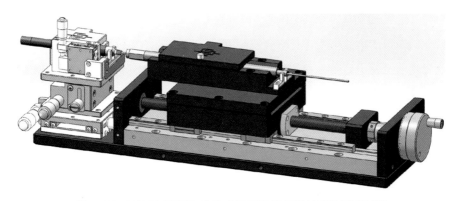

图 3.67　LRM＋MTRL 校准专用辅助机构设计渲染图（侧视）

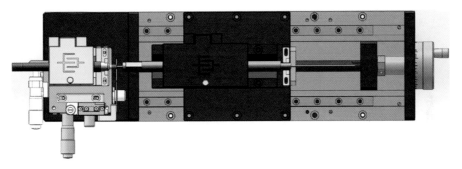

图 3.68　LRM＋MTRL 校准专用辅助机构设计渲染图（俯视）

图 3.69　LRM＋MTRL 校准专用辅助机构实物图（侧视）

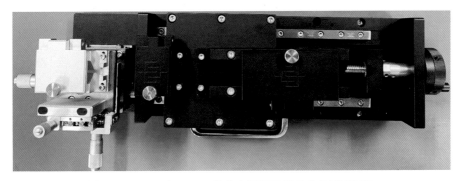

图 3.70　LRM＋MTRL 校准专用辅助机构实物图（俯视）

③完成 LRM＋MTRL 校准并确认结果准确后,逐个测量阴阳极性开路、短路、负载匹配标准件,并以".s1p"格式或".dat"格式存储校准数据。由于空气线标准件可以溯源至长度量纲,其长度的不确定度数据也可以最终转化为数据基校准件的不确定度数据存储起来。

④使用支持数据基校准件的软件(可以是矢量网络分析仪自身软件,也可以是第三方校准软件)对步骤③的数据进行封装,形成该软件可以调用的数据基校准件格式。

本书按照步骤①～④,使用 Maury® 8760S LRM＋MTRL 校准件标定 Maury® 8760E SOLT/SOLR 校准件,制备成数据基校准件后,使用同一组机械结构,采用不同校准件数据,在相同试验条件下完成校准,并测试同一被测件(API/Weinschel® 54A-6 2.92mm DC～40GHz 6dB 衰减器)。由图 3.71 至图 3.78 整理的测试结果可以清晰地看出数据基 SOLT/SOLR 校准件校准精度仅略逊于 LRM＋MTRL 校准件校准精度,明显优于基于模型的固定宽带负载或滑动负载 SOLT/SOLR 校准精度。这充分证明上述方法切实而有效。

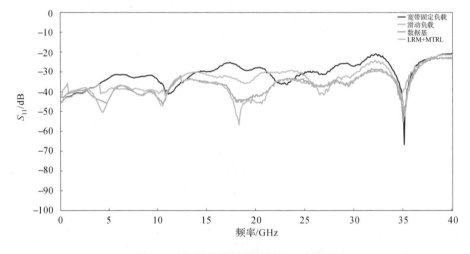

图 3.71　校准精度提升过程——S_{11} 幅值

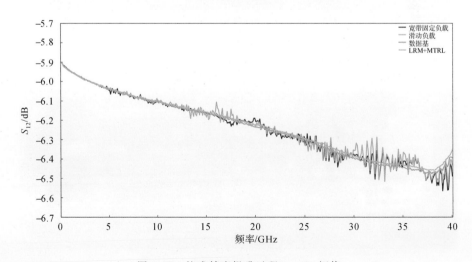

图 3.72　校准精度提升过程——S_{12} 幅值

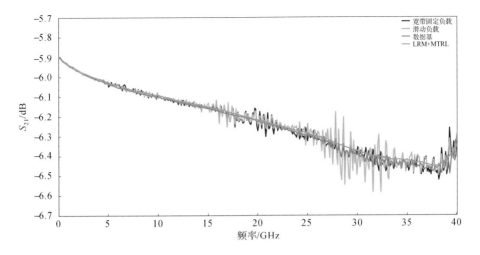

图 3.73　校准精度提升过程——S_{21} 幅值

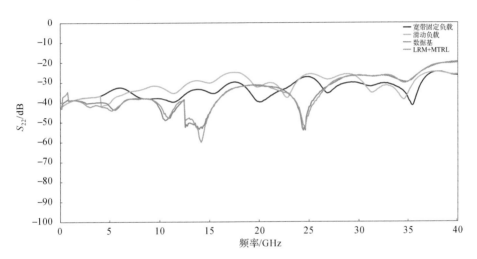

图 3.74　校准精度提升过程——S_{22} 幅值

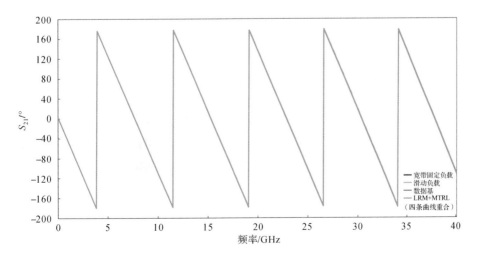

图 3.75　校准精度提升过程——S_{21} 相位

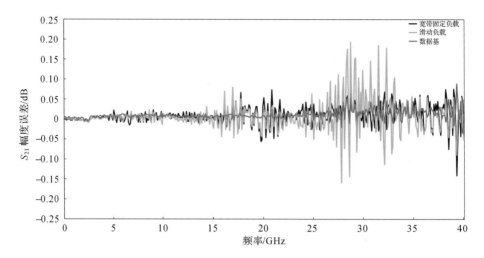

图 3.76　校准精度提升过程——S_{21} 幅度误差

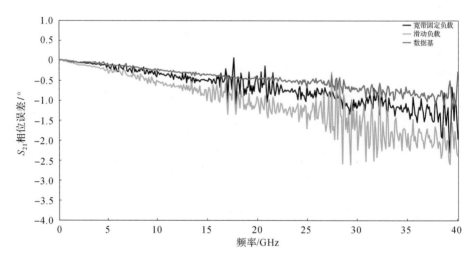

图 3.77　校准精度提升过程——S_{21} 相位误差

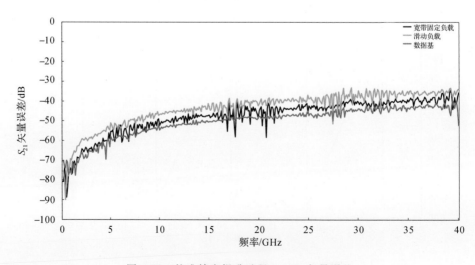

图 3.78　校准精度提升过程——S_{21} 矢量误差

　　本书还做了单一变量试验,对比数据基 SOLR 机械(R&S® ZV-Z218)及电子校准件(Keysight® N4694D)校准结果差异,被测件为 Keysight® 8490G-3 1.85mm DC～67GHz 3dB 衰减器,均采用 SOLR 方法校准。由图 3.79 至图 3.86 整理的测试结果可以看出两者的差距很小,可以认为两组数据的差异在测试误差之内。依笔者经验,机械校准件仪器兼容性更好,而电子校准件使用更方便。读者可以根据实际需要自行选择合适的类型。

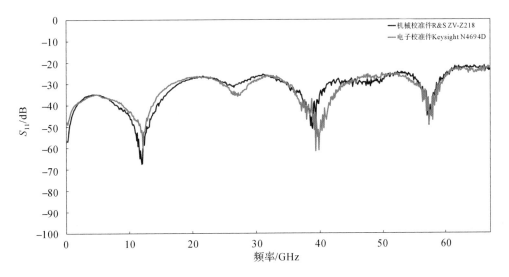

图 3.79　机械与电子校准件对比——S_{11} 幅值

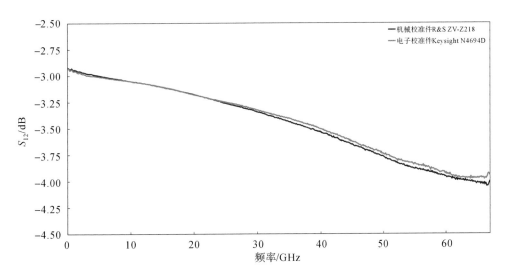

图 3.80　机械与电子校准件对比——S_{12} 幅值

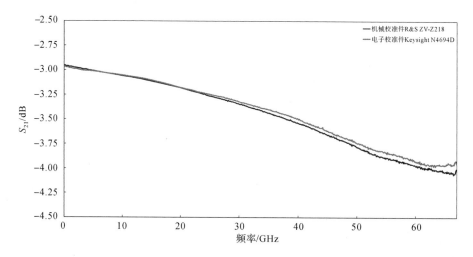

图 3.81 机械与电子校准件对比——S_{21} 幅值

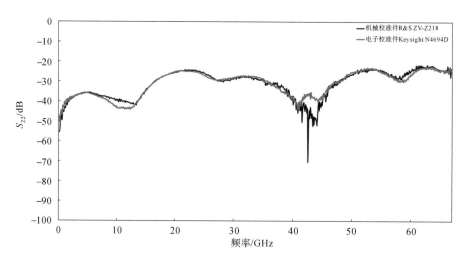

图 3.82 机械与电子校准件对比——S_{22} 幅值

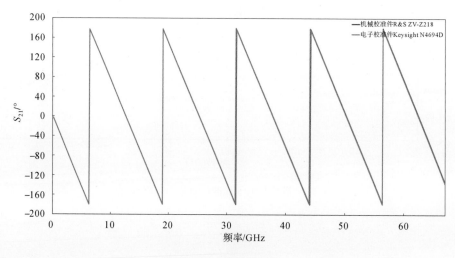

图 3.83 机械与电子校准件对比——S_{21} 相位

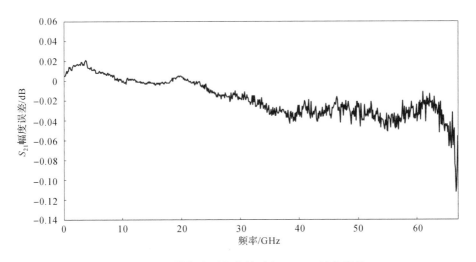

图 3.84　机械与电子校准件对比——S_{21}幅度误差

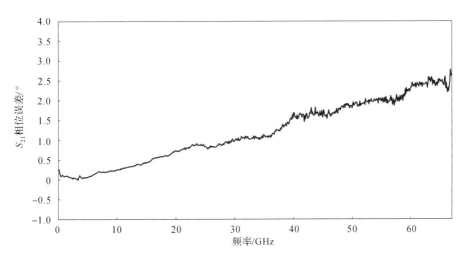

图 3.85　机械与电子校准件对比——S_{21}相位误差

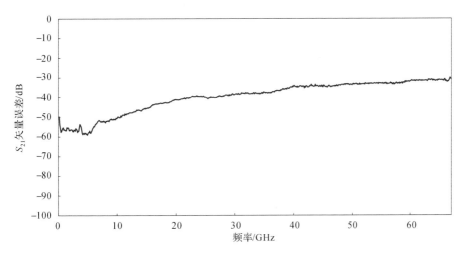

图 3.86　机械与电子校准件对比——S_{21}矢量误差

3.6　本章小结

　　矢量网络分析仪与其他仪器在使用上的最大不同之处在于测试之前必须进行相应校准,而校准矢量网络分析仪必须用到专用的校准标准件。本章着重介绍了校准标准件制造与建模过程中的关键技术,首先依物理接口形式的不同,分别阐明了同轴、波导、在片校准件及射频探针的特点;其次着重介绍了在片校准件制造的关键点;之后根据实际案例,说明校准件参数质量的好坏会对最终校准结果产生巨大影响;最后给出了校准件的精确数学模型及同轴数据基校准件的制备方法。希望在实际测试过程中,读者可以从本章内容中获得有益帮助。

参考文献

[1] IEEE. IEEE Standard for Precision Coaxial Connectors (DC to 110 GHz)：IEEE 287-2007[S]. New York：IEEE, 2007.

[2] Spinner®. Spinner® 1.35 mm-E Connector：The Robust Precision Interface for DC to 90 GHz[Z]. München：Spinner®, 2018.

[3] Tumbaga C. 0.8 mm Connectors Enable D-Band Coaxial Measurements[J]. Microwave Journal, 2019：6-12.

[4] R&S®. R&S® ZV-Z129 Calibration Kits Specifications Data Sheet[Z]. München：R&S®, 2013.

[5] Spinner®. Test and Measurement Vector Network Analyzer Calibration[Z]. München：Spinner®, 2020.

[6] Maury Microwave®. User Guide 2.92 mm Coaxial Calibration Kit DC to 40 GHz[Z]. Ontario：Maury Microwave®, 2015.

[7] R&S®. R&S® ZN-Z2xx | R&S® ZV-Z2xx Calibration Kits Specifications Data Sheet[Z]. München：R&S®, 2020.

[8] R&S®. R&S® ZV-Z2xx Calibration Kits Specifications Data Sheet[Z]. München：R&S®, 2013.

[9] Keysight®. Keysight Technologies 85059A 1.0 mm Precision Calibration and Verification Kit[Z]. Santa Rosa：Keysight®, 2015.

[10] Keysight®. Keysight Electronic Calibration Modules[Z]. Santa Rosa：Keysight®, 2015.

[11] VDI®. VNA Extension Modules Operational Manual[Z]. Charlottesville：VDI®, 2020.

[12] API® Technologies Corp. Advanced Thin Film Technologies[Z]. Marlborough：API® Technologies Corp.

[13] Kyocera®. Fine Ceramics for Electronics[Z]. Kyoto：Kyocera®, 2022.

[14] Form Factor®. Impedance Standard Substrate for 110 GHz and above 104-783A[Z]. Livermore：Form Factor®, 2018.

[15] Rumiantsev A, Doerner R. RF Probe Technology：History and Selected Topics[J]. IEEE Microwave Magazine, 2013, 14(7)：46-58.

［16］ GGB®. Model 40A［Z］. Naples：GGB®，2021.

［17］ Form Factor®. Probes Selection Guide［Z］. Livermore：Form Factor®，2021.

［18］ T-Plus®. RF Probe Model：TP110A Series［Z］. Chiba：T-Plus®，2016.

［19］ Form Factor®. |Z| Probe Power Data Sheet［Z］. Livermore：Form Factor®，2020.

［20］ Yokowo®. Penprobe Catalogue 2021［Z］. Tokyo：Yokowo®，2021.

［21］ Form Factor®. Pyramid RF Probe Card Data Sheet［Z］. Livermore：Form Factor®，2021.

［22］ MPI®. MPI Probe Selection Guide［Z］. Hsinchu：MPI®，2021.

［23］ MPI®. Titan-RC Probe Data Sheet［Z］. Hsinchu：MPI®，2021.

［24］ Bauwens M F，Chen L H，Zhang C H，et al. A Terahertz Micromachined On-wafer Probe for WR-1. 2 Waveguide［C］// 7th European Microwave Integrated Circuit Conference，2012.

［25］ Bauwens M F，Chen L H，Zhang C C，et al. Characterization of Micromachined On-wafer Probes for the 600-900 GHz Waveguide Band［J］. IEEE Transactions on Terahertz Science and Technology，2014，4（4）：527-529.

［26］ Bauwens M F，Alijabbari N，Lichtenberger A W，et al. A 1. 1 THz Micromachined On-wafer Probe［C］// IEEE MTT-S International Microwave Symposium，2014.

［27］ GGB®. Model 1100B［Z］. Naples：GGB®，2021.

［28］ MPI®. Titan Probe DC to 220 GHz Data Sheet［Z］. Hsinchu：MPI®，2021.

［29］ Form Factor®. InfinityXT Probe Data Sheet［Z］. Livermore：Form Factor®，2020.

［30］ Form Factor®. 220 GHz Broadband Solution［Z］. Livermore：Form Factor®，2022.

［31］ Zhu N H. Phase Uncertainty in Calibrating Microwave Test Fixtures［J］. IEEE Transactions on Microwave Theory and Techniques，1999，47（10）：1917-1922.

［32］ 丁旭，王立平. 射频微波探针的 *S* 参数提取方法及系统、存储介质及终端：CN202110628906. 8［P］. 2021-06-07.

［33］ Form Factor®. Impedance Standard Substrate Map 101-190C［Z］. Livermore：Form Factor®，2018.

［34］ MPI®. AC-2 Calibration Substrate［Z］. Hsinchu：MPI®，2020.

［35］ Galatro L，Spirito M. Fused Silica Based RSOL Calibration Substrate for Improved Probelevel Calibration Accuracy［C］// 88th ARFTG Microwave Measurement Conference，2016.

［36］ Form Factor®. Impedance Standard Substrate Map 172-885［Z］. Livermore：Form Factor®，2018：1-2.

［37］ Rohland M，Arz U，Büttgenbach S. Benefits of On-wafer Calibration Standards Fabricated in Membrane Technology［J］. Advances in Radio Science，2011，9：19-26.

［38］ Arz U，Rohland M，Büttgenbach S. Improving the Performance of 110 GHz Membrane-Based Interconnects on Silicon：Modeling，Measurements，and Uncertainty Analysis［J］. IEEE Transactions on Components，Packaging and Manufacturing Technology，2013，3（11）：1938-1945.

［39］ Lesher T，Hayden L，Strid E. Optimized Impedance Standard Substrate Designs for Dual and Differential Applications［C］// 62nd ARFTG Microwave Measurements Conference，2003.

［40］ Probst T，Zinal S，Doerner R，et al. On the Importance of Calibration Standards Definitions for On-wafer Measurements up to 110 GHz[C]// 91st ARFTG Microwave Measurement Conference，2018.

[41] L-TRIS®．M350Wafer Trim™ Specifications[Z]．Krailling：L-TRIS®．

[42] 王立平，丁旭，顾易帆. 一种基于隔膜与异质集成工艺的在片校准件及其制作方法：CN201911020209.3 [P]．2019-10-25.

[43] Sischka F．Modeling Handbook[Z]．

[44] Williams D F．Rectangular-Waveguide Vector-Network-Analyzer Calibrations with Imperfect Test Ports[C]// 76th ARFTG Microwave Measurement Conference，2010.

[45] Williams D F，Corson P，Sharma J，et al．Calibration-Kit Design for Millimeter-Wave Silicon Integrated Circuits[J]．IEEE Transactions on Microwave Theory and Techniques，2013，61(7)：2685-2694.

[46] Spirito M，Gentile G，Akhnoukh A．Multimode Analysis of Transmission Lines[C]// 82nd ARFTG Microwave Measurement Conference，2013.

[47] Spirito M，Galatro L，Lorito G，et al．Improved RSOL Planar Calibration via EM Modelling and Reduced Spread Resistive Layers[C]// 86th ARFTG Microwave Measurement Conference，2015.

[48] Galatro L，Mubarak F，Spirito M．On the Definition of Reference Planes in Probe-Level Calibrations [C]// 87th ARFTG Microwave Measurement Conference，2016.

第 **4** 章

信号流图与常用误差模型

矢量网络分析仪对系统误差模型的描述都是基于信号流图来完成的,本章会介绍信号流图的基本原理,并给出常见校准方法的误差模型。

4.1 信号流图基本原理

信号流图是借助拓扑图形求解线性代数方程组的一种方法,在 1953 年由梅森(S. J. Mason)提出,故又称 Mason 图。这一方法能将各有关变量的因果关系在图中清晰地表示出来,常用于分析线性系统,例如求它们的传递函数,可应用于反馈系统分析、线性方程组求解、线性系统模拟及数字滤波器设计等方面[1]。

信号流图实际上是用一些点和支路来描述系统的。

①线段表示信号传输的路径,称为支路。支路表示了一个信号与另一个信号的函数关系。

②信号只能沿着支路上的箭头方向传输。

③信号的传输方向用箭头表示,转移函数标在箭头附近,相当于乘法器。

④节点可以把所有输入支路的信号叠加,并把总和信号传送到所有输出支路。

4.1.1 相关术语

①节点:表示变量或信号的点,用"○"表示变量或信号,其值等于所有进入该节点的信号之和。如图 4.1 中 $X_1 \sim X_7$ 均是节点。

②输入节点:只有输出的节点,也称源点,如图 4.1 中 X_1 是一个输入节点。

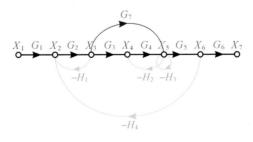

图 4.1　信号流图示例

③输出节点：只有输入的节点，也称汇点。然而这个条件并不总能满足，为了满足定义的要求，可引入增益为1的线段。如图4.1中 X_7 是一个输出节点。

④混合节点：既有输入又有输出的节点。如图4.1中 $X_2 \sim X_6$ 是混合节点。

⑤支路：连接两个节点之间的有向有权线段，方向用箭头表示，权值用传输函数表示。如图4.1中从节点 X_1 到 X_2 为一支路，其中 G_1 为该支路的增益。

⑥输入支路：指向节点的支路。

⑦输出支路：离开节点的支路。

⑧通路：沿着支路箭头方向通过各个相连支路的路径。如图4.1中 $X_1 \rightarrow X_2 \rightarrow X_3 \rightarrow X_4$ 和 $X_2 \rightarrow X_3 \rightarrow X_2$ 均是通路。

⑨前向通道：从输入节点到输出节点，且通路上通过任何节点不多于一次的通路。如图4.1中 $X_1 \rightarrow X_2 \rightarrow X_3 \rightarrow X_4 \rightarrow X_5 \rightarrow X_6 \rightarrow X_7$ 为一条前向通道，$X_1 \rightarrow X_2 \rightarrow X_3 \rightarrow X_5 \rightarrow X_6 \rightarrow X_7$ 为另一条前向通道。

⑩通道传输或通道增益：沿着通道的各支路传输的乘积。如图4.1中 $X_1 \sim X_7$ 前向通道增益为 $G_1 G_2 G_3 G_4 G_5 G_6$。

⑪回路：始端与终端重合且与任何节点相交不多于一次的通道。如图4.1中的 $-G_2 G_3 G_4 G_5 H_4$ 是一条回路。

⑫自回路：单一支路的闭通道。如图4.1中的 $-H_3$ 构成自回环。

⑬不接触回路：没有任何公共节点的回路。如图4.1中 $-G_2 H_1$ 和 $-G_4 H_2$ 为不接触回路。

简化信号流图的基本规则与方法如表4.1所示。

表 4.1 简化信号流图

名　称	图形表示	简化结果
节点	a ; b	—
支路	a ; Γ ; b	—
串联	a S_{ba} b S_{cb} c	a $S_{ba}S_{cb}$ c
并联	S_1 ; a ; b ; S_2	a S_1+S_2 b

续表

名　称	图形表示	简化结果
分支	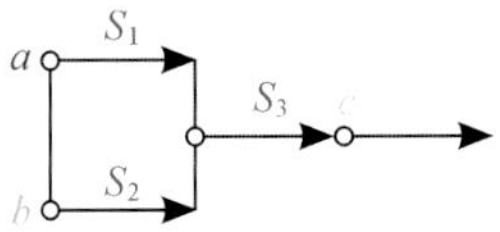	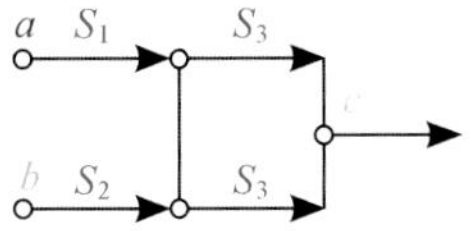
负反馈	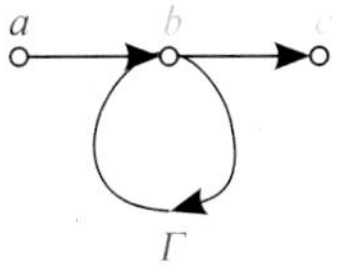	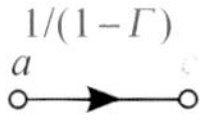 $1/(1-\Gamma)$

4.1.2　Mason 增益公式

对于复杂的系统,信号流图的简化过程是冗长的。利用 Mason(梅森)增益公式(Mason's gain formula)即式(4.1)和式(4.2),可以不经过任何简化,直接确定系统输入和输出变量之间的关系,再利用 Mason 增益公式求出系统的传递函数。

$$G(S) = \frac{\sum_{k=1}^{n} P_k \Delta_k}{\Delta} \qquad (4.1)$$

$$\Delta = 1 - \sum L_i + \sum L_i L_j - \sum L_i L_j L_k + \cdots \qquad (4.2)$$

其中,$G(S)$ 为待求的总传递函数;

Δ 为特征式;

P_k 为从输入端到输出端第 k 条前向通道的总增益;

Δ_k 为在 Δ 中,将与第 k 条前向通道相接触的回路所在项除去后所余下的部分,称余子式;

$\sum L_i$ 为所有各回路的"回路传递函数"之和;

$\sum L_i L_j$ 为所有两两互不相接触的"回路"的"回路传递函数"乘积之和;

$\sum L_i L_j L_k$ 为所有三个互不相接触的"回路"的"回路传递函数"乘积之和;

n 为前向通道数。

4.2　常用 S 参数校准误差模型

矢量网络分析仪依其内部架构不同,演化出两种基本的误差模型:一种架构如图 4.2 所示,要求测量时同时使用 3 个接收机,转化为 12 项模型,具体内容详见第 4.2.2.1 小节;另一种架构如图 4.3 所示,要求同时使用 4 个接收机,转化为 8 项模型,具体内容详见第 4.2.2.2 小节。三接收机架构存在于早期矢量网络分析仪中,现代矢量网络分析仪基本均采用四接收机架构。然而在现代矢量网络分析仪中,这两种模型都会用到,两者之间的转换也很简单。实际上,大多数矢量网络分析仪严格使用 12 项模型来表示误差项,但在确定误差项的值时,使用 8 项模型通常更为方便。其他的模型如 16 项模型会涉及更多的影响因素,在实际中并不经常使用。

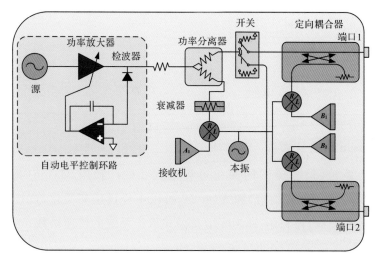

图 4.2　三接收机矢量网络分析仪

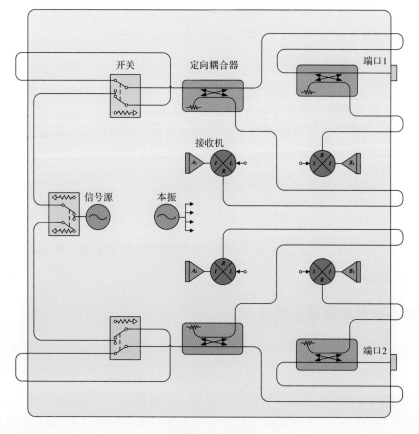

图 4.3　四接收机矢量网络分析仪

图 4.4 显示了典型三接收机矢量网络分析仪切换到前向状态时内置源与各个接收机的工作情况。各接收机对每个中频信号进行检测和数字化,并测量其实部与虚部,据此计算出信号的幅度与相位。在大多数现代矢量网络分析仪中,模数转换直接在中频中完成,信号检测在数字域中完成。最后得到的被测件合成数字化版本的波形参量(a_0、b_0 和 b_3)为实际波形参量(a_1、b_1 和 b_2)的缩放值。

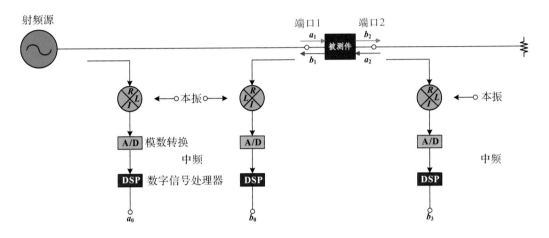

图 4.4 三接收机矢量网络分析仪前向测试内部情况

根据图 4.4,可以绘制出误差模型信号流图——图 4.5,该图显示了所有可能的信号路径[2]。这些路径不仅包括预期的主要信号,还包括从矢量网络分析仪端口连接到被测件的整个系统中电缆、连接器、探针的损耗、匹配误差和泄漏误差。该模型还包括中频、模数转换和检波器非线性以及系统噪声。

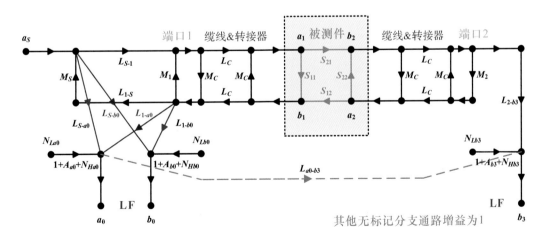

图 4.5 三接收机矢量网络分析仪前向测试信号流图

表 4.2 给出了图 4.5 中每个分支和关键节点的说明。图 4.5 为矢量网络分析仪提供了一个非常完整的误差模型。但是该模型过于复杂,为此,人们在不损失任何精度的

情况下简化了该图。这种简化后的信号流图更易于分析，具体内容将在本章后续小节中讨论。

表 4.2　符号含义

符　号	含　义	符　号	含　义
a_1	incident signal at Port 1 端口 1 入射信号	S_{11}	reflected coefficient of DUT at Port 1 被测件端口 1 反射系数
b_1	reflected signal at Port 1 端口 1 反射信号	S_{12}	forward transmitted coefficient of DUT 被测件前向传输系数
a_2	incident signal at Port 2 端口 2 入射信号	S_{21}	reverse transmitted coefficient of DUT 被测件反向传输系数
b_2	transmitted signal at Port 2 端口 2 输出信号	S_{22}	reflected coefficient of DUT at Port 2 被测件端口 2 反射系数
a_S	source port 源端口	M_1	match at Port 1 端口 1 匹配
a_0	measured incident port 源入射信号测量端口	M_2	match at Port 2 端口 2 匹配
b_0	measured reflected port 源反射信号测量端口	M_S	match of source 源匹配
b_3	measured transmitted port 输出信号测量端口	M_C	match of cables 缆线匹配
$L_{S\text{-}1}$	loss from source to Port 1 源至端口 1 损耗	N_{La0}	low level noise at a_0 端口 a_0 低电平噪声
$L_{1\text{-}S}$	loss from Port 1 to source 端口 1 至源损耗	N_{Lb0}	low level noise at b_0 端口 b_0 低电平噪声
L_{Sa0}	loss from source to a_0 源至端口 a_0 损耗	N_{Lb3}	low level noise at b_3 端口 b_3 低电平噪声
$L_{S\text{-}b0}$	loss from source to b_0 (directivity) 源至端口 b_0 损耗(方向性)	N_{Ha0}	high level noise at a_0 端口 a_0 高电平噪声
$L_{1\text{-}a0}$	loss from Port 1 to a_0 (directivity) 端口 1 至端口 a_0 损耗(方向性)	N_{Hb0}	high level noise at b_0 端口 b_0 高电平噪声
$L_{1\text{-}b0}$	loss from Port 1 to b_0 端口 1 至端口 b_0 损耗	N_{Hb3}	high level noise at b_3 端口 b_3 高电平噪声
$L_{2\text{-}b3}$	loss from Port 2 to b_3 端口 2 至端口 b_3 损耗	A_{a0}	dynamic accuracy at a_0 (linearity) 端口 a_0 动态范围(线性度)
$L_{a0\text{-}b3}$	loss from a_0 to b_3 (leakage) 端口 a_0 至端口 b_3 损耗(方向性)	A_{b0}	dynamic accuracy at b_0 (linearity) 端口 b_0 动态范围(线性度)
L_C	loss of cables 缆线损耗	A_{b3}	dynamic accuracy at b_3 (linearity) 端口 b_3 动态范围(线性度)

4.2.1　单端口误差模型

对于单端口器件,不一定要完成两端口校准才能获得单端口反射测量值。可以通过求解如图 4.6 所示的信号流图,从而实现单端口校准与修正,这样仅利用 1 次响应测量和 3 个误差项就可以进行单端口误差修正。

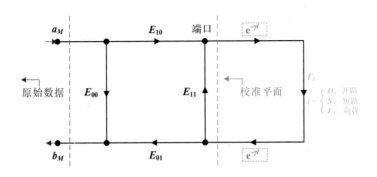

图 4.6　单端口误差模型

4.2.2　两端口误差模型

4.2.2.1　12 项误差模型

12 项误差模型(12-term error model)实际上由 2 个 6 项模型组成,即 1 个前向模型和 1 个反向模型。这 2 个模型都要使用 3 个同步或相位一致的接收机,其中包括共用的 1 个入射波接收机和 2 个反射波接收机。其中,负载端口处的入射波假定为零。12 项误差模型如图 4.7 所示,各参数符号与定义如表 4.3 所示。

表 4.3　12 项误差模型参数符号与定义

符　号	定　义	符　号	定　义
EDF	forward directivity 前向方向性项	EDR	reverse directivity 反向方向性项
ESF	forward source match 前向源匹配项	ESR	reverse source match 反向源匹配项
ERF	forward reflection tracking 前向反射跟踪项	ERR	reverse reflection tracking 反向反射跟踪项
ELF	forward load match 前向负载匹配项	ELR	reverse load match 反向负载匹配项
ETF	forward transmission tracking 前向传输跟踪项	ETR	reverse transmission tracking 反向传输跟踪项
EXF	forward isolation 前向隔离项	EXR	reverse isolation 反向隔离项

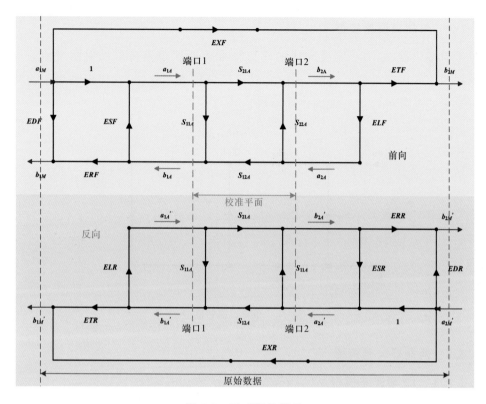

图 4.7　12 项误差模型

4.2.2.2　8 项误差模型

8 项误差模型（8-term error model）与 12 项误差模型的不同点在于，前者要求 4 个测试接收机都参与测量，即测量 2 个入射波和 2 个反射波。8 项误差模型如图 4.8 所示。8 项误差模型的优点是，在实际应用中，端口连接源或负载时，其负载匹配会随之改变，而此时 8 项误差模型依然保持不变，因为当每个端口入射波发生变化时，负载阻抗的变化会被捕获。如果知道被测件 *S* 参数的测量值，其可被看作输入误差网络、被测件真实 *S* 参数和输出误差网络三者级联而成的，那么由此便可以推导出 8 项模型误差修正方法了。

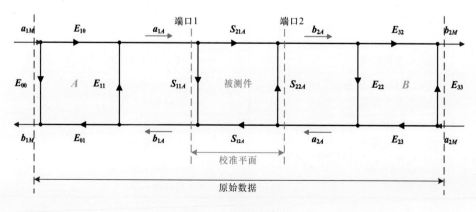

图 4.8　8 项误差模型

4.2.2.3　16 项误差模型

随着测试频率升高,如图 4.9 和图 4.10 所示,端口间耦合与泄漏(串扰)的信号会逐渐增大而变得不再像低频时可以直接忽略,它们在高频时(依笔者经验,一般在频率≥70GHz 时)会开始对最终测试结果产生影响。由于在片校准件物理尺寸小,探针间距离近,在片测试时这种现象表现得尤为突出。为此,人们在 8 项误差(误差项如图 4.11 中实线所示)模型的基础上,开发出如图 4.11 所示增加泄漏路径(虚线所示)的,考虑了串扰误差(E_{02},E_{20},E_{03},E_{30},E_{12},E_{21},E_{13},E_{31})的 16 项误差模型(16-term error model)。其校准过程与常见的 SOLT 校准方法步骤类似,但在标准步骤的基础上增加了测试冗余项如开路—短路(open-short)、开路—负载(open-load)、短路—负载(short-load)或其互易两端口标准组合。该方法利用奇异值分解(singular value decomposition,SVD)求解超定方程,最终得到误差项,从而修正测试系统的误差。SVD 是一种数值分析方法,可求出最优数值解。16 项误差模型可以很好地修正端口间信号耦合与泄漏对测试结果的影响,这是传统 8 项和 12 项误差模型并未全面考虑的。具体方法及求解过程会在第 5.3.4 小节中详述。

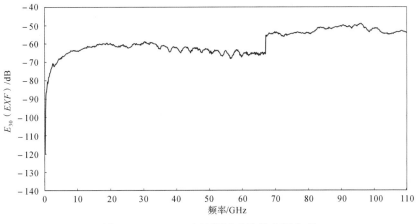

图 4.9　110GHz 在片测试系统前向隔离项

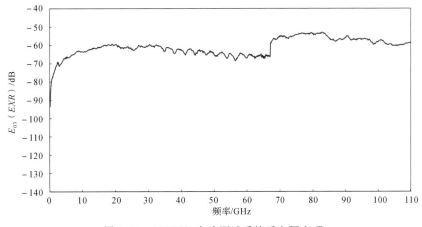

图 4.10　110GHz 在片测试系统反向隔离项

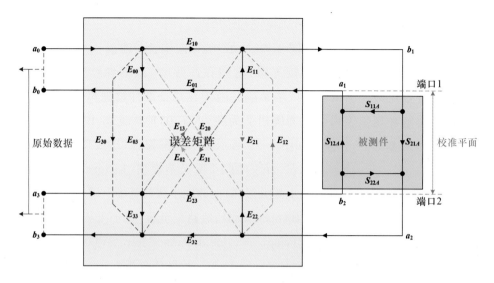

图 4.11　16 项误差模型

4.2.2.4　10 项误差模型

16 项误差模型虽修正了端口间信号的耦合与泄漏,但是该方法的算法内核是从 SOLT 方法演化而来的,因此算法精度受校准件精度影响很大。为了解决这一问题,本书笔者综合上述三种误差模型,着眼于主要误差项影响,提出了增加隔离项修正的 10 项误差模型(10-term error model)(图 4.12)。该模型结合了自校准方法如 LRRM 方法,结合隔离项可以很好地修正端口间信号耦合与泄漏对测试结果的影响,且显著降低对校准件模型精度的依赖,操作过程与传统 SOLT 校准过程一致,较为简单,只是必须补充测试隔离项。应用该模型及相应校准方法可进一步提高校准结果的精度,且校准结果更为平滑。具体方法及求解过程会在第 5.3.3.5 小节中详述。

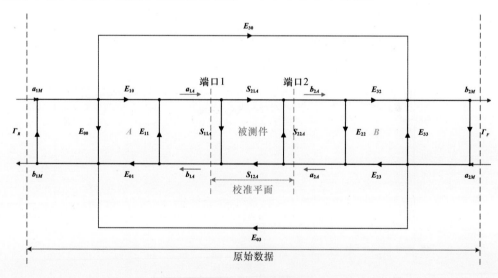

图 4.12　10 项误差模型

4.2.2.5　12 项误差模型与 8(10)项误差模型转换

12 项误差模型与 8(10)项误差模型的转换相对简单。它们相互转换的信号流图如图 4.13 所示,它们相互之间的对应关系如表 4.4 和表 4.5 所示。通过这种变换,大多数矢量网络分析仪就严格使用 12 项模型来表示误差项,而在确定误差项的值时,可以灵活选取校准方法,一般倾向于使用更为方便和准确的由 8(10)项模型衍生出的校准方法,从而在仪器内部描述误差项时做到形式上的统一。

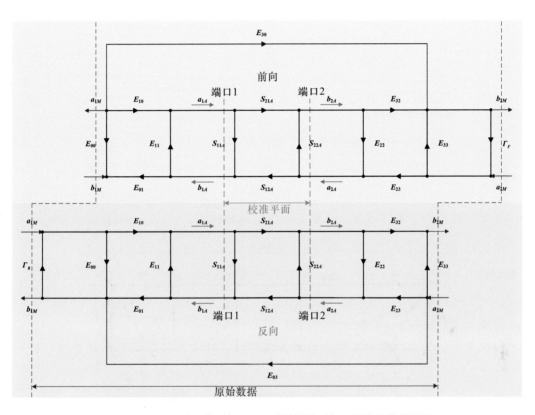

图 4.13　12 项误差模型与 8(10)项误差模型相互转换的信号流图

表 4.4　12 项误差模型与 8(10)项误差模型对应关系

12 项模型(前向)	对应 8(10)项模型	12 项模型(反向)	对应 8(10)项模型
EDF	E_{00}	EDR	E_{33}
ESF	E_{11}	ESR	E_{22}
ERF	$E_{01}E_{10}$	ERR	$E_{23}E_{32}$
ETF	$\dfrac{E_{10}E_{32}}{1-E_{33}\Gamma_F}$	ETR	$\dfrac{E_{01}E_{23}}{1-E_{00}\Gamma_R}$
ELF	$E_{22}+\dfrac{E_{23}E_{32}\Gamma_F}{1-E_{33}\Gamma_F}$	ELR	$E_{11}+\dfrac{E_{01}E_{10}\Gamma_R}{1-E_{00}\Gamma_R}$
EXF	E_{30}	EXR	E_{03}

表 4.5 8(10)项误差模型与 12 项误差模型对应关系

8(10)项模型	对应 12 项模型(前向)	8(10)项模型	对应 12 项模型(反向)
E_{00}	EDF	E_{33}	EDR
E_{11}	ESF	E_{22}	ESR
$E_{01}E_{10}$	ERF	$E_{23}E_{32}$	ERR
$E_{10}E_{32}$	$\dfrac{ERR \cdot ETF}{ERR+EDF \cdot (ELR-ESF)}$	—	—
Γ_F	$\dfrac{ELF-ESR}{ERR+EDR \cdot (ELF-ESR)}$	Γ_R	$\dfrac{ELR-ESF}{ERF+EDF \cdot (ELR-ESF)}$
E_{30}	EXF	E_{03}	EXR

4.2.3 多端口误差模型

图 4.14 给出了三端口网络校准的误差模型(以 8 项误差模型描述),可以看出多端口校准的误差模型是待校准端口数 N 的以组合数 C_N^2 个两端口误差模型的组合,数据采集过程也是两端口校准过程的扩展。在某些条件下,应用特定校准方法可以减少误差项的采集简化操作。具体过程会在第 5.4 节中详细讨论。

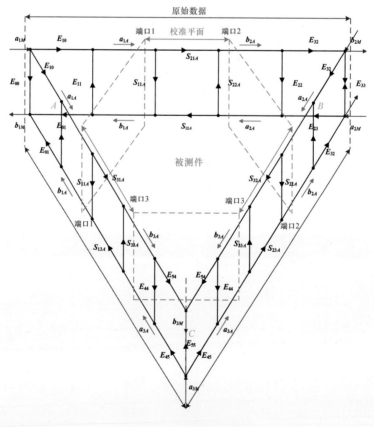

图 4.14 三端口误差模型

4.3　本章小结

　　本章作为本书承前启后的一章,首先介绍了信号流图的基本原理及 Mason 增益公式的相关内容,然后根据矢量网络分析仪的内部架构特点,详细描述了单端口、两端口和多端口误差模型的信号流图,其中两端口误差模型是本章的核心内容。通过介绍 8、10、12、16 项误差模型及其相互关系,为本书后续章节的论述奠定前置理论基础。

参考文献

［1］Ludwig R，Bogdanov G. RF Circuit Design：Theory and Applications［M］. 2nd ed. London：Pearson，2008.

［2］Rytting D. Network Analyzer Error Models and Calibration Methods［C］// 62nd ARFTG Conference Short Course Notes，2003.

第 **5** 章

S 参数校准及去嵌原理

矢量网络分析仪也许是射频和微波测量领域中最精准的电子设备。现代矢量网络分析仪可以测量不同范围的功率,其精度高于任何其他功率传感器,同时它可以在一段频率范围内测量电子器件的增益,其性能与器件的物理特性有关。在现有的电子测量系统中,矢量网络分析仪利用误差修正技术,在性能与测量质量方面获得了极大的优势。矢量网络分析仪的误差修正包括两个步骤。①校准或矢量网络分析仪校准。这一步通过表征已知标准件,如用图 5.1 至图 5.10 所示开路、短路、负载、直通标准件采集参数,确定矢量网络分析仪的系统误差项。这一步的正式名称为"误差修正采集"。②测量被测件,并利用误差修正算法获得正确的结果。这一步的正式名称为"误差修正应用",也可简称为"修正"。许多论文都讨论了矢量网络分析仪校准,尽管使用的术语不一致,但在某些情况下还是能够认出常见的术语和符号。这些术语多出自早期 HP® 矢量网络分析仪,例如 HP®-8510 和 HP®-8753,这两种型号分别属于四接收机矢量网络分析仪和三接收机矢量网络分析仪这两种常见的测量系统。

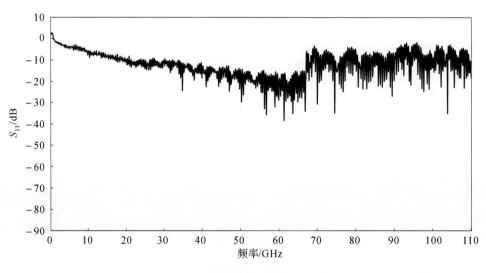

图 5.1　原始数据——端口 1 开路

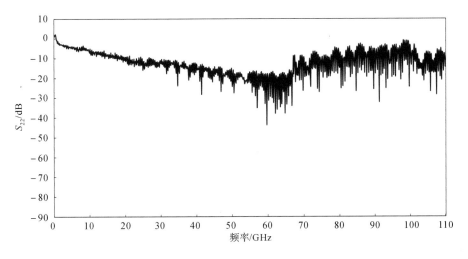

图 5.2　原始数据——端口 2 开路

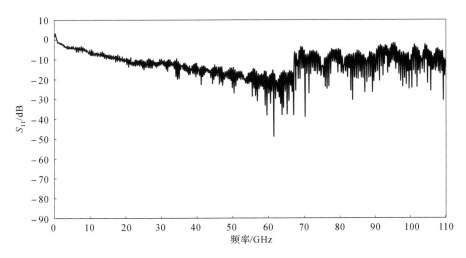

图 5.3　原始数据——端口 1 短路

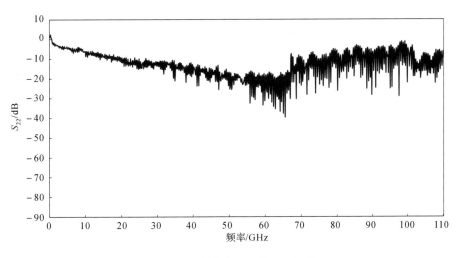

图 5.4　原始数据——端口 2 短路

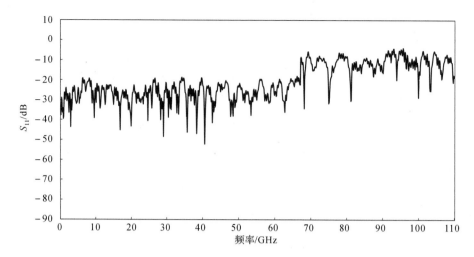

图 5.5　原始数据——端口 1 负载匹配

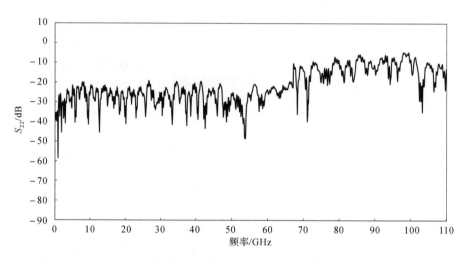

图 5.6　原始数据——端口 2 负载匹配

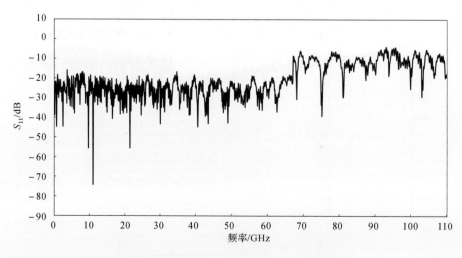

图 5.7　原始数据——直通(端口 1 反射系数)

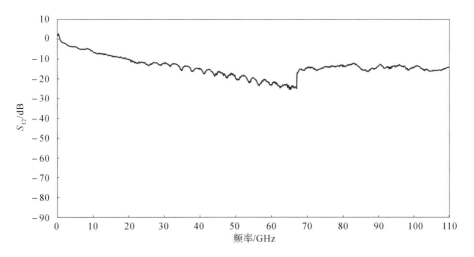

图 5.8　原始数据——直通（端口 1→2 反向传输系数）

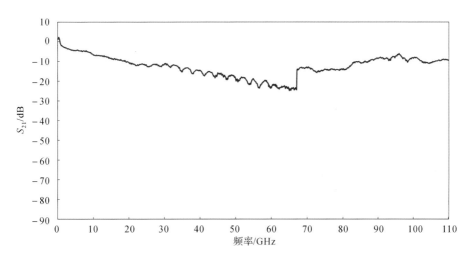

图 5.9　原始数据——直通（端口 1→2 正向传输系数）

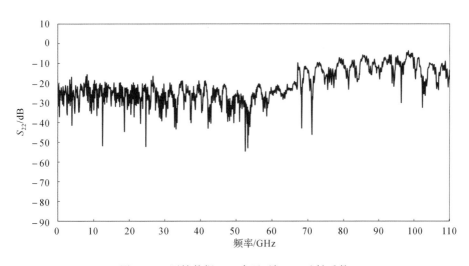

图 5.10　原始数据——直通（端口 2 反射系数）

矢量网络分析仪应用 **S** 参数系统误差修正技术已有数十年之久,其间诞生了多种不同的校准方法。本章将会详细阐述在 **S** 参数校准过程中,这些方法如何修正系统误差以及不同的校准方法对最终测量结果会产生怎样的影响。需要指出的是,**S** 参数误差修正过程需要用到非常复杂的公式推导和矩阵运算,涉及线性代数[1]、复变函数[2]、矩阵分析[3]、概率与统计学[4-5]知识;同时,为了方便计算机求解,还需要科学计算[6]与数值分析[7]等相关内容。本章内容是全书中对数学的运用最为严格的一章,理解本章内容需要相应的数学知识。

5.1 原始数据修正

一般在实际运行校准方法之前,根据测试要求与所选误差模型对采集到的原始数据进行修正,主要包括开关项修正和隔离项修正两个步骤。本节会对这两个数据修正过程的原理与算法展开专项讨论。

5.1.1 开关项修正

8 项误差模型中的开关误差项(switching error terms)代表由源开关引起的匹配变化。开关误差项表示同一测量端口处入射波和反射波的比值,前向和反向的开关误差项一般分别以符号 Γ_F 和 Γ_R 表示,以端口 1、2 为例(其中 R_1、R_2、A、B 为对应的 Keysight® 矢量网络分析仪接收机定义),定义如式(5.1)和式(5.2)所示。

$$\Gamma_F = \frac{a_2}{b_2}\bigg|_{Src1} = \frac{R_2}{B}\bigg|_{Src1} \tag{5.1}$$

$$\Gamma_R = \frac{a_1}{b_1}\bigg|_{Src2} = \frac{R_1}{A}\bigg|_{Src2} \tag{5.2}$$

这些误差项不依赖于外部元件或连接方式,因此完全是矢量网络分析仪的内部参数。在大多数情况下,这些误差项都非常稳定,一旦用某种方法确定了它们的值(一般在连接直通标准件时采集,100MHz～110GHz 在片测量结果如图 5.11 和图 5.12 所示),就可以将其应用在使用 8 项模型的计算中,而不必再去测量端接端口的入射波。采用 12 项模型时,一般用一种已知的连接器来确定开关误差项,然后按表 4.5 中的转换关系,利用开关误差项来确定采用不同连接器(如射频探针)的 8 项误差模型。

实质上,12 项模型对于一个端口的源匹配(当此端口的源被激活时)以及负载匹配(当此端口的源未被激活时)都有直接的描述,且通常这些匹配是不一样的,它们之间的差值有时被称为矢量网络分析仪的"开关项"。因此可以认为,12 项误差模型并不一定需要进行开关项修正,即对 SOLT 方法而言,开关项的采集是非必须的,尽管有采用开关项修正的 SOLT 方法。而其他采用 8 项误差模型的校准方法假定源匹配和负载匹配相同,所以它们一定要进行额外的测量来表征两者之间的差值。经开关项修正后的数据与原始数据的关系如式(5.3)至式(5.7)所示。

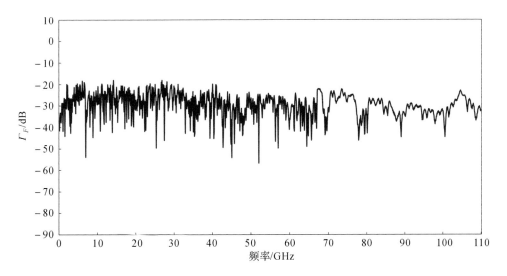

图 5.11 原始数据——前向开关项

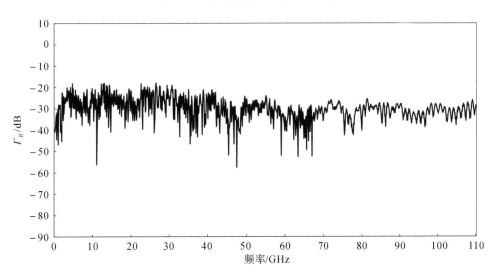

图 5.12 原始数据——反向开关项

$$S_{11Msc} = \frac{S_{11M} - S_{12M}S_{21M}\Gamma_F}{D} \tag{5.3}$$

$$S_{12Msc} = \frac{S_{12M} - S_{11M}S_{12M}\Gamma_R}{D} \tag{5.4}$$

$$S_{21Msc} = \frac{S_{21M} - S_{22M}S_{21M}\Gamma_F}{D} \tag{5.5}$$

$$S_{22Msc} = \frac{S_{22M} - S_{21M}S_{12M}\Gamma_R}{D} \tag{5.6}$$

$$D = 1 - S_{21M}S_{12M}\Gamma_F\Gamma_R \tag{5.7}$$

5.1.2 隔离项修正

本书中引入两个符号 ISO_F、ISO_R 来表示隔离项,其定义如式(5.8)和式(5.9)所示。

$$ISO_F = EXF = E_{30} = S_{21ML} \quad （端口 1、2 均连接匹配负载） \quad (5.8)$$

$$ISO_R = EXR = E_{03} = S_{12ML} \quad （端口 1、2 均连接匹配负载） \quad (5.9)$$

在测量高隔离器件(例如带阻滤波器)时,会增加隔离(交调)误差项(isolation terms)测量(100MHz~110GHz 在片测量结果如图 5.13 和图 5.14 所示,同轴和矩形波导应用因其物理尺度远大于在片应用,隔离误差项测试结果会远低于在片测试值)与数据修正,提高"高插损"区域的数据准确性。图 4.7 和图 4.12 中 12 项与 10 项误差模型

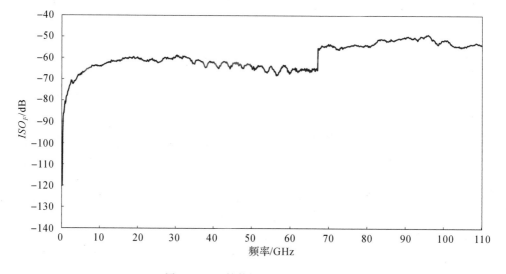

图 5.13 原始数据——前向隔离项

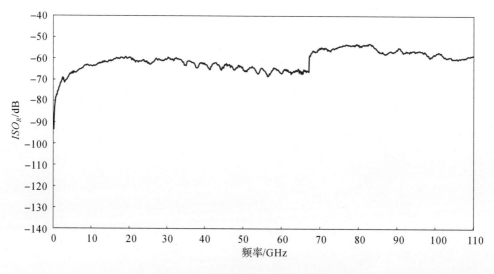

图 5.14 原始数据——反向隔离项

中的隔离标准件通常采用负载标准件,以端口 1、2 为例,隔离(交调)误差项就是各被测端口连接负载情况下 S_{21} 和 S_{12} 的测量值。通常情况下,必须经过多次平均才能准确地获得隔离(交调)误差项,否则测量结果仅仅是矢量网络分析仪的噪声电平。

在某些应用场景中,当需要进行隔离校准时,会通过被测件端接负载再端接测试端口来获得隔离(交调)误差项。使用这种方法,任何来自反射端口的由被测件带来的失配泄漏(例如 b_1)都可以被表征并去除,但是由于校准结果与被测件相关,这种方法并不常用。

由式(5.1)和式(5.2)定义的开关项 Γ_F、Γ_R 经修正后变为 Γ_{Fic}、Γ_{Ric},修正过程如式(5.10)和式(5.11)所示。

$$\Gamma_{Fic} = \frac{\Gamma_F}{1 - \dfrac{ISO_F}{S_{21MT}}} \tag{5.10}$$

$$\Gamma_{Ric} = \frac{\Gamma_R}{1 - \dfrac{ISO_R}{S_{12MT}}} \tag{5.11}$$

此时原始的 S_{12} 和 S_{21} 将被修正为式(5.12)和式(5.13),结合式(5.10)至(5.13),式(5.3)至式(5.7)将被修正为式(5.10)至式(5.18),之后的校准过程将此值代入后续步骤进行计算。

$$S_{12Mic} = S_{12M} - ISO_R \tag{5.12}$$

$$S_{21Mic} = S_{21M} - ISO_F \tag{5.13}$$

$$S_{11Msc} = \frac{S_{11M} - S_{12Mic}S_{21Mic}\Gamma_{Fic}}{D_{Ic}} \tag{5.14}$$

$$S_{12Msc} = \frac{S_{12Mic} - S_{11M}S_{12Mic}\Gamma_{Ric}}{D_{Ic}} \tag{5.15}$$

$$S_{21Msc} = \frac{S_{21Mic} - S_{22M}S_{21Mic}\Gamma_{Fic}}{D_{Ic}} \tag{5.16}$$

$$S_{22Msc} = \frac{S_{22M} - S_{21Mic}S_{12Mic}\Gamma_{Ric}}{D_{Ic}} \tag{5.17}$$

$$D_{Ic} = 1 - S_{21Mic}S_{12Mic}\Gamma_{Fic}\Gamma_{Ric} \tag{5.18}$$

5.2 单端口校准方法

对于单端口器件,不需要完成两端口校准就能获得单端口反射系数的测量值,一个简单的单端口校准就可以准确地修正系统误差。单端口误差模型如图 4.6 所示,单端口校准方法不需要考虑其他端口的影响,任何两端口误差模型都可以简化成该单端口误差模型。本节会详细介绍单端口 **S** 参数校准的 OSL(open short load,开路、短路、负载)校准方法及其改进方法,此外还会介绍由 OSL 校准方法衍生出的一种去嵌方法。OSL

校准方法的优缺点如下,基本信息如表 5.1 所示。

优点:

①宽带校准方法,适用于三接收机和四接收机矢量网络分析仪。

②算法稳定,无根不确定性问题。

缺点:

①要求所有校准标准件参数已知。

②非自校准。

表 5.1　OSL 校准方法基本信息

标准件	要　求	未知参数	可求解误差项数	自校准方法产物
open 开路	S_{11} 已知	—	1	—
short 短路	S_{11} 已知	—	1	—
load 负载	S_{11} 已知	—	1	—

5.2.1　OSL 校准方法

当单端口端接开路(open)、短路(short)、负载(load)标准件时,由图 4.6 及第 4.1 节中关于信号流图与 Mason 增益公式的内容,不难推出式(5.19)和式(5.20)。其中 E_{XX} 代表误差项,Γ_X 代表校准件自身的反射系数,Γ_{MX} 代表端口端接校准件测试的反射系数。

$$\begin{bmatrix} E_{00} \\ \Delta E \\ E_{11} \end{bmatrix} = \begin{bmatrix} 1 & \Gamma_O & \Gamma_O \Gamma_{MO} \\ 1 & \Gamma_S & \Gamma_S \Gamma_{MS} \\ 1 & \Gamma_L & \Gamma_L \Gamma_{ML} \end{bmatrix}^{-1} \begin{bmatrix} \Gamma_{MO} \\ \Gamma_{MS} \\ \Gamma_{ML} \end{bmatrix} \tag{5.19}$$

$$\Delta E = E_{01} E_{10} - E_{00} E_{11} \tag{5.20}$$

传统的 OSL 算法为简化计算,假设 $\Gamma_L = 0$,则可以得到式(5.21)至式(5.23),由此解得各误差项 E_{XX} 后就可以得到单端口被测件实际的反射系数式(5.24),这样就完成了单端口 *S* 参数校准。

$$E_{00} = \Gamma_{ML} \tag{5.21}$$

$$E_{11} = \frac{\Gamma_S (\Gamma_{ML} - \Gamma_{MO}) + \Gamma_O (\Gamma_{MS} - \Gamma_{ML})}{\Gamma_S \Gamma_O (\Gamma_{MS} - \Gamma_{MO})} \tag{5.22}$$

$$E_{01} E_{10} = \frac{(\Gamma_S - \Gamma_O)(\Gamma_{MO} - \Gamma_{ML})(\Gamma_{MS} - \Gamma_{ML})}{\Gamma_S \Gamma_O (\Gamma_{MS} - \Gamma_{MO})} \tag{5.23}$$

$$S_{11A} = \frac{S_{11M} - E_{00}}{E_{01} E_{10} + (S_{11M} - E_{00}) E_{11}} \tag{5.24}$$

5.2.2　MOSL 与 RRR 校准方法

仔细研究式(5.19)可以发现,理论上,只要已知三个不同被测件的反射系数,就可以求解误差项。根据第 3.5 节内容,结合数据基校准件的优势,将传统的 OSL 改进成基于测试数据的 MOSL(measured OSL)校准方法或 RRR(reflection reflection reflection)校准方法,此时不再假设 $\Gamma_L = 0$,则各误差项会修正为式(5.25)至式(5.28),将其代入式(5.24),可以得到更准确的单端口被测件反射系数。

$$E_{11} = \frac{\Gamma_S(\Gamma_{ML} - \Gamma_{MO}) + \Gamma_O(\Gamma_{MS} - \Gamma_{ML}) + \Gamma_L(\Gamma_{MO} - \Gamma_{MS})}{\Gamma_O\Gamma_S(\Gamma_{MS} - \Gamma_{MO}) + \Gamma_O\Gamma_L(\Gamma_{MO} - \Gamma_{ML}) + \Gamma_S\Gamma_L(\Gamma_{ML} - \Gamma_{MS})} \tag{5.25}$$

$$E_{00} = \Gamma_{ML} + \frac{\Gamma_L(\Gamma_{MS} - \Gamma_{MO})}{\Gamma_O - \Gamma_S} + \frac{\Gamma_L\Gamma_O(\Gamma_{MO} - \Gamma_{ML}) - \Gamma_L\Gamma_S(\Gamma_{MS} - \Gamma_{ML})}{\Gamma_O - \Gamma_S}E_{11} \tag{5.26}$$

$$\Delta E = \frac{\Gamma_S\Gamma_{MS} - \Gamma_O\Gamma_{MO}}{\Gamma_O - \Gamma_S}E_{11} + \frac{\Gamma_{MO} - \Gamma_{MS}}{\Gamma_O - \Gamma_S} \tag{5.27}$$

$$E_{01}E_{10} = \Delta E + E_{00}E_{11} \tag{5.28}$$

继续对 MOSL 方法进行推广,选取更多不同的反射系数的标准件构造超定方程,以 OLS 求解其数值解。本书以 1 个开路(open)、4 个偏置短路(offset short)、1 个负载(load)校准件为例进行讲解,构造的超定方程如式(5.29)所示。

$$\begin{bmatrix} 1 & \Gamma_O & \Gamma_O\Gamma_{MO} \\ 1 & \Gamma_{S1} & \Gamma_{S1}\Gamma_{MS1} \\ 1 & \Gamma_{S2} & \Gamma_{S2}\Gamma_{MS2} \\ 1 & \Gamma_{S3} & \Gamma_{S3}\Gamma_{MS3} \\ 1 & \Gamma_{S4} & \Gamma_{S4}\Gamma_{MS4} \\ 1 & \Gamma_L & \Gamma_L\Gamma_{ML} \end{bmatrix} \begin{bmatrix} E_{00} \\ E_{01}E_{10} - E_{00}E_{11} \\ E_{11} \end{bmatrix} = \begin{bmatrix} \Gamma_{MO} \\ \Gamma_{MS1} \\ \Gamma_{MS2} \\ \Gamma_{MS3} \\ \Gamma_{MS4} \\ \Gamma_{ML} \end{bmatrix} \tag{5.29}$$

为了简化表达,分别记矩阵 $[\boldsymbol{A}]$ 和向量 $[\boldsymbol{X}]$、$[\boldsymbol{Y}]$ 如式(5.30)至式(5.32)所示。

$$[\boldsymbol{A}] = \begin{bmatrix} 1 & \Gamma_O & \Gamma_O\Gamma_{MO} \\ 1 & \Gamma_{S1} & \Gamma_{S1}\Gamma_{MS1} \\ 1 & \Gamma_{S2} & \Gamma_{S2}\Gamma_{MS2} \\ 1 & \Gamma_{S3} & \Gamma_{S3}\Gamma_{MS3} \\ 1 & \Gamma_{S4} & \Gamma_{S4}\Gamma_{MS4} \\ 1 & \Gamma_L & \Gamma_L\Gamma_{ML} \end{bmatrix} \tag{5.30}$$

$$[\boldsymbol{X}] = \begin{bmatrix} E_{00} \\ E_{01}E_{10} - E_{00}E_{11} \\ E_{11} \end{bmatrix} \tag{5.31}$$

$$[\boldsymbol{Y}] = \begin{bmatrix} \Gamma_{MO} \\ \Gamma_{MS1} \\ \Gamma_{MS2} \\ \Gamma_{MS3} \\ \Gamma_{MS4} \\ \Gamma_{ML} \end{bmatrix} \tag{5.32}$$

将超定方程转为正定方程(determined equation),以最小二阶乘法求其数值解,具体过程如式(5.33)至式(5.36)所示。

$$[\boldsymbol{A}]^{\mathrm{T}}[\boldsymbol{A}][\boldsymbol{X}] = [\boldsymbol{A}]^{\mathrm{T}}[\boldsymbol{Y}] \tag{5.33}$$

$$[\boldsymbol{X}] = ([\boldsymbol{A}]^{\mathrm{T}}[\boldsymbol{A}])^{-1}[\boldsymbol{A}]^{\mathrm{T}}[\boldsymbol{Y}] = [\boldsymbol{B}][\boldsymbol{C}] \tag{5.34}$$

$$[\boldsymbol{B}] = ([\boldsymbol{A}]^{\mathrm{T}}[\boldsymbol{A}])^{-1} \tag{5.35}$$

$$[\boldsymbol{C}] = [\boldsymbol{A}]^{\mathrm{T}}[\boldsymbol{Y}] \tag{5.36}$$

分别记矩阵$[\boldsymbol{B}]$和向量$[\boldsymbol{C}]$如式(5.37)和式(5.38)所示,最终求得误差向量$[\boldsymbol{X}]$如式(5.39)所示。将其代入式(5.24),可以得到单端口被测件反射系数。

$$[\boldsymbol{B}] = \begin{bmatrix} B_{11} & B_{12} & B_{13} \\ B_{21} & B_{22} & B_{23} \\ B_{31} & B_{32} & B_{33} \end{bmatrix} \tag{5.37}$$

$$[\boldsymbol{C}] = \begin{bmatrix} C_1 \\ C_2 \\ C_3 \end{bmatrix} \tag{5.38}$$

$$[\boldsymbol{X}] = \begin{bmatrix} X_1 \\ X_2 \\ X_3 \end{bmatrix} = \begin{bmatrix} B_{11}C_1 + B_{12}C_2 + B_{13}C_3 \\ B_{21}C_1 + B_{22}C_2 + B_{23}C_3 \\ B_{31}C_1 + B_{32}C_2 + B_{33}C_3 \end{bmatrix} \tag{5.39}$$

5.2.3 OSL 去嵌方法

OSL 去嵌方法亦称二阶去嵌方法(two-tier deembedding method)是在单端口校准方法基础上增加互易约束条件,通过两次单端口测试提取一个互易两端口网络的完整 S 参数[8]的方法。其信号流图如图 5.15 所示,与单端口校准信号流图(图 4.6)基本一致。该方法一般用于提取射频探针或其他异型接头的 S 参数。下面以射频探针 S 参数提取过程为例加以说明。先在同轴或矩形波导端面进行校准,之后测量在片开路、短路、负载或偏置短路等标准件,其中 Γ_X 代表各校准件自身的反射系数,Γ_{MX} 代表校准端口端接校准件测量得到的反射系数。当进入太赫兹频段时,负载精度难以控制,可以用偏置短路替代。本书中给出式(5.40)至式(5.44),用以准确提取出探针等无法直接校准接口的 S 参数。为简化计算,传统 OSL 去嵌方法一般假设 $\Gamma_X = 0$,而本书算法不再要求该假设,可进一步提高算法精度。

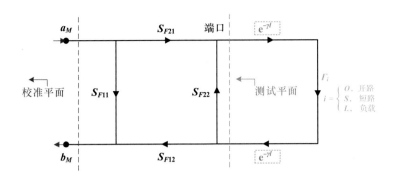

图 5.15　OSL 去嵌信号流图

$$\begin{bmatrix} S_{F11} \\ S_{F21}S_{F12}-S_{F11}S_{F22} \\ S_{F22} \end{bmatrix} = \begin{bmatrix} 1 & \Gamma_O & \Gamma_O\Gamma_{MO} \\ 1 & \Gamma_S & \Gamma_S\Gamma_{MS} \\ 1 & \Gamma_L & \Gamma_L\Gamma_{ML} \end{bmatrix}^{-1} \begin{bmatrix} \Gamma_{MO} \\ \Gamma_{MS} \\ \Gamma_{ML} \end{bmatrix} \tag{5.40}$$

$$S_{F22} = \frac{\Gamma_S(\Gamma_{ML}-\Gamma_{MO})+\Gamma_O(\Gamma_{MS}-\Gamma_{ML})+\Gamma_L(\Gamma_{MO}-\Gamma_{MS})}{\Gamma_O\Gamma_S(\Gamma_{MS}-\Gamma_{MO})+\Gamma_O\Gamma_L(\Gamma_{MO}-\Gamma_{ML})+\Gamma_S\Gamma_L(\Gamma_{ML}-\Gamma_{MS})} \tag{5.41}$$

$$S_{F11} = \Gamma_{ML}+\frac{\Gamma_L(\Gamma_{MS}-\Gamma_{MO})}{\Gamma_O-\Gamma_S}+\frac{\Gamma_L\Gamma_O(\Gamma_{MO}-\Gamma_{ML})-\Gamma_L\Gamma_S(\Gamma_{MS}-\Gamma_{ML})}{\Gamma_O-\Gamma_S}S_{F22} \tag{5.42}$$

$$\Delta S = S_{F12}S_{F21}-S_{F11}S_{F22} = \frac{\Gamma_S\Gamma_{MS}-\Gamma_O\Gamma_{MO}}{\Gamma_O-\Gamma_S}S_{F22}+\frac{\Gamma_{MO}-\Gamma_{MS}}{\Gamma_O-\Gamma_S} \tag{5.43}$$

$$S_{F12}S_{F21} = \Delta S+S_{F11}S_{F22} \tag{5.44}$$

对于式(5.41)至式(5.44)，要注意式(5.44)面临相位不确定性问题。为解决此问题，需增加互易性(reciprocal)即 $S_{F12}=S_{F21}$ 和 $phase|_{0\mathrm{Hz}}=0°$（$phase$ 即相位）两个附加约束条件。采用如图 5.16 所示的二倍相位法得到 S_{F12} 与 S_{F21} 的相位。该算法的核心思想是：$S_{F12}S_{F21}$ 的无折叠相位(unwrapped phase)是 S_{F12} 与 S_{F21} 的无折叠相位的 2 倍，S_{F12} 与 S_{F21} 的幅值是 $S_{F12}S_{F21}$ 幅值的平方根。基于此，可以得到准确的相位值。具体过程算法流程如图 5.17 所示。

①将 $S_{F12}S_{F21}$ 的相位无折叠化。

②对 $S_{F12}S_{F21}$ 的无折叠相位进行线性拟合，得到线性相位(linear phase)，再外插得到 0 Hz 时的相位，该值对 $180°(\pi\ \mathrm{rad})$ 取整，得到平移次数 n，之后进行平移。

③平移后，$S_{F12}S_{F21}$ 的无折叠相位的一半即为 S_{F12} 与 S_{F21} 的无折叠相位。

④对 S_{F12} 与 S_{F21} 的无折叠相位进行折叠化，就可以得到期望的相位。

⑤取 $S_{F12}S_{F21}$ 幅值的平方根，即为 S_{F12} 与 S_{F21} 的幅值。

⑥由步骤④～⑤可以得到 S_{F12} 与 S_{F21} 的矢量值，结合式(5.41)和式(5.42)可得到完整的去嵌结构的 S 参数。

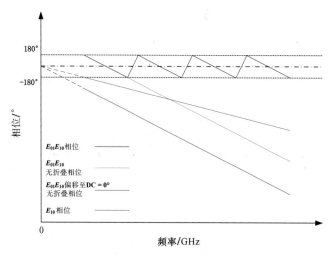

图 5.16 二倍相位法

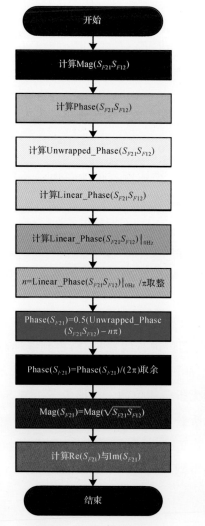

图 5.17 OSL 去嵌流程

　　笔者独立编写了如图 5.18 所示的 OSL 去嵌程序并与两端口校准实测值比较（被测件为 Keysight® 8490G-3 1.85mm DC～67GHz 3dB 衰减器），测试结果如图 5.19 至图 5.26 所示，可以看出，去嵌精度非常高。得到需去嵌结构的 *S* 参数之后，可与功率校准、噪声校准等过程叠加，通过矢量误差修正消除偏差，将不同测试的校准端面精确扩展至探针尖，从而大大提高了测试精度。

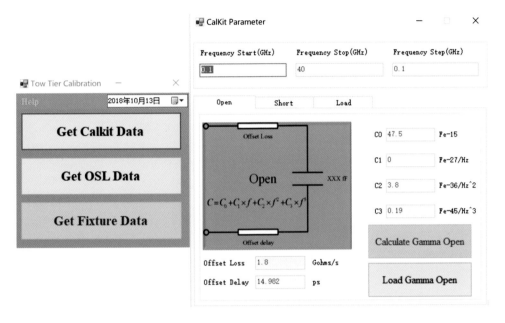

图 5.18　OSL 去嵌程序界面

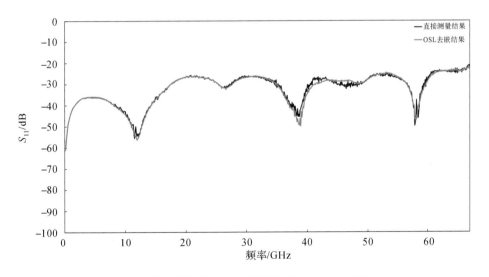

图 5.19　OSL 单端口去嵌精度对比——S_{F11} 幅值

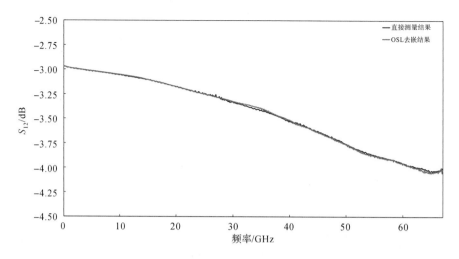

图 5.20　OSL 单端口去嵌精度对比——S_{F12} 幅值

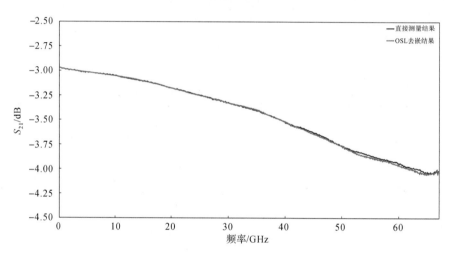

图 5.21　OSL 单端口去嵌精度对比——S_{F21} 幅值

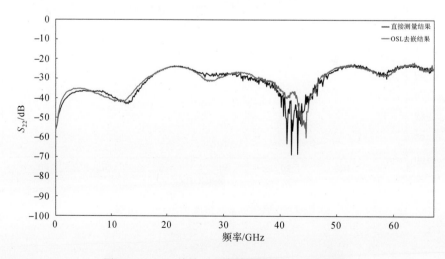

图 5.22　OSL 单端口去嵌精度对比——S_{F22} 幅值

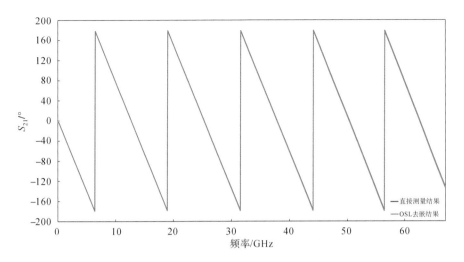

图 5.23　OSL 单端口去嵌精度对比——S_{F21} 相位

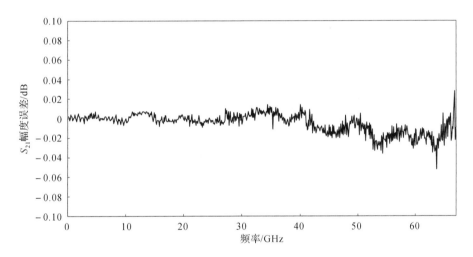

图 5.24　OSL 单端口去嵌精度对比——S_{F21} 幅度误差

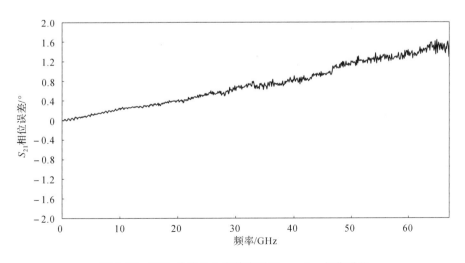

图 5.25　OSL 单端口去嵌精度对比——S_{F21} 相位误差

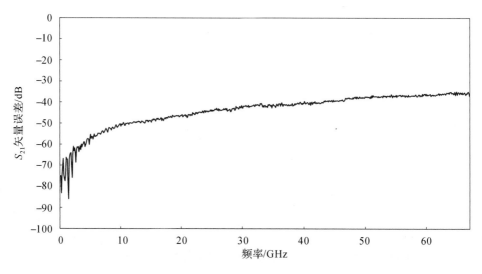

图 5.26　OSL 单端口去嵌精度对比——S_{F21} 矢量误差

5.3　两端口校准方法

两端口 *S* 参数校准及测量是矢量网络分析仪最基本也是最常见的应用场景，可以满足单端口和两端口测试要求，而且两端口校准方法经过简单的变化即可拓展为多端口校准方法，因此是学者研究的重中之重。端口校准方法经过几十年的发展，演化出多种校准方法[9-12]，常用的校准方法如下。

①SOLT（short open load through，短路、开路、负载、直通）校准方法。该方法是最早发明的也是目前最常用的校准方法，也被称为 TOSM（through open short match，直通、开路、短路、匹配）校准方法。该方法诞生时，网分还采用三接收机架构。SOLT 是唯一的基于 12 项误差模型的校准方法，要求每个校准标准件的参数已知，精度依赖于每个校准件模型的精确度，但是由于多项式模型宽频带拟合精度不足，一般模型在 20GHz 以上精度变差，这导致 SOLT 高频精度差[13]。为改进此缺点，以实测数据构造数据基校准件并以此替代模型参数校准件，改进效果明显，具体内容详见第 3.5 节，但此改进方法主要适用于同轴应用。

②QSOLT（quick SOLT，快速短路、开路、负载、直通）校准方法。该方法是一种基于 8 项误差模型的校准方法。它要求进行开路、短路、负载单端口校准，还需要一个确定通路，因为该方法只需要在一个端口上进行单端口校准，校准速度很快，因此而得名[14]。单端口误差项校准原理与 SOLT 相同，算法精度除依赖于单端口标准件的数据精度外，还依赖于确定通路的参数质量。同等条件下，QSOLT 精度略优于 SOLT，在某些多端口校准应用中 QSOLT 是非常便捷、高效的校准方法。

③SOLR（short open load reciprocal-through，短路、开路、负载、互易直通）校准方

法。该方法也被称为 UOSM（unknown-through open short match，未知直通、开路、短路、匹配）校准方法，同样是一种基于 8 项误差模型的校准方法。单端口误差项校准原理与 SOLT 相同，但是不再要求知晓直通参数，只需此直通满足互易（reciprocal）条件。SOLR 适用于非理想未知直通下的校准，如在片测试直通为直角传输线等情况。同等条件下，SOLR 精度略优于 SOLT[15-20]。

④TRL（through reflection line，直通、反射、传输线）校准方法。该方法也被称为 LRL（line reflection line，传输线、反射、传输线）校准方法，同样是一种基于 8 项误差模型的校准方法，其核心算法与 SOLT 方法族有明显区别。TRL 是目前理论精度最高的校准方法，以传输线特征阻抗为系统阻抗，要求以理想模型描述传输线，只需知道反射标准件反射系数的符号（开路 1，短路−1）。但为保证直通和传输线相位的区分度，避免坏解，一般要求在测量频率范围内传输线与直通的相位差在 20°到 160°之间，即测量起止频率之比小于1∶8[21-22]，宽频带测量需多条传输线进行频率拼接的组合校准。在此基础上结合统计算法，演化出 NIST TRL，亦称为 MTRL（Multiple-line TRL，即多传输线、直通、反射、传输线校准方法）[23-30]。

⑤LRM（line reflection match，传输线、反射、匹配）校准方法。该方法也被称为 TRM（through reflection match，直通、反射、匹配）校准方法[31-32]，同样是一种基于 8 项误差模型的校准方法，其核心算法与 TRL 方法族有一定关联。LRM 对传输线和反射标准件的要求相同，但以负载阻抗确定系统阻抗，精确度亦由其决定。传统 LRM 方法假设匹配为理想的 50Ω 负载，因此被限制在低频，因为衰减器的反射系数很小，有时会用它替代 50Ω 负载，此时 LRM 又被称为 TRA（through reflection attenuator，直通反射衰减器）校准方法，改进的方法称为增强型 LRM、LRM＋ 或 eLRM（enhanced LRM）[33-34]。此时不再假设负载为理想的 50Ω，也不再要求两端负载标准件相等，改为 LR 串联模型得到"真实"的 Γ_M，如此可以提高高频校准精度。在 LRM＋方法的基础上，又有人进一步提出了 TMRR（through match reflection-open reflection-short，传输线、匹配、反射开路、反射短路）校准方法[35]，其原理为用给定的负载标准件参数分别和开路与短路标准件组合，执行 LRM＋部分方法，计算"真实"的 Γ_O、Γ_S，基于这些计算得到的单端口标准件的反射系数，再去执行 SOLT，以期得到更佳的校准结果。不过笔者对此并不认同，因为负载标准件的模型精度并不高（尤其是对于在片校准件），多次执行 LRM＋反倒将这一误差多次累计，得不偿失；它所谓的克服负载的非对称性但又要求开路与短路对称也存在逻辑悖论，对于半导体工艺及之后的激光修调来说，保证在片校准件负载的对称性非常容易；而对于同轴和波导应用，基于数据的 SOLT 校准件数据精度更高。因此，实际很少使用 TMRR。

⑥LRRM（line reflection-open reflection-short match，传输线、反射开路、反射短路、

匹配负载)校准方法。该方法同样是一种基于 8 项误差模型的校准方法,在 LRM＋方法的基础上进行再次改进,不再要求已知匹配负载的模型参数,只需已知匹配负载的直流电阻值,其他参数可以在校准过程中由算法自动计算出来。LRRM 精度进一步提升,算法参数提取过程与 SOLT 相同。LRRM 是一种自校准方法,非常适合在片应用,但假设前提为两端口匹配负载对称,参数一致[36-42],这在在片校准应用条件下很容易保证。

⑦16-SOLT-SVD(16-term error model singular value decomposition method,基于 16 项误差模型和奇异值分解)校准方法。由于误差模型的不同,虽然基本参数采集过程与 SOLT 相似,但由于 16 项误差模型增加了各端口间的泄露误差项,为此,需要增加更多的参数采集步骤,构造超定方程组,采用 SVD 算法求解完整误差项[43-48]。

表 5.2 对比了笔者已知的不同校准方法的优劣,每种方法的详细数学原理以及它们之间的精度比对会在本章后续小节中详细讨论。

表 5.2 现有两端口 *S* 参数校准方法比较

校准方法	误差模型	Z_0 基准	固有一致性	探针适配性	绝对精度	是否自校准方法
SOLT	12 项	可调电阻	×	好	差～一般	否
QSOLT	8 项	可调电阻	×	很好	一般～较好	否
SOLR	8 项	可调电阻	√	最好	较好～很好	是
TRL	8 项	传输线	√	差	很好	是
MTRL	8 项	传输线	√	差	很好	是
MTRL＋L(T)RM	8 项	传输线	√	差	很好	是
NIST TRL	8 项	传输线	√	差	最好	是
L(T)RM	8 项	可调电阻	√	好	一般～较好	是
TRA	8 项	衰减器匹配	√	差	一般～较好	是
L(T)RM＋	8 项	可调电阻	√	好	较好～很好	是
L(T)RRM	8 项	可调电阻	√	好	很好	是
TMRR	8→10 项	可调电阻	√	好	一般	是
16-SOLT-SVD	16 项	可调电阻	√	好	一般	否

此处有一点需要强调:各方法在绝对算法精度上的区别并不大,实际决定算法精度的是它们对校准标准件参数精度的依赖程度;在校准标准件参数非常准确的情况下,SOLT 也能展现出极佳的精度。

5.3.1 SOLT(TOSM)方法族

SOLT 方法是最早的 *S* 参数校准方法,也是最常用的方法。它的诞生伴随着矢量网络分析仪的产生,此时矢量网络分析仪还采用三接收机架构,因此 SOLT 方法是唯一基于 12 项误差模型直接推导得出的校准方法。本小节会详细介绍 SOLT 方法的算法原理,以及由传统基础算法演化出的一些改进算法。SOLT 校准方法的优缺点如下,基本信息如表 5.3 所示。

优点:

① 宽带校准方法,适用于三接收机和四接收机矢量网络分析仪。

② 算法稳定,无根不确定性问题。

缺点:

① 要求所有校准标准件参数已知。

② 非自校准。

表 5.3　SOLT 校准方法基本信息

标准件	要　求	未知参数	可求解误差项数	自校准方法产物
short 短路	S_{11}、S_{22} 已知	—	2	—
open 开路	S_{11}、S_{22} 已知	—	2	—
load 负载	S_{11}、S_{22} 已知	—	2	—
load 负载	端口 1、2 连接负载标准件时,测量 S_{11}、S_{12}、S_{21}、S_{22},其中 S_{12}、S_{21} 为隔离项	—	2	—
thru 直通	S_{11}、S_{12}、S_{21}、S_{22} 已知	—	4	—

5.3.1.1　传统 SOLT 校准方法

由图 4.7 可以推导出式(5.45)至式(5.49),求得各误差项就可以得到真实值,从而完成校准。

$$S_{11M} = \frac{b_{1M}}{a_{1M}} = EDF + \frac{ERF\,(S_{11A} - ELF \cdot \Delta S_A)}{1 - ESF \cdot S_{11A} - ELF \cdot S_{22A} + ESF \cdot ELF \cdot \Delta S_A} \tag{5.45}$$

$$S_{21M} = \frac{b_{2M}}{a_{1M}} = EXF + \frac{ETF \cdot S_{21A}}{1 - ESF \cdot S_{11A} - ELF \cdot S_{22A} + ESF \cdot ELF \cdot \Delta S_A} \tag{5.46}$$

$$S_{12M} = \frac{b_{1M}}{a_{2M}} = EXF + \frac{ERR \cdot S_{12A}}{1 - ELR \cdot S_{11A} - ESR \cdot S_{22A} + ELR \cdot ESR \cdot \Delta S_A} \tag{5.47}$$

$$S_{22M} = \frac{b_{2M}}{a_{2M}} = EDR + \frac{ERR\,(S_{22A} + ELR \cdot \Delta S_A)}{1 - ELR \cdot S_{11A} + ESR \cdot S_{22A} + ELR \cdot ESR \cdot \Delta S_A} \tag{5.48}$$

$$\Delta S = S_{11} S_{22} - S_{21} S_{12} \tag{5.49}$$

传统 SOLT 校准方法对于单端口误差项的修正与 OSL 方法一致,由第 5.2.1 小节内容,前向、反向方向性项 *EDF*、*EDR*,前向、反向源匹配项 *ESF*、*ESR*,以及前向、反向反射跟踪项 *ERF*、*ERR*,满足式(5.50)和式(5.51)。

$$\begin{bmatrix} 1 & \Gamma_{OF} & \Gamma_{OF}\Gamma_{MOF} \\ 1 & \Gamma_{SF} & \Gamma_{SF}\Gamma_{MSF} \\ 1 & \Gamma_{LF} & \Gamma_{LF}\Gamma_{MLF} \end{bmatrix} \begin{bmatrix} EDF \\ ERF - EDF \cdot ESF \\ ESF \end{bmatrix} = \begin{bmatrix} \Gamma_{MOF} \\ \Gamma_{MSF} \\ \Gamma_{MLF} \end{bmatrix} \tag{5.50}$$

$$\begin{bmatrix} 1 & \Gamma_{OR} & \Gamma_{OR}\Gamma_{MOR} \\ 1 & \Gamma_{SR} & \Gamma_{SR}\Gamma_{MSR} \\ 1 & \Gamma_{LR} & \Gamma_{LR}\Gamma_{MLR} \end{bmatrix} \begin{bmatrix} EDR \\ ERR - EDR \cdot ESR \\ ESR \end{bmatrix} = \begin{bmatrix} \Gamma_{MOR} \\ \Gamma_{MSR} \\ \Gamma_{MLR} \end{bmatrix} \tag{5.51}$$

假设 $\Gamma_{LF} = \Gamma_{LR} = 0$，则可求出式(5.52)至式(5.57)。

$$EDF = \Gamma_{MLF} \tag{5.52}$$

$$ESF = \frac{\Gamma_{SF}(\Gamma_{MLF} - \Gamma_{MOF}) + \Gamma_{OF}(\Gamma_{MSF} - \Gamma_{MLF})}{\Gamma_{SF}\Gamma_{OF}(\Gamma_{MSF} - \Gamma_{MOF})} \tag{5.53}$$

$$ERF = \frac{(\Gamma_{SF} - \Gamma_{OF})(\Gamma_{MOF} - \Gamma_{MLF})(\Gamma_{MSF} - \Gamma_{MLF})}{\Gamma_{SF}\Gamma_{OF}(\Gamma_{MSF} - \Gamma_{MOF})} \tag{5.54}$$

$$EDR = \Gamma_{MLR} \tag{5.55}$$

$$ESR = \frac{\Gamma_{SR}(\Gamma_{MLR} - \Gamma_{MOR}) + \Gamma_{OR}(\Gamma_{MSR} - \Gamma_{MLR})}{\Gamma_{SR}\Gamma_{OR}(\Gamma_{MSR} - \Gamma_{MOR})} \tag{5.56}$$

$$ERR = \frac{(\Gamma_{SR} - \Gamma_{OR})(\Gamma_{MOR} - \Gamma_{MLR})(\Gamma_{MSR} - \Gamma_{MLR})}{\Gamma_{SR}\Gamma_{OR}(\Gamma_{MSR} - \Gamma_{MOR})} \tag{5.57}$$

前向、反向方向性项 EXF、EXR 可由式(5.58)和式(5.59)求出。

$$EXF = S_{21ML} \tag{5.58}$$

$$EXR = S_{12ML} \tag{5.59}$$

前向负载匹配项 ELF 满足式(5.60)和式(5.61)，前向传输跟踪项 ETF 由式(5.62)得出。

$$ELF = \frac{S_{11MT} - EDF}{(S_{11MT} \cdot ESF - \Delta E_F)\Delta S_T} \tag{5.60}$$

$$\Delta E_F = EDF \cdot ESF - ERF \tag{5.61}$$

$$ETF = \frac{(S_{21MT} - EXF)(1 - ESF \cdot ELF \cdot \Delta S_T)}{S_{21T}} \tag{5.62}$$

同理，反向负载匹配项 ELR 满足式(5.63)和式(5.64)，反向传输跟踪项 ETF 由式(5.65)得出。

$$ELR = \frac{S_{22MT} - EDR}{(S_{22MT} \cdot ESR - \Delta E_R)\Delta S_T} \tag{5.63}$$

$$\Delta E_R = EDR \cdot ESR - ERR \tag{5.64}$$

$$ETR = \frac{(S_{12MT} - EXR)(1 - ELR \cdot ESR \cdot \Delta S_T)}{S_{12T}} \tag{5.65}$$

求得以上各误差项后，可以由式(5.66)至式(5.70)计算得出"真实"的 *S* 参数，最终完成校准。

$$S_{11A} = \frac{\left(\frac{S_{11M}-EDF}{ERF}\right)\left[1+\frac{(S_{22M}-EDR)ESR}{ERR}\right]-ELF\left(\frac{S_{21M}-EXF}{ETF}\right)\left(\frac{S_{12M}-EXR}{ETR}\right)}{D} \tag{5.66}$$

$$S_{21A} = \frac{\left(\frac{S_{21M}-EXF}{ETF}\right)\left[1+\frac{(S_{22M}-EDR)(ESR-ELF)}{ERR}\right]}{D} \tag{5.67}$$

$$S_{12A} = \frac{\left(\frac{S_{12M}-EXR}{ETR}\right)\left[1+\frac{(S_{11M}-EDF)(ESF-ELR)}{ERF}\right]}{D} \tag{5.68}$$

$$S_{22A} = \frac{\left(\frac{S_{22M}-EDR}{ERR}\right)\left[1+\frac{(S_{11M}-EDF)ESF}{ERF}\right]-ELR\left(\frac{S_{21M}-EXF}{ETF}\right)\left(\frac{S_{12M}-EXR}{ETR}\right)}{D} \tag{5.69}$$

$$D = \left[1+\frac{(S_{11M}-EDF)ESF}{ERF}\right]\left[1+\frac{(S_{22M}-EDR)ESR}{ERR}\right]$$
$$-\left(\frac{S_{21M}-EXF}{ETF}\right)\left(\frac{S_{12M}-EXR}{ETR}\right)ELF \cdot ELR \tag{5.70}$$

5.3.1.2 MSOLT 与 SSST 校准方法

由第 3.5 节内容可以看到,数据基 SOLT 校准件的校准精度明显优于基于三阶多项式模型的 SOLT 校准件,但是由于不再采用理想模型生成数据,传统 SOLT 为简化计算的一些假设便不再适用,需对传统 SOLT 方法的算法核心进行一些修正,将其改进至 MSOLT(measured SOLT)方法。此外,由于高频段(≥70GHz)开路及负载标准件制造难度大、精度低,一般会采用不同偏置短路(offset short)来代替,代替后的 SOLT 方法称为 SSST 方法更为合适。MSOLT 方法和 SSST 方法主要对单端口误差项做了修正,核心算法与第 5.2.2 小节内容类似。

不再假设 $\Gamma_{LF}=\Gamma_{LR}=0$,则前向、反向方向性项 EDF、EDR,前向、反向源匹配项 ESF、ESR,以及前向、反向反射跟踪项 ERF、ERR,由式(5.52)至式(5.57)修正为式(5.71)至式(5.78)。由图 3.71 至图 3.78 的测试结果可知,改进后的 MSOLT 方法较之传统 SOLT 方法精度提升明显。

$$ESF = \frac{\Gamma_{SF}(\Gamma_{MLF}-\Gamma_{MOF})+\Gamma_{OF}(\Gamma_{MSF}-\Gamma_{MLF})+\Gamma_{LF}(\Gamma_{MOF}-\Gamma_{MSF})}{\Gamma_{OF}\Gamma_{SF}(\Gamma_{MSF}-\Gamma_{MOF})+\Gamma_{OF}\Gamma_{LF}(\Gamma_{MOF}-\Gamma_{MLF})+\Gamma_{SF}\Gamma_{LF}(\Gamma_{MLF}-\Gamma_{MSF})} \tag{5.71}$$

$$EDF = \Gamma_{MLF}+\frac{\Gamma_{LF}(\Gamma_{MSF}-\Gamma_{MOF})}{\Gamma_{OF}-\Gamma_{SF}}$$
$$+\frac{\Gamma_{LF}\Gamma_{OF}(\Gamma_{MOF}-\Gamma_{MLF})-\Gamma_{LF}\Gamma_{SF}(\Gamma_{MSF}-\Gamma_{MLF})}{\Gamma_{OF}-\Gamma_{SF}}ESF \tag{5.72}$$

$$\Delta E_F = \frac{\Gamma_{SF}\Gamma_{MSF}-\Gamma_{OF}\Gamma_{MOF}}{\Gamma_{OF}-\Gamma_{SF}}ESF+\frac{\Gamma_{MOF}-\Gamma_{MSF}}{\Gamma_{OF}-\Gamma_{SF}} \tag{5.73}$$

$$ERF = \Delta E_F + ESF \cdot EDF \tag{5.74}$$

$$ESR = \frac{\Gamma_{SR}(\Gamma_{MLR}-\Gamma_{MOR})+\Gamma_{OR}(\Gamma_{MSR}-\Gamma_{MLR})+\Gamma_{LR}(\Gamma_{MOR}-\Gamma_{MSR})}{\Gamma_{OR}\Gamma_{SR}(\Gamma_{MSR}-\Gamma_{MOR})+\Gamma_{OR}\Gamma_{LR}(\Gamma_{MOR}-\Gamma_{MLR})+\Gamma_{SR}\Gamma_{LR}(\Gamma_{MLR}-\Gamma_{MSR})} \tag{5.75}$$

$$EDR = \Gamma_{MLR} + \frac{\Gamma_{LR}(\Gamma_{MSR} - \Gamma_{MOR})}{\Gamma_{OR} - \Gamma_{SR}}$$

$$+ \frac{\Gamma_{LR}\Gamma_{OR}(\Gamma_{MOR} - \Gamma_{MLR}) - \Gamma_{LR}\Gamma_{SR}(\Gamma_{MSR} - \Gamma_{MLR})}{\Gamma_{OR} - \Gamma_{SR}} ESR \qquad (5.76)$$

$$\Delta E_R = \frac{\Gamma_{SR}\Gamma_{MSR} - \Gamma_{OR}\Gamma_{MOR}}{\Gamma_{OR} - \Gamma_{SR}} ESR + \frac{\Gamma_{MOR} - \Gamma_{MSR}}{\Gamma_{OR} - \Gamma_{SR}} \qquad (5.77)$$

$$ERR = \Delta E_R + ESR \cdot EDR \qquad (5.78)$$

5.3.1.3 基于求解超定方程的 MSOLT 方法

参照第 5.2.2 小节内容,同样可以继续对 MSOLT 方法进行推广,选取更多不同的反射系数构造超定方程,以 OLS 求解数值解进一步降低单端口误差项的随机误差。本书以 1 个开路、4 个偏置短路、1 个负载标准件为例讲解,Keysight® 公司的 85059A/B 1.0mm 校准件和几乎所有制造商的电子校准件均采用该方法,构造的超定方程如式(5.79)和式(5.80)所示。

$$\begin{bmatrix} 1 & \Gamma_{OF} & \Gamma_{OF}\Gamma_{MOF} \\ 1 & \Gamma_{SF1} & \Gamma_{SF1}\Gamma_{MSF1} \\ 1 & \Gamma_{SF2} & \Gamma_{SF2}\Gamma_{MSF2} \\ 1 & \Gamma_{SF3} & \Gamma_{SF3}\Gamma_{MSF3} \\ 1 & \Gamma_{SF4} & \Gamma_{SF4}\Gamma_{MSF4} \\ 1 & \Gamma_{LF} & \Gamma_{LF}\Gamma_{MLF} \end{bmatrix} \begin{bmatrix} EDF \\ ERF - EDF \cdot ESF \\ ESF \end{bmatrix} = \begin{bmatrix} \Gamma_{MOF} \\ \Gamma_{MSF1} \\ \Gamma_{MSF2} \\ \Gamma_{MSF3} \\ \Gamma_{MSF4} \\ \Gamma_{MLF} \end{bmatrix} \qquad (5.79)$$

$$\begin{bmatrix} 1 & \Gamma_{OR} & \Gamma_{OR}\Gamma_{MRO} \\ 1 & \Gamma_{SR1} & \Gamma_{SR1}\Gamma_{MSR1} \\ 1 & \Gamma_{SR2} & \Gamma_{SR2}\Gamma_{MSR2} \\ 1 & \Gamma_{SR3} & \Gamma_{SR3}\Gamma_{MSR3} \\ 1 & \Gamma_{SR4} & \Gamma_{SR4}\Gamma_{MSR4} \\ 1 & \Gamma_{LR} & \Gamma_{LR}\Gamma_{MLR} \end{bmatrix} \begin{bmatrix} EDR \\ ERR - EDR \cdot ESR \\ ESR \end{bmatrix} = \begin{bmatrix} \Gamma_{MOR} \\ \Gamma_{MSR1} \\ \Gamma_{MSR2} \\ \Gamma_{MSR3} \\ \Gamma_{MSR4} \\ \Gamma_{MLR} \end{bmatrix} \qquad (5.80)$$

为了简化表达,分别记矩阵$[\boldsymbol{A_F}]$、$[\boldsymbol{A_R}]$和向量$[\boldsymbol{X_F}]$、$[\boldsymbol{X_R}]$、$[\boldsymbol{Y_F}]$、$[\boldsymbol{Y_R}]$如式(5.81)至式(5.86)所示。

$$[\boldsymbol{A_F}] = \begin{bmatrix} 1 & \Gamma_{OF} & \Gamma_{OF}\Gamma_{MOF} \\ 1 & \Gamma_{SF1} & \Gamma_{SF1}\Gamma_{MSF1} \\ 1 & \Gamma_{SF2} & \Gamma_{SF2}\Gamma_{MSF2} \\ 1 & \Gamma_{SF3} & \Gamma_{SF3}\Gamma_{MSF3} \\ 1 & \Gamma_{SF4} & \Gamma_{SF4}\Gamma_{MSF4} \\ 1 & \Gamma_{LF} & \Gamma_{LF}\Gamma_{MLF} \end{bmatrix} \qquad (5.81)$$

$$[\boldsymbol{A_R}] = \begin{bmatrix} 1 & \Gamma_{OR} & \Gamma_{OR}\Gamma_{MOR} \\ 1 & \Gamma_{SR1} & \Gamma_{SR1}\Gamma_{MSR1} \\ 1 & \Gamma_{SR2} & \Gamma_{SR2}\Gamma_{MSR2} \\ 1 & \Gamma_{SR3} & \Gamma_{SR3}\Gamma_{MSR3} \\ 1 & \Gamma_{SR4} & \Gamma_{SR4}\Gamma_{MSR4} \\ 1 & \Gamma_{LR} & \Gamma_{LR}\Gamma_{MLR} \end{bmatrix} \tag{5.82}$$

$$[\boldsymbol{X_F}] = \begin{bmatrix} EDF \\ ERF - EDF \cdot ESF \\ ESF \end{bmatrix} \tag{5.83}$$

$$[\boldsymbol{X_R}] = \begin{bmatrix} EDR \\ ERR - EDR \cdot ESR \\ ESR \end{bmatrix} \tag{5.84}$$

$$[\boldsymbol{Y_F}] = \begin{bmatrix} \Gamma_{MOF} \\ \Gamma_{MSF1} \\ \Gamma_{MSF2} \\ \Gamma_{MSF3} \\ \Gamma_{MSF4} \\ \Gamma_{MLF} \end{bmatrix} \tag{5.85}$$

$$[\boldsymbol{Y_R}] = \begin{bmatrix} \Gamma_{MOR} \\ \Gamma_{MSR1} \\ \Gamma_{MSR2} \\ \Gamma_{MSR3} \\ \Gamma_{MSR4} \\ \Gamma_{MLR} \end{bmatrix} \tag{5.86}$$

将超定方程转化成正定方程,以最小二阶乘法求数值解的计算过程如式(5.87)至式(5.92)所示。

$$[\boldsymbol{A}]^{\mathrm{T}}[\boldsymbol{A}][\boldsymbol{X}] = [\boldsymbol{A}]^{\mathrm{T}}[\boldsymbol{Y}] \tag{5.87}$$

$$[\boldsymbol{X}] = ([\boldsymbol{A}]^{\mathrm{T}}[\boldsymbol{A}])^{-1}[\boldsymbol{A}]^{\mathrm{T}}[\boldsymbol{Y}] = [\boldsymbol{B}][\boldsymbol{C}] \tag{5.88}$$

$$[\boldsymbol{B_F}] = ([\boldsymbol{A_F}]^{\mathrm{T}}[\boldsymbol{A_F}])^{-1} \tag{5.89}$$

$$[\boldsymbol{C_F}] = [\boldsymbol{A_F}]^{\mathrm{T}}[\boldsymbol{Y_F}] \tag{5.90}$$

$$[\boldsymbol{B_R}] = ([\boldsymbol{A_R}]^{\mathrm{T}}[\boldsymbol{A_R}])^{-1} \tag{5.91}$$

$$[\boldsymbol{C_R}] = [\boldsymbol{A_R}]^{\mathrm{T}}[\boldsymbol{Y_R}] \tag{5.92}$$

分别记矩阵$[\boldsymbol{B_F}]$和$[\boldsymbol{B_R}]$如式(5.93)和式(5.96)所示,向量$[\boldsymbol{C_F}]$和$[\boldsymbol{C_R}]$如式(5.94)

和式(5.97)所示,最终求得误差向量$[\boldsymbol{X_F}]$和$[\boldsymbol{X_R}]$如式(5.95)和式(5.98)所示,由此求出单端口误差项,继而求出其他两端口误差项,最终完成整个校准流程。

$$[\boldsymbol{B_F}]=\begin{bmatrix} B_{F11} & B_{F12} & B_{F13} \\ B_{F21} & B_{F22} & B_{F23} \\ B_{F31} & B_{F32} & B_{F33} \end{bmatrix} \tag{5.93}$$

$$[\boldsymbol{C_F}]=\begin{bmatrix} C_{F1} \\ C_{F2} \\ C_{F3} \end{bmatrix} \tag{5.94}$$

$$\begin{bmatrix} X_{F1} \\ X_{F2} \\ X_{F3} \end{bmatrix}=\begin{bmatrix} B_{F11}C_{F1}+B_{F12}C_{F2}+B_{F13}C_{F3} \\ B_{F21}C_{F1}+B_{F22}C_{F2}+B_{F23}C_{F3} \\ B_{F31}C_{F1}+B_{F32}C_{F2}+B_{F33}C_{F3} \end{bmatrix} \tag{5.95}$$

$$[\boldsymbol{B_R}]=\begin{bmatrix} B_{R11} & B_{R12} & B_{R13} \\ B_{R21} & B_{R22} & B_{R23} \\ B_{R31} & B_{R32} & B_{R33} \end{bmatrix} \tag{5.96}$$

$$[\boldsymbol{C_R}]=\begin{bmatrix} C_{R1} \\ C_{R2} \\ C_{R3} \end{bmatrix} \tag{5.97}$$

$$\begin{bmatrix} X_{R1} \\ X_{R2} \\ X_{R3} \end{bmatrix}=\begin{bmatrix} B_{R11}C_{R1}+B_{R12}C_{R2}+B_{R13}C_{R3} \\ B_{R21}C_{R1}+B_{R22}C_{R2}+B_{R23}C_{R3} \\ B_{R31}C_{R1}+B_{R32}C_{R2}+B_{R33}C_{R3} \end{bmatrix} \tag{5.98}$$

5.3.1.4　退化校准

然而在某些情况下,不方便做完整的两端口 *S* 参数校准。由于测量系统特殊的配置状态,采用完整的两端口误差修正反而会导致很差的结果。此时,一个退化校准(devolved calibration)或者更低级的校准或许是更好的选择。

5.3.1.4.1　响应校准

一种不使用完整两端口校准的情况是,单端口校准件不存在,无法进行完整的两端口校准。对于这种情况,有时只使用一个响应校准(response calibration,RC)。尽管响应校准不能完全校正所有的误差,但可以对传输进行校正。这种情况的一些典型应用是夹具内测量、使用新的或者非标准的连接器以及天线测量。

响应校准相当于归一化到参考值(reference)的数学处理,其数学原理非常简单,如式(5.99)所示,转化成对数形式计算更加容易,如式(5.100)所示。

$$S_{21A}=\frac{S_{21M}}{S_{21Ref}} \tag{5.99}$$

$$20\cdot\lg|S_{21A}|=20\cdot\lg|S_{21M}|-20\cdot\lg|S_{21Ref}| \tag{5.100}$$

5.3.1.4.2 增强型响应校准

另一种不使用完整两端口校准的情况是,某些时候测试系统的配置使校准产生很大的误差。一个典型的例子就是在测试端口 2 前加了一个很大的衰减量,如图 5.27 所示。当测试大功率放大器时,输出功率太大,不能直接加到矢量网络分析仪的测试端口上,需要增加衰减器进行保护。如果在端口 2 和功率放大器之间衰减器的衰减量大于 10dB,则会显著降低端口 2 的方向性,两端口校准方法的精度明显下降,甚至不能求解出合理值。这时虽然能对高增益或者大功率的情况做完整的两端口校准,但是,对图 5.27 所示的配置来说,一个响应校准或者下面所述的增强型响应校准(enhanced response calibration,ERC),能提供比完整的两端口校准更好的结果。

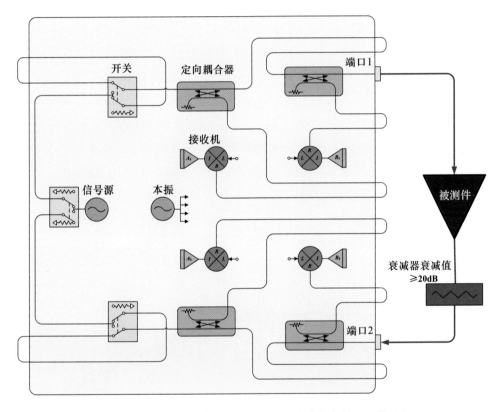

图 5.27 使用外接的衰减器减小矢量网络分析仪端口 2 的功率

另一个使用完整两端口校准可能会出问题的例子是在测试系统中使用很长的射频缆线,高损耗的缆线会削弱矢量网络分析仪在各端口上做反射测量的能力。在这种情况下,跟端口相关的误差项,如方向性项(EDF、EDR)、负载匹配项(ELF、ELR)和源匹配项(ESF、ESR),都可能出现很大的误差。这个损耗还会造成反射跟踪项(ERF、ERR)很小,测量数据噪声很大。反射测量中的噪声和损耗又会导致传输跟踪项(ETF、ETR)有很大的噪声和误差。当测量一个高增益放大器时,测量反向 S_{12} 可能会因为放

大器 S_{12} 的高隔离度以及在测试端口上增加衰减器的损耗而产生很大的噪声,甚至完全是噪声。因此,当 S_{12} 和 S_{21} 的测量结果有很大的误差和噪声时,它们会导致 S_{21} 的修正结果也存在明显噪声。

在这些情况下,做完整的两端口校准的坏处比好处还多。而且,很多测试系统,特别是在高频段毫米波或太赫兹频段,可能并不支持双向的 **S** 参数测量。这时,增强型响应校准为误差校正方法提供了一个额外的选择。以端口 1、2 为例,应用该方法时首先在端口 1 进行完整的单端口校准,由式(5.24)对输入匹配进行修正,然后测量直通标准件,将式(5.67)和式(5.70)中前向负载匹配项设置为 0,即 $ELF = 0$,则式(5.67)修正为式(5.101)。

$$S_{21A} = \frac{(S_{21M} - EXF) \cdot ERF}{ETF \cdot [ERF + (S_{11M} - EDF) \cdot ESF]} \tag{5.101}$$

图 5.28 比较了采用不同校准方法和相同原始数据测试 Form Factor® 104-783A 上 27ps 时延线的数据。可以看出,使用增强型响应校准的结果数据波动性明显小于响应校准的结果,这是因为数据波动一半是由传输跟踪误差项引起的,其余部分基本均等地由输入失配、输出失配以及往返失配 $S_{21} \times S_{12} \times ELF \times ESF$ 引起。使用增强型响应校准之后,这五项中的四项得到了补偿。使用单端口校准补偿的 Γ_{In} 包含了端口 1 看向被测件和负载的效应,因此只有 $S_{22} \times ELF$ 这一项没有得到补偿。时延线的 S_{22} 非常小。在测量放大器时,其 S_{12} 非常小,完整两端口校准和增强型响应校准的差别在于负载匹配项与放大器 S_{22} 交互的效应。

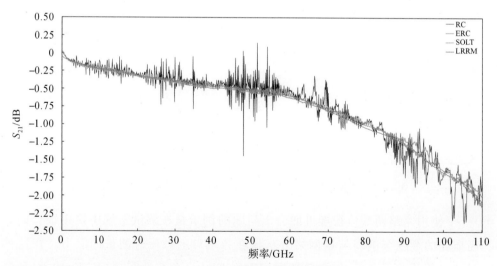

图 5.28　RC、ERC、SOLT、LRRM 不同校准方法测试结果比较——S_{21} 幅值

在测量大功率放大器的情况下,当在端口 2 上加上一个大衰减器时,如果衰减器的匹配非常好,负载匹配误差项就会非常小。因此,使用增强型响应校准虽然忽略了被测件 S_{22} 与端口 2 负载匹配之间的失配效应,却会得到比完整两端口校准下的 S_{22} 测

量更小的噪声。在这种情况下,一个更低级的校准反而比完整校准有更小的测量不确定度和误差。

5.3.1.5　改进与衍生的校准方法

20 世纪 80 年代末 90 年代初,新的矢量网络分析仪架构带来了校准方法的革新。得益于四接收机架构,四个波形分量 a_1、a_2、b_1、b_2 可以同时测量,如图 4.8 所示的 8 项误差模型应运而生,由此诞生了 QSOLT 校准方法和 SOLR 校准方法,这两种方法是结合了 8 项误差模型优势的 SOLT 校准方法的改进方法。

5.3.1.5.1　QSOLT 校准方法

QSOLT 方法正如其名称所指,要求开路/短路/负载单端口校准,还需要一个确定直通,而该方法的单端口校准只需要在一个端口上进行,校准速度很快。同样以端口 1、2 为例,可以在其中任意一个端口上进行单端口校准,然后在端口 1 和端口 2 之间进行一次确定直通测量。使用这种方法,在使用只有单极性标准件的校准套件或电子校准进行可插入直通测量时,能够轻松完成完整的两端口校准。

QSOLT 方法与 TRL、LRM 校准方法族均采用 8 项误差模型,实际需求解 7 个未知项以及测量开关项。获取开关项的方法与 TRL、LRM 相同,通过直通测量采集。3 个单端口项可以通过单端口校准确定,通过测量直通的 4 个 *S* 参数,可以额外获得 4 个等式。由于直通的实际值已知,4 个测量值引入了 4 个额外的等式,这样就可以计算出剩余的 4 个未知误差项。QSOLT 校准方法的优缺点如下,基本信息如表 5.4 所示。

优点:

①宽带校准方法,操作简单,校准速度快。

②相较于传统 SOLT 方法,对传输误差项校准的精度更高。

缺点:

①要求所有校准标准件参数已知,对未执行校准操作的其他端口校准精度可能下降。

②非自校准。

表 5.4　QSOLT 校准方法基本信息

标准件	要　　求	未知参数	可求解误差项数	自校准方法产物
short 短路	S_{11} 已知	—	1	—
open 开路	S_{11} 已知	—	1	—
load 负载	S_{11} 已知	—	1	—
thru 直通	S_{11}、S_{12}、S_{21}、S_{22} 已知	—	4	—

下面以端口 1 进行单端口校准为例,详细介绍其算法原理。由第 5.2 节和第 5.3.1 小节中的内容,可以很容易地得到式(5.102)至式(5.105)。这里我们先假设 $\Gamma_{L1} = 0$,在后续第 5.3.1.5.3 小节中,会对其进行扩展与推广。

$$\begin{bmatrix} E_{00} \\ E_{01}E_{10} - E_{00}E_{11} \\ E_{11} \end{bmatrix} = \begin{bmatrix} 1 & \Gamma_{O1} & \Gamma_{O1}\Gamma_{MO1} \\ 1 & \Gamma_{S1} & \Gamma_{S1}\Gamma_{MS1} \\ 1 & \Gamma_{L1} & \Gamma_{L1}\Gamma_{ML1} \end{bmatrix}^{-1} \begin{bmatrix} \Gamma_{MO1} \\ \Gamma_{MS1} \\ \Gamma_{ML1} \end{bmatrix} \tag{5.102}$$

$$E_{00} = \Gamma_{ML1} \tag{5.103}$$

$$E_{11} = \frac{\Gamma_{S1}(\Gamma_{ML1} - \Gamma_{MO1}) + \Gamma_{O1}(\Gamma_{MS1} - \Gamma_{ML1})}{\Gamma_{S1}\Gamma_{O1}(\Gamma_{MS1} - \Gamma_{MO1})} \tag{5.104}$$

$$E_{01}E_{10} = \frac{(\Gamma_{S1} - \Gamma_{O1})(\Gamma_{MO1} - \Gamma_{ML1})(\Gamma_{MS1} - \Gamma_{ML1})}{\Gamma_{S1}\Gamma_{O1}(\Gamma_{MS1} - \Gamma_{MO1})} \tag{5.105}$$

由式(5.103)至式(5.105)我们得到了端口 1 的单端口误差项,8 项误差模型的主要核心思想是把未修正的 *T* 参数矩阵 $[T_{Meas}]$ 看作端口 1 与被测件间的误差修正 *T* 参数矩阵 $[T_A]$、被测件真实值的 *T* 参数矩阵 $[T_{Act}]$、被测件与端口 2 间的误差修正 *T* 参数矩阵 $[T_B]$ 的级联乘积,如式(5.106)所示。不同算法的核心区别就是求解 $[T_A]$ 和 $[T_B]$ 的过程不同。

$$[T_{Meas}] = [T_A][T_{Act}][T_B] \tag{5.106}$$

由 *S* 参数和 *T* 参数的关系,可以得到式(5.107)至式(5.114)。

$$[T_{Meas}] = \frac{1}{S_{21Meas}} \begin{bmatrix} -\Delta_{Meas} & S_{11Meas} \\ -S_{22Meas} & 1 \end{bmatrix} \tag{5.107}$$

$$\Delta_{Meas} = S_{11Meas}S_{22Meas} - S_{12Meas}S_{21Meas} \tag{5.108}$$

$$[T_{Act}] = \frac{1}{S_{21Act}} \begin{bmatrix} -\Delta_{Act} & S_{11Act} \\ -S_{22Act} & 1 \end{bmatrix} \tag{5.109}$$

$$\Delta_{Act} = S_{11Act}S_{22Act} - S_{21Act}S_{12Act} \tag{5.110}$$

$$[T_A] = \frac{1}{E_{10}} \begin{bmatrix} -\Delta_A & E_{00} \\ -E_{11} & 1 \end{bmatrix} \tag{5.111}$$

$$\Delta_A = E_{00}E_{11} - E_{01}E_{10} \tag{5.112}$$

$$[T_B] = \frac{1}{E_{32}} \begin{bmatrix} -\Delta_B & E_{22} \\ -E_{33} & 1 \end{bmatrix} \tag{5.113}$$

$$\Delta_B = E_{22}E_{33} - E_{23}E_{32} \tag{5.114}$$

这样式(5.106)可以由式(5.115)至式(5.117)表示,其中矩阵 $[A]$ 中的各元素可由式(5.103)至式(5.105)求出,如果能求出矩阵 $[B]$ 那么就可以完成误差修正。

$$[T_{Meas\_Thru}] = \frac{1}{E_{10}E_{32}} \begin{bmatrix} -\Delta_A & E_{00} \\ -E_{11} & 1 \end{bmatrix} [T_{Act\_Thru}] \begin{bmatrix} -\Delta_B & E_{22} \\ -E_{33} & 1 \end{bmatrix} = [A][T_{Act\_thru}][B] \tag{5.115}$$

$$[\boldsymbol{A}] = \begin{bmatrix} -\Delta_A & E_{00} \\ -E_{11} & 1 \end{bmatrix} \tag{5.116}$$

$$[\boldsymbol{B}] = \frac{1}{E_{10}E_{32}} \begin{bmatrix} -\Delta_B & E_{22} \\ -E_{33} & 1 \end{bmatrix} \tag{5.117}$$

QSOLT 方法要求直通标准件参数即$[\boldsymbol{T}_{Act\_Thru}]$为已知量。通过式(5.118)可以将其他 4 个误差项求解出来,求解过程如式(5.119)至式(5.122)所示。从而我们可以得到所有需要的误差项,最终完成完整的两端口校准工作。

$$[\boldsymbol{A}]^{-1}[\boldsymbol{T}_{Act\_thru}]^{-1}[\boldsymbol{T}_{Meas\_Thru}] = [\boldsymbol{B}] \tag{5.118}$$

$$E_{10}E_{32} = \frac{1}{B_{22}} \tag{5.119}$$

$$E_{22} = \frac{B_{12}}{B_{22}} \tag{5.120}$$

$$E_{33} = -\frac{B_{21}}{B_{22}} \tag{5.121}$$

$$E_{23}E_{32} = \frac{B_{11}}{B_{22}} + E_{22}E_{33} \tag{5.122}$$

QSOLT 校准的质量很大一部分取决于所选直通标准件的质量。当不方便在每个端口进行单端口校准时,可以使用 QSOLT 校准。QSOLT 校准主要应用于多端口系统的校准。如果一个多端口被测件有 N 个端口,极性都相同,可以建立 $N+1$ 个测试系统,在额外的那个端口上使用与被测件连接器匹配的可变电缆。在此端口上进行一次简单的单端口校准,在其他端口上各进行一次直通连接,便可以得到完整的 $N+1$ 端口校准。使用这种方法,其他端口都不需要移动,甚至不需要不同极性的校准套件。

5.3.1.5.2　SOLR(UOSM)校准方法

SOLR 校准方法又称 UOSM 校准方法,由于其天然的优势成为大多数矢量网络分析仪测量偏好的校准方法。SOLR 同样是基于 8 项误差模型的校准方法。它和 TRL、LRM 校准方法族一样,也要求计算开关项,但是使用与 SOLT 这种基于 12 项误差模型的校准方法相同的校准标准件。

SOLR 校准方法对直通标准件只有一个要求:在传输方向上必须互易,即 $S_{12} = S_{21}$。几乎所有的无源器件都可以满足这一要求,除了隔离器(isolator)和环形器(circulator)这两种单向磁性材料器件。在实际使用中,未知直通的插入损耗(insertion loss,IL)必须足够小,免得在求解误差项的过程中遇到大量困难。矢量网络分析仪的不同供应商对 SOLR 校准方法可能有不同的优化处理,有一些优化处理在未知直通的插入损耗高达 40dB 时仍能保证良好的校准完整性。

SOLR 校准方法要求的操作步骤与 SOLT 一样,但是不要求直通标准件参数已知,这一改进大大提高了校准的灵活性。通过使用大量的直通器件可以极大地简化复杂的校准任务。SOLR 校准的质量可以由反射标准件的质量推导出来。SOLR 校准方法的优缺点如下，基本信息如表 5.5 所示。

优点：

①宽带校准方法，不需要已知参数的直通标准件。

②自校准。

缺点：

要求所有单端口校准标准件参数已知。

表 5.5　SOLR 校准方法基本信息

标准件	要　　求	未知参数	可求解误差项数	自校准方法产物
short 短路	S_{11}、S_{22} 已知	—	2	—
open 开路	S_{11}、S_{22} 已知	—	2	—
load 负载	S_{11}、S_{22} 已知	—	2	—
reciprocal-through 互易直通	满足互易条件（$S_{12} = S_{21}$）及相位连续性（相邻频点相位变化 $<180°$）的要求，从而确定真实值	S_{11}、$S_{12} = S_{21}$、S_{22}	1	S_{11}、$S_{12} = S_{21}$、S_{22}

下面以端口 1、2 为例，详细说明 SOLR 校准方法原理。这里我们依然先假设 $\Gamma_{L1} = \Gamma_{L2} = 0$，在后续第 5.3.1.5.3 小节中，会对其进行扩展与推广。对单端口误差项的处理在本章前面小节中已多次出现，这里不再赘述。在端口 1 可以很容易地得到式（5.102）至式（5.105），在端口 2 可以很容易地得到式（5.123）至式（5.126）。

$$\begin{bmatrix} E_{33} \\ E_{23}E_{32} - E_{22}E_{33} \\ E_{22} \end{bmatrix} = \begin{bmatrix} 1 & \Gamma_{O2} & \Gamma_{O2}\Gamma_{MO2} \\ 1 & \Gamma_{S2} & \Gamma_{S2}\Gamma_{MS2} \\ 1 & \Gamma_{L2} & \Gamma_{L2}\Gamma_{ML2} \end{bmatrix}^{-1} \begin{bmatrix} \Gamma_{MO2} \\ \Gamma_{MS2} \\ \Gamma_{ML2} \end{bmatrix} \tag{5.123}$$

$$E_{33} = \Gamma_{ML2} \tag{5.124}$$

$$E_{22} = \frac{\Gamma_{S2}(\Gamma_{ML2} - \Gamma_{MO2}) + \Gamma_{O2}(\Gamma_{MS2} - \Gamma_{ML2})}{\Gamma_{S2}\Gamma_{O2}(\Gamma_{MS2} - \Gamma_{MO2})} \tag{5.125}$$

$$E_{23}E_{32} = \frac{(\Gamma_{S2} - \Gamma_{O2})(\Gamma_{MO2} - \Gamma_{ML2})(\Gamma_{MS2} - \Gamma_{ML2})}{\Gamma_{S2}\Gamma_{O2}(\Gamma_{MS2} - \Gamma_{MO2})} \tag{5.126}$$

到此我们已经等到了需要求解的 7 个误差项里的 6 项，还剩 $E_{10}E_{32}$ 尚未求出。如何解出 $E_{10}E_{32}$ 是 SOLR 校准方法的核心。从 8 项误差模型中，我们可以很容易地得到式（5.127），其中 Δ_A 和 Δ_B 分别如式（5.112）和式（5.114）所示。

$$[T_{Meas}] = \frac{1}{E_{10}E_{32}}\begin{bmatrix} -\Delta_A & E_{00} \\ -E_{11} & 1 \end{bmatrix}[T_{Act}]\begin{bmatrix} -\Delta_B & E_{22} \\ -E_{33} & 1 \end{bmatrix} = \frac{1}{E_{10}E_{32}}[A][T_{Act}][B] \tag{5.127}$$

由线性代数的知识,可以得到式(5.128)。

$$\det[E_{10}E_{32}[\boldsymbol{T_{Meas}}]] = \det[[\boldsymbol{A}][\boldsymbol{T_{Act}}][\boldsymbol{B}]] \tag{5.128}$$

由互易条件和表 1.2 给出的 *S* 参数与 *T* 参数转换关系[即式(5.129)]可知矩阵 $[\boldsymbol{T_{Act\_UThru}}]$ 行列式的值为 1,即满足式(5.130)。

$$[\boldsymbol{T}] = \frac{1}{S_{21}}\begin{bmatrix} -(S_{11}S_{22} - S_{12}S_{21}) & S_{11} \\ -S_{22} & 1 \end{bmatrix} \tag{5.129}$$

$$\det[\boldsymbol{T_{Act\_UThru}}] = 1 \tag{5.130}$$

这样,$E_{10}E_{32}$ 就可由式(5.131)和式(5.132)求解,但要注意式(5.132)会产生根不确定性的问题。为解决这一问题,一种办法是与参照值比较,两者中接近者为真实解,但是很多情况下,并没有参照数据可以比对,这种求解方法也不是真正意义上的未知直通。笔者开发的方法与 OSL 去嵌的二倍相位法类似,该算法具体过程详见第 5.2.3 小节。

$$(E_{10}E_{32})^2 \det[\boldsymbol{T_{Meas\_UThru}}] = \det[\boldsymbol{A}][\boldsymbol{B}] \tag{5.131}$$

$$E_{10}E_{32} = \pm\sqrt{\frac{\det[\boldsymbol{A}][\boldsymbol{B}]}{\det[\boldsymbol{T_{Meas\_UThru}}]}}, \quad phase|_{0\text{Hz}} = 0° \tag{5.132}$$

求出所有的误差项后,可以由式(5.133)完成误差项的修正。由表 1.2 给出的 *T* 参数与 *S* 参数转换关系式(5.134),可以得到最终校准后的 *S* 参数矩阵。

$$[\boldsymbol{T_{Act\_DUT}}] = E_{10}E_{32}\begin{bmatrix} -\Delta_A & E_{00} \\ -E_{11} & 1 \end{bmatrix}^{-1}[\boldsymbol{T_{Meas\_DUT}}]\begin{bmatrix} -\Delta_B & E_{22} \\ -E_{33} & 1 \end{bmatrix}^{-1}$$

$$= E_{10}E_{32}[\boldsymbol{A}]^{-1}[\boldsymbol{T_{Meas\_DUT}}][\boldsymbol{B}]^{-1} \tag{5.133}$$

$$[\boldsymbol{S}] = \begin{bmatrix} \dfrac{T_{12}}{T_{11}} & \dfrac{T_{11}T_{22} - T_{12}T_{21}}{T_{11}} \\ \dfrac{1}{T_{11}} & -\dfrac{T_{21}}{T_{11}} \end{bmatrix} \tag{5.134}$$

对于超宽带校准(如 DC~110GHz),一次性测试时,为了提高真实根识别的精度,笔者结合二倍相位法的部分思路,进一步提出了一个新的判别方法。详细展开并化简式(5.131)可得式(5.135),结合式(5.133)可得式(5.136)和式(5.137)。

$$(E_{10}E_{32})^2 = \frac{E_{01}E_{10} \cdot E_{23}E_{32} \cdot S_{21\_Meas\_Thru}}{S_{12\_Meas\_Thru}} \tag{5.135}$$

$$S_{21\_Act\_Thru} = \frac{1}{E_{10}E_{32} \cdot C_{22}} \tag{5.136}$$

$$[\boldsymbol{C}] = [\boldsymbol{A}]^{-1}[\boldsymbol{T_{Meas\_Thru}}][\boldsymbol{B}]^{-1} \tag{5.137}$$

一般要求未知直通的插入损耗尽量小,其相邻点相位变化更小,对频率的敏感度更低,即同样频率间隔相位跨度超过 180° 的概率更低。因此,只需要对 $S_{21\_Act\_Thru}$ 头部几组点进行无折叠和线性化,并根据 $phase|_{0\text{Hz}} = 0°$ 条件判断真实解起始值,之后根据相位连续性原则即可求得每个频点下的 $S_{21\_Act\_Thru}$,由 $S_{21\_Act\_Thru}$ 真实解与 $E_{10}E_{32}$ 的对应关系可以

更快速和方便地求解。

SOLR 校准方法非常适用于非插入式同轴校准、在片直角直通校准和波导与波导相连接的固定端口校准等物理尺寸和机械位置受限的应用场景。

5.3.1.5.3 8 项与 12 项模型单端口校准处理时公式的一些差异

QSOLT、SOLR 校准方法和 SOLT 校准方法有共源性,它们对单端口误差项的处理方式相同,只是由于 8 项与 12 项模型对误差项描述不同,符号表达式有些差异。本小节前面内容已经把假设 $\Gamma_{L1}=\Gamma_{L2}=0$ 时如何推导误差项描述清楚了,这里,我们不再假设 $\Gamma_{L1}=\Gamma_{L2}=0$,可以使用数据基校准件,提高校准精度,这时可以将 SOLR 称为 MSOLR 与 SSSR 校准方法。参照第 5.3.1.2 小节内容,公式修正如式(5.138)至式(5.147)所示。

$$E_{11} = \frac{\Gamma_{S1}(\Gamma_{ML1}-\Gamma_{MO1})+\Gamma_{O1}(\Gamma_{MS1}-\Gamma_{ML1})+\Gamma_{L1}(\Gamma_{MO1}-\Gamma_{MS1})}{\Gamma_{O1}\Gamma_{S1}(\Gamma_{MS1}-\Gamma_{MO1})+\Gamma_{O1}\Gamma_{L1}(\Gamma_{MO1}-\Gamma_{ML1})+\Gamma_{S1}\Gamma_{L1}(\Gamma_{ML1}-\Gamma_{MS1})} \tag{5.138}$$

$$E_{00} = \Gamma_{ML1} + \frac{\Gamma_{L1}(\Gamma_{MS1}-\Gamma_{MO1})}{\Gamma_{O1}-\Gamma_{S1}} + \frac{\Gamma_{L1}\Gamma_{O1}(\Gamma_{MO1}-\Gamma_{ML1})-\Gamma_{L1}\Gamma_{S1}(\Gamma_{MS1}-\Gamma_{ML1})}{\Gamma_{O1}-\Gamma_{S1}}E_{11} \tag{5.139}$$

$$\Delta E_1 = \frac{\Gamma_{S1}\Gamma_{MS1}-\Gamma_{O1}\Gamma_{MO1}}{\Gamma_{O1}-\Gamma_{S1}}E_{11} + \frac{\Gamma_{MO1}-\Gamma_{MS1}}{\Gamma_{O1}-\Gamma_{S1}} \tag{5.140}$$

$$\Delta E_1 = E_{01}E_{10} - E_{00}E_{11} \tag{5.141}$$

$$E_{01}E_{10} = \Delta E_1 - E_{00}E_{11} \tag{5.142}$$

$$E_{22} = \frac{\Gamma_{S2}(\Gamma_{ML2}-\Gamma_{MO2})+\Gamma_{O2}(\Gamma_{MS2}-\Gamma_{ML2})+\Gamma_{L2}(\Gamma_{MO2}-\Gamma_{MS2})}{\Gamma_{O2}\Gamma_{S2}(\Gamma_{MS2}-\Gamma_{MO2})+\Gamma_{O2}\Gamma_{L2}(\Gamma_{MO2}-\Gamma_{ML2})+\Gamma_{S2}\Gamma_{L2}(\Gamma_{ML2}-\Gamma_{MS2})} \tag{5.143}$$

$$E_{33} = \Gamma_{ML2} + \frac{\Gamma_{L2}(\Gamma_{MS2}-\Gamma_{MO2})}{\Gamma_{O2}-\Gamma_{S2}} + \frac{\Gamma_{L2}\Gamma_{O2}(\Gamma_{MO2}-\Gamma_{ML2})-\Gamma_{L2}\Gamma_{S2}(\Gamma_{MS2}-\Gamma_{ML2})}{\Gamma_{O2}-\Gamma_{S2}}E_{22} \tag{5.144}$$

$$\Delta E_2 = \frac{\Gamma_{S2}\Gamma_{MS2}-\Gamma_{O2}\Gamma_{MO2}}{\Gamma_{O2}-\Gamma_{S2}}E_{22} + \frac{\Gamma_{MO2}-\Gamma_{MS2}}{\Gamma_{O2}-\Gamma_{S2}} \tag{5.145}$$

$$\Delta E_2 = E_{23}E_{32} - E_{22}E_{33} \tag{5.146}$$

$$E_{23}E_{32} = \Delta E_2 + E_{22}E_{33} \tag{5.147}$$

同样也可以采用第 5.3.1.3 小节引入更多反射标准件求解超定方程的方法来进一步提高校准精度,推导过程如式(5.148)至式(5.167)所示。

$$\begin{bmatrix} 1 & \Gamma_{O1} & \Gamma_{O1}\Gamma_{MO1} \\ 1 & \Gamma_{S11} & \Gamma_{S11}\Gamma_{MS11} \\ 1 & \Gamma_{S12} & \Gamma_{S12}\Gamma_{MS12} \\ 1 & \Gamma_{S13} & \Gamma_{S13}\Gamma_{MS13} \\ 1 & \Gamma_{S14} & \Gamma_{S14}\Gamma_{MS14} \\ 1 & \Gamma_{L1} & \Gamma_{L1}\Gamma_{ML1} \end{bmatrix} \begin{bmatrix} E_{00} \\ E_{01}E_{10}-E_{00}E_{11} \\ E_{11} \end{bmatrix} = \begin{bmatrix} \Gamma_{MO1} \\ \Gamma_{MS11} \\ \Gamma_{MS12} \\ \Gamma_{MS13} \\ \Gamma_{MS14} \\ \Gamma_{ML1} \end{bmatrix} \tag{5.148}$$

$$\begin{bmatrix} 1 & \Gamma_{O2} & \Gamma_{O2}\Gamma_{MO2} \\ 1 & \Gamma_{S21} & \Gamma_{S21}\Gamma_{MS21} \\ 1 & \Gamma_{S22} & \Gamma_{S22}\Gamma_{MS22} \\ 1 & \Gamma_{S23} & \Gamma_{S23}\Gamma_{MS23} \\ 1 & \Gamma_{S24} & \Gamma_{S24}\Gamma_{MS24} \\ 1 & \Gamma_{L2} & \Gamma_{L2}\Gamma_{ML2} \end{bmatrix} \begin{bmatrix} E_{33} \\ E_{23}E_{32} - E_{22}E_{33} \\ E_{22} \end{bmatrix} = \begin{bmatrix} \Gamma_{MO2} \\ \Gamma_{MS21} \\ \Gamma_{MS22} \\ \Gamma_{MS23} \\ \Gamma_{MS24} \\ \Gamma_{ML2} \end{bmatrix} \tag{5.149}$$

$$[\boldsymbol{A}_1] = \begin{bmatrix} 1 & \Gamma_{O1} & \Gamma_{O1}\Gamma_{MO1} \\ 1 & \Gamma_{S11} & \Gamma_{S11}\Gamma_{MS11} \\ 1 & \Gamma_{S12} & \Gamma_{S12}\Gamma_{MS12} \\ 1 & \Gamma_{S13} & \Gamma_{S13}\Gamma_{MS13} \\ 1 & \Gamma_{S14} & \Gamma_{S14}\Gamma_{MS14} \\ 1 & \Gamma_{L1} & \Gamma_{L1}\Gamma_{ML1} \end{bmatrix} \tag{5.150}$$

$$[\boldsymbol{A}_2] = \begin{bmatrix} 1 & \Gamma_{O2} & \Gamma_{O2}\Gamma_{MO2} \\ 1 & \Gamma_{S21} & \Gamma_{S21}\Gamma_{MS21} \\ 1 & \Gamma_{S22} & \Gamma_{S22}\Gamma_{MS22} \\ 1 & \Gamma_{S23} & \Gamma_{S23}\Gamma_{MS23} \\ 1 & \Gamma_{S24} & \Gamma_{S24}\Gamma_{MS24} \\ 1 & \Gamma_{L2} & \Gamma_{L2}\Gamma_{ML2} \end{bmatrix} \tag{5.151}$$

$$[\boldsymbol{X}_1] = \begin{bmatrix} E_{00} \\ E_{01}E_{10} - E_{00}E_{11} \\ E_{11} \end{bmatrix} \tag{5.152}$$

$$[\boldsymbol{X}_2] = \begin{bmatrix} E_{33} \\ E_{23}E_{32} - E_{22}E_{33} \\ E_{22} \end{bmatrix} \tag{5.153}$$

$$[\boldsymbol{Y}_1] = \begin{bmatrix} \Gamma_{MO1} \\ \Gamma_{MS11} \\ \Gamma_{MS12} \\ \Gamma_{MS13} \\ \Gamma_{MS14} \\ \Gamma_{ML1} \end{bmatrix} \tag{5.154}$$

$$[Y_2] = \begin{bmatrix} \Gamma_{MO2} \\ \Gamma_{MS21} \\ \Gamma_{MS22} \\ \Gamma_{MS23} \\ \Gamma_{MS24} \\ \Gamma_{ML2} \end{bmatrix} \tag{5.155}$$

$$[A]^T[A][X] = [A]^T[Y] \tag{5.156}$$

$$[X] = ([A]^T[A])^{-1}[A]^T[Y] = [B][C] \tag{5.157}$$

$$[B_1] = ([A_1]^T[A_1])^{-1} \tag{5.158}$$

$$[C_1] = [A_1]^T[Y_1] \tag{5.159}$$

$$[B_2] = ([A_2]^T[A_2])^{-1} \tag{5.160}$$

$$[C_2] = [A_2]^T[Y_2] \tag{5.161}$$

$$[B_1] = \begin{bmatrix} B_{111} & B_{112} & B_{113} \\ B_{121} & B_{122} & B_{123} \\ B_{131} & B_{132} & B_{133} \end{bmatrix} \tag{5.162}$$

$$[C_1] = \begin{bmatrix} C_{11} \\ C_{12} \\ C_{13} \end{bmatrix} \tag{5.163}$$

$$\begin{bmatrix} X_{11} \\ X_{12} \\ X_{13} \end{bmatrix} = \begin{bmatrix} B_{111}C_{11} + B_{112}C_{12} + B_{113}C_{13} \\ B_{121}C_{11} + B_{122}C_{12} + B_{123}C_{13} \\ B_{131}C_{11} + B_{132}C_{12} + B_{133}C_{13} \end{bmatrix} \tag{5.164}$$

$$[B_2] = \begin{bmatrix} B_{211} & B_{212} & B_{213} \\ B_{221} & B_{222} & B_{223} \\ B_{231} & B_{232} & B_{233} \end{bmatrix} \tag{5.165}$$

$$[C_2] = \begin{bmatrix} C_{21} \\ C_{22} \\ C_{23} \end{bmatrix} \tag{5.166}$$

$$\begin{bmatrix} X_{21} \\ X_{22} \\ X_{23} \end{bmatrix} = \begin{bmatrix} B_{211}C_{21} + B_{212}C_{22} + B_{213}C_{23} \\ B_{221}C_{21} + B_{222}C_{22} + B_{223}C_{23} \\ B_{231}C_{21} + B_{232}C_{22} + B_{233}C_{23} \end{bmatrix} \tag{5.167}$$

5.3.2　TRL(LRL)方法族

TRL 校准方法与 SOLT 方法族有很大不同,它使用的校准标准件为直通、反射和传输线标准件;有时 TRL 方法亦称 LRL 方法,是因为此时使用的是不同长度的传输线和反射标准件,但是它们本质上是相同的,因为大多数情况下,TRL 校准方法都要使用非零长度的直通标准件。TRL 校准方法通常被认为是最准确的校准方法。在同轴或矩形波导校准时,确实是这样,但是在带夹具校准和在片测试时,TRL 就不是最好的校准方法了。TRL 校准方法被认为最准确,是因为校准的质量大多依赖于已知传输线特征阻抗的正确性,在波导情况下,则依赖于传输线部分反射参数的正确性。

理论上 TRL 方法只适用于计量级的校准标准件,如无珠短空气线,但这种标准件在实际中很少使用,而且使用难度大、损坏概率高。这些计量套件要应用于特定的可插入校准线,而不是普通的传输线。通常可使用一段短的高质量适配器来建立 TRL 校准,但是适配器的阻抗将决定系统的源和负载匹配(以及开路/短路标准件的质量)。

对于带夹具的 TRL 校准,通常在独立的 PCB 上建立标准件。在这种情况下,同轴电缆与 PCB(通常是 SMA 或 K 接头)之间的差异会在校准中引入误差,不过 TRL 由于本身算法精度的优势,仍能取得较好的结果。在无法获得计量级校准件或参数时,使用自定义 TRL 校准件进行校准不失为一种好方法。TRL 校准方法的优缺点如下,基本信息如表 5.6 所示。

表 5.6　TRL 校准方法基本信息

标准件	要　求	未知参数	可求解误差项数	自校准方法产物
thru 直通	S_{11}、S_{12}、S_{21}、S_{22} 已知,按理想传输线模型,$S_{11}=S_{22}=0$,$S_{12}=S_{21}$	—	4	—
reflection 反射	$S_{11}=S_{22}$,反射类型已知,由开路:$\Gamma_{O|0\mathrm{Hz}}=1$ 或短路:$\Gamma_{S|0\mathrm{Hz}}=-1$,以及相位连续性(相邻频点相位变化$<180°$)的要求来确定真实值	$S_{11}(=S_{22})$	1	$S_{11}(=S_{22})$
line 传输线	S_{11}、S_{22}、物理长度已知,按理想传输线模型,$S_{11}=S_{22}=0$	S_{12}、S_{21}	2	传输系数 γ

优点:

①校准和测量精度可由空气线追溯至长度量纲。

②不需要已知准确参数的反射(开路或短路)标准件。

③自校准。

缺点:

①频带限制,起止频率比在 1∶8,即直通与传输线在校准频率范围内相位差为

$20°\sim160°$，若超过此范围，需使用 MTRL 方法。

②单纯依靠机械结构精准测量不同长度的传输线对在片测试来说操作困难，即使有数显千分尺辅助，也很难控制精度，目前最佳方案为高精度的自动针座和自动光学测量相结合的全自动校准，且低频传输线尺寸对于在片尺度来说过大，主要适用于毫米波以上频段。

③对反射标准件的非对称性比较敏感。

本小节中会详细梳理 TRL 及 MTRL 校准方法的算法原理，并讲解 MTRL 方法中的核心算法：高斯-马尔可夫定理（Gauss-Markov theorem）和正交距离回归（orthogonal distance regression，ODR）算法。

5.3.2.1　传统 TRL（legacy TRL）校准方法

结合前文知识并根据图 4.8，由 8 项误差模型及 *S* 参数与 *T* 参数关系，很容易得到使用直通及传输线标准件时，校准件"真实"参数、误差修正矩阵及系统采集原始数据之间的关系如式（5.168）至式（5.177）所示，其中 γ 为式（3.9）所定义的直通及传输线标准件的传输系数，l 为传输线标准件的物理长度（实际运算中并不需要知道，只是用来计算校准适用频率范围）。注意 TRL 方法中先假设直通长度为零，对非零长度直通的修正方式与其他校准方法大体一致（SOLR 除外），且所有直通及传输线标准件符合理想模型。当直通参数定义不完整时，有的商业校准软件支持以反射标准件来确定端面算法，但要已知反射标准件偏置传输线的参数。当然，使用零偏置短路作为参考基准可以提供更好的相位基参考。为方便表述，定义矩阵 $[\overline{T_A}]$ 如式（5.170）所示，利用采集直通及传输线标准件参数时的级联矩阵，可以得到式（5.172）和式（5.177）。

$$[T_{Thru}^{Meas}] = [T_A][T_{Thru}^{Std}][T_B] \tag{5.168}$$

$$[T_A]^{-1}[T_{Thru}^{Meas}] = [T_{Thru}^{Std}][T_B] = [T_B] \tag{5.169}$$

$$[T_A]^{-1} = [\overline{T_A}] = \frac{1}{S_{12}^A}\begin{bmatrix} -(S_{11}^A S_{22}^A - S_{21}^A S_{12}^A) & S_{22}^A \\ -S_{11}^A & 1 \end{bmatrix} \tag{5.170}$$

$$[T_{Line}^{Meas}] = [T_A][T_{Line}^{Std}][T_B] \tag{5.171}$$

$$[T_A]^{-1}[T_{Line}^{Meas}] = [T_{Line}^{Std}][T_B] \tag{5.172}$$

$$[\overline{T_A}][T_{Line}^{Meas}] = \begin{bmatrix} e^{-\gamma l} & 0 \\ 0 & e^{\gamma l} \end{bmatrix}[T_B] \tag{5.173}$$

$$\begin{bmatrix} \overline{T_{11}^A} & \overline{T_{12}^A} \\ \overline{T_{21}^A} & \overline{T_{22}^A} \end{bmatrix}[T_{Line}^{Meas}] = \begin{bmatrix} T_{11}^B e^{-\gamma l} & T_{12}^B e^{-\gamma l} \\ T_{21}^B e^{\gamma l} & T_{22}^B e^{\gamma l} \end{bmatrix} \tag{5.174}$$

$$[\overline{T_A}][T_{Thru}^{Meas}] = [T_B] \tag{5.175}$$

$$[\overline{T_A}] = [T_B][T_{Thru}^{Meas}]^{-1} \tag{5.176}$$

$$[T_B][T_{Thru}^{Meas}]^{-1}[T_{Line}^{Meas}] = [T_{Line}^{Std}][T_B] \tag{5.177}$$

定义矩阵$[\boldsymbol{M}]$如式(5.178)所示,代入式(5.177),可得式(5.179)。展开式(5.179),如式(5.180)至式(5.183)所示。由式(5.181)可知,$\mathrm{e}^{-\gamma l}$可由式(5.184)表示。将式(5.184)代入式(5.180),整理可得式(5.185)至式(5.187)。同理,由式(5.182),$\mathrm{e}^{\gamma l}$可由式(5.188)表示。将式(5.188)代入(5.183),整理可得式(5.189)至式(5.191)。观察式(5.187)和式(5.191),$\dfrac{T_{12}^{B}}{T_{11}^{B}}$和$\dfrac{T_{22}^{B}}{T_{21}^{B}}$是方程(5.192)的两个根,由式(5.193)求解(以 x 表示方程的根),并由式(5.194)判别区分。

$$[\boldsymbol{M}] = \left[\boldsymbol{T}_{Thru}^{Meas}\right]^{-1}\left[\boldsymbol{T}_{Line}^{Meas}\right] \tag{5.178}$$

$$\begin{bmatrix} T_{11}^{B} & T_{12}^{B} \\ T_{21}^{B} & T_{22}^{B} \end{bmatrix} \begin{bmatrix} M_{11} & M_{12} \\ M_{21} & M_{22} \end{bmatrix} = \begin{bmatrix} T_{11}^{B}\mathrm{e}^{-\gamma l} & T_{12}^{B}\mathrm{e}^{-\gamma l} \\ T_{21}^{B}\mathrm{e}^{\gamma l} & T_{22}^{B}\mathrm{e}^{\gamma l} \end{bmatrix} \tag{5.179}$$

$$T_{11}^{B}M_{11} + T_{12}^{B}M_{21} = T_{11}^{B}\mathrm{e}^{-\gamma l} \tag{5.180}$$

$$T_{11}^{B}M_{12} + T_{12}^{B}M_{22} = T_{12}^{B}\mathrm{e}^{-\gamma l} \tag{5.181}$$

$$T_{21}^{B}M_{11} + T_{22}^{B}M_{21} = T_{21}^{B}\mathrm{e}^{\gamma l} \tag{5.182}$$

$$T_{21}^{B}M_{12} + T_{22}^{B}M_{22} = T_{22}^{B}\mathrm{e}^{\gamma l} \tag{5.183}$$

$$\mathrm{e}^{-\gamma l} = \frac{T_{11}^{B}}{T_{12}^{B}}M_{12} + M_{22} \tag{5.184}$$

$$T_{11}^{B}M_{11} + T_{12}^{B}M_{21} = T_{11}^{B}\left(\frac{T_{11}^{B}}{T_{12}^{B}}M_{12} + M_{22}\right) \tag{5.185}$$

$$M_{11} + \frac{T_{12}^{B}}{T_{11}^{B}}M_{21} = \frac{T_{11}^{B}}{T_{12}^{B}}M_{12} + M_{22} \tag{5.186}$$

$$\left(\frac{T_{12}^{B}}{T_{11}^{B}}\right)^{2}M_{21} + \frac{T_{12}^{B}}{T_{11}^{B}}(M_{11} - M_{22}) - M_{12} = 0 \tag{5.187}$$

$$\mathrm{e}^{\gamma l} = M_{11} + \frac{T_{22}^{B}}{T_{21}^{B}}M_{21} \tag{5.188}$$

$$T_{21}^{B}M_{12} + T_{22}^{B}M_{22} = T_{22}^{B}\left(M_{11} + \frac{T_{22}^{B}}{T_{21}^{B}}M_{21}\right) \tag{5.189}$$

$$\frac{T_{21}^{B}}{T_{22}^{B}}M_{12} + M_{22} = M_{11} + \frac{T_{22}^{B}}{T_{21}^{B}}M_{21} \tag{5.190}$$

$$\left(\frac{T_{22}^{B}}{T_{21}^{B}}\right)^{2}M_{21} + \frac{T_{22}^{B}}{T_{21}^{B}}(M_{11} - M_{22}) - M_{12} = 0 \tag{5.191}$$

$$X^{2}M_{21} + X(M_{11} - M_{22}) - M_{12} = 0 \tag{5.192}$$

$$x = \frac{-(M_{11} - M_{22}) \pm \sqrt{(M_{11} - M_{22})^{2} + 4M_{21}M_{12}}}{2M_{21}} \tag{5.193}$$

$$\left|\frac{T_{12}^{B}}{T_{11}^{B}}\right| < \left|\frac{T_{22}^{B}}{T_{21}^{B}}\right| \tag{5.194}$$

用类似方式可以构造式(5.195)至式(5.199),并求解出$\overline{\dfrac{T_{12}^{A}}{T_{11}^{A}}}$和$\overline{\dfrac{T_{22}^{A}}{T_{21}^{A}}}$。

$$[\overline{\boldsymbol{T_A}}][\boldsymbol{T_{Line}^{Meas}}] = \begin{bmatrix} \mathrm{e}^{-\gamma l} & 0 \\ 0 & \mathrm{e}^{\gamma l} \end{bmatrix} [\overline{\boldsymbol{T_A}}][\boldsymbol{T_{Thru}^{Meas}}] \tag{5.195}$$

$$[\overline{\boldsymbol{T_A}}][\boldsymbol{T_{Line}^{Meas}}][\boldsymbol{T_{Thru}^{Meas}}]^{-1} = \begin{bmatrix} \mathrm{e}^{-\gamma l} & 0 \\ 0 & \mathrm{e}^{\gamma l} \end{bmatrix} [\overline{\boldsymbol{T_A}}] \tag{5.196}$$

$$[\boldsymbol{N}] = [\boldsymbol{T_{Line}^{Meas}}][\boldsymbol{T_{Thru}^{Meas}}]^{-1} \tag{5.197}$$

$$Y^2 N_{21} + Y(N_{11} - N_{22}) - N_{12} = 0 \tag{5.198}$$

$$\left| \frac{\overline{T_{12}^A}}{\overline{T_{11}^A}} \right| < \left| \frac{\overline{T_{22}^A}}{\overline{T_{21}^A}} \right| \tag{5.199}$$

仍以零长度直通来讨论，信号传递关系如图 5.29 所示。由 **T** 参数定义可以得到式 (5.200)和式(5.201)，由图 5.29 给出的各处 a、b 波关系，可得式(5.202)和式(5.203)。

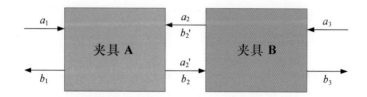

图 5.29　零长度直通信号传递关系

$$\begin{bmatrix} b_2 \\ a_2 \end{bmatrix} = [\overline{\boldsymbol{T_A}}] \begin{bmatrix} a_1 \\ b_1 \end{bmatrix} \tag{5.200}$$

$$\begin{bmatrix} a_2' \\ b_2' \end{bmatrix} = [\boldsymbol{T_B}] \begin{bmatrix} b_3 \\ a_3 \end{bmatrix} \tag{5.201}$$

$$\overline{T_{11}^A} a_1 + \overline{T_{12}^A} b_1 = T_{11}^B b_3 + T_{12}^B a_3 \tag{5.202}$$

$$\overline{T_{21}^A} a_1 + \overline{T_{22}^A} b_1 = T_{21}^B b_3 + T_{22}^B a_3 \tag{5.203}$$

由 **S** 参数定义，直通时 S_{11} 和 S_{21} 满足式(5.204)，此时式(5.200)和式(5.201)可化简至式(5.205)至式(5.207)，以 S_{11} 和 S_{21} 描述的 a、b 波关系代入式(5.207)，整理可得式(5.208)，最终由式(5.209)可得 $\dfrac{T_{11}^B}{T_{11}^A}$。

$$S_{11}^{Thru.Meas} = \frac{b_1}{a_1} \bigg|_{a_3 = 0}, \quad S_{21}^{Thru.Meas} = \frac{b_3}{a_1} \bigg|_{a_3 = 0} \tag{5.204}$$

$$\overline{T_{11}^A} a_1 + \overline{T_{12}^A} b_1 = T_{11}^B b_3 \tag{5.205}$$

$$\overline{T_{21}^A} a_1 + \overline{T_{22}^A} b_1 = T_{21}^B b_3 \tag{5.206}$$

$$\overline{T_{11}^A} + \overline{T_{12}^A} \frac{b_1}{a_1} = T_{11}^B \frac{b_3}{a_1} \tag{5.207}$$

$$\overline{T_{11}^A} \left(1 + \frac{\overline{T_{12}^A}}{\overline{T_{11}^A}} S_{11}^{Thru.Meas} \right) = T_{11}^B S_{21}^{Thru.Meas} \tag{5.208}$$

$$\frac{T_{11}^B}{T_{11}^A} = \frac{1 + \frac{\overline{T_{12}^A}}{\overline{T_{11}^A}} S_{11}^{Thru.Meas}}{S_{21}^{Thru.Meas}} \tag{5.209}$$

同理,由 S_{22} 和 S_{12} 定义及式(5.210)至式(5.214),可求得 $\dfrac{T_{21}^B}{T_{22}^A}$。

$$S_{22}^{Thru.Meas} = \frac{b_3}{a_3}\bigg|_{a_1=0}, \quad S_{12}^{Thru.Meas} = \frac{b_1}{a_3}\bigg|_{a_1=0} \tag{5.210}$$

$$\overline{T_{12}^A} b_1 = T_{11}^B b_3 + T_{12}^B a_3 \tag{5.211}$$

$$\overline{T_{22}^A} b_1 = T_{21}^B b_3 + T_{22}^B a_3 \tag{5.212}$$

$$\overline{T_{22}^A} \frac{b_1}{a_3} = T_{21}^B \frac{b_3}{a_3} + T_{22}^B \tag{5.213}$$

$$\frac{T_{21}^B}{T_{22}^A} = \frac{S_{12}^{Thru.Meas} - \dfrac{T_{22}^B}{T_{22}^A}}{S_{22}^{Thru.Meas}} \tag{5.214}$$

当两端口连接反射标准件时,校准件的反射系数可由式(5.215)和式(5.217)描述。TRL 方法一般假设各端口反射标准件为相同类型的理想器件以便计算,即开路为 1,短路为 -1。由于短路标准件结构更简单,一致性更好,通常使用它作为反射标准件。这样可用式(5.216)和式(5.218)求得 $\dfrac{\overline{T_{21}^A}}{T_{11}^A}$ 和 $\dfrac{T_{22}^B}{T_{12}^B}$。在此基础上,出现一些变体,如 TSD(thru short delay-line,直通、短路、时延线)校准方法及本书的算法,支持非理想短路标准件和数据基参数,这在一定程度上可以提高校准精度。

$$\Gamma_{Ref}^{Std} = \frac{\overline{T_{11}^A} + \overline{T_{12}^A} S_{11}^{Ref.Meas}}{T_{21}^A + \overline{T_{22}^A} S_{11}^{Ref.Meas}} = \frac{\overline{T_{11}^A}}{T_{21}^A} \cdot \frac{1 + \dfrac{\overline{T_{12}^A}}{\overline{T_{11}^A}} S_{11}^{Ref.Meas}}{1 + \dfrac{\overline{T_{22}^A}}{T_{21}^A} S_{11}^{Ref.Meas}} \tag{5.215}$$

$$\frac{\overline{T_{21}^A}}{T_{11}^A} = \frac{1 + \dfrac{\overline{T_{12}^A}}{\overline{T_{11}^A}} S_{11}^{Ref.Meas}}{\Gamma_{Ref}^{Std}\left(1 + \dfrac{\overline{T_{22}^A}}{T_{21}^A} S_{11}^{Ref.Meas}\right)} \tag{5.216}$$

$$\Gamma_{Ref}^{Std} = \frac{T_{22}^B + T_{21}^B S_{22}^{Ref.Meas}}{T_{12}^B + T_{11}^B S_{22}^{Ref.Meas}} = \frac{T_{22}^B}{T_{12}^B} \cdot \frac{1 + \dfrac{T_{21}^B}{T_{22}^B} S_{22}^{Ref.Meas}}{1 + \dfrac{T_{11}^B}{T_{12}^B} S_{22}^{Ref.Meas}} \tag{5.217}$$

$$\frac{T_{22}^B}{T_{12}^B} = \frac{\Gamma_{Ref}^{Std}\left(1 + \dfrac{T_{11}^B}{T_{12}^B} S_{22}^{Ref.Meas}\right)}{1 + \dfrac{T_{21}^B}{T_{22}^B} S_{22}^{Ref.Meas}} \tag{5.218}$$

同样利用反射标准件参数采集，还有另一种方法也可求解 $\dfrac{\overline{T_{21}^A}}{T_{11}^A}$，求解过程如式

(5.219)至式(5.223)所示。不过这种方法计算烦琐，而且会面临根不确定性问题，本书中并没有使用这种方法。

$$\frac{\overline{T_{11}^A}+\overline{T_{12}^A}S_{11}^{Ref.Meas}}{\overline{T_{21}^A}+\overline{T_{22}^A}S_{11}^{Ref.Meas}}=\frac{T_{22}^B+T_{21}^B S_{22}^{Ref.Meas}}{T_{12}^B+T_{11}^B S_{22}^{Ref.Meas}} \tag{5.219}$$

$$\frac{\overline{T_{21}^A}+\overline{T_{22}^A}S_{11}^{Ref.Meas}}{\overline{T_{11}^A}+\overline{T_{12}^A}S_{11}^{Ref.Meas}}=\frac{T_{12}^B+T_{11}^B S_{22}^{Ref.Meas}}{T_{22}^B+T_{21}^B S_{22}^{Ref.Meas}} \tag{5.220}$$

$$\frac{\overline{T_{21}^A}}{T_{11}^A}\cdot\frac{1+\dfrac{\overline{T_{22}^A}}{T_{21}^A}S_{11}^{Ref.Meas}}{1+\dfrac{\overline{T_{12}^A}}{T_{11}^A}S_{11}^{Ref.Meas}}=\frac{T_{11}^B}{T_{21}^B}\cdot\frac{S_{22}^{Ref.Meas}+\dfrac{T_{12}^B}{T_{11}^B}}{S_{22}^{Ref.Meas}+\dfrac{T_{22}^B}{T_{21}^B}} \tag{5.221}$$

$$(\overline{T_{21}^A})^2\frac{T_{21}^B}{T_{22}^A}\cdot\frac{\overline{T_{22}^A}}{T_{21}^A}=(\overline{T_{11}^A})^2\frac{T_{11}^B}{T_{11}^B}\cdot\frac{\dfrac{S_{22}^{Ref.Meas}+\dfrac{T_{12}^B}{T_{11}^B}}{S_{22}^{Ref.Meas}+\dfrac{T_{22}^B}{T_{21}^B}}}{\dfrac{1+\dfrac{\overline{T_{22}^A}}{T_{21}^A}S_{11}^{Ref.Meas}}{1+\dfrac{\overline{T_{12}^A}}{T_{11}^A}S_{11}^{Ref.Meas}}} \tag{5.222}$$

$$\frac{\overline{T_{21}^A}}{T_{11}^A}=\pm\sqrt{\frac{\dfrac{T_{11}^B}{T_{11}^B}\left(\dfrac{S_{22}^{Ref.Meas}+\dfrac{T_{12}^B}{T_{11}^B}}{S_{22}^{Ref.Meas}+\dfrac{T_{22}^B}{T_{21}^B}}\right)}{\dfrac{T_{21}^B}{T_{22}^A}\cdot\dfrac{\overline{T_{22}^A}}{T_{21}^A}\left(\dfrac{1+\dfrac{\overline{T_{22}^A}}{T_{21}^A}S_{11}^{Ref.Meas}}{1+\dfrac{\overline{T_{12}^A}}{T_{11}^A}S_{11}^{Ref.Meas}}\right)}} \tag{5.223}$$

求解出 $\dfrac{T_{12}^B}{T_{11}^B}$、$\dfrac{T_{22}^B}{T_{21}^B}$、$\dfrac{\overline{T_{12}^A}}{T_{11}^A}$、$\dfrac{\overline{T_{22}^A}}{T_{21}^A}$、$\dfrac{T_{11}^B}{T_{21}^B}$、$\dfrac{T_{21}^B}{T_{22}^A}$、$\dfrac{\overline{T_{21}^A}}{T_{11}^A}$、$\dfrac{T_{22}^B}{T_{12}^B}$ 后，通过它们之间的简单变换，就可以求得$[\overline{T_A}]$和$[T_B]$，再经过 *T* 参数与 *S* 参数转换和端口平移，TRL 方法便实现了 *S* 参数校准修正。

5.3.2.2 MTRL 与 NIST TRL 校准方法

TRL 方法的带宽限制使其不适合宽带测试应用，传统上使用这种方法需要做频段拼接，但在频率跨越位置会产生不连续点。为解决这一问题，美国国家标准与技术研究院（National Institute of Standards and Technology，NIST）进行了长期研究，并于 20 世

纪 90 年代初提出了 MTRL(该方法是 NIST 提出的,所以又称为 NIST TRL)校准方法并一直持续改进[23-30]。他们还开发了用于 MTRL 校准方法的专用软件 Statistical Plus。MTRL 方法可以对传输线特征阻抗进行精确定义,且算法内核基于统计学原理,利用高斯-马尔可夫定理及普通最小二乘法(OLS)或正交距离回归算法,可明显抑制测试过程中的随机误差,因而被国际公认为矢量网络分析仪校准方法中的理论精度最高者。本小节中会详细介绍 MTRL 方法原理及相关知识。

5.3.2.2.1　前置基本原理

(1)复介电常数与传输系数的关系

MTRL 方法可以对传输线特征阻抗进行精确定义,需要对其进行更精确的数学物理描述,角频率 ω 与频率 f 的关系如式(5.224)所示,固定频率下,传输线精确的相对介电常数 ε_r 是一个复数,它的实部 ε_r' 与虚部 ε_r'' 满足关系式(5.225)和式(5.226),其中 δ 为介质损耗角。

$$\omega = 2\pi f \tag{5.224}$$

$$\varepsilon_r = \mathrm{Re}(\varepsilon_r) - \mathrm{jIm}(\varepsilon_r) = \varepsilon_r' - \mathrm{j}\varepsilon_r'' \tag{5.225}$$

$$\mathrm{Im}(\varepsilon_r) = \mathrm{Re}(\varepsilon_r)\tan\delta \tag{5.226}$$

传输线传输系数 γ 与衰减系数 α 和相移系数 β 的关系,以及经图 1.2 将传输线等效形成的集总参数模型的各集总参数 R、L、C、G 的关系如式(5.227)所示。对于校准件来说,制造材料为良导体和低损耗媒质,因此它的衰减系数 α(dB/m)通常很小,满足式(5.228),可近似为 0。相移系数 β(rad/m)可由式(5.229)近似表示,由式(5.230)可化简至最终结果,其中 μ 和 ε 分别代表磁导率和介电常数,μ_0、ε_0 和 c 分别为真空磁导率、真空介电常数和真空光速,其值参见本书常量清单,μ_r(校准件所用材料一般为 1)和 ε_r 分别为相对磁导率和相对介电常数。

$$\gamma = \alpha + \mathrm{j}\beta = \sqrt{(R + \mathrm{j}\omega L)(G + \mathrm{j}\omega C)} \tag{5.227}$$

$$\alpha \approx \frac{R}{2}\sqrt{\frac{C}{L}} + \frac{G}{2}\sqrt{\frac{L}{C}} \approx 0 \tag{5.228}$$

$$\beta \approx \omega\sqrt{LC} = \omega\sqrt{\mu\varepsilon} = 2\pi f\sqrt{\mu_0\mu_r\varepsilon_0\varepsilon_r}\beta = \frac{2\pi f}{c}\sqrt{\varepsilon_{eff}} \tag{5.229}$$

$$\mu_0\varepsilon_0 = \frac{1}{c^2} \tag{5.230}$$

传输线电容由式(5.231)定义,l_{cc} 为传输线物理长度,由小量近似原则,传输线电容和单位长度电容可由式(5.231)和式(5.232)表示。

$$C_{cc} = \frac{\tan(\beta l_{cc})}{\omega Z_0} \approx \frac{\beta l_{cc}}{\omega Z_0}\bigg|_{\lim_{x\to 0}\frac{\tan x}{x}=1} \tag{5.231}$$

$$C = \frac{\beta}{\omega Z_0} = \frac{\sqrt{\varepsilon_{eff}}}{cZ_0} \tag{5.232}$$

（2）特征值与特征向量

MTRL 方法需要用到特征值与特征向量的知识，它们的定义如下。

设 $[A]$ 是 n 阶方阵，如果数 λ 和 n 维非零列向量 $[x]$ 使关系式 $[A][x]=\lambda[x]$ 成立，那么这样的数 λ 称为矩阵 $[A]$ 的特征值（eigenvalue），非零向量 $[x]$ 称为 $[A]$ 对应于特征值 λ 的特征向量（eigenvector）。$[A][x]=\lambda[x]$ 也可写成 $([A]-\lambda[I])[x]=0$。这是 n 个未知数 n 个方程的齐次线性方程组，它有非零解的充分必要条件是系数行列式 $\det[[A]-\lambda[I]]=0$。

（3）厄米特共轭（Hermitian conjugate）

将一矩阵 $[A]$ 的行与列互换，并取各矩阵元素的共轭复数，得到一新矩阵，称之为厄米特共轭，以 $[A]^{\dagger}$ 表之。此厄米特共轭有 $([A][B])^{\dagger}=[B]^{\dagger}[A]^{\dagger}$ 的性质。若对于一矩阵 $[H]$，其厄米特共轭矩阵 $[H]^{\dagger}$ 等于 $[H]$ 本身，即 $[H]^{\dagger}=[H]$，则矩阵 $[H]$ 称为厄米特矩阵（Hermitian matrix）。

若 n 阶复方阵 $[A]$ 的对称单元互为共轭，即 $[A]$ 的共轭转置矩阵等于它本身，则 $[A]$ 是厄米特矩阵。

5.3.2.2.2　高斯-马尔可夫定理（Gauss-Markov theorem）

高斯-马尔可夫定理：在线性回归（linear regression）模型中，如果误差满足零均值、同方差且互不相关这三个条件，则回归系数（regression coefficient）的最佳线性无偏估计（best linear unbiased estimator，BLUE）就是普通最小二乘估计。

"最佳"是指相较于其他估计量有更小方差的估计量，同时把对估计量的寻找限制在所有可能的线性无偏估计量中。

这里不需要假定误差满足独立同分布或正态分布，而仅需要满足零均值、同方差及互不相关这三个稍弱的条件。

简单一元线性回归模型如式（5.233）所示。

$$y_i = \beta_0 + \beta_1 x_i + \varepsilon_i, \quad i = 1, 2, \cdots, n \tag{5.233}$$

其中，β_0 和 β_1 是非随机但不能观测到的参数；x_i 是非随机且可观测到的一般变量；ε_i 是不可观测的随机变量，或称为随机误差或噪声。因此 y_i 是可观测的随机变量。

高斯-马尔可夫定理假设的三个条件如式（5.234）至式（5.236）所示。

$$E(\varepsilon_i) = 0, \forall\, i\,（零均值）\tag{5.234}$$

$$\mathrm{Var}(\varepsilon_i) = \sigma^2 < \infty, \forall\, i\,（同方差）\tag{5.235}$$

$$\mathrm{Cov}(\varepsilon_i, \varepsilon_j) = 0, \forall\, i \neq j\,（互不相关）\tag{5.236}$$

其中，β_0 和 β_1 的最佳线性无偏估计 $\hat{\beta}_0$ 和 $\hat{\beta}_1$ 满足式（5.237）。

$$\hat{\beta}_1 = \frac{\sum x_i y_i - \frac{1}{n}\sum x_i \sum y_i}{\sum x_i^2 - \frac{1}{n}\left(\sum x_i\right)^2} = \frac{\mathrm{Cov}(x, y)}{\sigma_x^2}, \hat{\beta}_0 = \bar{y} - \hat{\beta}_1 \bar{x} \tag{5.237}$$

多元线性回归模型如式(5.238)所示，相应的矩阵形式如式(5.239)所示，其中各向量$[Y]$、$[B]$、$[E]$及矩阵$[X]$如式(5.239)至式(5.243)所示。

$$y_i = \sum_{j=0}^{p} \beta_j x_{ij} + \varepsilon_i, \quad x_{i0} = 1, \quad i = 1,2,\cdots,n \tag{5.238}$$

$$[Y] = [X][B] + [E] \tag{5.239}$$

$$[Y] = [y_1, \ y_2, \ \cdots, \ y_n]^{\mathrm{T}} \tag{5.240}$$

$$[X] = \begin{bmatrix} 1 & x_{11} & x_{12} & \cdots & x_{1p} \\ 1 & x_{21} & x_{22} & \cdots & x_{2p} \\ \vdots & \vdots & \vdots & \ddots & \vdots \\ 1 & x_{n1} & x_{n2} & \cdots & x_{np} \end{bmatrix} \tag{5.241}$$

$$[B] = [\beta_1, \ \beta_2, \ \cdots, \ \beta_p]^{\mathrm{T}} \tag{5.242}$$

$$[E] = [\varepsilon_1, \ \varepsilon_2, \ \cdots, \ \varepsilon_n]^{\mathrm{T}} \tag{5.243}$$

由高斯-马尔可夫定理，假设条件式(5.244)和式(5.245)成立。

$$E(\varepsilon | X) = 0, \forall X \,(\text{零均值}) \tag{5.244}$$

$$\mathrm{Var}(\varepsilon | X) = E(\varepsilon\varepsilon^{\mathrm{T}} | X) = \sigma_\varepsilon^2 [I_n] \,(\text{同方差且互不相关}) \tag{5.245}$$

其中，$[I_n]$为 n 阶单位矩阵(identity matrix)。那么，对$[B]$的最佳线性无偏估计$[\hat{B}]$满足式(5.246)。

$$[\hat{B}] = ([X]^{\mathrm{T}}[X])^{-1}[X]^{\mathrm{T}}[Y] \tag{5.246}$$

5.3.2.2.3　正交距离回归(ODR)算法

使用 OLS 来进行线性拟合的一个重要缺点就是仅考虑了因变量 y 存在误差的情况，但是很多情况下，原始点的横纵坐标都有误差存在。

使用正交距离回归的方法，可以解决 OLS 的两个缺点：

①同时考虑横纵坐标的误差；

②使用点法式直线方程，能够表示二维平面上所有的点。

正交距离回归方法能够同时考虑自变量 x 和因变量 y 的误差。正交回归将横纵坐标残差的平方和作为目标函数，进而求得最优解。直观地理解，正交回归就是找到一条直线，使得所有点到直线的距离之和最小。

所以，如果拟合点的横纵坐标都包含误差，那么使用正交回归能够得到更准确的结果。

(1)目标函数

定义样本点横坐标 x 的真值为 $x^\dagger$，估计值为 $\hat{x}$，则横坐标的误差和残差(实际观察值与估计值的差值)定义分别如式(5.247)和式(5.248)所示。

$$\eta_i = x_i - x_i^\dagger \tag{5.247}$$

$$\hat{\eta}_i = x_i - \hat{x}_i \tag{5.248}$$

定义样本点纵坐标 y 的真值为 $y^\dagger$,估计值为 $\hat{y}$,则纵坐标的误差和残差定义分别如式(5.249)和式(5.250)所示。

$$\varepsilon_i = y_i - y_i^\dagger \tag{5.249}$$

$$\hat{\varepsilon}_i = y_i - \hat{y}_i \tag{5.250}$$

综合考虑横纵坐标的误差,得出的目标函数如式(5.251)所示。

$$J = \sum \left[(\hat{\eta_i})^2 + (\hat{\varepsilon_i})^2 \right]$$
$$= \sum \left[(x_i - \hat{x}_i)^2 + (y_i - \hat{y}_i)^2 \right] \tag{5.251}$$

因为要求目标函数的最小值,所以点 $\hat{x}_i$ 应该是直线上到点 $\hat{y}_i$ 距离最短的点,也就是第 i 个点到直线的正交投影点。所以目标函数可以写成式(5.252)所示形式。

$$J = \sum d_i^2 \tag{5.252}$$

其中,d_i 为第 i 个点 (x_i, y_i) 到拟合直线的距离。

在 OLS 中,若使用斜截式直线方程,会有无法表示的直线,而使用点法式则可表示任何直线方程。用点法式即式(5.253)来表示拟合直线,其中 (x_0, y_0) 是直线经过的一个点的坐标,(a, b) 为直线的法向量。因为向量仅表示一个方向,其长度我们并不关心,所以为了方便计算,我们采用直线的单位法向量来表示,所以有式(5.254)。

$$a(x - x_0) + b(y - y_0) = 0 \tag{5.253}$$

$$a^2 + b^2 = 1 \tag{5.254}$$

第 i 个点到直线的距离,可以表示为向量 $(x_i - x_0, y_i - y_0)$ 在 (a, b) 方向上的投影的长度,所以目标函数可以写成式(5.255)。

$$J = \sum d_i^2$$
$$= \sum \frac{(x_i - x_0, y_i - y_0) \cdot (a, b)}{a^2 + b^2}$$
$$= \sum \left[a(x_i - x_0) + b(y_i - y_0) \right]^2 \tag{5.255}$$

目标函数 J 分别对 x_0 和 y_0 求偏导,并令其等于 0,得到式(5.256)和式(5.257)。

$$\frac{\partial J}{\partial x_0} = -2a \sum \left[a(x_i - x_0) + b(y_i - y_0) \right] = 0 \tag{5.256}$$

$$\frac{\partial J}{\partial y_0} = -2b \sum \left[a(x_i - x_0) + b(y_i - y_0) \right] = 0 \tag{5.257}$$

观察式(5.256)和式(5.257),取出求和项后,等号两边同时除以 n,得到式(5.258)。

$$a(\bar{x} - x_0) + b(\bar{y} - y_0) = 0 \tag{5.258}$$

其中,$\bar{x}$ 和 $\bar{y}$ 分别为 x 和 y 的均值。很明显,点 $(\bar{x}, \bar{y})$ 满足直线方程,所以一定在直线上。因此可以令 $x_0 = \bar{x}$,$y_0 = \bar{y}$,此时目标函数变为式(5.259)。

$$[\boldsymbol{J}] = \sum \left[a(x_i - \bar{x}) + b(y_i - \bar{y}) \right]^2$$

$$= \begin{bmatrix} a & b \end{bmatrix} \begin{bmatrix} \sum (x_i - \bar{x})^2 & \sum (x_i - \bar{x})(y_i - \bar{y}) \\ \sum (x_i - \bar{x})(y_i - \bar{y}) & \sum (y_i - \bar{y})^2 \end{bmatrix} \begin{bmatrix} a \\ b \end{bmatrix} \quad (5.259)$$

目标函数 $[\boldsymbol{J}]$ 除以 n，可得式(5.260)。

$$[\boldsymbol{J}'] = \begin{bmatrix} a & b \end{bmatrix} \begin{bmatrix} S_{xx} & S_{xy} \\ S_{xy} & S_{yy} \end{bmatrix} \begin{bmatrix} a \\ b \end{bmatrix} = [\boldsymbol{v}]^{\mathrm{T}} [\boldsymbol{S}] [\boldsymbol{v}] \quad (5.260)$$

其中，S_{xx} 和 S_{yy} 分别为 x 和 y 的方差，S_{xy} 为 x 和 y 的协方差，向量 $[\boldsymbol{v}]$ 和矩阵 $[\boldsymbol{S}]$ 如式(5.261)和式(5.262)所示。

$$[\boldsymbol{v}] = \begin{bmatrix} a \\ b \end{bmatrix} \quad (5.261)$$

$$[\boldsymbol{S}] = \begin{bmatrix} S_{xx} & S_{xy} \\ S_{xy} & S_{yy} \end{bmatrix} \quad (5.262)$$

这是一个二次型求最小值的问题。因为 $[\boldsymbol{S}]$ 是实对称矩阵，所以可以对其进行正交对角化分解，结果如式(5.263)所示。

$$[\boldsymbol{S}] = \begin{bmatrix} q_1 & q_2 \end{bmatrix} \begin{bmatrix} \lambda_1 & 0 \\ 0 & \lambda_2 \end{bmatrix} \begin{bmatrix} q_1 \\ q_2 \end{bmatrix} = [\boldsymbol{Q}][\boldsymbol{\Lambda}][\boldsymbol{Q}]^{\mathrm{T}} \quad (5.263)$$

其中，λ_1 和 λ_2 为矩阵 $[\boldsymbol{S}]$ 的特征值，$[\boldsymbol{q}_1]$ 和 $[\boldsymbol{q}_2]$ 为对应的特征向量，$[\boldsymbol{Q}]$ 为特征向量组成的矩阵，$[\boldsymbol{\Lambda}]$ 为特征值组成的对角矩阵。

将式(5.263)代入式(5.260)，则有式(5.264)。

$$[\boldsymbol{J}] = [\boldsymbol{v}]^{\mathrm{T}} [\boldsymbol{S}] [\boldsymbol{v}] = ([\boldsymbol{v}]^{\mathrm{T}} [\boldsymbol{Q}]) [\boldsymbol{\Lambda}] ([\boldsymbol{v}]^{\mathrm{T}} [\boldsymbol{Q}])^{\mathrm{T}} \quad (5.264)$$

经式(5.265)至式(5.267)变换，得到式(5.268)。

$$\mu_1 = [\boldsymbol{v}]^{\mathrm{T}} [\boldsymbol{q}_1] \quad (5.265)$$

$$\mu_2 = [\boldsymbol{v}]^{\mathrm{T}} [\boldsymbol{q}_2] \quad (5.266)$$

$$\boldsymbol{\mu} = \begin{bmatrix} \mu_1 \\ \mu_2 \end{bmatrix} \quad (5.267)$$

$$[\boldsymbol{J}] = [\boldsymbol{\mu}]^{\mathrm{T}} [\boldsymbol{\Lambda}] [\boldsymbol{\mu}] = \lambda_1 \mu_1^2 + \lambda_2 \mu_2^2 \quad (5.268)$$

因为式(5.254)，所以有式(5.269)。

$$[\boldsymbol{\mu}]^{\mathrm{T}} [\boldsymbol{\mu}] = [\boldsymbol{v}]^{\mathrm{T}} [\boldsymbol{Q}] [\boldsymbol{Q}]^{\mathrm{T}} [\boldsymbol{v}] = [\boldsymbol{v}]^{\mathrm{T}} [\boldsymbol{v}] = 1 \quad (5.269)$$

可以看出 $[\boldsymbol{\mu}]$ 为单位向量，所以有式(5.270)。

$$\mu_1^2 + \mu_2^2 = 1 \quad (5.270)$$

不妨设 $\lambda_1 \leqslant \lambda_2$，则可以得到：当 $\mu_1 = 1$，$\mu_2 = 0$ 时，$[\boldsymbol{J}]$ 取得最小值 λ_1，即 $[\boldsymbol{v}] = [q_1]$。所以最终结果是拟合直线的法向量 $[\boldsymbol{v}]$ 等于对应矩阵 $[\boldsymbol{S}]$ 最小特征值的特征向量。

(2)结果整理

拟合直线方程为 $a(x - x_0) + b(y - y_0) = 0$。其中，$(x_0, y_0)$ 为直线上一点，向量 $[\boldsymbol{\mu}] =$

$[a, b]^T$ 为直线的法向量。

最后结果为式(5.271)。

$$\overline{x} = x_0, \quad \overline{y} = y_0 \tag{5.271}$$

拟合直线的法向量[式(5.261)]为矩阵[式(5.262)]的最小特征值对应的特征向量。

(3)几何意义

对正交回归的直观几何理解是:在二维平面上找到一条直线,使得每个点到直线的垂直距离之和最小。也就是说,正交回归优化的是垂直距离。OLS 和 ODR 算法的几何意义如图 5.30 所示。

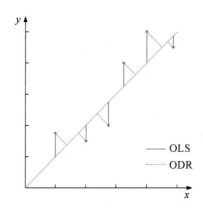

图 5.30　OLS 与 ODR 算法的几何意义

5.3.2.2.4　MTRL 核心算法

在介绍完必要的前置知识后,本小节将会详细讨论 MTRL 的核心算法。由式(5.227)至式(5.229)可得到传输线传输系数 γ 的估计值 γ_{est}[由式(5.272)计算],这里假设预先由材料参数定义传输系数估计值 γ_{est} 与频率 f 满足式(5.273)所示的迭代关系。记不同长度的传输线与参考共用线(common line)的长度差为 Δl[定义如式(5.274)所示]。MTRL 与传统 TRL 的一个重要区别:MTRL 不再只以直通作为参考基准,而将遍历所有传输线标准件。有效相位差 φ_{eff} 由式(5.275)计算得到,通过一系列的比较方法可以得出在每个频率下使 φ_{eff} 最大的最优组合。

$$\gamma_{est} \approx j \frac{\omega}{c} \sqrt{\varepsilon_{r,est}}$$

$$= j \frac{2\pi f|_{Hz}}{c} \sqrt{\mathrm{Re}(\varepsilon_{r,est}|_{1GHz}) - j \frac{\mathrm{Im}(\varepsilon_{r,est}|_{1GHz})}{f|_{Hz}/10^9}} \tag{5.272}$$

$$\gamma_{est}(f_{n+1}) = \mathrm{Re}[\gamma_{est}(f_n)] + j\mathrm{Im}[\gamma_{est}(f_n)]\frac{f_{n+1}}{f_n}, \quad n = 1, 2, \cdots \tag{5.273}$$

$$\Delta l = l_{Lj} - l_{Lc}, \quad j \neq c, \quad l_{Lc} = Thru, Line1, Line2, \cdots \tag{5.274}$$

$$\varphi_{eff} = \arcsin \frac{|e^{-\gamma_{est}\Delta l} - e^{+\gamma_{est}\Delta l}|}{2} \tag{5.275}$$

由式(5.276)定义运算关系$[T_M^{ij}]$。其中，$[T]$为散射传输参数，那么由理想模型定义的传输线可以用式(5.277)表示，为方便区分，记为矩阵$[L]$。记λ为矩阵$[T_M^{ij}]$的特征值，满足式(5.278)，并可由式(5.279)求出。

$$[T_M^{ij}] \equiv [T_M^{j}][T_M^{i}]^{-1} \tag{5.276}$$

$$[L_{ij}] \equiv [L_j]([L_i])^{-1} = \begin{bmatrix} \mathrm{e}^{-\gamma(l_i-l_i)} & 0 \\ 0 & \mathrm{e}^{+\gamma(l_i-l_i)} \end{bmatrix} \tag{5.277}$$

$$(\lambda^{ij})^2 - (T_{11}^{ij} + T_{22}^{ij})\lambda^{ij} + T_{11}^{ij}T_{22}^{ij} - T_{12}^{ij}T_{21}^{ij} = 0 \tag{5.278}$$

$$\lambda_1^{ij}, \lambda_2^{ij} = \frac{1}{2}\left[(T_{11}^{ij} + T_{22}^{ij}) \pm \sqrt{(T_{11}^{ij} - T_{22}^{ij})^2 + 4T_{12}^{ij}T_{21}^{ij}}\right] \tag{5.279}$$

这里又遇到了根不确定性的问题。为解决这一问题，MTRL 方法的处理过程如下。定义新的二阶向量$[E]$，首先假设其元素满足式(5.280)，再按式(5.281)定义E_{a1}，它和对应的传输系数γ_{a_1}及传输线组合(line pair)满足式(5.282)。为排除相位折叠的干扰，系数P由式(5.283)定义，Round 函数为向下取整函数。γ_{a1}与传输系数估计值γ_{est}的差值Δ_{a1}由式(5.284)计算得到。

$$E_1^{ij} = \lambda_1^{ij}, \quad E_2^{ij} = \lambda_2^{ij} \tag{5.280}$$

$$E_{a1} = \frac{E_1^{ij} + \dfrac{1}{E_2^{ij}}}{2} \tag{5.281}$$

$$\gamma_{a1}\Delta l = -\ln(E_{a1}) + \mathrm{j}2\pi P \tag{5.282}$$

$$P = \mathrm{Round}\left\{\frac{\mathrm{Im}(\gamma_{est}\Delta l) - \mathrm{Im}[-\ln(E_{a1})]}{2\pi}\right\} \tag{5.283}$$

$$\Delta_{a1} = \frac{|\gamma_{a1}\Delta l - \gamma_{est}\Delta l|}{|\gamma_{est}\Delta l|} \tag{5.284}$$

交换式(5.281)中E_1与E_2的位置，以式(5.285)定义均值E_{b1}，同理，它对应的传输系数γ_{b1}与传输系数估计值γ_{est}的差值为Δ_{b1}，即式(5.286)。

$$E_{b1} = \frac{E_2^{ij} + \dfrac{1}{E_1^{ij}}}{2} \tag{5.285}$$

$$\Delta_{b1} = \frac{|\gamma_{b1}\Delta l + \gamma_{est}\Delta l|}{|-\gamma_{est}\Delta l|} \tag{5.286}$$

再按式(5.287)交换向量$[E]$的元素与特征值λ的对应关系。

$$E_1^{ij} = \lambda_2^{ij}, \quad E_2^{ij} = \lambda_1^{ij} \tag{5.287}$$

按式(5.281)至式(5.286)的方法重复计算，得到Δ_{a2}、Δ_{b2}。根据工程经验，按式(5.288)至式(5.297)给出的方法求出向量$[E]$的元素与特征值λ的准确对应关系。其中，Sign 为符号函数。

$$\Delta_{a1} + \Delta_{b1} < 0.1(\Delta_{a2} + \Delta_{b2}), \quad E_1^{ij} = \lambda_1^{ij}, \quad E_2^{ij} = \lambda_2^{ij} \tag{5.288}$$

$$\Delta_{a2} + \Delta_{b2} < 0.1(\Delta_{a1} + \Delta_{b1}), \quad E_1^{ij} = \lambda_2^{ij}, \quad E_2^{ij} = \lambda_1^{ij} \tag{5.289}$$

$$\mathrm{Sign}[\mathrm{Re}(\gamma_{a1})] \neq \mathrm{Sign}[\mathrm{Re}(\gamma_{b1})] \tag{5.290}$$

$$E_1^{ij} = \lambda_1^{ij}, \quad E_2^{ij} = \lambda_2^{ij}, \quad \Delta_{a1} + \Delta_{b1} < \Delta_{a2} + \Delta_{b2} \tag{5.291}$$

$$E_1^{ij} = \lambda_2^{ij}, \quad E_2^{ij} = \lambda_1^{ij}, \quad \Delta_{a1} + \Delta_{b1} > \Delta_{a2} + \Delta_{b2} \tag{5.292}$$

$$|\mathrm{Re}(\gamma_{a1} - \gamma_{b1})| < 0.1|\mathrm{Re}(\gamma_{a1} + \gamma_{b1})|, \left|\frac{\mathrm{Re}(\gamma_{a1})}{\mathrm{Im}(\gamma_{a1})}\right| > 0.001 \text{ 且 } \mathrm{Re}(\gamma_{a1}) > 0 \tag{5.293}$$

$$E_1^{ij} = \lambda_1^{ij}, \quad E_2^{ij} = \lambda_2^{ij}, \quad \Delta_{a1} + \Delta_{b1} < 0.2 \tag{5.294}$$

$$E_1^{ij} = \lambda_2^{ij}, \quad E_2^{ij} = \lambda_1^{ij}, \quad \Delta_{a2} + \Delta_{b2} < 0.2 \tag{5.295}$$

$$E_1^{ij} = \lambda_1^{ij}, \quad E_2^{ij} = \lambda_2^{ij}, \quad \Delta_{a1} + \Delta_{b1} < \Delta_{a2} + \Delta_{b2} \tag{5.296}$$

$$E_1^{ij} = \lambda_2^{ij}, \quad E_2^{ij} = \lambda_1^{ij}, \quad \Delta_{a1} + \Delta_{b1} > \Delta_{a2} + \Delta_{b2} \tag{5.297}$$

在确定好特征值后,由式(5.281)定义的 E_1^{ij} 与 $1/E_2^{ij}$ 均值可以计算出 $\gamma\Delta l$ 的均值。在此,MTRL 方法定义一个新的向量 $[G]$,用以表示 $N-1$ 个 $\gamma\Delta l$ 的观测值,其中 N 为包含直通在内的传输线条数。显然,向量 $[G]$、传输系数真实值 γ、传输线长度差向量 $[L]$ 及误差向量 $[e_r]$ 满足线性关系式(5.298)。

$$[G] = \gamma[L] + [e_r] \tag{5.298}$$

在这样一个具有 $N-1$ 个线性独立观测值的系统中,我们可以使用加权最小二乘法估计传播系数 γ。通过最小化 $\sum_{i=1}^{N-1} |G_i - \gamma L_i|^2$,给出一个传播系数估计值 $\underline{\gamma}$ 的一般公式(5.299)。这里 $[W]$ 为一个对称的正定加权系数矩阵,$[L]^\dagger$ 为 $[L]$ 的厄米特共轭。

$$\underline{\gamma} = \frac{[L]^\dagger [W][G]}{[L]^\dagger [W][L]} \tag{5.299}$$

由高斯-马尔可夫定理可知,最优的加权系数矩阵是测量误差协方差矩阵 $[V]$ 的逆矩阵,这样便得到了 MTRL 方法的最佳线性无偏估计值。式(5.299)可以被改写成式(5.300),测量误差协方差矩阵 $[V]$ 由式(5.301)定义。其中,$[e_r]^*$ 为 $[e_r]$ 的共轭,$[e_r]^{\mathrm{T}}$ 为 $[e_r]$ 的转置,$\langle\rangle$ 代表求期望值。

$$\underline{\gamma} = \frac{[L]^\dagger [V]^{-1}[G]}{[L]^\dagger [V]^{-1}[L]} \tag{5.300}$$

$$[V] = \langle [e_r]^* [e_r]^{\mathrm{T}} \rangle \tag{5.301}$$

那么现在的主要问题是如何求解 $[V]$ 的逆矩阵 $[V]^{-1}$。如果我们认为观测值的测量误差满足均值为零、方差为 σ^2 的独立同分布,那么有式(5.302)和式(5.303)成立。

$$\langle [e_r] \rangle = 0 \tag{5.302}$$

$$[V] = \langle [e_r]^* [e_r]^{\mathrm{T}} \rangle = \sigma^2 [I] \tag{5.303}$$

MTRL 方法处理测量误差的方式更加复杂,测试误差向量 $[e_r]$ 的元素由两次测量不同长度的传输线而获得,这样向量 $[G]$ 亦可被看作两次测试的比值。由此我们可以用新的系数 k 来表示 $[e_r]$,建立 $[e_r]$ 和每个单独传输线测量的关系。误差向量 $[e_r]$ 的每个元素可由式(5.304)定义,它由两部分组成,一部分来自公共线,另一部分来自这个传输线对中的另一根传输线。不难推导出对 n 阶误差向量$[e_r]$,它应该满足式(5.305)。

$$e_i = k_{com} + k_i \tag{5.304}$$

$$[e_r]^* [e_r]^{\mathrm{T}} = \begin{bmatrix} (k_{com}^* k_{com} + k_1^* k_1 + k_{com}^* k_1 + k_1^* k_{com}) & \cdots & (k_{com}^* k_{com} + k_1^* k_n + k_{com}^* k_n + k_1^* k_{com}) \\ \vdots & \ddots & \vdots \\ (k_{com}^* k_{com} + k_n^* k_1 + k_{com}^* k_1 + k_n^* k_{com}) & \cdots & (k_{com}^* k_{com} + k_n^* k_n + k_{com}^* k_n + k_n^* k_{com}) \end{bmatrix} \tag{5.305}$$

由于已经假设各观测值满足独立同分布,那么认为式(5.305)混合乘积项值为 0,矩阵$[V]$满足式(5.306),其中 σ_k^2 为每个独立传输线测量结果的方差。Marks 在其论文[23]中已经证明逆矩阵$[V]^{-1}$可由式(5.307)直接给出,其中 δ 为克罗内克符号(Kronecker delta),其定义如式(5.308)所示,这样我们就可以由式(5.309)计算出$[V]^{-1}$。

$$[V] = \begin{bmatrix} 2\sigma_k^2 & \cdots & \sigma_k^2 \\ \vdots & \ddots & \vdots \\ \sigma_k^2 & \cdots & 2\sigma_k^2 \end{bmatrix} \tag{5.306}$$

$$([V]^{-1})_{mn} = \left(\delta_{mn} - \frac{1}{N}\right)\frac{1}{\sigma_k^2} \tag{5.307}$$

$$\delta_{mn} = \begin{cases} 1, & m = n \\ 0, & m \neq n \end{cases} \tag{5.308}$$

$$[V]^{-1} = \frac{1}{\sigma_k^2}\begin{bmatrix} 1-\frac{1}{N} & \cdots & -\frac{1}{N} \\ \vdots & \ddots & \vdots \\ -\frac{1}{N} & \cdots & 1-\frac{1}{N} \end{bmatrix}, \quad N = n-1 \tag{5.309}$$

为了方便之后的计算,式(5.309)两边同时乘以 σ_k^2,得到式(5.310),那么 $\underline{\gamma}$ 最终可以由式(5.311)计算。

$$\sigma_k^2[V]^{-1} = \begin{bmatrix} 1-\frac{1}{N} & \cdots & -\frac{1}{N} \\ \vdots & \ddots & \vdots \\ -\frac{1}{N} & \cdots & 1-\frac{1}{N} \end{bmatrix} \tag{5.310}$$

$$\underline{\gamma} = \frac{[L]^\dagger \sigma_k^2 [V]^{-1} [G]}{[L]^\dagger \sigma_k^2 [V]^{-1} [L]} \tag{5.311}$$

得到 γ 的估计值后,可由式(5.312)至式(5.314)求出传输线的基本物理参数。

$$\alpha = 20 \cdot \lg(e)\mathrm{Re}(\gamma) \tag{5.312}$$

$$\beta = \mathrm{Im}\left[\frac{\gamma}{\omega/(100c)}\right] \tag{5.313}$$

$$\varepsilon_{r,eff} = \left[\frac{\gamma}{\omega/(100c)}\right]^2 \qquad (5.314)$$

由 **T** 参数定义可以很容易得到被测件测量值、带修正网络与真实值满足关系式 (5.315)。为方便推导，将其简记为式 (5.316)。出于对称性和便于推导的考虑，引入符号 $[\overline{T_B}]$ 和 $[\overline{Y}]$（代表由右向左的传输方向），这点在下文推导中非常关键，希望读者能引起重视。

$$[T_{DUT,Meas}]^i = [T_A][T_{DUT,Act}]^i[\overline{T_B}] \qquad (5.315)$$

$$[M^i] = [X][T^i][Y] = [X][T^i][\overline{Y}] \qquad (5.316)$$

矩阵 $[\overline{Y}]$ 与 $[Y]$ 满足变换关系式 (5.317)，$[X]$、$[\overline{Y}]$ 与误差项的关系如式 (5.317) 至式 (5.323) 所示。

$$[\overline{Y}] = [P][Y]^{-1}[P] = \begin{bmatrix} 0 & 1 \\ 1 & 0 \end{bmatrix}[Y]^{-1}\begin{bmatrix} 0 & 1 \\ 1 & 0 \end{bmatrix} \qquad (5.317)$$

$$[P] = \begin{bmatrix} 0 & 1 \\ 1 & 0 \end{bmatrix} \qquad (5.318)$$

$$[P] = [P]^{-1}, \quad [P][P] = \begin{bmatrix} 1 & 0 \\ 0 & 1 \end{bmatrix} \qquad (5.319)$$

$$[X] \equiv R_1\begin{bmatrix} A_1 & B_1 \\ C_1 & 1 \end{bmatrix} = \frac{1}{E_{10}}\begin{bmatrix} E_{01}E_{10} - E_{00}E_{11} & E_{00} \\ -E_{11} & 1 \end{bmatrix} \qquad (5.320)$$

$$[Y] \equiv R_2\begin{bmatrix} A_2 & -C_2 \\ -B_2 & 1 \end{bmatrix} \qquad (5.321)$$

$$[\overline{Y}] \equiv R_2'\begin{bmatrix} A_2 & B_2 \\ C_2 & 1 \end{bmatrix} = \frac{1}{E_{32}}\begin{bmatrix} E_{23}E_{32} - E_{22}E_{33} & E_{22} \\ -E_{33} & 1 \end{bmatrix} \qquad (5.322)$$

$$R_2' = \frac{1}{R_2(A_2 - B_2C_2)} \qquad (5.323)$$

对于一组传输线对，由式 (5.276) 和式 (5.316)，整理式 (5.324) 可以得到式 (5.325) 这一重要关系。

$$\begin{aligned} [M^{ij}] &= [M^j][M^i]^{-1} \\ &= [X][L^j][\overline{Y}]([X][L^i][\overline{Y}])^{-1} \\ &= [X][L^j][\overline{Y}][\overline{Y}]^{-1}[L^i]^{-1}[X]^{-1} \\ &= [X][L^j][L^i]^{-1}[X]^{-1} \end{aligned} \qquad (5.324)$$

$$[\overline{T_B}][M^{ij}][X] = [X][L^{ij}] \qquad (5.325)$$

观察式 (5.326) 和式 (5.327)，发现 $[M^{ij}]$ 每个元素都带有 $1/S_{21}^iS_{12}^i$ 这一公共乘积项。为简化计算，记新矩阵 $[\tau]$ 如式 (5.328) 所示。由关系式 (5.317)，处理式 (5.329)，可以得到另一个重要的关系式 (5.330)。记新矩阵 $[\overline{\tau}]$ 如式 (5.331) 所示。

$$[\boldsymbol{M}_j] = \frac{1}{S_{21}^j} \begin{bmatrix} -(S_{11}^j S_{22}^j - S_{12}^j S_{21}^j) & S_{11}^j \\ -S_{22}^j & 1 \end{bmatrix} \tag{5.326}$$

$$[\boldsymbol{M}_i]^{-1} = \frac{1}{S_{12}^i} \begin{bmatrix} 1 & -S_{11}^i \\ S_{22}^i & -(S_{11}^i S_{22}^i - S_{12}^i S_{21}^i) \end{bmatrix} \tag{5.327}$$

$$[\boldsymbol{\tau}] = (S_{21}^j S_{12}^i)[\boldsymbol{M}^{ij}] \tag{5.328}$$

$$
\begin{aligned}
[\overline{\boldsymbol{M}^{ij}}] &= [\overline{\boldsymbol{M}^j}][\overline{\boldsymbol{M}^i}]^{-1} \\
&= [\boldsymbol{P}][\boldsymbol{M}^j]^{-1}[\boldsymbol{P}]([\boldsymbol{P}][\boldsymbol{M}^i]^{-1}[\boldsymbol{P}])^{-1} \\
&= [\boldsymbol{P}]([\boldsymbol{X}][\boldsymbol{L}^j][\boldsymbol{Y}])^{-1}[\boldsymbol{P}][\boldsymbol{P}][\boldsymbol{M}^i][\boldsymbol{P}] \\
&= [\boldsymbol{P}][\boldsymbol{Y}]^{-1}[\boldsymbol{L}^j]^{-1}[\boldsymbol{X}]^{-1}[\boldsymbol{X}][\boldsymbol{L}^i][\boldsymbol{Y}][\boldsymbol{P}] \\
&= [\boldsymbol{P}][\boldsymbol{Y}]^{-1}[\boldsymbol{L}^j]^{-1}[\boldsymbol{L}^i][\boldsymbol{Y}][\boldsymbol{P}] \\
&= [\boldsymbol{P}][\boldsymbol{Y}]^{-1}[\boldsymbol{L}^{ij}]^{-1}[\boldsymbol{Y}][\boldsymbol{P}] \\
&= [\boldsymbol{P}][\boldsymbol{Y}]^{-1}[\boldsymbol{P}][\overline{\boldsymbol{L}^{ij}}][\boldsymbol{P}][\boldsymbol{Y}][\boldsymbol{P}] \\
&= [\overline{\boldsymbol{Y}}][\overline{\boldsymbol{L}^{ij}}][\overline{\boldsymbol{Y}}]^{-1}
\end{aligned}
\tag{5.329}
$$

$$[\overline{\boldsymbol{M}^{ij}}][\overline{\boldsymbol{Y}}] = [\overline{\boldsymbol{Y}}][\overline{\boldsymbol{Y}^{ij}}] \tag{5.330}$$

$$[\overline{\boldsymbol{\tau}}] = (S_{12}^j S_{21}^i)[\overline{\boldsymbol{M}^{ij}}] \tag{5.331}$$

记 λ_τ 为矩阵的特征值,其可由式(5.332)求得。由式(5.325)这一关系可以得到式(5.333)。展开式(5.333),可以得到式(5.334)至式(5.337)。

$$\lambda_{\tau 1}^{ij}, \lambda_{\tau 2}^{ij} = \frac{1}{2}\left[(\tau_{11}^{ij} + \tau_{22}^{ij}) \pm \sqrt{(\tau_{11}^{ij} - \tau_{22}^{ij})^2 + 4\tau_{12}^{ij}\tau_{21}^{ij}}\right] \tag{5.332}$$

$$\begin{bmatrix} \tau_{11}^{ij} & \tau_{12}^{ij} \\ \tau_{21}^{ij} & \tau_{22}^{ij} \end{bmatrix} \begin{bmatrix} A_1 & B_1 \\ C_1 & 1 \end{bmatrix} = \begin{bmatrix} A_1 & B_1 \\ C_1 & 1 \end{bmatrix} \begin{bmatrix} \lambda_{\tau 2}^{ij} & 0 \\ 0 & \lambda_{\tau 1}^{ij} \end{bmatrix} \tag{5.333}$$

$$\tau_{11}^{ij} A_1 + \tau_{12}^{ij} C_1 = A_1 \lambda_{\tau 2}^{ij} \tag{5.334}$$

$$\tau_{11}^{ij} B_1 + \tau_{12}^{ij} = B_1 \lambda_{\tau 1}^{ij} \tag{5.335}$$

$$\tau_{21}^{ij} A_1 + \tau_{22}^{ij} C_1 = C_1 \lambda_{\tau 2}^{ij} \tag{5.336}$$

$$\tau_{21}^{ij} B_1 + \tau_{22}^{ij} = \lambda_{\tau 1}^{ij} \tag{5.337}$$

用式(5.330)和式(5.331)的方法,可以得到式(5.338)至式(5.342)。

$$\begin{bmatrix} \overline{\tau_{11}^{ij}} & \overline{\tau_{12}^{ij}} \\ \overline{\tau_{21}^{ij}} & \overline{\tau_{22}^{ij}} \end{bmatrix} \begin{bmatrix} A_2 & B_2 \\ C_2 & 1 \end{bmatrix} = \begin{bmatrix} A_2 & B_2 \\ C_2 & 1 \end{bmatrix} \begin{bmatrix} \overline{\lambda_{\tau 2}^{ij}} & 0 \\ 0 & \overline{\lambda_{\tau 1}^{ij}} \end{bmatrix} \tag{5.338}$$

$$\overline{\tau_{11}^{ij}} A_2 + \overline{\tau_{12}^{ij}} C_2 = A_2 \overline{\lambda_{\tau 2}^{ij}} \tag{5.339}$$

$$\overline{\tau_{11}^{ij}} B_2 + \overline{\tau_{12}^{ij}} = B_2 \overline{\lambda_{\tau 1}^{ij}} \tag{5.340}$$

$$\overline{\tau_{21}^{ij}} A_2 + \overline{\tau_{22}^{ij}} C_2 = C_2 \overline{\lambda_{\tau 2}^{ij}} \tag{5.341}$$

$$\overline{\tau_{21}^{ij}} B_2 + \overline{\tau_{22}^{ij}} = \overline{\lambda_{\tau 1}^{ij}} \tag{5.342}$$

求解方程时可以发现，B_1、B_2 和 $(C/A)_1$、$(C/A)_2$ 有两种表述形式，如（5.343）至式（5.350）所示。

$$B_1^a = \frac{\tau_{12}^{ij}}{\lambda_{\tau1,2}^{ij} - \tau_{11}^{ij}} \tag{5.343}$$

$$B_2^a = \frac{\overline{\tau_{12}^{ij}}}{\overline{\lambda_{\tau1,2}^{ij}} - \overline{\tau_{11}^{ij}}} \tag{5.344}$$

$$\left(\frac{C}{A}\right)_1^a = \frac{\tau_{21}^{ij}}{\lambda_{\tau1,2}^{ij} - \tau_{22}^{ij}} \tag{5.345}$$

$$\left(\frac{C}{A}\right)_2^a = \frac{\overline{\tau_{21}^{ij}}}{\overline{\lambda_{\tau1,2}^{ij}} - \overline{\tau_{22}^{ij}}} \tag{5.346}$$

$$B_1^b = \frac{\lambda_{\tau1,2}^{ij} - \tau_{22}^{ij}}{\tau_{21}^{ij}} \tag{5.347}$$

$$B_2^b = \frac{\overline{\lambda_{\tau1,2}^{ij}} - \overline{\tau_{22}^{ij}}}{\overline{\tau_{12}^{ij}}} \tag{5.348}$$

$$\left(\frac{C}{A}\right)_1^b = \frac{\lambda_{\tau1,2}^{ij} - \tau_{11}^{ij}}{\tau_{12}^{ij}} \tag{5.349}$$

$$\left(\frac{C}{A}\right)_2^b = \frac{\overline{\lambda_{\tau1,2}^{ij}} - \overline{\tau_{11}^{ij}}}{\overline{\tau_{12}^{ij}}} \tag{5.350}$$

为了解决根不确定性这一问题，MTRL 采用如下方法进行判断。对 B_1、B_2 和 $(C/A)_1$、$(C/A)_2$，计算出各个结果并与按式（5.351）至式（5.354）计算的估计值进行比较，取模值最接近者作为方程真根，其中矩阵 $[\tau]$ 和 $[\overline{\tau}]$ 可用式（5.355）和式（5.356）表示。

$$B_{1est} = \frac{\tau_{12}^{ij}}{e^{+\gamma(l_j - l_i)} - \tau_{11}^{ij}} \tag{5.351}$$

$$B_{2est} = \frac{\overline{\tau_{12}^{ij}}}{e^{+\gamma(l_j - l_i)} - \overline{\tau_{11}^{ij}}} \tag{5.352}$$

$$\left(\frac{C}{A}\right)_{1est} = \frac{\tau_{21}^{ij}}{e^{-\gamma(l_j - l_i)} - \tau_{22}^{ij}} \tag{5.353}$$

$$\left(\frac{C}{A}\right)_{2est} = \frac{\overline{\tau_{21}^{ij}}}{e^{-\gamma(l_j - l_i)} - \overline{\tau_{22}^{ij}}} \tag{5.354}$$

$$\begin{bmatrix} \tau_{11}^{ij} & \tau_{12}^{ij} \\ \tau_{21}^{ij} & \tau_{22}^{ij} \end{bmatrix} = \begin{bmatrix} S_{11}^j S_{22}^i - (S_{11}^j S_{22}^j - S_{12}^j S_{21}^j) & S_{11}^i (S_{11}^j S_{22}^j - S_{12}^j S_{21}^j) - S_{11}^j (S_{11}^i S_{22}^i - S_{12}^i S_{21}^i) \\ S_{22}^i - S_{11}^j & S_{11}^i S_{22}^j - (S_{11}^i S_{22}^i - S_{12}^i S_{21}^i) \end{bmatrix} \tag{5.355}$$

$$\begin{bmatrix} \overline{\tau_{11}^{ij}} & \overline{\tau_{12}^{ij}} \\ \overline{\tau_{21}^{ij}} & \overline{\tau_{22}^{ij}} \end{bmatrix} = \begin{bmatrix} S_{22}^j S_{11}^i - (S_{22}^j S_{11}^j - S_{21}^j S_{12}^j) & S_{22}^i (S_{22}^j S_{11}^j - S_{21}^j S_{12}^j) - S_{22}^j (S_{22}^i S_{11}^i - S_{21}^i S_{12}^i) \\ S_{11}^i - S_{22}^j & S_{22}^i S_{11}^j - (S_{22}^i S_{11}^i - S_{21}^i S_{12}^i) \end{bmatrix} \tag{5.356}$$

在得到每组传输线对中 B_1、B_2 和 $(C/A)_1$、$(C/A)_2$ 对应的方程真根后，可以用与式

(5.300)类似的方法,以式(5.357)和式(5.361)求出它们的最佳无偏估计。这里求解的核心仍是协方差矩阵$[\boldsymbol{V_{B1}}]$、$[\boldsymbol{V_{B2}}]$和$[\boldsymbol{V_{(C/A)1}}]$、$[\boldsymbol{V_{(C/A)1}}]$的表达。同样,Marks 在其论文[23]中已经指出可以按式(5.358)至式(5.360)和式(5.362)至式(5.364)求出各矩阵主对角线、上三角和下三角中的元素。

$$\underline{B_{1,2}} = \frac{h^\dagger V_{B_{1,2}}^{-1} \boldsymbol{B}_{1,2}}{h^\dagger V_{B_{1,2}}^{-1} h} = (h^\dagger V_{B_{1,2}}^{-1} \boldsymbol{B}_{1,2})\sigma_B^2, h_i = 1 \tag{5.357}$$

$$V_{B_{1,2},mn}\big|_{m=n} = \frac{\left| e^{-\gamma(l_m-l_{com})} \right|^2 + \frac{1}{\left| e^{-\gamma(l_m-l_{com})} \right|^2} + 2(\left| e^{-\gamma l_m} \right| \left| e^{-\gamma l_{com}} \right|)^2}{\left| e^{-\gamma(l_m-l_{com})} - e^{+\gamma(l_m-l_{com})} \right|^2} \tag{5.358}$$

$$V_{B_{1,2},mn}\big|_{m<n} = \frac{e^{-\gamma(l_m-l_{com})}\left[e^{-\gamma(l_n-l_{com})} \right]^* + \left| e^{-\gamma l_m} \right|^2 e^{-\gamma l_m}(e^{-\gamma l_n})^*}{\left[e^{-\gamma(l_m-l_{com})} - e^{+\gamma(l_m-l_{com})} \right]\left[e^{-\gamma(l_n-l_{com})} - e^{+\gamma(l_n-l_{com})} \right]^*} \tag{5.359}$$

$$V_{B_{1,2},mn}\big|_{m>n} = (V_{B,mn})^* \tag{5.360}$$

$$\underline{(C/A)_{1,2}} = \frac{h^\dagger V_{(C/A)_{1,2}}^{-1} (C/A)_{1,2}}{h^\dagger V_{(C/A)_{1,2}}^{-1} h} = [h^\dagger V_{(C/A)_{1,2}}^{-1} (C/A)_{1,2}]\sigma_B^2, h_i = 1 \tag{5.361}$$

$$V_{(C/A)_{1,2},mn}\big|_{m=n} = \frac{\left| e^{-\gamma(l_m-l_{com})} \right|^2 + \frac{1}{\left| e^{-\gamma(l_m-l_{com})} \right|^2} + \frac{2}{(\left| e^{-\gamma l_m} \right| \left| e^{-\gamma l_{com}} \right|)^2}}{\left| e^{-\gamma(l_m-l_{com})} - e^{+\gamma(l_m-l_{com})} \right|^2} \tag{5.362}$$

$$V_{(C/A)_{1,2},mn}\big|_{m<n} = \frac{\frac{1}{e^{-\gamma(l_m-l_{com})}\left[e^{-\gamma(l_n-l_{com})} \right]^*} + \frac{1}{\left| e^{-\gamma l_m} \right|^2 e^{-\gamma l_m}(e^{-\gamma l_n})^*}}{\left[e^{-\gamma(l_m-l_{com})} - e^{+\gamma(l_m-l_{com})} \right]\left[e^{-\gamma(l_n-l_{com})} - e^{+\gamma(l_n-l_{com})} \right]^*} \tag{5.363}$$

$$V_{(C/A)_{1,2},mn}\big|_{m>n} = (V_{C,mn})^* \tag{5.364}$$

我们已经得到关于系数 B 和 C/A 的表达式,如果可以求出关于的 A 表达式,就可以完成误差项的计算。为了求解系数 A,需要测量反射标准件和直通标准件。首先,反射标准件反射系数的估计值可由式(5.365)给出,其中 l_{Ref} 表示反射标准件物理端面和实际反射结构端面之间传输线的长度。MTRL 方法最终的校准参考平面为以直通中心向端口 1、2 方向各延拓直通标准件传输线长度一半的位置。

$$\Gamma_{r,est} = \Gamma_{Ref} e^{-2\gamma(l_{Ref}-l_{Thru/2})} \tag{5.365}$$

这里再定义两个新的符号变量,乘积项 A_P 和比值项 A_R,如式(5.366)和式(5.367)所示。

$$A_P = A_1 A_2 \tag{5.366}$$

$$A_R = A_1/A_2 \tag{5.367}$$

乘积项 A_P 可由直通标准件测量值得到。MTRL 方法为了推导方便,首先把校准参考平面平移至直通标准中心,形成零长度直通。由式(5.316)可得式(5.368),其中$[\boldsymbol{I}]$为单位矩阵。将矩阵$[\boldsymbol{X}]$和$[\boldsymbol{Y}]$按式(5.320)和式(5.321)代入,并以式(5.369)至式(5.376)展开。

$$[\boldsymbol{M^{Thru}}] = [\boldsymbol{X}][\boldsymbol{I}][\boldsymbol{Y}] \tag{5.368}$$

$$\Delta S^{Thru} = -\left(S_{11}^{Thru} S_{22}^{Thru} - S_{12}^{Thru} S_{21}^{Thru}\right) \tag{5.369}$$

$$\frac{1}{S_{21}^{Thru}}\begin{bmatrix} -\Delta S^{Thru} & S_{11}^{Thru} \\ -S_{22}^{Thru} & 1 \end{bmatrix} = R_1 R_2 \begin{bmatrix} A_1 & B_1 \\ C_1 & 1 \end{bmatrix}\begin{bmatrix} A_2 & -C_2 \\ -B_2 & 1 \end{bmatrix} \tag{5.370}$$

$$\begin{bmatrix} -\Delta S^{Thru} & S_{11}^{Thru} \\ -S_{22}^{Thru} & 1 \end{bmatrix} = R_1 R_2 \begin{bmatrix} A_1 & B_1 \\ C_1 & 1 \end{bmatrix}\begin{bmatrix} A_2 & -C_2 \\ -B_2 & 1 \end{bmatrix} \tag{5.371}$$

$$\begin{bmatrix} -\Delta S^{Thru} & S_{11}^{Thru} \\ -S_{22}^{Thru} & 1 \end{bmatrix} = S_{21}^{Thru} R_1 R_2 \begin{bmatrix} A_1 A_2 - B_1 B_2 & -A_1 C_2 + B_1 \\ C_1 A_2 - B_2 & -C_1 C_2 + 1 \end{bmatrix} \tag{5.372}$$

$$S_{21}^{Thru} R_1 R_2 (A_1 A_2 - B_1 B_2) = -\Delta S^{Thru} \tag{5.373}$$

$$S_{21}^{Thru} R_1 R_2 (-A_1 C_2 + B_1) = S_{11}^{Thru} \tag{5.374}$$

$$S_{21}^{Thru} R_1 R_2 (C_1 A_2 - B_2) = -S_{22}^{Thru} \tag{5.375}$$

$$S_{21}^{Thru} R_1 R_2 (-C_1 C_2 + 1) = 1 \tag{5.376}$$

式(5.373) / 式(5.376),整理为关于 A_P 的等式,得到式(5.377)和式(5.378)。

$$A_P\left[\left(\frac{C}{A}\right)_1\left(\frac{C}{A}\right)_2 \Delta S^{Thru} - 1\right] = \Delta S^{Thru} - B_1 B_2 \tag{5.377}$$

$$A_P\left[\left(\frac{C}{A}\right)_1 S_{11}^{Thru} - \left(\frac{C}{A}\right)_2 S_{22}^{Thru}\right] = B_2 S_{11}^{Thru} - B_1 S_{22}^{Thru} \tag{5.378}$$

式(5.377)+式(5.378),整理得到式(5.379)。

$$A_P = \frac{B_1 S_{22}^{Thru} - B_2 S_{11}^{Thru} - \Delta S^{Thru} + B_1 B_2}{1 - \left(\frac{C}{A}\right)_1 S_{11}^{Thru} + \left(\frac{C}{A}\right)_2 S_{22}^{Thru} - \left(\frac{C}{A}\right)_1\left(\frac{C}{A}\right)_2 \Delta S^{Thru}} \tag{5.379}$$

比值项 A_R 可由反射标准件测量值得到。仔细观察图 5.31,当在端口 1 测量校准件时,矢量网络接收机测量到的入射/反射波和在反射标准件端面的入射/反射波应满足式(5.380),反射标准件反射系数由式(5.381)给出。继续按式(5.382)至式(5.384)计算,可以得到 $A_1\Gamma_{R1,Std}$。

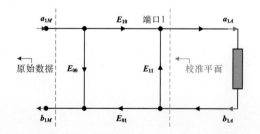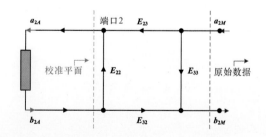

图 5.31 反射标准件测量时的信号流图

$$\begin{bmatrix} b_{1MR} \\ a_{1MR} \end{bmatrix} = X \begin{bmatrix} b_{1AR} \\ a_{1AR} \end{bmatrix} = R_1 \begin{bmatrix} A_1 & B_1 \\ C_1 & 1 \end{bmatrix}\begin{bmatrix} b_{1AR} \\ a_{1AR} \end{bmatrix} \tag{5.380}$$

$$\Gamma_{R1.Std} = \frac{b_{1AR}}{a_{1AR}} \tag{5.381}$$

$$\frac{b_{1MR}}{a_{1MR}} = \frac{A_1 \Gamma_{R1.Std} + B_1}{C_1 \Gamma_{R1.Std} + 1} = \Gamma_{R1.Meas} = S_{11}^{Ref} \tag{5.382}$$

$$\frac{A_1 \Gamma_{R1.Std} + B_1}{\left(\dfrac{C}{A}\right)_1 A_1 \Gamma_{R1.Std} + 1} = S_{11}^{Ref} \tag{5.383}$$

$$A_1 \Gamma_{R1.Std} = \frac{S_{11}^{Ref} - B_1}{1 - S_{11}^{Ref} \left(\dfrac{C}{A}\right)_1} \tag{5.384}$$

对于端口 2,可以用类似方法处理。由对称性,将式(5.322)代入式(5.385),并按式(5.386)至式(5.389)整理,最终可得 $A_2 \Gamma_{R2.Std}$。

$$\begin{bmatrix} b_{2MR} \\ a_{2MR} \end{bmatrix} = \overline{Y} \begin{bmatrix} b_{2AR} \\ a_{2AR} \end{bmatrix} = R_2 \begin{bmatrix} A_2 & B_2 \\ C_2 & 1 \end{bmatrix} \begin{bmatrix} b_{2AR} \\ a_{2AR} \end{bmatrix} \tag{5.385}$$

$$\Gamma_{R2.Std} = \frac{b_{2AR}}{a_{2AR}} \tag{5.386}$$

$$\frac{b_{2MR}}{a_{2MR}} = \frac{A_2 \Gamma_{R2.Std} + B_2}{C_2 \Gamma_{R2.Std} + 1} = \Gamma_{R2.Meas} = S_{22}^{Ref} \tag{5.387}$$

$$\frac{A_2 \Gamma_{R1.Std} + B_2}{\left(\dfrac{C}{A}\right)_2 A_2 \Gamma_{R2.Std} + 1} = S_{22}^{Ref} \tag{5.388}$$

$$A_2 \Gamma_{R2.Std} = \frac{S_{22}^{Ref} - B_2}{1 - S_{22}^{Ref} \left(\dfrac{C}{A}\right)_2} \tag{5.389}$$

MTRL 方法要求端口 1、2 使用的反射标准件反射系数相同,即满足式(5.390)。式(5.384) / 式(5.389),可以得到 A_R 如式(5.391)所示。

$$\Gamma_{R1.Std} = \Gamma_{R2.Std} \tag{5.390}$$

$$A_R = \frac{A_1 \Gamma_{R1.Std}}{A_2 \Gamma_{R2.Std}} = \frac{S_{11}^{Ref} - B_1}{1 - S_{11}^{Ref} (C/A)_1} \cdot \frac{1 - S_{22}^{Ref} (C/A)_2}{S_{22}^{Ref} - B_2} \tag{5.391}$$

用式(5.392)至式(5.397)的过程可求解 A_1、A_2。A_1 与 A_P、A_R 的关系满足式(5.392)。求解 A_1 时仍会面临根不确定性问题,为此,这里用式(5.393)进行判别,其中 Γ_{trail} 由式(5.394)定义。不等式成立时,A_1 由式(5.395)计算,反之由式(5.396)计算。确定 A_1 的真根后,由式(5.397)计算 A_2。

$$A_1^2 = A_P A_R \tag{5.392}$$

$$\left| \frac{\Gamma_{r.est}}{|\Gamma_{r.est}|} - \frac{\Gamma_{trail}}{|\Gamma_{trail}|} \right| \overset{?}{>} \sqrt{2} \tag{5.393}$$

$$\Gamma_{trail} = \frac{S_{11}^{Ref} - B_1}{\sqrt{A_P A_R} \left[1 - S_{11}^{Ref} (C/A)_1 \right]} \tag{5.394}$$

$$A_1 = - \sqrt{A_P A_R} \tag{5.395}$$

$$A_1 = \sqrt{A_P A_R} \tag{5.396}$$

$$A_2 = A_P / A_1 \tag{5.397}$$

在得到 A_1、A_2、B_1、B_2、C_1、C_2 后,可依式(5.398)至式(5.404)求得各误差项,最终完成校准。

$$E_{00} = B_1 \tag{5.398}$$

$$E_{11} = - C_1 \tag{5.399}$$

$$E_{10} E_{01} = A_1 - B_1 C_1 \tag{5.400}$$

$$E_{22} = - C_2 \tag{5.401}$$

$$E_{33} = B_2 \tag{5.402}$$

$$E_{23} E_{32} = A_2 - B_2 C_2 \tag{5.403}$$

$$E_{10} E_{32} = - \frac{S_{21}^{Thru} (A_1 A_2 - B_1 B_2)}{\Delta S^{Thru}} \tag{5.404}$$

以上为 MTRL 校准方法的全部过程。

5.3.3　LRM(TRM)方法族

开发 LRM 校准方法是为了解决传统 TRL 校准方法中的带宽限制问题。它采用了两个对称的一端口匹配负载元件来代替一条传输线标准件(或一组不同长度的传输线)。理论上,LRM 可以被认为是一种宽带校准方法。然而,传统的 LRM 校准方法只有在使用纯粹阻型、高对称性的 50Ω 负载时才能达到很高的校准精度。因为衰减器的反射系数很小,有时会用它替代 50Ω 负载,此时的 LRM 校准方法又被称为 TRA 校准方法。但负载是理想的 50Ω 这种假设在高频测试时无法满足,尤其是对于在片测量而言。为了解决这些问题,提高校准精度,学者提出了多种改进方法(如 LRM+、TMRR、LRRM 等),本小节会详细介绍它们的原理及优缺点。

5.3.3.1　LRM(TRM)校准方法

LRM 校准方法作为本族方法的起源与基础,算法上假设采用两个理想的 50Ω 负载来代替传输线标准件(一条或一组不同长度的传输线)。这个假设在低频时误差不大,但在高频时无法满足,精度会有所下降。LRM 校准方法的优缺点如下,基本信息如表 5.7 所示。

优点:

①宽带校准方法。

②不需要已知参数的反射(开路或短路)标准件。

③自校准。

缺点:

①假设负载标准件为理想的 50Ω。

②对反射标准件和负载标准件的非对称性比较敏感。

表 5.7　LRM(TRM)校准方法基本信息

标准件	要　求	未知参数	可求解误差项数	自校准方法产物
line 传输线（thru 直通）	S_{11}、S_{12}、S_{21}、S_{22} 已知,按理想传输线模型,$S_{11}=S_{22}=0$,$S_{12}=S_{21}$	—	4	—
reflection 反射	$S_{11}=S_{22}$,反射类型已知,由开路: $\Gamma_{O|0Hz}=1$,或短路: $\Gamma_{S|0Hz}=-1$,以及相位连续性（相邻频点相位变化<180°）的要求来确定真实值	$S_{11}(=S_{22})$	1	$S_{11}(=S_{22})$
match 负载	按理想负载模型,$Z_M=50\Omega$,$L_M=0\mathrm{pH}$,$S_{11}=S_{22}=0$	—	2	—

　　下面我们仍以端口 1、2 为例,详细讲解 LRM 校准方法的求解过程。由图 4.8 所示的 8 项误差模型和第 1.4.5 小节关于 *T* 参数的内容,可以很容易地得到式(5.405)至式(5.412)。为了使公式表达更加对称、求解过程更加简单,对 $[\boldsymbol{T_B}]$ 采用由右向左的方式定义。

$$\begin{bmatrix} b_{1M} \\ a_{1M} \end{bmatrix} = \begin{bmatrix} T_{A11} & T_{A12} \\ T_{A21} & T_{A22} \end{bmatrix} \begin{bmatrix} b_{1A} \\ a_{1A} \end{bmatrix} = T_{A22} \begin{bmatrix} \tilde{T}_{A11} & \tilde{T}_{A12} \\ \tilde{T}_{A21} & 1 \end{bmatrix} \begin{bmatrix} b_{1A} \\ a_{1A} \end{bmatrix} \tag{5.405}$$

$$\begin{bmatrix} b_{1A} \\ a_{1A} \end{bmatrix} = \begin{bmatrix} T_{DUT,11} & T_{DUT,12} \\ T_{DUT,21} & T_{DUT,22} \end{bmatrix} \begin{bmatrix} a_{2A} \\ b_{2A} \end{bmatrix} \tag{5.406}$$

$$\begin{bmatrix} a_{2A} \\ b_{2A} \end{bmatrix} = \begin{bmatrix} T_{B11} & T_{B12} \\ T_{B21} & T_{B22} \end{bmatrix}^{-1} \begin{bmatrix} a_{2M} \\ b_{2M} \end{bmatrix} \tag{5.407}$$

$$\begin{bmatrix} a_{2M} \\ b_{2M} \end{bmatrix} = \begin{bmatrix} T_{B11} & T_{B12} \\ T_{B21} & T_{B22} \end{bmatrix} \begin{bmatrix} a_{2A} \\ b_{2A} \end{bmatrix} = T_{A22} \begin{bmatrix} \tilde{T}_{B11} & \tilde{T}_{B12} \\ \tilde{T}_{B21} & \tilde{T}_{B22} \end{bmatrix} \begin{bmatrix} a_{2A} \\ b_{2A} \end{bmatrix} \tag{5.408}$$

$$\begin{bmatrix} b_{1M} \\ a_{1M} \end{bmatrix} = [\boldsymbol{T_A}][\boldsymbol{T_{DUT}}][\boldsymbol{T_B}]^{-1} \begin{bmatrix} a_{2M} \\ b_{2M} \end{bmatrix} \tag{5.409}$$

$$\begin{bmatrix} b_{1M} \\ a_{1M} \end{bmatrix} = \begin{bmatrix} T_{M11} & T_{M12} \\ T_{M21} & T_{M22} \end{bmatrix} \begin{bmatrix} a_{2M} \\ b_{2M} \end{bmatrix} \tag{5.410}$$

$$[\boldsymbol{T_{DUT,Meas}}] = [\boldsymbol{T_A}][\boldsymbol{T_{DUT,Act}}][\boldsymbol{T_B}]^{-1} \tag{5.411}$$

$$[\boldsymbol{T_{T,Meas}}] = [\boldsymbol{T_A}][\boldsymbol{T_{T,Std}}][\boldsymbol{T_B}]^{-1} \tag{5.412}$$

　　式(5.412)中,$[\boldsymbol{T_{T,x}}]$ 代表直通标准件的散射级联参数,LRM 方法族和 TRL 方法族一样,对传输线均采用理想传输线模型处理,那么其 *T* 参数如式(5.413)所示。

$$[\boldsymbol{T_{L,Std}}] = \begin{bmatrix} \mathrm{e}^{-\gamma l} & 0 \\ 0 & \mathrm{e}^{\gamma l} \end{bmatrix}, \quad \text{"零直通"} \rightarrow [\boldsymbol{T_{T,Std}}] = \begin{bmatrix} 1 & 0 \\ 0 & 1 \end{bmatrix} \tag{5.413}$$

端口 1、2 上的单端口标准件反射系数定义如式(5.414)和式(5.415)所示。

$$\Gamma_{X1,Std} = \frac{b_{1A}}{a_{1A}}, \quad X = Open, Short, Match \tag{5.414}$$

$$\Gamma_{X2,Std} = \frac{b_{2A}}{a_{2A}} \tag{5.415}$$

由式(5.405)和式(5.408)可知,各端口测量单端口标准件时得到的反射系数应满足式(5.416)至式(5.421)。展开式(5.405)和(5.408),可以得到式(5.422)至式(5.425)。

$$\frac{b_{1MX}}{a_{1MX}} = \frac{T_{A11}\Gamma_{X1,Std} + T_{A12}}{T_{A21}\Gamma_{X1,Std} + T_{A22}} = \frac{\tilde{T}_{A11}\Gamma_{X1,Std} + \tilde{T}_{A12}}{\tilde{T}_{A21}\Gamma_{X1,Std} + 1} = \Gamma_{X1,Meas} \tag{5.416}$$

$$\frac{b_{2MX}}{a_{2MX}} = \frac{T_{B21} + T_{B22}\Gamma_{X2,Std}}{T_{B11} + T_{B12}\Gamma_{X2,Std}} = \frac{\tilde{T}_{B21} + \tilde{T}_{B22}\Gamma_{X2,Std}}{\tilde{T}_{B11} + \tilde{T}_{B12}\Gamma_{X2,Std}} = \Gamma_{X2,Meas} \tag{5.417}$$

$$\frac{b_{1MR}}{a_{1MR}} = \frac{T_{A11}\Gamma_{R1,Std} + T_{A12}}{T_{A21}\Gamma_{R1,Std} + T_{A22}} = \Gamma_{R1,Meas} \tag{5.418}$$

$$\frac{b_{1MM}}{a_{1MM}} = \frac{T_{A11}\Gamma_{M1,Std} + T_{A12}}{T_{A21}\Gamma_{M1,Std} + T_{A22}} = \Gamma_{M1,Meas} \tag{5.419}$$

$$\frac{b_{2MR}}{a_{2MR}} = \frac{T_{B21} + T_{B22}\Gamma_{R2,Std}}{T_{B11} + T_{B12}\Gamma_{R2,Std}} = \Gamma_{R2,Meas} \tag{5.420}$$

$$\frac{b_{2MM}}{a_{2MM}} = \frac{T_{B21} + T_{B22}\Gamma_{M2,Std}}{T_{B11} + T_{B12}\Gamma_{M2,Std}} = \Gamma_{M2,Meas} \tag{5.421}$$

$$T_{A11}\Gamma_{R1,Std} + T_{A12} - T_{A21}\Gamma_{R1,Std}\Gamma_{R1,Meas} - T_{A22}\Gamma_{R1,Meas} = 0 \tag{5.422}$$

$$T_{A11}\Gamma_{M1,Std} + T_{A12} - T_{A21}\Gamma_{M1,Std}\Gamma_{M1,Meas} - T_{A22}\Gamma_{M1,Meas} = 0 \tag{5.423}$$

$$T_{B11}\Gamma_{R2,Meas} + T_{B12}\Gamma_{R2,Std}\Gamma_{R2,Meas} - T_{B21} - T_{B22}\Gamma_{R2,Std} = 0 \tag{5.424}$$

$$T_{B11}\Gamma_{M2,Meas} + T_{B12}\Gamma_{M2,Std}\Gamma_{M2,Meas} - T_{B21} - T_{B22}\Gamma_{M2,Std} = 0 \tag{5.425}$$

由式(5.412)和式(5.413)可得式(5.426)至式(5.428)。

$$[\boldsymbol{T_A}] = [\boldsymbol{T_{T,Meas}}][\boldsymbol{T_B}] \tag{5.426}$$

$$[\boldsymbol{T_B}] = [\boldsymbol{T_{Thru,Meas}}]^{-1}[\boldsymbol{T_A}]$$

$$= \frac{1}{\Delta}\begin{bmatrix} T_{T22,Meas} & -T_{T12,Meas} \\ -T_{T21,Meas} & T_{T11,Meas} \end{bmatrix}\begin{bmatrix} T_{A11} & T_{A12} \\ T_{A21} & T_{A22} \end{bmatrix}$$

$$= \frac{1}{\Delta}\begin{bmatrix} T_{T22,Meas}T_{A11} - T_{T12,Meas}T_{A21} & T_{T22,Meas}T_{A12} - T_{T12,Meas}T_{A22} \\ -T_{T21,Meas}T_{A11} + T_{T11,Meas}T_{A21} & -T_{T21,Meas}T_{A12} + T_{T11,Meas}T_{A22} \end{bmatrix} \tag{5.427}$$

$$\Delta = T_{T11,Meas}T_{T22,Meas} - T_{T21,,Meas}T_{T12,Meas} \tag{5.428}$$

将式(5.427)代入式(5.424)和式(5.425),可得式(5.429)至式(5.434)。

$$T_{A11}C_1 + T_{A12}\Gamma_{R2,Std}C_1 - T_{A21}C_2 - T_{A22}\Gamma_{R2,Std}C_2 = 0 \tag{5.429}$$

$$T_{A11}C_3 + T_{A12}\Gamma_{M2,Std}C_3 - T_{A21}C_4 - T_{A22}\Gamma_{M2,Std}C_4 = 0 \tag{5.430}$$

$$C_1 = T_{T21,Meas} + T_{T22,Meas}\Gamma_{R2,Meas} \tag{5.431}$$

$$C_2 = T_{T11,Meas} + T_{T12,Meas}\Gamma_{R2,Meas} \tag{5.432}$$

$$C_3 = T_{T21,Meas} + T_{T22,Meas}\Gamma_{M2,Meas} \tag{5.433}$$

$$C_4 = T_{T11,Meas} + T_{T12,Meas}\Gamma_{M2,Meas} \tag{5.434}$$

LRM 方法要求单端口标准件满足式(5.435)。

$$\Gamma_{R1,Std} = \Gamma_{R2,Std} = \Gamma_{R,Std} \tag{5.435}$$

由式(5.422)、式(5.423)、式(5.429)和式(5.430)可得式(5.436)至式(5.438)。LRM 方法假设负载标准件为理想的 $50\,\Omega$,故 $\Gamma_{MX,Std}=0$,这可以大幅简化运算。本书中采用更严格的推导,下面的公式并不用 0 直接替代相关符号项。

$$[C_R][A] = 0 \tag{5.436}$$

$$[C_R] = \begin{bmatrix} \Gamma_{R,Std} & 1 & -\Gamma_{R,Std}\Gamma_{R1,Meas} & -\Gamma_{R1,Meas} \\ \Gamma_{M1,Std} & 1 & -\Gamma_{M1,Std}\Gamma_{M1,Meas} & -\Gamma_{M1,Meas} \\ C_1 & \Gamma_{R,Std}C_1 & -C_2 & -\Gamma_{R,Std}C_2 \\ C_3 & \Gamma_{M2,Std}C_3 & -C_4 & -\Gamma_{M2,Std}C_4 \end{bmatrix} \tag{5.437}$$

$$[A] = \begin{bmatrix} T_{A11} & T_{A12} & T_{A21} & T_{A22} \end{bmatrix}^T \tag{5.438}$$

$[A]$ 非零解为本书讨论范围,故 $[C_R]$ 的行列式值满足式(5.439)。

$$\det[C_R] = 0 \tag{5.439}$$

依式(5.440)至式(5.442)所示原理及过程展开行列式 $\det[C_R]$,合并同类项,可得式(5.443)和式(5.444)。构建并求解关于 $\Gamma_{R,Std}=0$ 复系数一元二次方程,系数项由式(5.445)至式(5.450)所示。其中,M_{ij} 为代数余子式(algebraic cofactor)。

$$\det[A] = \sum_{j=1}^{n} a_{ij}(-1)^{i+j}M_{ij} \tag{5.440}$$

$$\det\begin{bmatrix} a_{11} & a_{12} & a_{13} \\ a_{21} & a_{22} & a_{23} \\ a_{31} & a_{32} & a_{33} \end{bmatrix} = a_{11}a_{22}a_{33} + a_{12}a_{23}a_{31} + a_{13}a_{21}a_{32}$$

$$\qquad\qquad - a_{11}a_{23}a_{32} - a_{12}a_{21}a_{33} - a_{13}a_{22}a_{31} \tag{5.441}$$

$$\det[C_R] = \det\begin{bmatrix} \Gamma_{R,Std} & 1 & -\Gamma_{R,Std}\Gamma_{R1,Meas} & -\Gamma_{R1,Meas} \\ \Gamma_{M1,Std} & 1 & -\Gamma_{M1,Std}\Gamma_{M1,Meas} & -\Gamma_{M1,Meas} \\ C_1 & \Gamma_{R,Std}C_1 & -C_2 & -\Gamma_{R,Std}C_2 \\ C_3 & \Gamma_{M2,Std}C_3 & -C_4 & -\Gamma_{M2,Std}C_4 \end{bmatrix}$$

$$= \Gamma_{R,Std}(-1)^{1+1}\det\begin{bmatrix} 1 & -\Gamma_{M1,Std}\Gamma_{M1,Meas} & -\Gamma_{M1,Meas} \\ \Gamma_{R,Std}C_1 & -C_2 & -\Gamma_{R,Std}C_2 \\ \Gamma_{M2,Std}C_3 & -C_4 & -\Gamma_{M2,Std}C_4 \end{bmatrix}$$

$$+ (-1)^{1+2} \det \begin{bmatrix} \Gamma_{M1,Std} & -\Gamma_{M1,Std}\Gamma_{M1,Meas} & -\Gamma_{M1,Meas} \\ C_1 & -C_2 & -\Gamma_{R,Std}C_2 \\ C_3 & -C_4 & -\Gamma_{M2,Std}C_4 \end{bmatrix}$$

$$+ (-\Gamma_{R,Std}\Gamma_{R1,Meas})(-1)^{1+3} \det \begin{bmatrix} \Gamma_{M1,Std} & 1 & -\Gamma_{M1,Meas} \\ C_1 & \Gamma_{R,Std}C_1 & -\Gamma_{R,Std}C_2 \\ C_3 & \Gamma_{M2,Std}C_3 & -\Gamma_{M2,Std}C_4 \end{bmatrix}$$

$$+ (-\Gamma_{R1,Meas})(-1)^{1+4} \det \begin{bmatrix} \Gamma_{M1,Std} & 1 & -\Gamma_{M1,Std}\Gamma_{M1,Meas} \\ C_1 & \Gamma_{R,Std}C_1 & -C_2 \\ C_3 & \Gamma_{M2,Std}C_3 & -C_4 \end{bmatrix}$$

$$= 0 \tag{5.442}$$

$$k_2(\Gamma_{R,Std})^2 + k_1\Gamma_{R,Std} + k_0 = 0 \tag{5.443}$$

$$\Gamma_{R,Std} = \frac{-k_1 \pm \sqrt{k_1^2 - 4k_0k_2}}{2k_2} \tag{5.444}$$

$$k_0 = \Gamma_{M1,Std}\Gamma_{M2,Std}(A_2 - A_1) + (A_3 - A_2) \tag{5.445}$$

$$k_1 = (\Gamma_{M1,Std} + \Gamma_{M2,Std})(A_1 - A_3) \tag{5.446}$$

$$k_2 = \Gamma_{M1,Std}\Gamma_{M2,Std}(A_3 - A_2) + (A_2 - A_1) \tag{5.447}$$

$$A_1 = C_2C_4 + C_1C_3\Gamma_{R1,Meas}\Gamma_{M1,Meas} \tag{5.448}$$

$$A_2 = C_2C_3\Gamma_{R1,Meas} + C_1C_4\Gamma_{M1,Meas} \tag{5.449}$$

$$A_3 = C_1C_4\Gamma_{R1,Meas} + C_2C_3\Gamma_{M1,Meas} \tag{5.450}$$

求解 $\Gamma_{R,Std}$ 仍会面临相位不确定性的问题,需根据实际使用的开路或短路获取初始方向,通过自动寻根算法判断提取。

笔者独立开发的自动寻根算法的基本原理与过程如下。要求采样频率间距满足相位连续性原则,即相邻频点的相位变化不超过 $180°$。首先依据此原则对 $\Gamma_{R,Std}$ 头部几组点进行分组、无折叠和线性化,并根据反射标准件类型,由开路:$phase|_{0Hz} = 0°$,短路:$phase|_{0Hz} = 180°$ 条件判断真实解起始值,之后根据相位连续性原则即可求得每个频点下的 $\Gamma_{R,Std}$。该方法求解速度快且算法稳定性高。

由式(5.422)至式(5.425),并整理式(5.412)且归一化 T_{A22},…,可得式(5.451)至式(5.458)。

$$\widetilde{T}_{A11}\Gamma_{R,Std} + \widetilde{T}_{A12} - \Gamma_{R,Std}\Gamma_{R,Meas} = \Gamma_{R1,Meas} \tag{5.451}$$

$$\widetilde{T}_{B11}\Gamma_{R2,Meas} + \widetilde{T}_{B12}\Gamma_{R2,Std}\Gamma_{R2,Meas} - \widetilde{T}_{B21} - \widetilde{T}_{B22}\Gamma_{R2,Std} = 0 \tag{5.452}$$

$$\widetilde{T}_{A11}\Gamma_{M1,Std} + \widetilde{T}_{A12} - \Gamma_{M1,Std}\Gamma_{M1,Meas} = \Gamma_{M1,Meas} \tag{5.453}$$

$$\widetilde{T}_{B11}\Gamma_{M2,Meas} + \widetilde{T}_{B12}\Gamma_{M2,Std}\Gamma_{M2,Meas} - \widetilde{T}_{B21} - \widetilde{T}_{B22}\Gamma_{M2,Std} = 0 \tag{5.454}$$

$$\widetilde{T}_{A11} - T_{T11,Meas}\widetilde{T}_{B11} - T_{T12,Meas}\widetilde{T}_{B21} = 0 \tag{5.455}$$

$$\widetilde{T}_{A12} - T_{T11,Meas}\widetilde{T}_{B12} - T_{T12,Meas}\widetilde{T}_{B22} = 0 \tag{5.456}$$

$$\widetilde{T}_{A21} - T_{T21,Meas}\widetilde{T}_{B11} - T_{T22,Meas}\widetilde{T}_{B21} = 0 \tag{5.457}$$

$$T_{T21,Meas}\widetilde{T}_{B12} + T_{T22,Meas}\widetilde{T}_{B22} = 1 \tag{5.458}$$

式(5.451)至式(5.458)的矩阵表达形式如式(5.459)至式(5.462)所示。

$$[\boldsymbol{C}][\boldsymbol{AB}] = [\boldsymbol{V}] \tag{5.459}$$

$$[\boldsymbol{C}] = \begin{bmatrix} \Gamma_{R,Std} & 1 & -\Gamma_{R,Std}\Gamma_{R1,Meas} & 0 & 0 & 0 & 0 \\ 0 & 0 & 0 & \Gamma_{R2,Meas} & \Gamma_{R,Std}\Gamma_{R2,Meas} & -1 & -\Gamma_{R,Std} \\ \Gamma_{M1,Std} & 1 & -\Gamma_{M1,Std}\Gamma_{M1,Meas} & \Gamma_{M2,Meas} & \Gamma_{M2,Std}\Gamma_{M2,Meas} & -1 & -\Gamma_{M2,Std} \\ 1 & 0 & 0 & -T_{T11,Meas} & 0 & -T_{T12,Meas} & 0 \\ 0 & 1 & 0 & 0 & -T_{T11,Meas} & 0 & -T_{T12,Meas} \\ 0 & 0 & 1 & -T_{T21,Meas} & 0 & -T_{T22,Meas} & 0 \\ 0 & 0 & 0 & 0 & T_{T21,Meas} & 0 & T_{T22,Meas} \end{bmatrix} \tag{5.460}$$

$$[\boldsymbol{AB}] = \begin{bmatrix} \widetilde{T}_{A11} & \widetilde{T}_{A12} & \widetilde{T}_{A21} & \widetilde{T}_{B11} & \widetilde{T}_{B12} & \widetilde{T}_{B21} & \widetilde{T}_{B22} \end{bmatrix}^{\mathrm{T}} \tag{5.461}$$

$$[\boldsymbol{V}] = \begin{bmatrix} \Gamma_{R1,Meas} & 0 & \Gamma_{M1,Meas} & 0 & 0 & 0 & 1 \end{bmatrix}^{\mathrm{T}} \tag{5.462}$$

由式(5.463)可以求出误差项,由式(5.464)可以完成误差修正与校准。

$$[\boldsymbol{AB}] = [\boldsymbol{C}]^{-1}[\boldsymbol{V}] \tag{5.463}$$

$$[\widetilde{\boldsymbol{T}}_{DUT,Real}] = [\widetilde{\boldsymbol{T}}_A]^{-1}[\boldsymbol{T}_{DUT,Meas}][\widetilde{\boldsymbol{T}}_B] \tag{5.464}$$

根据式(5.465)至式(5.471),将式(5.463)中的误差项转换成 8 项模型对应的误差项。

$$E_{00} = \widetilde{T_{A12}} \tag{5.465}$$

$$E_{11} = -\widetilde{T_{A21}} \tag{5.466}$$

$$E_{10}E_{01} = \widetilde{T_{A11}} - \widetilde{T_{A12}}\,\widetilde{T_{A21}} \tag{5.467}$$

$$E_{22} = -\frac{\widetilde{T_{B12}}}{\widetilde{T_{B11}}} \tag{5.468}$$

$$E_{33} = \frac{\widetilde{T_{B21}}}{\widetilde{T_{B11}}} \tag{5.469}$$

$$E_{32}E_{23} = \frac{\widetilde{T_{B22}}}{\widetilde{T_{B11}}} - \frac{\widetilde{T_{B12}}\,\widetilde{T_{B21}}}{(\widetilde{T_{B11}})^2} \tag{5.470}$$

$$E_{10}E_{32} = \widetilde{T_{B22}} - \frac{\widetilde{T_{B12}}\ \widetilde{T_{B21}}}{\widetilde{T_{B11}}} \tag{5.471}$$

对于非零直通,计算与修正如式(5.472)至式(5.479)所示,将校准平面真正推进至所要求平面。

$$\alpha l = \frac{(Loss_{Offset})(Delay_{Offset})}{2Z_{0,Offset}}\sqrt{\frac{f}{10^9}}, \quad Z_{0,Offset} = 50\Omega \tag{5.472}$$

$$\beta l = 2\pi f(Delay_{Offset}) + \alpha l \tag{5.473}$$

$$\gamma = \alpha + \mathrm{j}\beta \tag{5.474}$$

$$Loss_{\mathrm{dB}} \propto \sqrt{f} \tag{5.475}$$

$$Loss_{\mathrm{dB}} \propto l \tag{5.476}$$

$$S_{21} = \mathrm{e}^{-\gamma l} \tag{5.477}$$

$$[\boldsymbol{T}_{T/2,Std}] = \begin{bmatrix} \mathrm{e}^{-\gamma l/2} & 0 \\ 0 & \mathrm{e}^{\gamma l/2} \end{bmatrix} \tag{5.478}$$

$$[\boldsymbol{T}_{DUT,Real}] = [\boldsymbol{T}_{T/2}][\tilde{\boldsymbol{T}}_{DUT,Real}][\boldsymbol{T}_{T/2}] \tag{5.479}$$

5.3.3.2 LRM+(TRM+)校准方法

LRM+校准方法不再假设负载标准件为 50Ω 理想负载,也不再要求负载标准件的对称性,这样可以提高高频段的算法精度,但仍要求反射标准件对称。LRM+校准方法的优缺点如下,基本信息如表 5.8 所示。

表 5.8　LRM+(TRM+)校准方法基本信息

标准件	要　求	未知参数	可求解误差项数	自校准方法产物
line 传输线 (thru 直通)	S_{11}、S_{12}、S_{21}、S_{22} 已知,按理想传输线模型,$S_{11}=S_{22}=0$,$S_{12}=S_{21}$	—	4	—
reflection 反射	$S_{11}=S_{22}$,反射类型已知,由开路:$\Gamma_{O|0Hz}=1$,或短路:$\Gamma_{S|0Hz}=-1$,以及相位连续性(相邻频点相位变化<180°)的要求来确定真实值	$S_{11}(=S_{22})$	1	$S_{11}(=S_{22})$
match 负载	不再要求理想负载模型和负载标准件的对称性,即不要求 $Z_M=50\Omega$,$L_M=0\mathrm{pH}$,$S_{11}=S_{22}=0$	—	2	—

优点:

①宽带校准方法。

②对负载标准件非对称性不敏感,任何已知阻性元件均可作为负载标准件使用。

③不需要已知参数的反射(开路或短路)标准件。

④自校准。

缺点:

①要求已知参数的负载标准件。

②对反射标准件的非对称性比较敏感。

与 LRM 方法相比,LRM＋方法不要求 $\Gamma_{MX.Std}$ 对称为零,计算过程复杂很多,即满足式(5.480)。

$$\Gamma_{M1,Std} \neq \Gamma_{M2,Std} \neq 0 \tag{5.480}$$

式(5.481)和式(5.482)中的符号项不再为 0 值,实际运算更加复杂。除此之外,LRM＋方法的求解过程与 LRM 方法相同。

$$[\boldsymbol{C_R}] = \begin{bmatrix} \Gamma_{R,Std} & 1 & -\Gamma_{R,Std}\Gamma_{R1,Meas} & -\Gamma_{R1,Meas} \\ \Gamma_{M1,Std} & 1 & -\Gamma_{M1,Std}\Gamma_{M1,Meas} & -\Gamma_{M1,Meas} \\ C_1 & \Gamma_{R,Std}C_1 & -C_2 & -\Gamma_{R,Std}C_2 \\ C_3 & \Gamma_{M2,Std}C_3 & -C_4 & -\Gamma_{M2,Std}C_4 \end{bmatrix} \tag{5.481}$$

$$[\boldsymbol{C}] = \begin{bmatrix} \Gamma_{R,Std} & 1 & -\Gamma_{R,Std}\Gamma_{R1,Meas} & 0 & 0 & 0 & 0 \\ 0 & 0 & 0 & \Gamma_{R2,Meas} & \Gamma_{R,Std}\Gamma_{R2,Meas} & -1 & -\Gamma_{R,Std} \\ \Gamma_{M1,Std} & 1 & -\Gamma_{M1,Std}\Gamma_{M1,Meas} & \Gamma_{M2,Meas} & \Gamma_{M2,Std}\Gamma_{M2,Meas} & -1 & -\Gamma_{M2,Std} \\ 1 & 0 & 0 & -T_{T11,Meas} & 0 & -T_{T12,Meas} & 0 \\ 0 & 1 & 0 & 0 & -T_{T11,Meas} & 0 & -T_{T12,Meas} \\ 0 & 0 & 1 & -T_{T21,Meas} & 0 & -T_{T22,Meas} & 0 \\ 0 & 0 & 0 & 0 & T_{T21,Meas} & 0 & T_{T22,Meas} \end{bmatrix} \tag{5.482}$$

5.3.3.3　TMRR 校准方法

TMRR 校准方法的基本思路如下。基于已知参数的负载标准件,分别用开路标准件和短路标准件执行两次 LRM＋方法的部分过程,求解出 $\Gamma_{O,Std}$ 和 $\Gamma_{S,Std}$ 之后,结合已知的负载标准件和直通标准件,可以使用 10 项误差模型以 SOLT 方法计算误差项,完成校准过程。因为负载标准件的模型精度并不高,多次执行 LRM＋反倒将这一误差多次累计,得不偿失。同时,它所谓的克服负载的非对称性但又要求开路与短路对称也存在逻辑悖论。对于半导体工艺及之后的激光修调来说,保证在片校准件负载的对称性非常容易,且对 SOLT 方法来说,负载标准件的数据精度对结果的影响最大,TMRR 并没有克服这一问题,同轴应用数据基 SOLT 校准件的精度来源于 MTRL 校准方法,远高于 TMRR,因此实际很少采用 TMRR。TMRR 校准方法的优缺点如下,基本信息如表 5.9 所示。

优点:

①宽带校准方法,执行两次 LRM＋方法,由求解的两次 7 项误差项合并成 10 项误差项,可以将其看作 LRM＋和 MSOLT 的结合产物。

②对负载标准件非对称性不敏感,任何已知阻性元件均可作为负载标准件使用。

③不需要已知参数的开路和短路标准件。

④自校准。

缺点:

①要求已知参数的负载标准件。

②在片测试负载标准件模型精度受限,由于最后采用 10 项误差模型计算,实际算法精度与 SOLT 接近,实际意义不大。

③对反射标准件的非对称性比较敏感。

表 5.9　TMRR 校准方法基本信息

标准件	要　求	未知参数	可求解误差项数	自校准方法产物
line 传输线（thru 直通）	S_{11}、S_{12}、S_{21}、S_{22} 已知,按理想传输线模型,$S_{11}=S_{22}=0$,$S_{12}=S_{21}$	—	4	—
reflection-open 反射开路	$S_{11}=S_{22}$,由开路:$\Gamma_{O\|0Hz}=1$,以及相位连续性(相邻频点相位变化<180°)的要求来确定真实值	$S_{11}(=S_{22})$	1→2(对称性)	$S_{11}(=S_{22})$
reflection-short 反射短路	$S_{11}=S_{22}$,由短路:$\Gamma_{S\|0Hz}=-1$,以及相位连续性(相邻频点相位变化<180°)的要求来确定真实值	$S_{11}(=S_{22})$	1→2(对称性)	$S_{11}(=S_{22})$
match 负载	不再要求理想负载模型和负载标准件的对称性,即不要求 $Z_M=50\Omega$,$L_M=0pH$,$S_{11}=S_{22}=0$	—	2	—

5.3.3.4　LRRM 校准方法

LRRM 校准方法是第一种专门为晶圆级测量开发的在片校准方法。它的设计初衷是解决被等效成平面集总参数模型的负载标准件中潜在的不对称性,以及突破阻抗与频率相关性等方面的限制。它最大的优点就是可以在校准过程中将负载寄生电感自动计算出来,从而极大地提高适用范围。然而,没有任何一种校准方法完全没有缺点。与 QSOLT 类似,LRRM 假设矢量网络分析仪的各个负载标准件一致,这对于常规在片测试很容易保证,但对于极个别应用,这可能会导致在矢量网络分析仪端口 2 处进行的测量结果不太可靠。LRRM 校准方法的优缺点如下,基本信息如表 5.10 所示。下面我们仍以端口 1、2 为例详细进行介绍。

优点:

①宽带校准方法,执行两次 LRM＋方法,自动计算出负载标准件的电感值 L_M。

②不需要已知参数的负载标准件，仅要求直流电阻值已知。

③不需要已知参数的开路或短路标准件。

④自校准。

缺点：

对反射标准件和负载标准件的非对称性比较敏感。

表 5.10　LRRM 校准方法基本信息

标准件	要　求	未知参数	可求解误差项数	自校准方法产物
line 传输线 （thru 直通）	S_{11}、S_{12}、S_{21}、S_{22} 已知，按理想传输线模型，$S_{11}=S_{22}=0$，$S_{12}=S_{21}$	—	4	—
reflection-open 反射开路	$S_{11}=S_{22}$，由开路：$\Gamma_{O\mid0\mathrm{Hz}}=1$，以及相位连续性（相邻频点相位变化$<180°$）的要求来确定真实值	$S_{11}(=S_{22})$	1	$S_{11}(=S_{22})$
reflection-short 反射短路	$S_{11}=S_{22}$，由短路：$\Gamma_{S\mid0\mathrm{Hz}}=-1$，以及相位连续性（相邻频点相位变化$<180°$）的要求来确定真实值	$S_{11}(=S_{22})$	1	$S_{11}(=S_{22})$
match 负载	不再要求理想负载模型，但要求负载标准件的对称性，即不要求 $Z_M=50\Omega$，$L_M=0\mathrm{pH}$，但要求 $S_{11}=S_{22}$	$S_{11}(=S_{22})$	1	$S_{11}(=S_{22})$

与 LRM＋相比，LRRM 方法主要增加了负载标准件电感自动提取算法。

由第 1.4.3 小节及表 1.2 和表 1.3 内容可知，$[ABCD]$ 传输参数矩阵的定义和 S 参数矩阵变换如式（5.483）和式（5.484）所示，其中 S 参数已经过开关项修正。

$$\begin{bmatrix} A & B \\ C & D \end{bmatrix} = D \begin{bmatrix} \widetilde{A} & \widetilde{B} \\ \widetilde{C} & 1 \end{bmatrix}$$

$$= \frac{1}{2S_{21}} \begin{bmatrix} (1+S_{11})(1-S_{22})+S_{12}S_{21} & Z_0\left[(1+S_{11})(1+S_{22})-S_{12}S_{21}\right] \\ \dfrac{(1-S_{11})(1-S_{22})-S_{12}S_{21}}{Z_0} & (1-S_{11})(1+S_{22})+S_{12}S_{21} \end{bmatrix} \tag{5.483}$$

$$[\boldsymbol{S}] = \begin{bmatrix} S_{11} & S_{12} \\ S_{21} & S_{22} \end{bmatrix}$$

$$= \frac{1}{A+\dfrac{B}{Z_0}+\dfrac{C}{Z_0}+D} \begin{bmatrix} A+\dfrac{B}{Z_0}-\dfrac{C}{Z_0}-D & 2(AD-BC) \\ 2 & -A+\dfrac{B}{Z_0}-\dfrac{C}{Z_0}+D \end{bmatrix} \tag{5.484}$$

LRRM 方法的核心在于对负载标准件电感值的自动提取。算法要求各端口的负载标准件一致,在端口 1 进行提取。由图 4.6 所示的单端口误差模型可以得到式(5.485),整理可得式(5.486)至式(5.488)。其中,$\Delta E = E_{00}E_{11} - E_{01}E_{10}$。

$$\Gamma_{X1,Meas} = E_{00} + \frac{E_{10}E_{01}\Gamma_{X1,Std}}{1 - E_{11}} = \frac{Z_{X1,Meas} - Z_0}{Z_{X1,Meas} + Z_0} \tag{5.485}$$

$$Z_{X1,Meas} = Z_0\left[\frac{1 + E_{00} - (E_{11} + \Delta E)\Gamma_{X1,Std}}{1 - E_{00} - (E_{11} - \Delta E)\Gamma_{X1,Std}}\right]$$

$$= Z_0\left[\frac{1 + E_{00} - (E_{11} + \Delta E)\dfrac{Y_0 - Y_{X1,Std}}{Y_0 - Y_{X1,Std}}}{1 - E_{00} - (E_{11} - \Delta E)\dfrac{Y_0 - Y_{X1,Std}}{Y_0 - Y_{X1,Std}}}\right]$$

$$= Z_0\left[\frac{(1 + E_{00})(1 + Z_0Y_{X1,Std}) - (E_{11} + \Delta E)(1 - Z_0Y_{X1,Std})}{(1 - E_{00})(1 + Z_0Y_{X1,Std}) - (E_{11} - \Delta E)(1 - Z_0Y_{X1,Std})}\right]$$

$$= Z_0\left[\frac{(1 + E_{00} - E_{11} - \Delta E) + (1 + E_{00} + E_{11} + \Delta E)Z_0Y_{X1,Std}}{(1 - E_{00} - E_{11} + \Delta E) + (1 + E_{00} - E_{11} - \Delta E)Z_0Y_{X1,Std}}\right]$$

$$= \frac{(1 + E_{00} + E_{11} - \Delta E) + (1 + E_{00} + E_{11} + \Delta E)Z_0Y_{X1,Std}}{\dfrac{(1 - E_{00} - E_{11} + \Delta E)}{Z_0} + (1 - E_{00} + E_{11} - \Delta E)Y_{X1,Std}}$$

$$= \frac{\widetilde{A_1} + \widetilde{B_1}Y_{X1,Std}}{\widetilde{C_1} + Y_{X1,Std}} \tag{5.486}$$

$$Y_{X1,Meas} = \frac{\widetilde{C_1} + Y_{X1,Std}}{\widetilde{A_1} + \widetilde{B_1}Y_{X1,Std}} \tag{5.487}$$

$$Y_{X1,Std} = \widetilde{C_1}\frac{Z_{X1,Meas} - \dfrac{\widetilde{A_1}}{\widetilde{C_1}}}{\widetilde{B_1} - Z_{X1,Meas}} \tag{5.488}$$

下面记下标 *Act* 为单端口器件真实值,下标 *Est* 为单端口器件估计值。利用两者的关系是用 LRRM 方法提取负载标准件寄生电感的关键。由式(5.488)我们可以得出式(5.489)和式(5.490)及两者关系式(5.491)。

$$Y_{X1,Act} = \widetilde{C_{Act,1}}\frac{Z_{X1,Meas} - \dfrac{\widetilde{A_1}}{\widetilde{C_1}}}{\widetilde{B_1} - Z_{X1,Meas}} \tag{5.489}$$

$$Y_{X1,Est} = \widetilde{C_{X1,Est}}\frac{Z_{X1,Meas} - \dfrac{\widetilde{A_1}}{\widetilde{C_1}}}{\widetilde{B_1} - Z_{X1,Meas}} \tag{5.490}$$

$$\frac{Y_{X1,Est}}{Y_{X1,Act}} = \frac{\widetilde{C_{X1,Est}}\dfrac{Z_{X1,Meas}-\dfrac{\widetilde{A_1}}{\widetilde{C_1}}}{\widetilde{B_1}-Z_{X1,Meas}}}{\widetilde{C_{X1,Act}}\dfrac{Z_{X1,Meas}-\dfrac{\widetilde{A_1}}{\widetilde{C_1}}}{\widetilde{B_1}-Z_{X1,Meas}}} = \frac{\widetilde{C_{X1,Est}}}{\widetilde{C_{X1,Act}}} \equiv \alpha \tag{5.491}$$

注意到式(5.491)所示的比例关系为各个单端口标准件所共同满足,那么可以给它们建立联系,如式(5.492)所示。其中最方便利用的就是开路标准件与负载标准件之间的关系式(5.493),那么由式(5.494)整理可得式(5.495),从而完成了对负载标准件电感的求解。

$$Y_{X1,Est} = \alpha Y_{X1,Act} = \frac{Y_{M1,Est}}{Y_{M1,Act}}Y_{X1,Act} \tag{5.492}$$

$$Y_{O1,Est} = \alpha Y_{O1,Act} = \frac{Y_{M1,Est}}{Y_{M1,Act}}Y_{O1,Act} \tag{5.493}$$

$$G_{O1,Est} + jB_{O1,Est} = \frac{R_{M1,Act}+j\omega L_{M1,Act}}{R_{M1,Act}}(0+jB_{O1,Act}) \tag{5.494}$$

$$L_{M1,Act} = -\frac{G_{O1,Est}R_{M1,Act}}{\omega B_{O1,Est}} = -\frac{G_{O1,Est}R_{M1,Act}}{2\pi f B_{O1,Est}} \tag{5.495}$$

低频时 $L_{M1,Act}$ 波动较大,在使用 LRRM 去嵌时表现尤为明显。具体表现为低频误差较大,整体曲线纹波较多。故本书在高频段对 $L_{M1,Act}$ 取平均,以零阶模型描述,以 L_{M1,Act_Last} 为参考值 L_{Ref} 倒序遍历所有 L_{M1,Act_i}, $i=0,\cdots,Fpts$(frequency points,频点数);在 $[0.5L_{Ref},1.5L_{Ref}]$ 区间内对 L_{M1,Act_i} 求和并取平均,得 L_{M1,Act_Avg},将其代入后续计算。

$R_{M1,Act}$ 为用四线法测得的负载标准件的直流电阻,一般在片校准件已精确修调至 50Ω。$G_{O1,Est}$ 与 $B_{O1,Est}$ 由选用开路作为反射标准件的 LRM＋方法计算得出。由于 LRM＋方法要求两端口反射标准件相同,故端口 2 负载标准件的电感和反射系数满足式(5.496)和式(5.497)。

$$L_{M2,Act\_Avg} = L_{M1,Act\_Avg} = L_{M,Act\_Avg} \tag{5.496}$$

$$\Gamma_{MX,Std} = \frac{R_{MX,Act}+j2\pi f L_{M,Act\_Avg}-Z_0}{R_{MX,Act}+j2\pi f L_{M,Act\_Avg}+Z_0} \tag{5.497}$$

5.3.3.5 LRRM＋校准方法

笔者在 LRRM 的基础上做出了一些改进:在 8 项模型的原型上增加了隔离项,将其修正改进至如图 4.12 所示的 10 项误差模型,形成了 LRRM＋校准方法。LRRM＋校准方法的优缺点如下,基本信息如表 5.11 所示。

优点:

①宽带校准方法,执行两次 LRM＋方法,自动计算出负载标准件的电感值 L_M。

②不需要已知参数的负载标准件,仅要求直流电阻值已知。

③不需要已知参数的开路或短路标准件。

④增加隔离项修正。

⑤自校准。

缺点:

对反射标准件和负载标准件的非对称性比较敏感。

表 5.11　LRRM+校准方法基本信息

标准件	要　求	未知参数	可求解误差项数	自校准方法产物
line 传输线 (thru 直通)	S_{11}、S_{12}、S_{21}、S_{22} 已知,按理想传输线模型,$S_{11}=S_{22}=0$,$S_{12}=S_{21}$	—	4	—
reflection- open 反射开路	$S_{11}=S_{22}$,由开路:$\Gamma_{O\mid 0Hz}=1$,以及相位连续性(相邻频点相位变化<180°)的要求来确定真实值	$S_{11}(=S_{22})$	1	$S_{11}(=S_{22})$
reflection- short 反射短路	$S_{11}=S_{22}$,由短路:$\Gamma_{S\mid 0Hz}=-1$,以及相位连续性(相邻频点相位变化<180°)的要求来确定真实值	$S_{11}(=S_{22})$	1	$S_{11}(=S_{22})$
match 负载	不再要求理想负载模型,但要求负载标准件的对称性,即不要求 $Z_M=50\Omega$,$L_M=0$pH,但要求 $S_{11}=S_{22}$	$S_{11}(=S_{22})$	1	$S_{11}(=S_{22})$
match 负载	端口 1、2 连接负载标准件时,测量 S_{11}、S_{12}、S_{21}、S_{22}、S_{12}、S_{21} 作为隔离项	—	2	—

5.3.3.6　对 LRRM 方法的进一步改进

LRRM 方法最大的优势在于可以自动提取负载标准件的寄生电感。笔者在 LRRM 电感提取的基本算法之上进行了新的改进与探索,下面会对这些优化算法进行介绍。

第 5.3.3.4 小节最后已经指出 LRRM 方法计算出的电感值在低频时易受干扰,波动性很大。笔者开发了逆序选值算法,此外笔者还尝试了另一种频率加权算法,如式(5.498)所示。该算法利用全部频点数据,但高频权重更高。

$$L_{M1,Act}=-\frac{G_{O1,Est}R_{M1,Act}}{\omega B_{O1,Est}}=-\frac{R_{M1,Act}}{2\pi}\cdot\frac{\sum G_{O1,Est}}{\sum fB_{O1,Est}} \tag{5.498}$$

此外,笔者对电感提取算法采用了迭代方式,进一步提高计算精度和对称性。不过应用迭代算法要慎重,低频时电感值的提取易受干扰,容易造成不收敛。

5.3.4　16-SOLT-SVD 校准方法

16-SOLT-SVD 校准方法的信号流图采用如图 4.11 所示的 16 项误差模型。该模型在 8 个误差项的基础上增加了各端口间的隔离误差项和泄露误差项,校准时参数采集过程与 SOLT 相似。但为了完整地描述所有误差项,需要增加更多的参数采集步骤,构造出超定方程组,进而利用 SVD 算法的优势求解完整误差项。16-SOLT-SVD 方法由此得名。16-SOLT-SVD 校准方法的优缺点如下,基本信息如表 5.12 所示。

优点:

①宽带校准方法,适用于三接收机和四接收机矢量网络分析仪。

②算法稳定,无根不确定性问题。

③修正各个隔离项、泄漏项误差。

缺点:

①要求所有校准标准件参数已知。

②非自校准。

表 5.12　16-SOLT-SVD 校准方法基本信息

标准件	要　求	未知参数	可求解误差项数	自校准方法产物
short 短路	S_{11}、S_{22} 已知	—	2	—
open 开路	S_{11}、S_{22} 已知	—	2	—
load 负载	S_{11}、S_{22} 已知	—	2	—
load 负载	测量 S_{11}、S_{12}、S_{21}、S_{22}	—	2	—
thru 直通	S_{11}、S_{12}、S_{21}、S_{22} 已知	—	4	—
reflection- load 反射—负载	测量 S_{11}、S_{12}、S_{21}、S_{22}	—	2	—
load- reflection 负载—反射	测量 S_{11}、S_{12}、S_{21}、S_{22}	—	2	—

由 S 参数的基本定义,图 4.11 中入射波 a_i 和反射波 $b_i (i=0,1,2,3)$ 满足关系式 (5.499),其中矩阵 $[E]$ 如式(5.500)所示。从图 4.11 中,我们不难得到式(5.501)至式 (5.504)。根据 S 参数和 T 参数的基本定义以及线性代数的基本知识,我们可以得到式 (5.505)和式(5.506),那么 $[S_M]$ 和 $[S_A]$ 可以用式(5.507)和式(5.508)表示。以 T 参数形式描述入射波 a_i 和反射波 $b_i (i=0,1,2,3)$ 的关系如式(5.509)所示,其中矩阵 $[T]$ 如式(5.510)所示。将式(5.505)代入式(5.507)和式(5.508),可得式(5.511)至式

(5.513)，整理可得式(5.514)。展开式(5.514)，如式(5.515)所示。

$$
\begin{bmatrix} b_0 \\ b_3 \\ b_1 \\ b_2 \end{bmatrix} = \begin{bmatrix} E \end{bmatrix} \begin{bmatrix} a_0 \\ a_3 \\ a_1 \\ a_2 \end{bmatrix} \tag{5.499}
$$

$$
\begin{bmatrix} E \end{bmatrix} \triangleq \begin{bmatrix} E_1 & E_2 \\ E_3 & E_4 \end{bmatrix} = \begin{bmatrix} E_{00} & E_{03} & E_{01} & E_{02} \\ E_{30} & E_{33} & E_{31} & E_{32} \\ E_{10} & E_{13} & E_{11} & E_{12} \\ E_{20} & E_{23} & E_{21} & E_{22} \end{bmatrix} \tag{5.500}
$$

$$
\begin{bmatrix} b_0 \\ b_3 \end{bmatrix} = \begin{bmatrix} S_M \end{bmatrix} \begin{bmatrix} a_0 \\ a_3 \end{bmatrix} \tag{5.501}
$$

$$
\begin{bmatrix} a_1 \\ a_2 \end{bmatrix} = \begin{bmatrix} S_A \end{bmatrix} \begin{bmatrix} b_1 \\ b_2 \end{bmatrix} \tag{5.502}
$$

$$
\begin{bmatrix} S_M \end{bmatrix} = \begin{bmatrix} S_{11M} & S_{12M} \\ S_{21M} & S_{22M} \end{bmatrix} \tag{5.503}
$$

$$
\begin{bmatrix} S_A \end{bmatrix} = \begin{bmatrix} S_{11A} & S_{12A} \\ S_{21A} & S_{22A} \end{bmatrix} \tag{5.504}
$$

$$
\begin{bmatrix} E \end{bmatrix} = \begin{bmatrix} T_2 T_4^{-1} & T_1 - T_2 T_4^{-1} T_3 \\ T_4^{-1} & -T_4^{-1} T_3 \end{bmatrix} \tag{5.505}
$$

$$
\begin{bmatrix} T \end{bmatrix} = \begin{bmatrix} E_2 - E_1 E_3^{-1} E_4 & E_1 E_3^{-1} \\ -E_3^{-1} E_4 & E_3^{-1} \end{bmatrix} \tag{5.506}
$$

$$
\begin{bmatrix} S_M \end{bmatrix} = \begin{bmatrix} E_1 \end{bmatrix} + \begin{bmatrix} E_2 \end{bmatrix} \begin{bmatrix} S_A \end{bmatrix} (\begin{bmatrix} I \end{bmatrix} - \begin{bmatrix} E_4 \end{bmatrix} \begin{bmatrix} S_A \end{bmatrix})^{-1} \begin{bmatrix} E_3 \end{bmatrix} \tag{5.507}
$$

$$
\begin{bmatrix} S_A \end{bmatrix} = \{ \begin{bmatrix} E_3 \end{bmatrix} (\begin{bmatrix} S_M \end{bmatrix} - \begin{bmatrix} E_1 \end{bmatrix})^{-1} \begin{bmatrix} E_2 \end{bmatrix} + \begin{bmatrix} E_4 \end{bmatrix} \}^{-1} \tag{5.508}
$$

$$
\begin{bmatrix} b_0 \\ b_3 \\ a_0 \\ a_3 \end{bmatrix} = \begin{bmatrix} T \end{bmatrix} \begin{bmatrix} a_1 \\ a_2 \\ b_1 \\ b_2 \end{bmatrix} \tag{5.509}
$$

$$
\begin{bmatrix} T \end{bmatrix} \triangleq \begin{bmatrix} T_1 & T_2 \\ T_3 & T_4 \end{bmatrix} = \begin{bmatrix} t_0 & t_1 & t_4 & t_5 \\ t_2 & t_3 & t_6 & t_7 \\ t_8 & t_9 & t_{12} & t_{13} \\ t_{10} & t_{11} & t_{14} & t_{15} \end{bmatrix} \tag{5.510}
$$

$$
\begin{bmatrix} S_M \end{bmatrix} = (\begin{bmatrix} T_1 \end{bmatrix} \begin{bmatrix} S_A \end{bmatrix} + \begin{bmatrix} T_2 \end{bmatrix}) (\begin{bmatrix} T_3 \end{bmatrix} \begin{bmatrix} S_A \end{bmatrix} - \begin{bmatrix} T_4 \end{bmatrix})^{-1} \tag{5.511}
$$

$$
\begin{bmatrix} T_1 \end{bmatrix} \begin{bmatrix} S_A \end{bmatrix} + \begin{bmatrix} T_2 \end{bmatrix} - \begin{bmatrix} S_M \end{bmatrix} \begin{bmatrix} T_3 \end{bmatrix} \begin{bmatrix} S_A \end{bmatrix} - \begin{bmatrix} S_M \end{bmatrix} \begin{bmatrix} T_4 \end{bmatrix} = 0 \tag{5.512}
$$

$$[S_A] = ([T_1] - [S_M][T_3])^{-1}([S_M][T_4] - [T_2]) \tag{5.513}$$

$$[A][\hat{T}] = [B] \tag{5.514}$$

仔细观察式(5.515)，系数矩阵$[A]$是一个大型稀疏矩阵(sparse matrix)，而且式(5.515)是一个超定方程组。如何高效求解这个方程组是个值得仔细思考的问题，而奇异值分解(SVD)是一个很好的选择。下面简要介绍奇异值分解的一些特性。

$$\tag{5.515}$$

奇异值分解是线性代数中一种重要的矩阵分解，是特征分解在任意矩阵上的推广。假设$[M]$是一个 $m \times n$ 阶矩阵，其中的元素全部属于域 K，也就是实数域或复数域。如此，则存在一个分解式(5.516)。

$$[M] = [U][S][V]^{\dagger} \tag{5.516}$$

其中，$[U]$是 $m \times m$ 阶酉矩阵[或称幺正矩阵(unitary matrix)，$[U][U]^{\dagger} = [U]^{\dagger}[U] = [I]$，即$[U]^{-1} = [U]^{\dagger}$]；$[S]$是半正定 $m \times n$ 阶对角矩阵；而$[V]^{\dagger}$，即$[V]$的共轭转置，是 $n \times n$ 阶酉矩阵。这样的分解就称作$[M]$的奇异值分解。$[S]$对角线上的元素 S_i 即为$[M]$的奇异值。

常见的做法是把奇异值由大到小排列。如此，$[S]$便能由$[M]$唯一确定了，虽然$[U]$和$[V]$仍然不能确定。

对于任意的奇异值分解，矩阵$[S]$的对角线上的元素等于$[M]$的奇异值。$[U]$和$[V]$

的列分别是奇异值中的左奇异向量和右奇异向量。因此,上述定理表明:

①一个 $m \times n$ 阶的矩阵至多有 $p = \min(m, n)$ 个不同的奇异值;

②总是可以找到在 K_m 上的一个正交基 $[U]$,组成 $[M]$ 的左奇异向量;

③总是可以找到在 K_n 上的一个正交基 $[V]$,组成 $[M]$ 的右奇异向量。

如果一个奇异值中可以找到两个左(或右)奇异向量是线性相关的,则称为退化。

非退化的奇异值具有唯一的左(或右)奇异向量,取决于所乘的单位相位因子 $e^{i\varphi}$。因此,如果 $[M]$ 的所有奇异值都非退化且非零,则它的奇异值分解是唯一的,因为 $[U]$ 中的一列要乘以一个单位相位因子,且同时 $[V]$ 中相应的列也要乘以同一个相位因子。

根据定义,退化的奇异值具有不唯一的奇异向量。因为,如果 U_1 和 U_2 为奇异值 σ 的两个左奇异向量,则两个向量的任意规范线性组合也是奇异值 σ 的一个左奇异向量;类似地,右奇异向量也具有相同的性质。因此,如果 $[M]$ 具有退化的奇异值,则它的奇异值分解是不唯一的。

奇异值分解理论的几何意义可以归纳如下:对于每一个线性映射 T:$K \rightarrow K$,T 把 K 的第 i 个基向量映射为 K 的第 i 个基向量的非负倍数,然后将余下的基向量映射为零向量。对照这些基向量,映射 T 就可以表示为一个非负对角阵。

奇异值分解在某些方面与对称矩阵或厄米特矩阵基于特征向量的对角化类似。然而这两种矩阵分解尽管有其相关性,但还是有明显的不同。谱分析的基础是对称阵特征向量的分解,而奇异值分解则是谱分析理论在任意矩阵上的推广。奇异值分解在求伪逆(pseudo-inverse)、平行奇异值、矩阵近似值等领域发挥着重要作用。奇异值分解的具体算法可以参阅文献[49]。

由式(5.516),矩阵 $[A]$ 可以进一步用式(5.517)表示。

$$[A] = [U] \cdot [\text{diag}(\lambda_i)] \cdot [V]^\dagger \tag{5.517}$$

由酉矩阵性质,$[U][U]^\dagger = [U]^\dagger[U] = [I]$,即 $[U]^{-1} = [U]^\dagger$。可求出 $[A]$ 的伪逆矩阵如式(5.518)所示,记 $Pinv([A])$ 为矩阵 $[A]$ 的伪逆矩阵,若矩阵 $Pinv([A])$ 是 $[A]$ 的伪逆,则其主对角线上每个非零元素是对 $[S]$ 主角线上每个非零元素求倒数之后再转置得到的。

$$Pinv([A]) = [V] \cdot \left\{ Pinv\left[\text{diag}\left(\frac{1}{\lambda_i} \right) \right] \right\} \cdot [U]^\dagger \tag{5.518}$$

借助奇异值分解算法,向量 $[\hat{T}]$ 可以由式(5.519)求出。对矩阵 $[T]$ 做如式(5.520)所示的归一化处理,最终可以由式(5.521)求出所有误差项。

$$[\hat{T}] = [V] \cdot \left\{ Pinv\left[\text{diag}\left(\frac{1}{\lambda_i} \right) \right] \right\} \cdot [U]^\dagger \cdot [B] \tag{5.519}$$

$$[\boldsymbol{T}] \triangleq t_{15} \begin{bmatrix} \widetilde{T}_1 & \widetilde{T}_2 \\ \widetilde{T}_3 & \widetilde{T}_4 \end{bmatrix} = t_{15} \begin{bmatrix} \widetilde{t}_0 & \widetilde{t}_1 & \widetilde{t}_4 & \widetilde{t}_5 \\ \widetilde{t}_2 & \widetilde{t}_3 & \widetilde{t}_6 & \widetilde{t}_7 \\ \widetilde{t}_8 & \widetilde{t}_9 & \widetilde{t}_{12} & \widetilde{t}_{13} \\ \widetilde{t}_{10} & \widetilde{t}_{11} & \widetilde{t}_{14} & 1 \end{bmatrix} \tag{5.520}$$

$$\widetilde{t}_i = \frac{t_i}{t_{15}}, \quad i = 0, 1, \cdots, 14 \tag{5.521}$$

5.3.5　数据比对

在本章前面的各小节中，笔者对目前各种两端口校准方法进行了完整的梳理和详细的数学推导；在本小节中，会通过实际测试数据分析比对各种算法的优劣。

5.3.5.1　测试条件

测试条件如表 5.13 所示，测试系统如图 5.32 所示。验证过程采用单一变量法，其中笔者独立开发的各种校准方法程序使用同源数据验证。部分驱动库如图 5.33 所示，以确保评估的合理性与准确性。

表 5.13　测试条件

序　号	条件项	详细信息
1	环境温度	294～296K(21～23℃)
2	相对湿度	45%～55%
3	洁净等级	千级
4	电磁屏蔽环境	Form Factor® Summit 12000BM 探针台屏蔽腔体
5	仪器设备	①Keysight® PNA-X N5251A 毫米波矢量网分分析系统 1 套；②Form Factor® Summit 12000BM 探针台 1 台；③Keysight® U8489A USB 功率计 1 支
6	附件	①Form Factor® 104-783A 在片校准件 1 片；②Form Factor® 109-531A 在片校准件 1 片；③MPI® AC2-2 在片校准件 1 片；④Form Factor® 005-018 调平片 1 片；⑤Form Factor® I110AM-GSG-100 DC～110GHz 射频探针 2 支；⑥Form Factor® IXT110-GSG-100 DC～110GHz 射频探针 2 支；⑦Form Factor® I40A-GSG-150 DC～40GHz 射频探针 2 支；⑧MPI® T40A-GSG-150-RC DC～40GHz 射频探针 2 支；⑨Keysight® 85959A DC～110GHz 同轴校准件 1 套
7	软件	①Keysight® PNA Ver.14.80.01；②Form Factor® Wincal 4.7.1；③笔者独立开发的校准软件

续表

序号	条件项	详细信息
8	被测件	Form Factor® 104-783A 3ps、27ps 时延线，109-531A 9.2ps、16.9ps、24.6ps 时延线
9	操作人员及辅助工具	笔者使用 0.45Nm 扭力扳手操作
10	备注	所有测试工作在仪器开机预热 3 小时以上后进行，所有仪器设备及附件长期处于试验环境之中

图 5.32　110GHz 在片测试系统实物

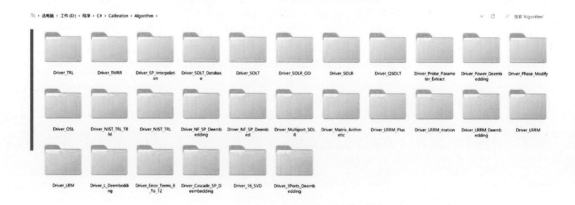

图 5.33　笔者独立开发的部分校准方法驱动库

5.3.5.2　测试结果

图 5.34 至图 5.38 比较了各种校准方法的校准结果。可以看出结果与表 5.2 一致，SOLT 方法及衍生的 16-SOLT-SVD 方法受限于校准件数据精度，频率升高时纹波增大，QSOLT 和 SOLR 方法可以部分抑制纹波现象；传统 TRL 方法受限于带宽，测试曲线有明显拼接痕迹，NIST TRL 方法有明显改善；LRM 方法族精度良好，LRRM 方法对校准件参数敏感度最弱，TMRR 方法由于最终以 SOLT 方法求解误差项，纹波依然明显，实际算法精度一般，LRRM＋校准精度明显优于 16-SOLT-SVD。综合比较校准精度和操作便捷程度，LRRM 和 LRRM＋是目前至少 110GHz 以内在片校准的最佳选择。

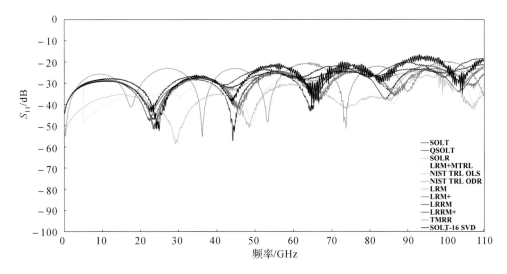

图 5.34　不同校准方法对比——S_{11} 幅值

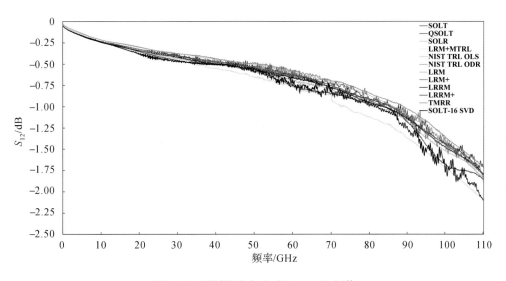

图 5.35　不同校准方法对比——S_{12} 幅值

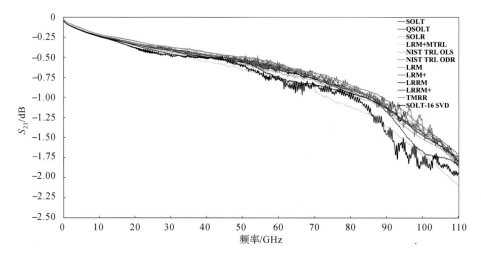

图 5.36　不同校准方法对比——S_{21} 幅值

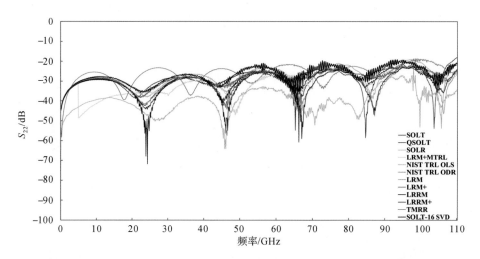

图 5.37　不同校准方法对比——S_{22} 幅值

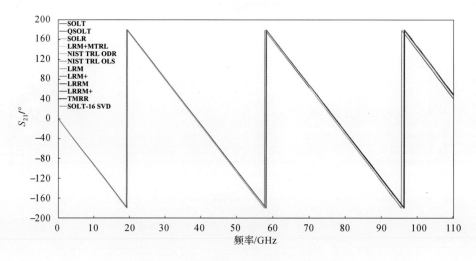

图 5.38　不同校准方法对比——S_{21} 相位

图 5.39 至图 5.46 比较了 Form Factor® Infinity 和 InfinityXT 探针配合 Form Factor® 104-783A 校准件以 LRRM 方法校准的对比结果。可以看出,不同探针在 70GHz 以上的测试结果有差异,采用不同方法多次验证后,该差异依然存在,可以认为这是探针和微带线的匹配牵引作用导致的。图 5.47 至图 5.59 比较了 Form Factor® Infinity 和 MPI® Titan-RC 探针配合 Form Factor® 109-531 校准件以 SOLR 方法校准的对比结果。可以看出,Titan-RC 探针的测试结果甚至会出现突变点,且这种效应随频率的升高表现得更加明显,所测微带线物理长度越长,出现频率越低,且由于直角结构微带线弯角处的特征阻抗控制更加困难,该现象更加明显。这种影响就要十分注意,测试时要仔细评估。

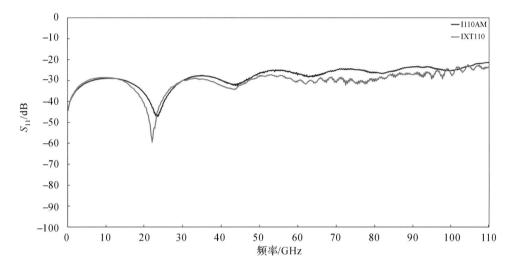

图 5.39　不同探针(Form Factor® Infinity vs InfinityXT)对比——S_{11} 幅值

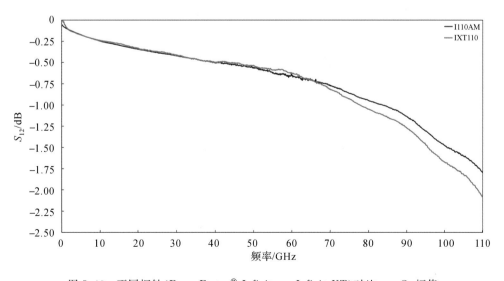

图 5.40　不同探针(Form Factor® Infinity vs InfinityXT)对比——S_{12} 幅值

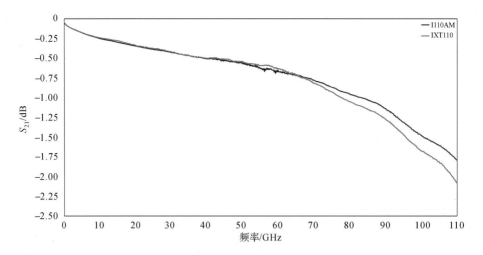

图 5.41　不同探针（Form Factor® Infinity vs InfinityXT）对比——S_{21} 幅值

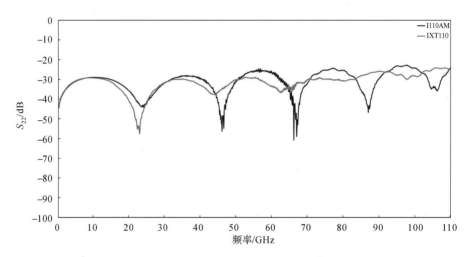

图 5.42　不同探针（Form Factor® Infinity vs InfinityXT）对比——S_{22} 幅值

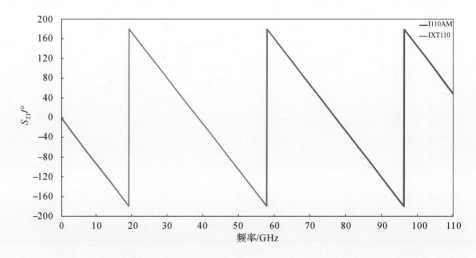

图 5.43　不同探针（Form Factor® Infinity vs InfinityXT）对比——S_{21} 相位

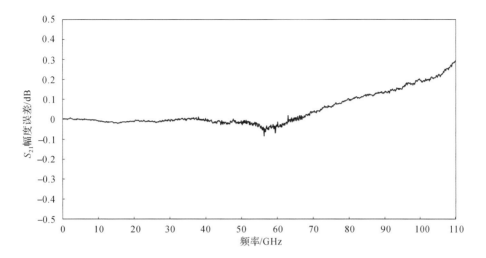

图 5.44　不同探针（Form Factor® Infinity vs InfinityXT）对比——S_{21} 幅度误差

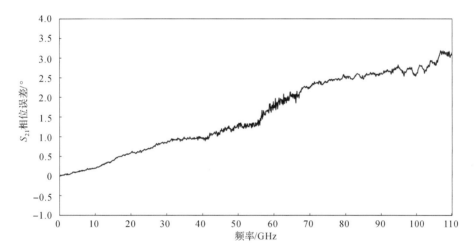

图 5.45　不同探针（Form Factor® Infinity vs InfinityXT）对比——S_{21} 相位误差

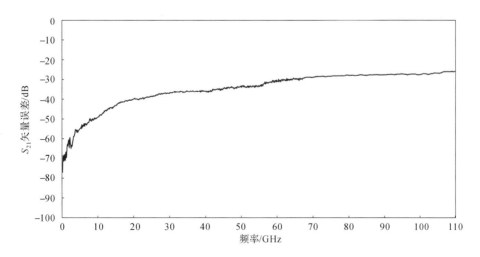

图 5.46　不同探针（Form Factor® Infinity vs InfinityXT）对比——S_{21} 矢量误差

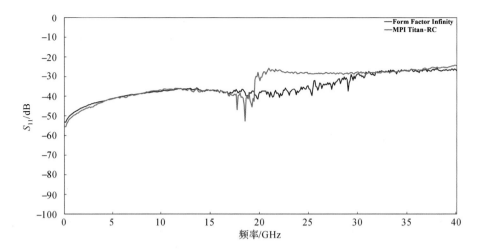

图 5.47　不同探针(Form Factor® Infinity vs MPI® Titan-RC)对比——S_{11} 幅值

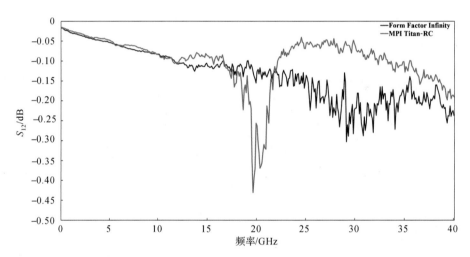

图 5.48　不同探针(Form Factor® Infinity vs MPI® Titan-RC)对比——S_{12} 幅值

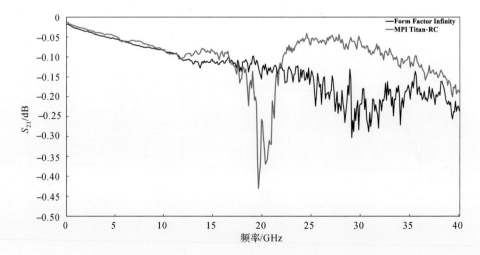

图 5.49　不同探针(Form Factor® Infinity vs MPI® Titan-RC)对比——S_{21} 幅值

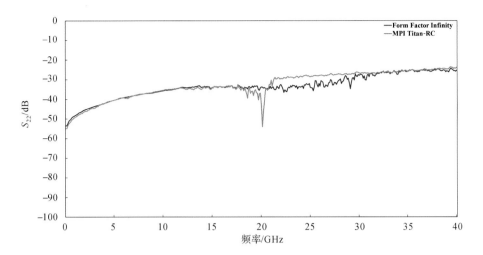

图 5.50　不同探针（Form Factor® Infinity vs MPI® Titan-RC）对比——S_{22} 幅值

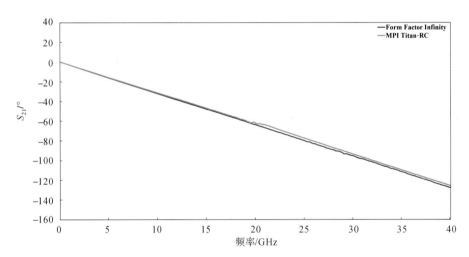

图 5.51　不同探针（Form Factor® Infinity vs MPI® Titan-RC）对比——S_{21} 相位

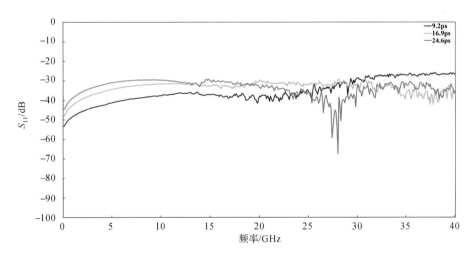

图 5.52　Infinity 探针测试不同长度直角传输线——S_{11} 幅值

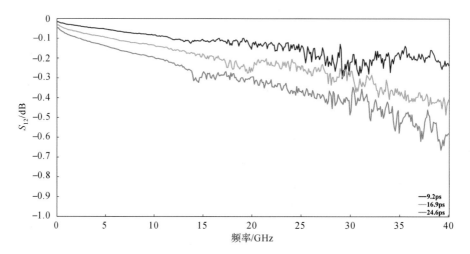

图 5.53 Infinity 探针测试不同长度直角传输线——S_{12} 幅值

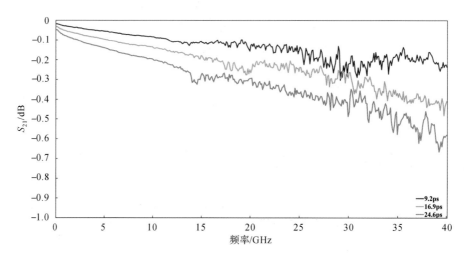

图 5.54 Infinity 探针测试不同长度直角传输线——S_{21} 幅值

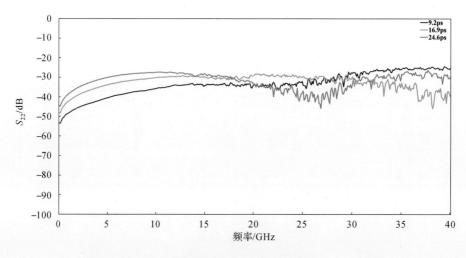

图 5.55 Infinity 探针测试不同长度直角传输线——S_{22} 幅值

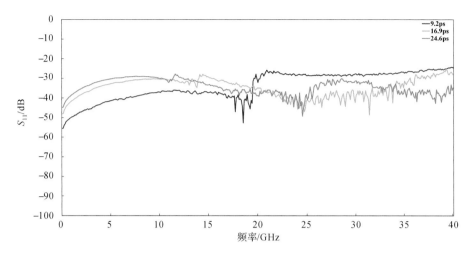

图 5.56　Titan-RC 探针测试不同长度直角传输线——S_{11} 幅值

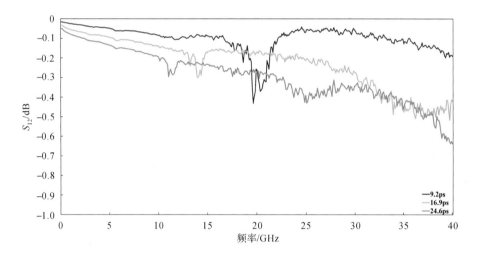

图 5.57　Titan-RC 探针测试不同长度直角传输线——S_{12} 幅值

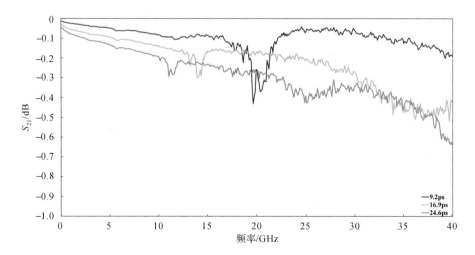

图 5.58　Titan-RC 探针测试不同长度直角传输线——S_{21} 幅值

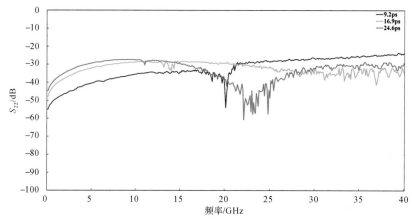

图 5.59　Titan-RC 探针测试不同长度直角传输线——S_{22} 幅值

图 5.60 至图 5.64 比较了 Infinity 探针配合 Form Factor® 104-783A 和 MPI® AC2-2 在片校准件以 LRRM 方法校准的对比结果，被测件为各自的 3ps 时延线。可以看出，不同供应商的材料特性和加工工艺还是有一定的差异。

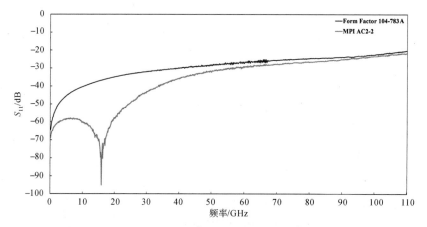

图 5.60　不同在片校准件(Form Factor® 104-783A vs MPI® AC2-2)对比——S_{11} 幅值

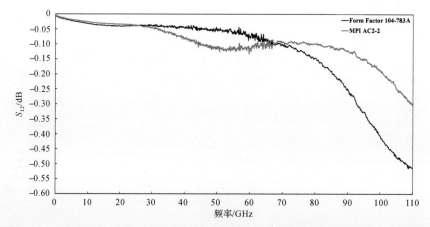

图 5.61　不同在片校准件(Form Factor® 104-783A vs MPI® AC2-2)对比——S_{12} 幅值

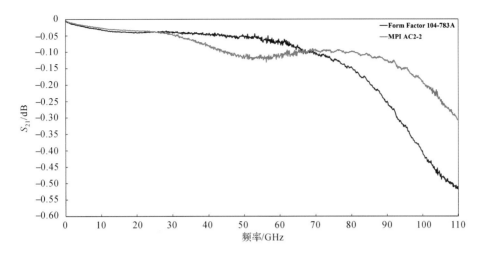

图 5.62　不同在片校准件(Form Factor® 104-783A vs MPI® AC2-2)对比——S_{21}幅值

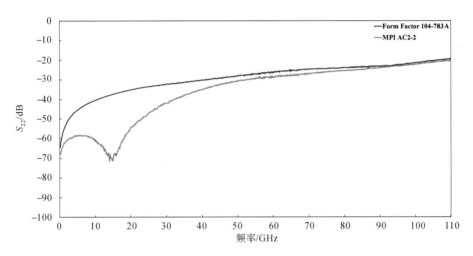

图 5.63　不同在片校准件(Form Factor® 104-783A vs MPI® AC2-2)对比——S_{22}幅值

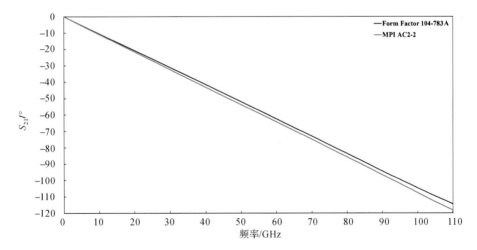

图 5.64　不同在片校准件(Form Factor® 104-783A vs MPI® AC2-2)对比——S_{21}相位

综合上述测试结果,在这里需要说明,校准的本质是一个数学修正过程,它并不能改变物理现象的表现,不同探针与不同校准件之间的源牵引和负载牵引(source-pull & load-pull)效应最终会在测试结果中有所体现,而这在有源器件的测试中更加明显。要想最大限度地消除这种效应的影响,需要使用源和负载牵引系统,将输入输出阻抗尽可能向 50Ω 方向匹配。

5.3.6　两端口去嵌方法比较

S 参数测试会面临一种情况,如图 5.65 所示。当进行建模等元器件参数提取测试时,需要将测试端面从探针尖准确延伸至被测器件端面,但被测器件端面与探针端面之间有微带线结构连接过渡,没有计量级的校准件。为了保证精确的端面延拓,需要使用去嵌(deembedding)技术。去嵌过程是通过各种数学手段,基于测试或仿真结果,实现测试端面的延伸,最终提取出"真实"的被测器件结果的过程。当前去嵌技术主要可以归纳为以下四种技术路径[50]:基于集总电路模型的等效电路去嵌方法,基于信号流图模型的两步去嵌方法,基于自校准方法的一步校准去嵌方法,以及基于电磁场仿真软件的电磁(electro-magnetic,EM)仿真去嵌方法。

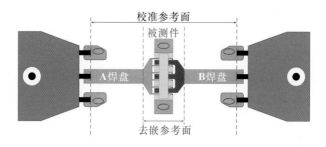

图 5.65　去嵌示意图

①基于集总电路模型的等效电路去嵌方法。该方法首先校准至探针端面,其次测量在片去嵌结构,根据预定的集总等效电路模型,利用矩阵变换技术,通过阻抗矩阵 $[\boldsymbol{Z}]$、导纳矩阵 $[\boldsymbol{Y}]$ 和散射参数矩阵 $[\boldsymbol{S}]$ 之间的运算,最终得到去嵌后的结果。这类方法使用等效电路模型对实际问题进行简化与近似,最常见的方法为开路—短路(open-short)法[51-52]。它随频率升高模型精度逐渐下降,在 20GHz 以上失准。此外,还有直通(thru)去嵌方法等[53-55]。在此基础上增加更多的去嵌结构,形成了新的方法,如开路(open)—焊盘开路(pad open)—短路(short)—焊盘短路(pad short)—直通(thru)法等更复杂的方法[56-60]。它们可以提高适用范围到 50GHz 左右,但受半导体制造工艺结构限制,通用性并不高。

②基于信号流图模型的两步去嵌方法。该方法同样首先校准至探针端面,其次测量在片去嵌结构,利用矩阵变换技术,通过散射参数矩阵 $[\boldsymbol{S}]$ 与散射级联矩阵 $[\boldsymbol{T}]$ 之间的运算,最终得到去嵌后的结果。最常见的为 TRL 去嵌方法。该方法高频精度高,但测量

起止频率范围要求在 1∶8 范围内,宽频段需要多段传输线结构,非常占用晶圆面积,且低频(<5GHz)时,传输线过长,精度不佳,适用范围受限。此外,还有 LRM 去嵌方法。但是该方法由于只将负载结构等效为理想的 50Ω,高频精度下降。为了解决以上问题,笔者开发了新的 LRRM 超宽带去嵌方法。

③基于自校准方法的一步校准去嵌方法。该方法使用自校准方法,直接测量晶圆上的校准结构并进行校准,将校准端面一步推进至待测件端面,但要使用专门的校准软件及专利保护的特定算法(如 Form Factor® 公司的 Wincal™ 软件的 LRRM 校准方法,又如本书笔者独立开发的类似方法,LRRM 方法费用高昂,且只能在校准时应用,不能保存去嵌结构参数,不能在测试后进行离线去嵌操作,使用不便)。

④基于电磁场仿真软件的 EM 仿真去嵌方法。该方法使用电磁仿真软件,利用有限元 FEM(finite element method)算法进行三维电磁场仿真[61-62],得到待去嵌结构的结果,该方法精度完全依赖于仿真软件设置、待去嵌结构的准确三维尺寸及各层材料物理信息,因此使用受限且精度波动很大。该方法需要晶圆厂提供详细的衬底层定义与准确的工艺参数。非直接测量方法不在本书的研究与讨论范围,故不过多展开。

除以上四种技术路径之外,还有基于时域的去嵌方法[63-64],该方法由于算法要求(夹具至少有 3~5 个波长,才有足够的分辨率)限制,主要应用在高速数字领域 PCB 去嵌等测试中,本书亦不做过多讨论。

在本小节中将会详细比较几种常见的去嵌方法和笔者提出的 LRRM 超宽带去嵌方法。

5.3.6.1 开路—短路去嵌方法

开路—短路(open-short)去嵌方法是最常用的去嵌方法,它的算法原理是通过等效电路模型,利用矩阵变换技术,通过阻抗矩阵[*Z*]、导纳矩阵[*Y*]和散射参数矩阵[*S*]之间的运算,最终得到去嵌后的结果。开路—短路去嵌原理如图 5.66 所示。

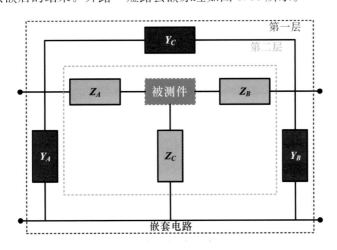

图 5.66　开路—短路去嵌原理

首先，测量开路结构的 *S* 参数。由表1.2中的矩阵运算关系，将原始 *S* 参数即第一层 *S* 参数转换成 *Y* 参数。由式(1.31)$[Y]$矩阵与 Ⅱ 形网络关系，可以得到式(5.522)至式(5.524)，从而得到 Y_A、Y_B、Y_C 的值。

$$Y_C = -Y_{12,1st\_Open} = -Y_{21,1st\_Open}, \quad [Y]_{1st} = [Y]_{Measure} \tag{5.522}$$

$$Y_A = Y_{11,1st\_Open} - Y_C \tag{5.523}$$

$$Y_B = Y_{22,1st\_Open} - Y_C \tag{5.524}$$

其次，由式(5.525)和式(5.526)，完成对第一层的去嵌，这也是用在 3GHz 以内的开路(open)去嵌方法的原理。测量短路结构的 *S* 参数，剥离掉第一层后，按表1.1的矩阵运算关系，将短路情况下的第二层 *Y* 参数转换成 *Z* 参数。

$$[Y]_{2nd\_DUT} = [Y]_{Measure\_DUT} - \begin{bmatrix} Y_A + Y_C & -Y_C \\ -Y_C & Y_B + Y_C \end{bmatrix} \tag{5.525}$$

$$[Y]_{2nd\_Short} = [Y]_{Measure\_Short} - \begin{bmatrix} Y_A + Y_C & -Y_C \\ -Y_C & Y_B + Y_C \end{bmatrix} \tag{5.526}$$

再次，由式(1.28)$[Z]$矩阵与 T 形网络关系，可以得到式(5.527)至式(5.529)，从而得到 Z_A、Z_B、Z_C 的值。

$$Z_C = Z_{12,2nd\_Short} = Z_{21,2nd\_Short} \tag{5.527}$$

$$Z_A = Z_{11,2nd\_Short} - Z_C \tag{5.528}$$

$$Z_B = Z_{22,2nd\_Short} - Z_C \tag{5.529}$$

然后，由式(5.530)剥离第二层寄生参数。最后，按表1.3的矩阵运算关系，将去嵌完的 *Z* 参数转换成 *S* 参数，完成去嵌过程。

$$[Z]_{DUT} = [Z]_{2nd\_DUT} - \begin{bmatrix} Z_A + Z_C & Z_C \\ Z_C & Z_B + Z_C \end{bmatrix} \tag{5.530}$$

不过依笔者经验，开路—短路去嵌方法在 20GHz 以上精度不佳，且受制于去嵌结构，很容易因物理端面不一致导致如图 5.67 所示的过去嵌(over-deembedding)现象。在开路—短路去嵌方法的基础上，学者增加了更多的去嵌结构，优化了端口间及端口对地的寄生参数提取的精度，形成了新的方法，如三步的开路(open)—左右短路(two-short)—直通(thru)去嵌方法及利用硅基半导体工艺更复杂结构的五步的开路(open)—焊盘开路(pad open)—短路(short)—焊盘短路(pad short)—直通(thru)去嵌方法等。它们可以将适用范围提高到 50GHz 左右，但受半导体制造工艺结构限制，通用性不高。

5.3.6.2　直通去嵌方法

直通去嵌(through deembedding)方法顾名思义是基于直通结构的去嵌方法。直通结构由左右焊盘(pad)对接形成，结构十分简单。直通去嵌原理如图 5.68 所示。直通(thru)去嵌方法的计算过程比较简单。首先测量直通结构的 *S* 参数，$[Y]$参数矩阵由阻

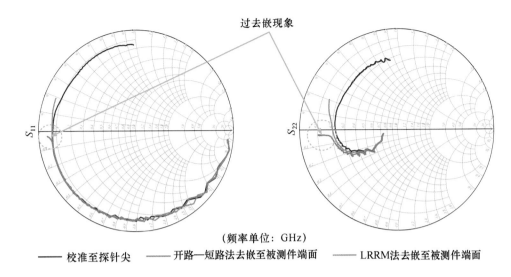

（频率单位：GHz）

——— 校准至探针尖　——— 开路—短路法去嵌至被测件端面　——— LRRM法去嵌至被测件端面

图 5.67　过去嵌现象

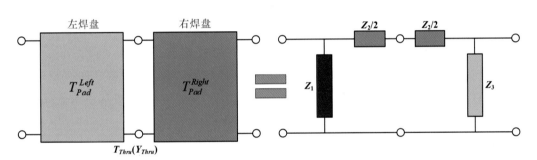

图 5.68　直通去嵌原理

抗表示，如式（5.531）所示，这样其左右部分的 $[\boldsymbol{Y}]$ 参数矩阵可由式（5.532）和式（5.533）求出，之后将 $\boldsymbol{S}$ 参数过渡成 $\boldsymbol{T}$ 参数，这样就可以由式（5.534）矩阵级联的方法完成去嵌。直通去嵌方法以直通中点来定义去嵌参考平面，即零长度直通（0 thru），不会有过去嵌现象。在直通去嵌的基础上，学者又开发了开路—直通（open-thru）、短路—直通（short-thru），开路—短路—直通（open-short-thru）和如图 5.69 所示适合 CPW 结构的传输线（line）—二倍传输线（two line）去嵌方法，以及它们之间的进一步结合。本书中简要介绍其核心算法。

$$
[\boldsymbol{Y_{Thru}}] = \begin{bmatrix} Y_{11} & Y_{12} \\ Y_{21} & Y_{22} \end{bmatrix} = \begin{bmatrix} \dfrac{1}{Z_1} + \dfrac{1}{Z_2} & -\dfrac{1}{Z_2} \\ -\dfrac{1}{Z_2} & \dfrac{1}{Z_3} + \dfrac{1}{Z_2} \end{bmatrix} \tag{5.531}
$$

$$
[\boldsymbol{Y_{Pad}^{Left}}] = \begin{bmatrix} Y_{11} - Y_{21} & 2Y_{21} \\ 2Y_{21} & -2Y_{21} \end{bmatrix} = \begin{bmatrix} \dfrac{1}{Z_1} + \dfrac{2}{Z_2} & -\dfrac{2}{Z_2} \\ -\dfrac{2}{Z_2} & \dfrac{2}{Z_2} \end{bmatrix} \tag{5.532}
$$

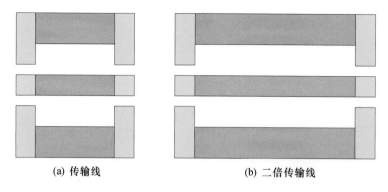

(a) 传输线　　　　　　　　　　　(b) 二倍传输线

图 5.69　传输线—二倍传输线法去嵌结构示意图

$$\left[Y_{Pad}^{Right} \right] = \begin{bmatrix} -2Y_{12} & 2Y_{12} \\ 2Y_{12} & Y_{22} - Y_{12} \end{bmatrix} = \begin{bmatrix} \dfrac{2}{Z_2} & -\dfrac{2}{Z_2} \\ -\dfrac{2}{Z_2} & \dfrac{1}{Z_3} + \dfrac{2}{Z_2} \end{bmatrix} \tag{5.533}$$

$$\left[T_{DUT} \right] = \left[T_{Pad}^{Left} \right]^{-1} \cdot \left[T_{Meas} \right] \cdot \left[T_{Pad}^{Right} \right]^{-1} \tag{5.534}$$

传输线—二倍传输线去嵌方法主要采用去嵌 CPW 结构的焊盘，CPW 结构的焊盘物理尺寸很小，若直接使用直通去嵌方法，射频探针相距过近，空间耦合和泄露问题会影响测试结果。采用测量传输线和二倍传输线的结构通过 *T* 参数求解出直通结构后，再用直通去嵌方法完成去嵌过程。求解直通结构的过程如下。分别测量传输线和二倍传输线结构的 *S* 参数并把它们转换成 *T* 参数，我们可以很容易得到式（5.535）至式（5.537）。

$$\left[T_{Pad}^{Left} \right] \cdot \left[T_{Line} \right] \cdot \left[T_{Pad}^{Right} \right] = \left[T_{Meas\_Line} \right] \tag{5.535}$$

$$\left[T_{Pad}^{Left} \right] \cdot \left[T_{2Line} \right] \cdot \left[T_{Pad}^{Right} \right] = \left[T_{Pad}^{Left} \right] \cdot \left[T_{Line} \right] \cdot \left[T_{Line} \right] \cdot \left[T_{Pad}^{Right} \right] = \left[T_{Meas\_2Line} \right] \tag{5.536}$$

$$\left[T_{Line} \right] = \left[T_{Pad}^{Left} \right]^{-1} \cdot \left[T_{Meas\_Line} \right] \cdot \left[T_{Pad}^{Right} \right]^{-1} \tag{5.537}$$

把式（5.537）代入式（5.536），可得式（5.538），进而得到式（5.539），之后按式（5.531）至式（5.534）所示的直通去嵌方法计算步骤完成去嵌。

$$\left[T_{Pad}^{Right} \right]^{-1} \cdot \left[T_{Pad}^{Left} \right]^{-1} = \left[T_{Meas\_Line} \right]^{-1} \cdot \left[T_{Meas\_2Line} \right] \cdot \left[T_{Meas\_Line} \right]^{-1} \tag{5.538}$$

$$\left[T_{Thru} \right] = \left[T_{Pad}^{Left} \right] \cdot \left[T_{Pad}^{Right} \right] = \left[T_{Meas\_Line} \right] \cdot \left[T_{Meas\_2Line} \right]^{-1} \cdot \left[T_{Meas\_Line} \right] \tag{5.539}$$

5.3.6.3　TRL 去嵌方法

前面介绍的开路—短路去嵌方法和直通去嵌方法及其衍生方法均属于基于等效电路的去嵌方法。将寄生参数等效成集总参数时，去嵌精度会随频率升高而明显下降。为了提高去嵌精度，就要增加去嵌结构，这占用了晶圆上宝贵的面积。此外，有些去嵌结构并不适用于所有半导体工艺。因此，一些学者转换思路来解决问题。考虑到校准过程和去嵌过程有很大的相似性，但是去嵌结构不具备校准件级别的精度，由基于信号流图的自校准方法改进而来的去嵌方法在精度和适用范围上更具优势。其中最常用的就是

TRL 去嵌方法,所有基于图 5.70 所示信号流图的去嵌方法要求被去嵌的过渡结构满足互易条件即可求解。然而由于实际使用时,左右过渡结构是对称的,互易条件升级为对称互易条件,这个条件在半导体制造工艺中很容易保证,即应满足式(5.540)至式(5.542)。该条件可进一步提高求解精度,降低随机误差的干扰。若物理条件的确不满足,两边分别以互易条件求解。TRL 去嵌方法的基本计算过程和 TRL 校准方法一致,结合式(5.540)至式(5.542)补充条件和本书中经常使用的二倍相位法,可以很容易地求解出待去嵌结构的 **S** 参数,之后用 **T** 参数矩阵级联求逆的方法完成去嵌。

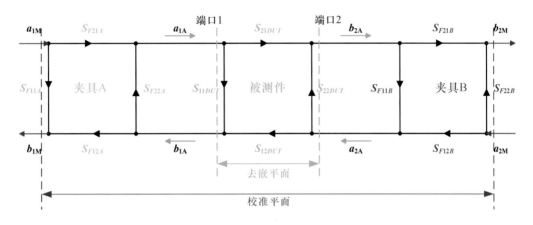

图 5.70　TRL 去嵌信号流图

$$S_{11}^A = S_{22}^B = \frac{E_{00} + E_{33}}{2} \tag{5.540}$$

$$S_{22}^A = S_{11}^B = \frac{E_{11} + E_{22}}{2} \tag{5.541}$$

$$S_{12}^A S_{21}^A = S_{12}^B S_{21}^B = \frac{E_{10} E_{01} + E_{32} E_{23} + E_{10} E_{32}}{3} \tag{5.542}$$

TRL 去嵌主体算法和第 5.3.2.1 小节中的 TRL 去嵌一致,区别在于增加了对称互易条件后,8 个误差项可以完全得出,就可用以下过程求解。由式(5.543)至式(5.554),对 S_{21} 使用二倍相位法处理,便求得去嵌结构的完整 **S** 参数。

$$S_{12}^A = S_{21}^A, \quad S_{12}^B = S_{21}^B \tag{5.543}$$

$$[\overline{\boldsymbol{T_A}}] = \begin{bmatrix} \overline{T_{22}^A} & -\overline{T_{12}^A} \\ -\overline{T_{21}^A} & \overline{T_{11}^A} \end{bmatrix} \tag{5.544}$$

$$[\boldsymbol{S_A}] = \begin{bmatrix} -\dfrac{\overline{T_{21}^A}}{T_{22}^A} & \dfrac{1}{T_{22}^A} \\[3ex] \dfrac{T_{11}^A\, T_{22}^A - T_{12}^A\, T_{21}^A}{T_{22}^A} & \dfrac{T_{12}^A}{T_{22}^A} \end{bmatrix} \tag{5.545}$$

$$\overline{T_{11}^A}\ \overline{T_{22}^A} - \overline{T_{12}^A}\ \overline{T_{21}^A} = 1 \tag{5.546}$$

$$A = \frac{\overline{T_{12}^A}}{\overline{T_{11}^A}} \tag{5.547}$$

$$B = \frac{\overline{T_{21}^A}}{\overline{T_{11}^A}} \tag{5.548}$$

$$C = \frac{\overline{T_{22}^A}}{\overline{T_{11}^A}} \tag{5.549}$$

$$S_{11}^A = -\frac{B}{C} \tag{5.550}$$

$$S_{22}^A = \frac{A}{C} \tag{5.551}$$

$$\overline{T_{22}^A} = C\ \overline{T_{11}^A} = \frac{1}{S_{12}^A} = \frac{1}{S_{21}^A} \tag{5.552}$$

$$C - AB = \left(\frac{1}{T_{11}^A}\right)^2 \tag{5.553}$$

$$(S_{21}^A)^2 = \left(\frac{1}{C\ T_{11}^A}\right)^2 = \frac{C - AB}{C^2}, \quad phase\,\big|_{0Hz} = 0° \tag{5.554}$$

TRL 去嵌方法同样以直通中点来定义去嵌参考平面,即零长度直通,不会有过去嵌现象。但 TRL 去嵌方法和 TRL 校准方法一样,也有一个明显的缺点,即使用频带受限。虽然可以用 MTRL 方法进行拓展,但占用晶圆面积大,且 5GHz 以下传输线过长,这些问题均限制了其使用范围。因此,它更适合高频去嵌,以及用在元器件负载牵引这种窄带测试应用上。

5.3.6.4　LRRM 去嵌方法

TRL 去嵌方法的带宽限制和对晶圆面积的占用导致其使用受限,学者又将眼光投向了另一个主要的自校准方法族——LRM 方法族,但是 LRM 和 LRM＋这两种方法中,前者假设负载为理想的 50Ω,后者要求负载参数已知,这对于高频去嵌的应用而言均不适用。笔者提出了 LRRM 去嵌方法[65],其前置参数均可以提前获得:去嵌时直通结构为零长度直通,以直通中点来定义去嵌参考平面,不会有过去嵌现象;负载的直流电阻可以通过"四线法"精确测量得到;其他参数可由算法在计算过程中自动获得,而半导体工艺极高的加工精度可以保证算法要求的对称性。

LRRM 去嵌方法的信号流图仍如图 5.70 所示,相较于 LRRM 校准方法的算法改动亦如式(5.540)至式(5.542)所示,对待去嵌结构的 **S** 参数的处理仍采用二倍相位法。LRRM 去嵌结构示意图和实物图分别如图 5.71 和图 5.72 所示,去嵌流程如图 5.73 所示。经实际测试比对,该方法优势明显,具体结果详见第 5.3.6.5 小节。

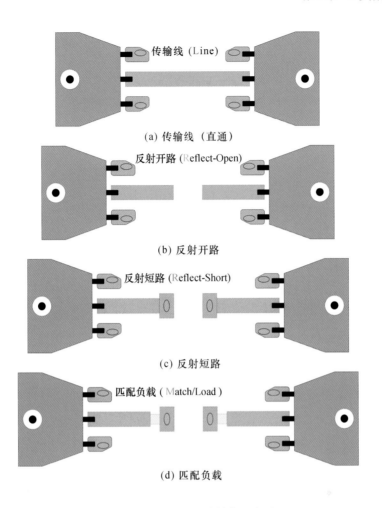

传输线 (Line)

(a) 传输线（直通）

反射开路 (Reflect-Open)

(b) 反射开路

反射短路 (Reflect-Short)

(c) 反射短路

匹配负载 (Match/Load)

(d) 匹配负载

图 5.71　LRRM 去嵌结构示意图

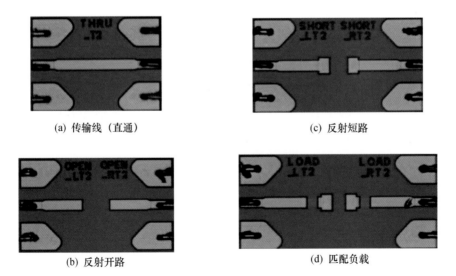

(a) 传输线（直通）

(c) 反射短路

(b) 反射开路

(d) 匹配负载

图 5.72　LRRM 去嵌结构实物图

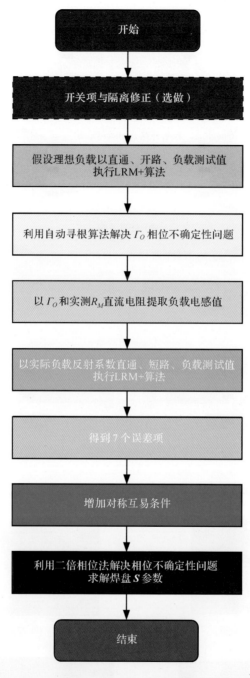

图 5.73　LRRM 去嵌流程

5.3.6.5　结果比对

为验证不同去嵌方法的精度,笔者同样以表 5.13 所示条件,测量了如图 5.72 所示的去嵌结构[GaAs 赝配型高电子迁移率晶体管(pHEMT)0.1μm 工艺管芯及校准去嵌结构]。基于同源数据,图 5.74 至图 5.78 中比较了 LRRM 校准后直通测量值与需去嵌

焊盘（直通的一半，左右镜像）的 **S** 参数。可以看出，反射系数与直通的测量值接近，插入
损耗及相位几乎是直通测量值的一半，去嵌精度很高。图 5.79 至图 5.82 比较了 LRRM
校准与去嵌方法，提取如图 5.83 所示地孔电感的结果，两者一致性很高（极低频时，电感
计算受其他因素影响，波动很大，应予忽略）。图 5.84 至图 5.93 比较了开路—短路、直
通、LRRM 三种方法的去嵌结果。不难发现，LRRM 去嵌方法优势明显：频率适用范围
更宽，精度更高，亦无图 5.67 所示开路—短路方法不可避免的过去嵌现象，且可脱离校
准过程，方便与图 5.94 所示第三方软件集成。

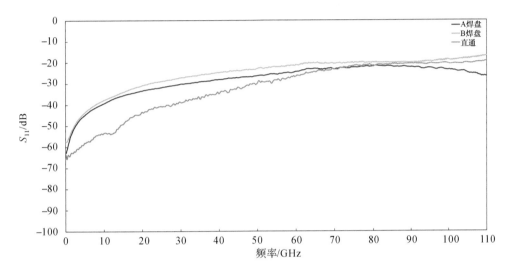

图 5.74　LRRM 去嵌与校准测试结果比较——S_{11} 幅值

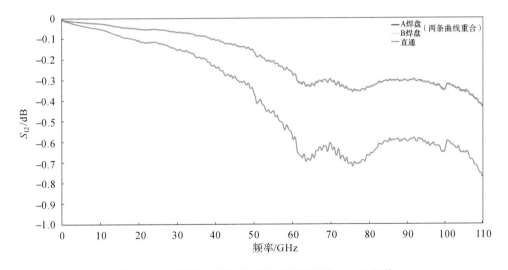

图 5.75　LRRM 去嵌与校准测试结果比较——S_{12} 幅值

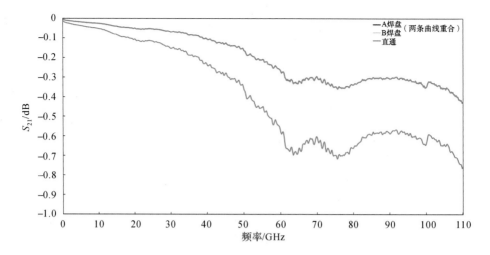

图 5.76　LRRM 去嵌与校准测试结果比较——S_{21} 幅值

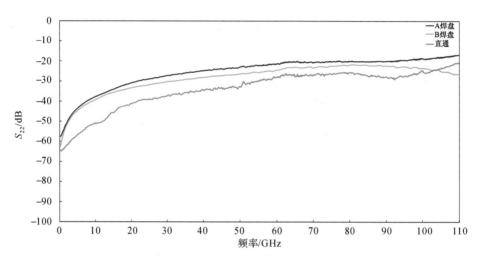

图 5.77　LRRM 去嵌与校准测试结果比较——S_{22} 幅值

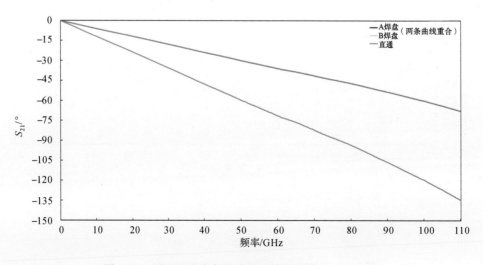

图 5.78　LRRM 去嵌与校准测试结果比较——S_{21} 相位

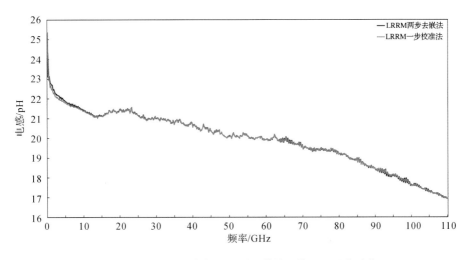

图 5.79　LRRM 去嵌与校准测试结果比较——地孔感值

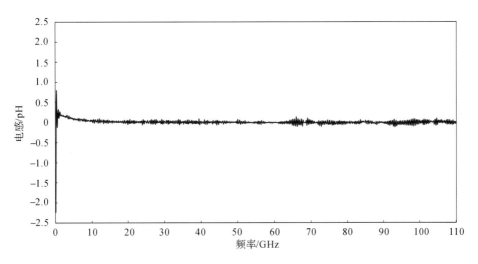

图 5.80　LRRM 去嵌与校准测试结果比较——地孔感值差值

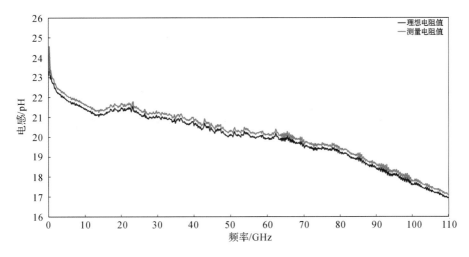

图 5.81　LRRM 去嵌方法电阻值（加工精度误差＜1％）对测试结果的影响——地孔感值

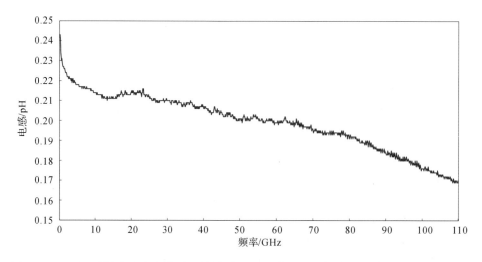

图 5.82　LRRM 去嵌方法电阻值（加工精度误差＜1％）对测试结果的影响——地孔感值差值

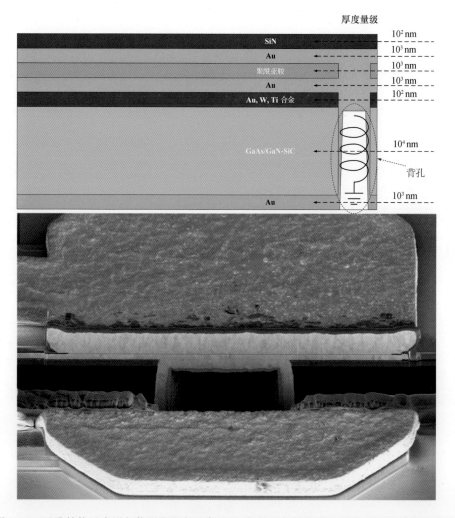

图 5.83　地孔结构示意图与使用聚焦离子束（FIB）制样及扫描电子显微镜（SEM）拍摄实物图

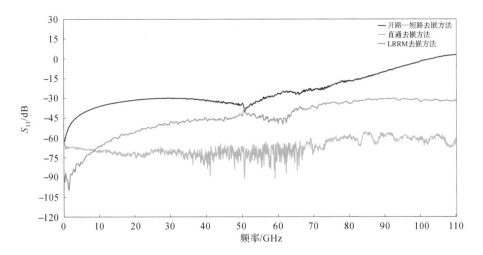

图 5.84　开路—短路、直通与 LRRM 去嵌方法结果比较——直通 S_{11} 幅值

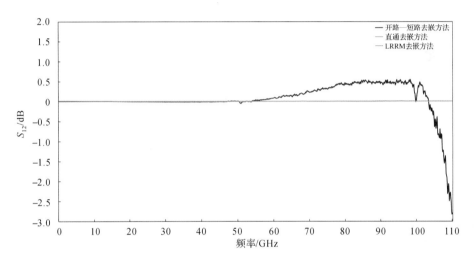

图 5.85　开路—短路、直通与 LRRM 去嵌方法结果比较——直通 S_{12} 幅值

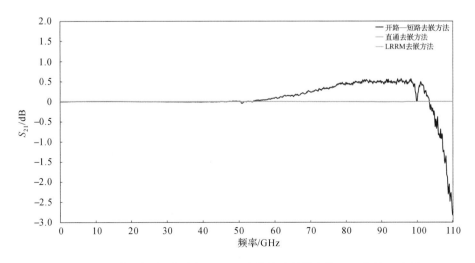

图 5.86　开路—短路、直通与 LRRM 去嵌方法结果比较——直通 S_{21} 幅值

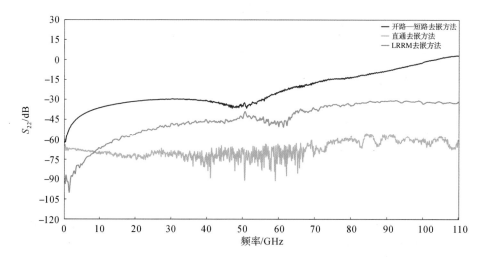

图 5.87 开路—短路、直通与 LRRM 去嵌方法结果比较——直通 S_{22} 幅值

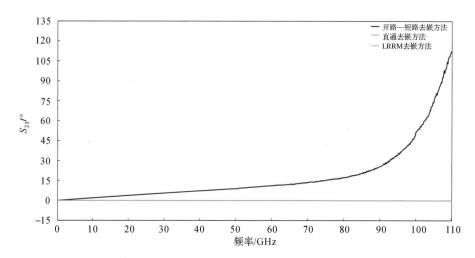

图 5.88 开路—短路、直通与 LRRM 去嵌方法结果比较——直通 S_{21} 相位

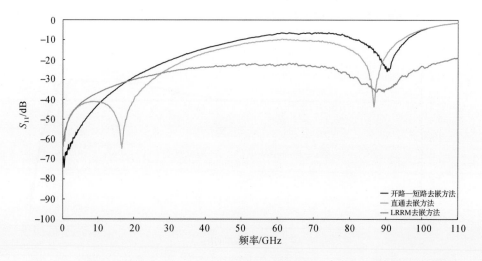

图 5.89 开路—短路、直通与 LRRM 去嵌方法结果比较——$600\mu m$ 传输线 S_{11} 幅值

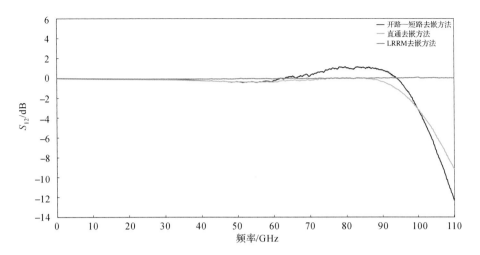

图 5.90　开路—短路、直通与 LRRM 去嵌方法结果比较——600μm 传输线 S_{12} 幅值

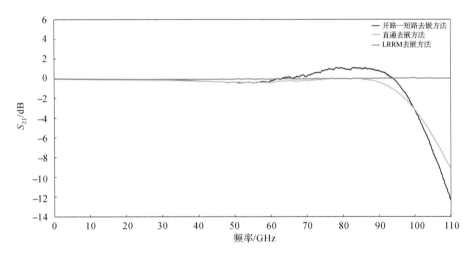

图 5.91　开路—短路、直通与 LRRM 去嵌方法结果比较——600μm 传输线 S_{21} 幅值

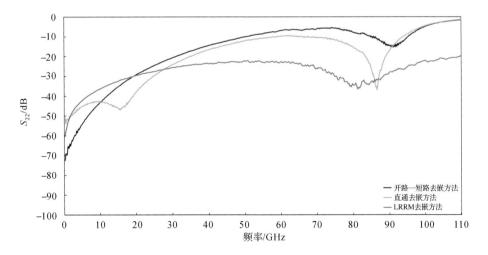

图 5.92　开路—短路、直通与 LRRM 去嵌方法结果比较——600μm 传输线 S_{22} 幅值

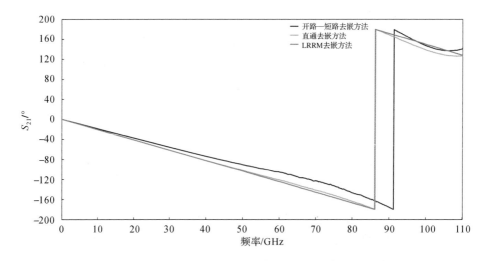

图 5.93   开路—短路、直通与 LRRM 去嵌方法结果比较——$600\mu m$ 传输线 S_{21} 相位

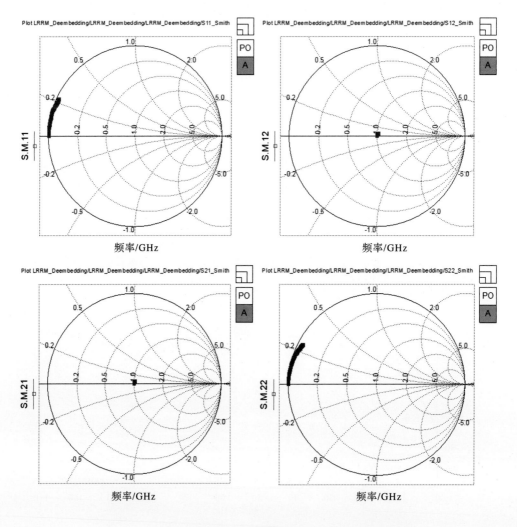

图 5.94   LRRM 去嵌方法与其他软件(Keysight® ICCAP)集成

5.4　多端口校准方法

　　随着通信技术和半导体工艺的快速发展,射频芯片及组件工作频率、性能指标、功能集成度等不断提高,在 5G 与 6G 通信、汽车雷达、航空航天、卫星导航通信等应用领域发挥着至关重要的作用。其中,以图 5.95 所示浙江铖昌科技股份有限公司开发的波束赋形芯片(beamformer)为代表的多端口射频收发芯片的集成度越来越高,测试端口数越来越多,这相应地要求测试系统具有更高的测试参数覆盖性和更快的测试吞吐率。多端口发射与接收单元(transmitter and receiver module,T/R 组件)如图 5.96 所示,内含多种 MMIC(monolithic microwave integrated circuit,单片微波集成电路)的芯片是相控阵雷达实现电扫描功能的核心器件。T/R 组件通常是指在一套无线收发系统中,介于中频处理单元与天线之间的部分,即将 T/R 组件一端连接天线,另一端接入中频处理单元,即可构成一套完整的无线收发系统。以上种种应用均要求矢量网络分析仪具备多端口(端口数≥3)测量与校准的能力。在本节中,笔者会详细介绍多端口校准方法和原理,以及衍生的差分校准与多端口去嵌等相关内容。

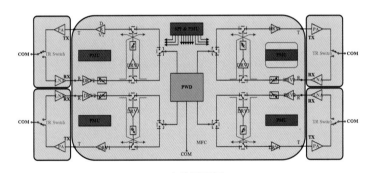

(a) 电路原理图

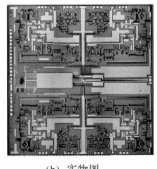

(b) 实物图

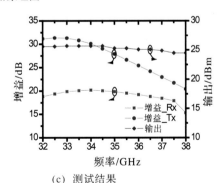

(c) 测试结果

图 5.95　浙江铖昌科技股份有限公司开发的波束赋形芯片

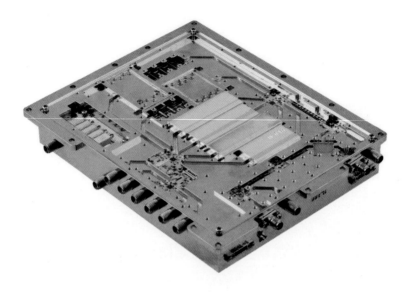

图 5.96　多通道 T/R 组件

5.4.1　多端口矢量网络分析仪基本原理

多端口矢量网络分析仪示例如图 5.97 所示,完整的 $N \times N$ 校准测量通常被称为"完全 N 端口校准"。要完成这种校准,需要用到一种新的不同于简单的"开关树"或"完全交错式开关"的仅用开关矩阵的测试装置,这种装置使用了定向耦合器和开关。设计此类扩展测试装置的最初目的是给两端口矢量网络分析仪提供两个附加端口,构成一个四端口矢量网络分析仪,以便进行平衡测量与差分测量。扩展测试装置利用源开关矩阵将矢量网络分析仪的源扩展,得到更多输出端口,同时,通过接收机开关矩阵将内部接收机扩展,形成更多输入端口。这要求给每个扩展端口提供一个额外的测试端口耦合器。因为切换在矢量网络分析仪定向耦合器后方进行,耦合器仍可用于测试端口;由于测试装置上的端口使可用端口总数得到扩展,因此被命名为扩展测试装置(extension test set),当前主流仪器包括 Keysight® 的 U3047AM12[66] (图 5.98) 和模块化矢量网络分析仪 M980XA、M983XA 的端口拓展以及 R&S® 的 ZNBT[67] 系列多端口矢量网络分析仪。

扩展测试装置的关键架构在测试端口耦合器后方,测出装置被分成源环路和接收机环路。测试耦合器后可以提供任意数量的开关路径,理论上可用端口的数量是无限的,即通过叠加扩展测试装置,可以获得任意数量的测试端口。扩展测试装置既可以使用机械开关,也可以使用固态开关。因为所有切换都发生在测试端口耦合器后方,扩展测试装置的测量稳定性和性能要比开关测试装置好得多,尽管开关中的损耗会使动态范围减小,但是它对测量的稳定性没有影响。

图 5.97　Keysight® 多端口矢量网络分析仪（PNA-X N5244B＋U3042 E16）

　　有时可以在测试耦合器的耦合端口与开关输入之间增加一个低噪声放大器,这样可以提高性能,因为低噪声放大器的增益提高了动态范围。在耦合臂与开关之间添加放大器则可以去除另一个误差源。当源和测试端口共享同一个矢量网络分析仪接收机时,端口的源匹配会发生改变。这个误差通常很小,在大多数情况下它的影响可以忽略,但在有的测量中,特别是在环形器或者耦合器测量中,接收机匹配与开关匹配的差值则会变得很大,并且用校准也无法去除,因此要加入一个放大器来保证耦合臂的匹配是常量。在以开关为终端或者以矢量网络分析仪内部负载为终端的情况下,测试端口的负载特性会根据情况而改变;然而,使用 N 端口校准可以测量出以上两种情况下的特性,并对两者的差异进行完全修正。

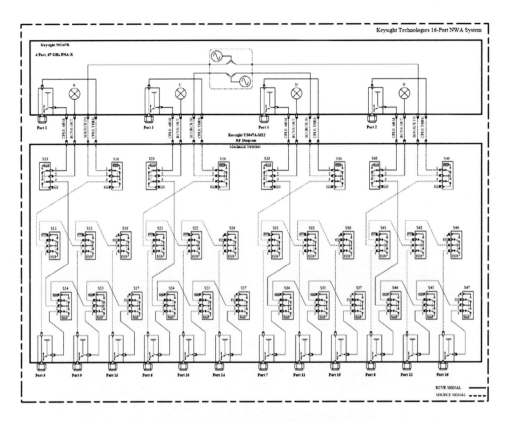

图 5.98　Keysight® 多端口矢量网络分析仪扩展结构(U3047AM12)

　　多端口矢量网络分析仪广泛应用于多端口射频微波芯片、T/R 组件、物理层信号完整性测试等方面。一些测试实例如图 5.99 至图 5.101 所示。

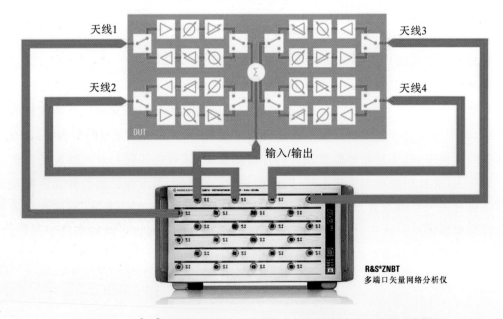

图 5.99　R&S® ZNBT 多端口矢量网络分析仪波束赋形芯片测试实例

图 5.100　Keysight® 模块化矢量网络分析仪多端口组件测试实例

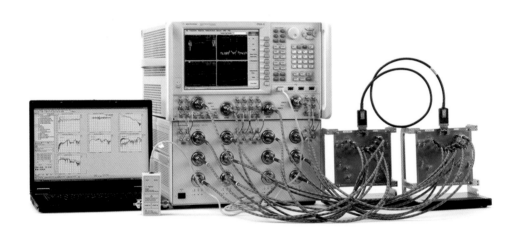

图 5.101　Keysight® PNA-X 矢量网络分析仪多端口信号完整性测试实例

5.4.2　常见的多端口校准方法

多端口测试系统由于端口数的扩展,测试路径急剧增加,测试路径数量以端口数 (N)的组合数 C_N^2 即 $N \times (N-1)/2$ 计算(以 20 个端口为例,会形成 190 条直通路径),因此要特别关心校准问题。多端口校准测试界面如图 5.102 所示。传统的 **S** 参数校准要求对测试系统中每一条直通路径进行测量,如图 5.103 所示。然而,一些新技术的出现大大减少了校准步骤,路径如图 5.104 和图 5.105 所示。本小节中会从原理上梳理常见的多端口校准方法。

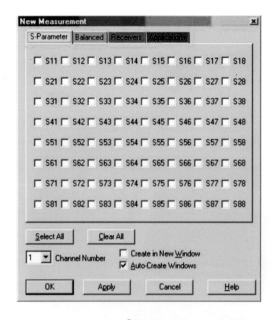

图 5.102　Keysight® 多端口矢量网络分析仪

S 参数校准测试界面

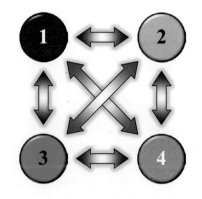

图 5.103　*N* 端口直通连接路径（*N*=4）

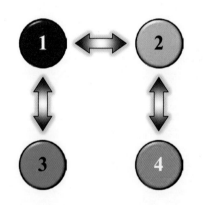

图 5.104　链式直通连接路径（*N*=4）

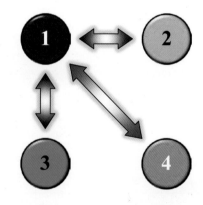

图 5.105　放射式直通连接路径（*N*=4）

　　从算法原理分析，同轴多端口校准使用 SOLT、QSOLT、SOLR 方法[68-70]为宜。综合比较而言，SOLR 方法精度更高，QSOLT 方法可以减少连接次数，但依赖于直通标准件的精度，当每个测试端口自身满足互易条件时，可以将直通的连接次数从 $N \times (N-1)/2$ 次缩减为 $N-1$ 次。矩形波导使用 QSOLT、SOLR、TRL 方法为宜，不过一般矩形波导系统为刚性连接，多端口应用很少见。在片多端口校准一般使用 SOLR 方法，但系统比较复杂，要用到如图 5.106 和图 5.107 所示的探卡以及如图 5.108 所示的定制校准件。近年来出现的 LRRM-SOLR 联合校准方法[71-72]结合了两种方法的自校准优点，对于在片多端口校准来说是一种更好的选择。

图 5.106　Form Factor® Pyramid RF 射频直流混合探卡

图 5.107　Form Factor® Infinity Quad 射频直流混合探卡

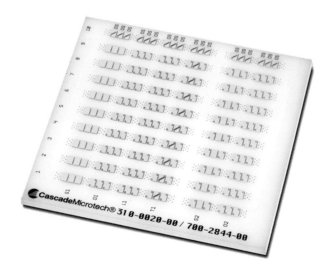

图 5.108　Form Factor®（Cascade Microtech®）多端口在片校准件

当测试系统的传输误差项满足互易条件时，可以按图 5.104 和图 5.105 所示链式连接或放射式连接来减少测试直通路径，从而缩减校准步骤。

缩减直通路径数的原理推导过程如下。以图 4.14 为例，由端口 1、2 可求出 $E_{10}E_{32}$，由端口 1、3 可求出 $E_{10}E_{54}$，由端口 1 可求出 $E_{01}E_{10}$。若各端口满足互易条件，则端口 1 满足式(5.555)，可由式(5.556)得出 $E_{32}E_{54}$。以此推广，可以减少校准过程中直通的连接次数。四端口测试实例如图 5.109 所示。值得注意的是，受物理实际限制，70GHz 以内的测试系统一般可以满足互易条件，但如图 5.110 所示，70GHz 以上的扩频系统不再满足互易条件，仍要连接 $N \times (N-1)/2$ 次直通连接进行校准。

$$E_{01} = E_{10} \tag{5.555}$$

$$E_{32}E_{54} = \frac{E_{10}E_{32}E_{10}E_{54}}{(E_{10})^2} = \frac{E_{10}E_{32}E_{10}E_{54}}{E_{01}E_{10}} \tag{5.556}$$

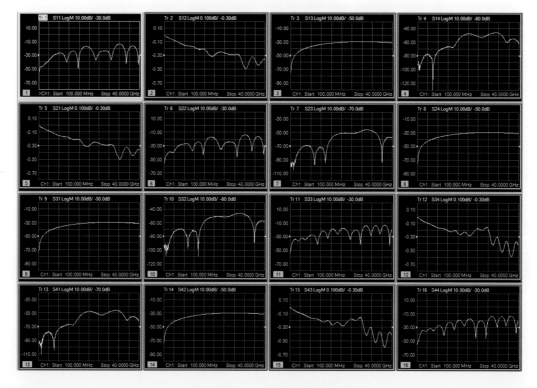

图 5.109　四端口测试实例

关于 LRRM-SOLR 联合校准方法，需要特别指出的是，对于类似如图 5.111 所示的校准件[73]，对其中可以平行向校准的端口组合采用 LRRM 方法校准，由此还可以得出各端口的单端口校准件反射系数实测值，结合这些数据和 SOLR 方法对非平行校准端口的组合进行校准。综上，LRRM-SOLR 联合校准方法的测试精度和灵活性均得到较大提升。

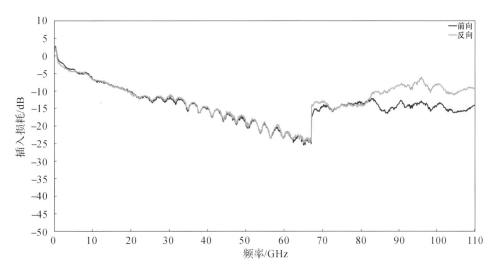

图 5.110　扩频模块的非互易性

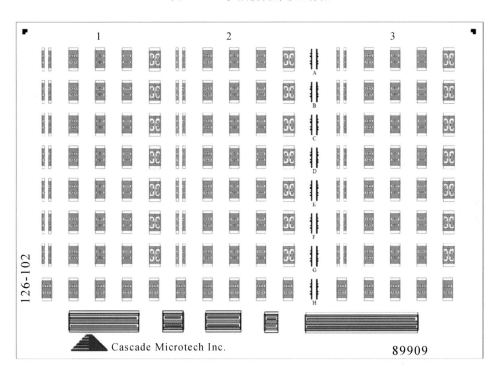

图 5.111　多端口在片校准件(Form Factor® 126-102A)

5.4.3　差分参数校准

5.4.3.1　四端口差分参数

射频结构通常包含单输入和单输出器件,有一个共同的对地参考。一些器件在差分状态工作时可以获得比采用单端电路方案更高的信号幅度,对外部电磁干扰和附近信号的串扰具有很好的抗性,产生的电磁干扰比较低,可抑制偶数阶谐波,因此越来越多的射频电路正在使用差分器件进行设计。当前计算机的背板和时钟频率已经达到非常高的速率,因此也必须按照射频和微波理论来考量。正因如此,差分或平衡 **S** 参数已经成为射频和微波研究及应用的一个重要领域。幸运的是,差分 **S** 参数原理的理论基础已经建立完备,并且有公认的一致的定义。

式(5.557)用单端 **S** 参数描述了一个四端口网络,它与一个 4×4 的 **S** 参数矩阵相关联。输入/输出电压波关系由该矩阵来定义。

$$
\begin{bmatrix} b_1 \\ b_2 \\ b_3 \\ b_4 \end{bmatrix} = \begin{bmatrix} S_{11} & S_{12} & S_{13} & S_{14} \\ S_{21} & S_{22} & S_{23} & S_{24} \\ S_{31} & S_{32} & S_{33} & S_{34} \\ S_{41} & S_{42} & S_{43} & S_{44} \end{bmatrix} \begin{bmatrix} a_1 \\ a_2 \\ a_3 \\ a_4 \end{bmatrix} \tag{5.557}
$$

如图 5.112 所示,对于一个差分放大器来说,一般定义差分输入端口包含端口 1 和端口 3,差分输出端口包含端口 2 和端口 4。要注意,端口编号可以是任意的,另外一种定义差分输入和输出端口的方式是选择端口 1 和端口 2 作为差分输入,选择端口 3 和端口 4 作为差分输出,最初的参考文献[74]就使用这一定义。但是如图 5.113 所示,常见的测试设备(具备源相位控制功能的四端口双源矢量网络分析仪)由于其内部结构特点,通常将端口 1 和端口 3 规定为差分输入,将端口 2 和端口 4 规定为差分输出,这已经被业界普遍接受。现有参考文献较为均衡地使用了这两种定义;所以,遵循行业里的普遍做法,本书将奇数端口(1 和 3)定义为差分输入端口,将偶数端口(2 和 4)定义为差分输出端口。同时必须认识到,即使在一对端口被描述成一个差分端口时,也存在一个共同的接地点,那么这个端口对(port pair)上也存在公共模式信号。因此,所有四端口器件也有共同的接地点,它们必须被正确地描述为:在每个端口对上,既有差分模式(differential mode,简称差模),又有公共模式(common mode,简称共模),这种情况通常称为混合模式(mixed mode,简称混合模)。

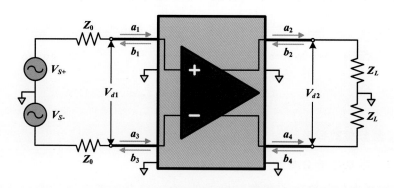

图 5.112　四端口差分放大器网络

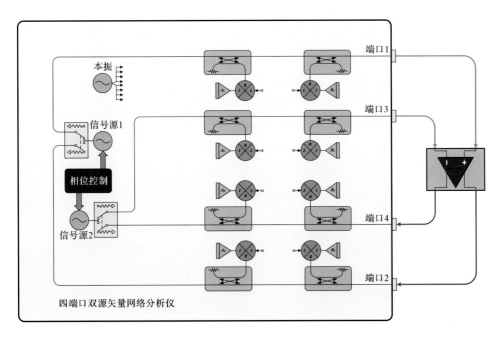

图 5.113　双源四端口矢量网络分析仪差分测试

经过严谨的数学推导,可以用式(5.558)完备地描述一个四端口网络需要的全部 16 个混合模 S 参数,它们常以矩阵形式出现。该矩阵包含四种模式,除差模 S 参数和共模 S 参数之外,还有两种交叉模式参数:以差分入射波驱动并且测量共模反射波;以共模入射波驱动并且测量差分反射波。可以非常简单地解释最常见的混合模 S 参数:S_{dd21}是差分增益,S_{cc21}是共模增益。但其他交叉模式参数的实际意义则不那么显而易见。当差分驱动一个器件时,它是自屏蔽的,不过如果在其输出端产生共模信号,那么就有大量电流流过公共接地。这种情况可能会导致该器件产生辐射干扰。所以有时 S_{cd} 参数与测量器件是否会产生辐射干扰联系在一起。类似地,如果一个器件被设计为差分输出,对其应用共模信号也输出差分信号,那么这意味着它易受电流的影响。因此,S_{dc} 参数的测量与其测量外部潜在干扰信号的能力有关。

$$\begin{bmatrix} b_{d1} \\ b_{d2} \\ b_{c1} \\ b_{c2} \end{bmatrix} = \begin{bmatrix} S_{dd11} & S_{dd12} & S_{dc11} & S_{dc12} \\ S_{dd21} & S_{dd22} & S_{dc21} & S_{dc22} \\ S_{cd11} & S_{cd12} & S_{cc11} & S_{cc12} \\ S_{cd21} & S_{cd2} & S_{cc21} & S_{cc22} \end{bmatrix} \begin{bmatrix} a_{d1} \\ a_{d2} \\ a_{c1} \\ a_{c2} \end{bmatrix} \tag{5.558}$$

可以用式(5.559)至式(5.562)以单端 S 参数的形式对混合模 S 参数进行描述,这将十分便于数据的分析与处理。

$$[S_{MM}] = [M][S][M]^{-1} \tag{5.559}$$

$$[\boldsymbol{M}] = \frac{1}{\sqrt{2}} \begin{bmatrix} 1 & 0 & -1 & 0 \\ 0 & 1 & 0 & -1 \\ 1 & 0 & 1 & 0 \\ 0 & 1 & 0 & 1 \end{bmatrix} \tag{5.560}$$

$$[\boldsymbol{M}]^{-1} = \frac{1}{\sqrt{2}} \begin{bmatrix} 1 & 0 & 1 & 0 \\ 0 & 1 & 0 & 1 \\ -1 & 0 & 1 & 0 \\ 0 & -1 & 0 & 1 \end{bmatrix} \tag{5.561}$$

$$\begin{bmatrix} S_{dd11} & S_{dd12} & S_{dc11} & S_{dc12} \\ S_{dd21} & S_{dd22} & S_{dc21} & S_{dc22} \\ S_{cd11} & S_{cd12} & S_{cc11} & S_{cc12} \\ S_{cd21} & S_{cd2} & S_{cc21} & S_{cc22} \end{bmatrix} = \frac{1}{2} \begin{bmatrix} S_{11}-S_{13}-S_{31}-S_{33} & S_{12}-S_{14}-S_{32}-S_{34} & S_{11}+S_{13}-S_{31}-S_{33} & S_{12}+S_{14}-S_{32}-S_{34} \\ S_{21}-S_{41}-S_{23}-S_{43} & S_{22}-S_{42}-S_{24}-S_{44} & S_{21}-S_{41}+S_{23}-S_{43} & S_{22}-S_{42}+S_{24}-S_{44} \\ S_{11}-S_{13}+S_{31}+S_{33} & S_{12}-S_{14}+S_{32}-S_{34} & S_{11}+S_{13}+S_{31}+S_{33} & S_{12}+S_{14}+S_{32}+S_{34} \\ S_{21}+S_{41}-S_{23}-S_{43} & S_{22}+S_{42}-S_{24}-S_{44} & S_{21}+S_{41}+S_{23}+S_{43} & S_{22}+S_{42}+S_{24}+S_{44} \end{bmatrix} \tag{5.562}$$

差分放大器的共模抑制比（common mode rejection ratio，CMRR）常用式（5.563）来定义，这个定义来源于低频运算放大器。但射频差分放大器有差分输入和差分输出，与之不同，运算放大器虽有差分输入，但是只有单端输出。所以射频平衡系统中很少使用这个定义，因为输出也是差分的。事实上，当说到一个射频差分放大器的共模抑制时，我们最关心的参数是 S_{dc21}，因为它测量的是产生一个大的共模输入信号所需的输出信号（差分输出电压）的效应。因此，对完全的差分放大器，我们很少关心共模抑制比，S_{dc21} 才应该是对共模隔离的正确测量。

$$CMRR = \frac{S_{dd21}}{S_{cc21}} \tag{5.563}$$

5.4.3.2 三端口差分参数

三端口网络也可以用混合模式参数来定义，它包含一个单端端口和一个混合模式端口，混合模式端口常常被定义成差分或平衡端口，如图 5.114 所示。但必须再次强调的是，对于一个对地参考的器件，平衡端口也总有可能支持一个共模信号。

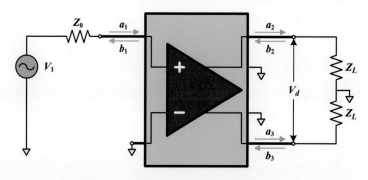

图 5.114　单端到差分的三端口差分器件

三端口网络的混合模式参数定义如式(5.564)所示。

$$\begin{bmatrix} b_s \\ b_d \\ b_c \end{bmatrix} = \begin{bmatrix} S_{ss} & S_{sd} & S_{sc} \\ S_{ds} & S_{dd} & S_{dc} \\ S_{cs} & S_{cd} & S_{cc} \end{bmatrix} \begin{bmatrix} a_s \\ a_d \\ a_c \end{bmatrix} \tag{5.564}$$

由于三端口情况下各端口的定义是明确的,因此不需要对端口特别编号,可以只应用三端口模式。但也常会在一些文献中看到包含端口编号的情况,特别是如果在一个四端口网络中定义三端口单端到差分的特性,那里可能会有多个单端输入。三端口混合模式参数也可以通过单端参数计算得到。依然可以类似式(5.559)以单端 *S* 参数的形式对混合模 *S* 参数进行描述。$[M]$ 矩阵定义如式(5.565)和式(5.566)所示。

$$[M] = \frac{1}{\sqrt{2}} \begin{bmatrix} \sqrt{2} & 0 & 0 \\ 0 & 1 & -1 \\ 0 & 1 & 1 \end{bmatrix} \tag{5.565}$$

$$[M]^{-1} = \frac{1}{\sqrt{2}} \begin{bmatrix} \sqrt{2} & 0 & 0 \\ 0 & 1 & 1 \\ 0 & -1 & 1 \end{bmatrix} \tag{5.566}$$

由此可以推导出三端口混合模 *S* 参数与单端 *S* 参数的转换公式(5.567)。

$$\begin{bmatrix} S_{ss} & S_{sd} & S_{sc} \\ S_{ds} & S_{dd} & S_{dc} \\ S_{cs} & S_{cd} & S_{cc} \end{bmatrix} = \begin{bmatrix} S_{11} & \frac{1}{\sqrt{2}}(S_{12}-S_{13}) & \frac{1}{\sqrt{2}}(S_{12}+S_{13}) \\ \frac{1}{\sqrt{2}}(S_{21}-S_{31}) & \frac{1}{2}(S_{22}-S_{23}-S_{32}+S_{33}) & \frac{1}{2}(S_{22}+S_{23}-S_{32}-S_{33}) \\ \frac{1}{\sqrt{2}}(S_{21}+S_{31}) & \frac{1}{2}(S_{22}-S_{23}+S_{32}-S_{33}) & \frac{1}{2}(S_{22}+S_{23}+S_{32}+S_{33}) \end{bmatrix}$$

$$\tag{5.567}$$

最常用的单端到差分的器件是平衡—不平衡变换器(balanced-to-unbalanced transformer,简称 BALUN,又称巴伦),单端测量仪器可用它来驱动差分器件。早期的矢量网络分析仪最多只有两个端口,做差分测量时广泛地使用到了巴伦,但有时使用得并不正确。随着四端口矢量网络分析仪的出现,测量线性无源器件时基本上不再需要巴伦。然而,即使今天在测试其他一些复杂的特性(如压缩、失真和噪声系数)时,巴伦仍旧是关键元件。

混合模 *S* 参数的概念不仅局限于三端口或四端口器件。它们实际上可以被扩展到任意端口。混合模 *S* 参数的方便之处在于,那些人们熟悉使用的单端 *S* 参数计算公式同样也适用于混合模 *S* 参数,包括最大传输功率的概念、稳定度,以及级联网络和去嵌网络等效应。

5.4.3.3　差分校准的特别修正

对矢量网络分析仪进行一个完整的四端口校准后,入射波 a_{1A} 和 a_{3A} 的比值可以精确地反映被测件输入端口参考平面处信号的关系[74-75]。真实模式驱动要求两种输入状态。第一种状态是差分驱动模式,比值必须满足式(5.568),即幅值相等,相位相差 180°;第二种状态是共模驱动模式,比值必须满足式(5.569),即幅值相等,相位相差 0°。

$$\frac{a_{1A}}{a_{3A}} = 1 \cdot e^{j\pi} \tag{5.568}$$

$$\frac{a_{1A}}{a_{3A}} = 1 \cdot e^{j0} \tag{5.569}$$

被测件接口处电压波 a_{1A} 和 a_{3A} 的比值与 a_{1M} 和 a_{3M} 接收机测量的原始电压波的比值不相等。然而,可以按式(5.570)至式(5.581)推导得到校准后电压波的比值 a_{1A}/a_{3A},该推导过程采用如图 4.8 所示的 8 项误差模型信号流图,以 8 项模型误差项描述 a_{1A}/a_{3A}。如式(5.568)和式(5.569)所示。为使矢量网络分析仪内部描述误差项形式统一,需要将 8 项模型误差项转化成 12 项模型(图 4.7)误差项。鉴于矢量网络分析仪真实模式与普通模式内部工作状态有很大不同,以端口 1、3 为例,当端口 1 作为源时,端口 3 也作为源,所以正向时端口 3 的负载匹配项 $ELF(ELF_{31})$ 被替换为其源匹配项 $ESR(ESF_3)$。根据式(5.577)至式(5.580),可推导出式(5.581)。由表 4.5 给出的两种误差模型的转换关系,我们最终可以得到式(5.582)。式(5.582)给出了校准后电压波的比值 a_{1A}/a_{3A} 与相应端口(见下标)的反射跟踪项(ERF)、源匹配项(ESF)、方向性项(EDF)、传输跟踪项(ETF)及接收机测量的原始电压波的关系。

$$\begin{bmatrix} b_{1M} \\ a_{1A} \end{bmatrix} = \begin{bmatrix} E_{00} & E_{01} \\ E_{10} & E_{11} \end{bmatrix} \begin{bmatrix} a_{1M} \\ b_{1A} \end{bmatrix} \tag{5.570}$$

$$b_{1M} = a_{1M}E_{00} + b_{1A}E_{01} \tag{5.571}$$

$$a_{1A} = a_{1M}E_{10} + b_{1A}E_{11} \tag{5.572}$$

$$b_{1A} = \frac{E_{11}}{E_{01}}(b_{1M} - a_{1M}E_{11}) \tag{5.573}$$

$$a_{1A} = a_{1M}E_{10} + \frac{(b_{1M} - a_{1M}E_{00})E_{11}}{E_{01}}$$
$$= \frac{a_{1M}E_{01}E_{10} + b_{1M}E_{11} - a_{1M}E_{00}E_{11}}{E_{01}} \tag{5.574}$$

$$a_{3A} = \frac{a_{3M}E_{23}E_{32} + b_{3M}E_{22} - a_{3M}E_{22}E_{33}}{E_{32}} \tag{5.575}$$

$$\frac{a_{1A}}{a_{3A}} = \frac{a_{1M}E_{01}E_{10} + b_{1M}E_{11} - a_{1M}E_{00}E_{11}}{a_{3M}E_{23}E_{32} + b_{3M}E_{22} - a_{3M}E_{22}E_{33}} \cdot \frac{E_{32}}{E_{01}}$$
$$= \frac{a_{1M}E_{01}E_{10} + b_{1M}E_{11} - a_{1M}E_{00}E_{11}}{a_{3M}E_{23}E_{32} + b_{3M}E_{22} - a_{3M}E_{22}E_{33}} \cdot \frac{E_{01}E_{32}}{E_{01}E_{10}} \tag{5.576}$$

$$ELF = ESR \tag{5.577}$$

$$\Gamma_F = \frac{ELF - ESR}{ERR + EDR(ELF - ESR)} \qquad (5.578)$$

$$\Gamma_{True\ Mode\ F} = 0 \qquad (5.579)$$

$$ETF = \frac{E_{10}E_{32}}{1 - E_{33}\Gamma_F} \qquad (5.580)$$

$$ETF_{31\_True\ Mode} = E_{10}E_{32} \qquad (5.581)$$

$$\frac{a_{1A}}{a_{3A}} = \frac{a_{1M}ERF_1 + b_{1M}ESF_1 - a_{1M}ESF_1 \cdot EDF_1}{a_{3M}ERF_3 + b_{3M}ESF_3 - a_{3M}ESF_1 \cdot EDF_3} \cdot \frac{ETF_{31\_True\ Mode}}{ERF_1} \qquad (5.582)$$

对于端口 2、4，可用一个相似的公式计算 a_{2A}/a_{4A}，如式（5.583）所示。

$$\frac{a_{2A}}{a_{4A}} = \frac{a_{2M}ERF_2 + b_{2M}ESF_1 - a_{2M}ESF_2 \cdot EDF_2}{a_{4M}ERF_4 + b_{4M}ESF_4 - a_{4M}ESF_4 \cdot EDF_4} \cdot \frac{ETF_{42\_True\ Mode}}{ERF_2} \qquad (5.583)$$

实际使用时，打开一个源并调整另一个源，直到比值 a_1/a_3 在差分或共模驱动模式下分别满足式（5.568）或式（5.569）的要求。通常，被测件的失配会随着驱动信号的变化而改变，从而影响这个比值，所以必须迭代地调整源，以得到需要的驱动信号。为了维持真实模式驱动，对电压波 a_1 和 a_3 进行匹配校正是很重要的。由被测件失配造成的相位误差如图 5.115 所示，本例中，被测件的反射系数误差大约是 $-15\mathrm{dB}$。

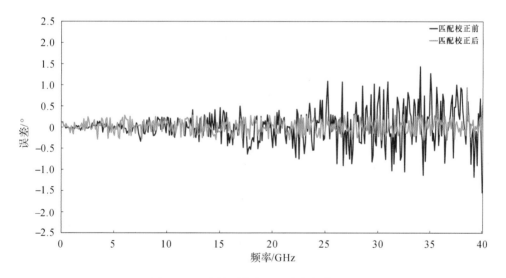

图 5.115　由被测件失配造成的相位误差

由式（5.584）至式（5.585）不难推导得出，在真实模式下，成对端口的负载匹配与单端误差校准时不同，端口对之间的传输跟踪项（*ETF*）须按照式（5.586）做修改，最终完成校准。

$$\frac{ETF_{31\_True\ Mode}}{ETF} = 1 - E_{33}\Gamma_F \qquad (5.584)$$

$$ETF_{True\ mode} = ETF\left[1 - EDR \cdot \frac{ELF - ESR}{ERR + EDR \cdot (ELF - ESR)}\right]$$

$$= ETF\left[\frac{ERR + EDR \cdot (ELF - ESR) - EDR \cdot (ELF - ESR)}{ERR + EDR \cdot (ELF - ESR)}\right]$$

$$= ETF\left[\frac{ERR}{ERR + EDR \cdot (ELF - ESR)}\right] \tag{5.585}$$

$$ETF_{ji\_True\ mode} = ETF_{ji}\left[\frac{ERF_j}{ERF_j + EDF_j \cdot (ELF_{ji} - ESF_j)}\right] \tag{5.586}$$

经过以上处理,完成了对差分 *S* 参数校准的特别修正。笔者使用 Keysight® PNA-X N5244A 矢量网络分析仪、Infiniium-Z DSAZ254 数字实时示波器等搭建的测试系统与测试实例如图 5.116 至图 5.118 所示。

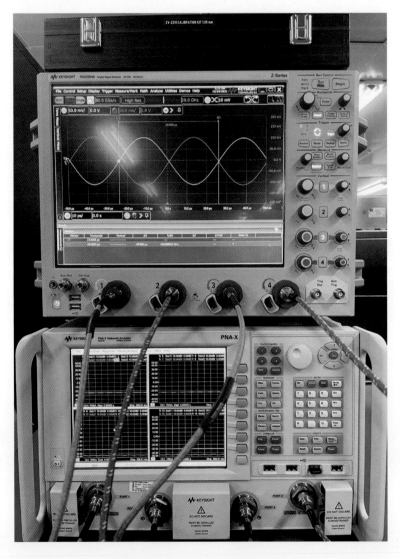

图 5.116　差分测试验证系统(一)

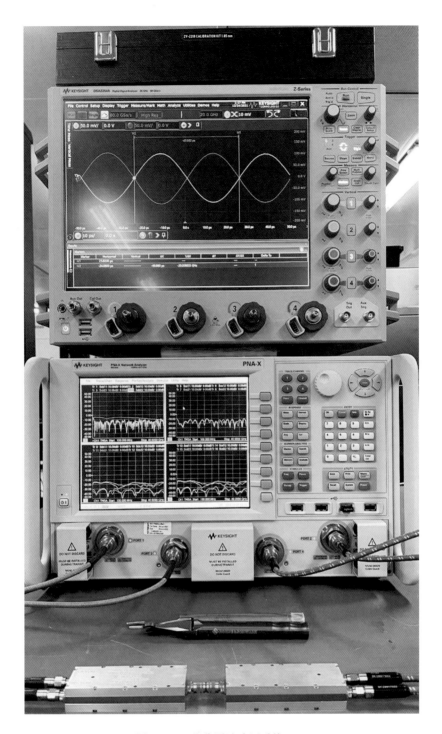

图 5.117　差分测试验证系统(二)

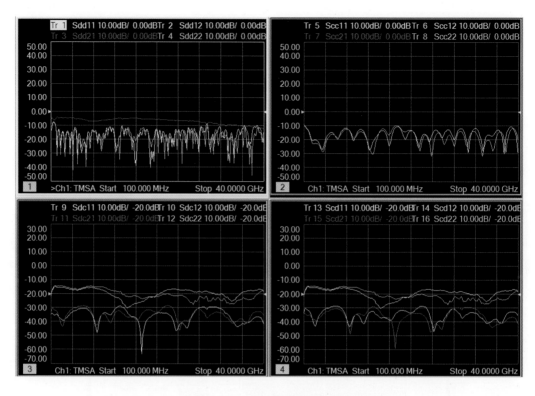

图 5.118　差分器件测试实例

5.4.4　多端口去嵌方法

多端口去嵌之于两端口去嵌的关系与多端口校准之于两端口校准的关系类似,同样可以看作两端口去嵌方法的延伸,算法核心可以沿用第 5.3.6 小节中的一些方法,但要根据去嵌结构的实际物理排布,考虑方法的适用性。各种去嵌方法的基本原理都可以按"多端口按一定规则拆分成两端口→执行两端口去嵌方法→两端口数据合并成多端口数据"的基本逻辑执行。由于去嵌过程主要针对的是有源器件,不满足互易条件,所以端口的组合方式还是按照组合数来分配,即拆分 $N\times(N-1)/2$ 个端口组合(N 为端口数),不过好在去嵌的是器件(一般为管芯),端口数一般不超过 4 个,即最多可拆分成 6 个两端口组合,数据规模及复杂度还不是很大。

5.5　内插算法

在讨论校准相关问题时,人们总是假设矢量网络分析仪在校准前被设置到目标频点,然后在这些频点上进行测量和校准。旧式矢量网络分析仪如 HP®-8510A 在频点改变时会直接关闭校准。HP®-8753A 提供了对误差项的内插功能,只要测量频率范围在校准频率范围之内,就可以改变测量点数、起始频率和截止频率。后来,Wiltron®-360 和 HP®-8510 引入了"校准缩放"的概念,它会改变起始频率和截止频率,但会把测量频率重置在原始校准的频点上,从而减少总的测量点数。这在没有提高数据分辨率的情况下提供了一种缩放数据的方法。

对于误差项内插算法的使用一直都存在争议,即便是同一个测量公司的专家,对使用它的意见也不统一。但是如果能够理清有哪些限制,就可以使误差项的内插只产生很小的误差,一般比矢量网络分析仪的不确定度指标要低。缩小测量范围或更改测量点数会使矢量网络分析仪对误差项进行内插,可以通过观察矢量网络分析仪迹线上有什么变化来判断是否有误差产生。

传输跟踪和反射跟踪之类的误差项是缓慢变化的曲线,因此比匹配误差项更容易进行插值。匹配误差项是由被分开的失配器件造成的,如电缆两边的失配,它的响应随频率迅速变化,因此很难在数据点之间进行内插。对复数最简单的内插是分别对实部和虚部进行插值,而更好的方法是分别对幅度和相位进行插值,但传统拉格朗日插值(Lagrange interpolation)和三次样条插值(cubic spline interpolation)使用起来并不方便。注意到被传输线分隔开的失配器件会在 Smith 图上形成一个圆,基于这点,一些矢量网络分析仪使用圆形内插(circular interpolation)来改善结果。圆形内插使用三点确定一个圆,然后基于频率间隔在包围目标点的两点之间用相位进行线性插值,求出插值结果。

下面介绍圆形内插算法原理。式(5.587)至式(5.602)给出了三点确定一个圆的具体过程,其中,(x_0, y_0) 为圆心,(x_1, y_1),(x_2, y_2),(x_3, y_3) 为圆上任意三点,r 为半径。

$$(x - x_0)^2 + (y - y_0)^2 = r^2 \tag{5.587}$$

$$(x_1 - x_0)^2 + (y_1 - y_0)^2 = r^2 \tag{5.588}$$

$$(x_2 - x_0)^2 + (y_2 - y_0)^2 = r^2 \tag{5.589}$$

$$(x_3 - x_0)^2 + (y_3 - y_0)^2 = r^2 \tag{5.590}$$

$$(x_1 - x_2)x_0 + (y_1 - y_2)y_0 = \frac{(x_1^2 - x_2^2) + (y_1^2 - y_2^2)}{2} \tag{5.591}$$

$$(x_1 - x_3)x_0 + (y_1 - y_3)y_0 = \frac{(x_1^2 - x_3^2) + (y_1^2 - y_3^2)}{2} \tag{5.592}$$

$$\det \begin{bmatrix} x_1 - x_2 & y_1 - y_2 \\ x_1 - x_3 & y_1 - y_3 \end{bmatrix} \neq 0 \tag{5.593}$$

$$\frac{x_1 - x_2}{y_1 - y_2} \neq \frac{x_1 - x_3}{y_1 - y_3} \tag{5.594}$$

$$a = x_1 - x_2 \tag{5.595}$$

$$b = y_1 - y_2 \tag{5.596}$$

$$c = x_1 - x_3 \tag{5.597}$$

$$d = y_1 - y_3 \tag{5.598}$$

$$e = \frac{(x_1^2 - x_2^2) + (y_1^2 - y_2^2)}{2} \tag{5.599}$$

$$f = \frac{(x_1^2 - x_3^2) + (y_1^2 - y_3^2)}{2} \tag{5.600}$$

$$x_0 = -\frac{de - bf}{bc - ad} \tag{5.601}$$

$$y_0 = -\frac{af - ce}{bc - ad} \tag{5.602}$$

确定好圆之后,可以开始内插过程,如图 5.119 所示。

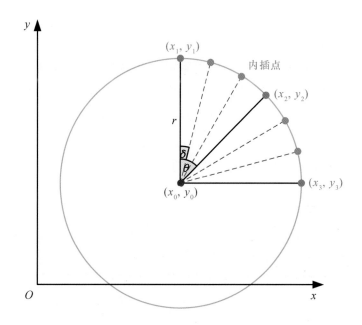

图 5.119　圆形内插算法原理

内插单位相位计算公式如式(5.603)所示。

$$\delta = \frac{\theta}{n + 1} \tag{5.603}$$

其中,n 为两实际点间需内插点数。

由圆的极坐标公式,可得内插点的实部和虚部分别如式(5.604)所示。

$$\begin{cases} x_{ik} = x_0 + r \cdot \cos(\varphi_{Ref} + k\delta) \\ y_{ik} = y_0 + r \cdot \sin(\varphi_{Ref} + k\delta) \end{cases} \tag{5.604}$$

其中,φ_{Ref} 为选取参考点相位,k 表示内插点与参考点相位差对应的单位相位的数量。

圆形内插算法流程如图 5.120 所示,依次获得所有内插点数据,最终构造内插后的 **S** 参数文件。

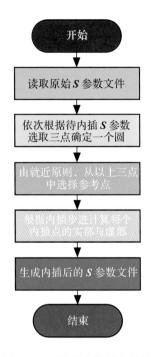

图 5.120　圆形内插算法流程

将原始数据点稀疏 10 倍后,再用圆形内插算法恢复同样数据密度并与原始数据比较,如图 5.121 至图 5.128 所示。可以看出,圆形内插算法的精度还是非常高的,比较仪器数据手册,误差边界已经小于仪器的不确定度边界,可以有效保证数据的准确性。注意图 5.128 中 $\lg(0) = -\infty$,所以在数据采样点处会有周期性的疏状线。

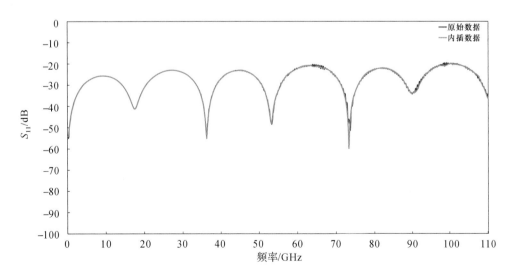

图 5.121　内插算法准确性验证——S_{11} 幅值

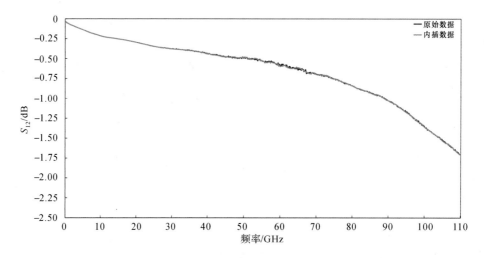

图 5.122　内插算法准确性验证——S_{12} 幅值

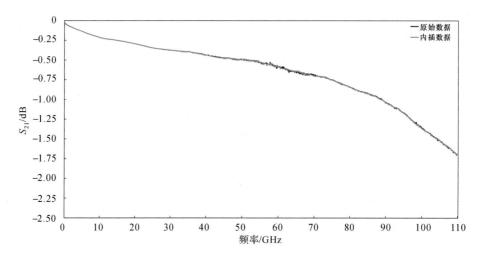

图 5.123　内插算法准确性验证——S_{21} 幅值

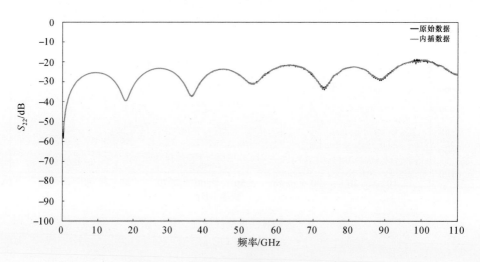

图 5.124　内插算法准确性验证——S_{22} 幅值

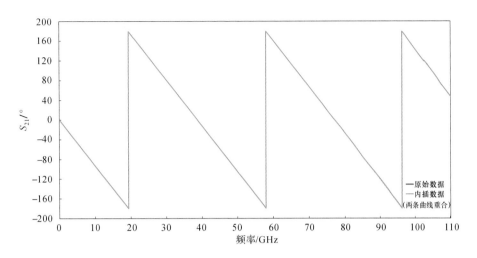

图 5.125 内插算法准确性验证——S_{21} 相位

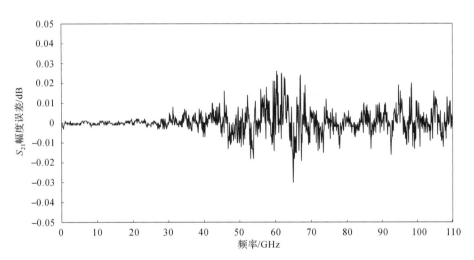

图 5.126 内插算法准确性验证——S_{21} 幅度误差

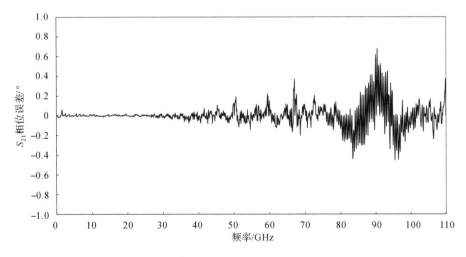

图 5.127 内插算法准确性验证——S_{21} 相位误差

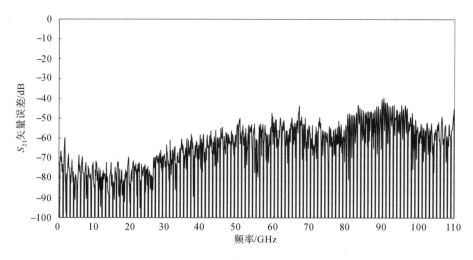

图 5.128　内插算法准确性验证——S_{21} 矢量误差

5.6　高低温 *S* 参数校准

　　众所周知,被测件的物理特性会随温度变化,其在不同温度下的性能会有明显差别,为此,需要想办法准确地描述被测件的温度变化特性。高低温条件下,*S* 参数测试的难点在于并不知道校准标准件在不同温度下的准确参数,常规校准标准件参数只在很小的温区内准确,超出此范围后,校准标准件数据失效。且从各校准方法原理分析,无论采用什么算法,至少会用到负载标准件和直通标准件其中之一,算法要求其核心参数负载直流电阻和传输线特征阻抗必须维持不变(通常为 50Ω 或 75Ω)。而若将校准标准件置于变温环境下,这两参数必然漂移。鉴于此,在高低温条件下进行 *S* 参数校准时,要么在所需测试温度范围内对校准标准件进行准确描述,要么使校准标准件处于恒温状态并维持其参数稳定,否则校准会陷入"先有鸡还是现有蛋"的悖论之中,使其失去真正的计量学意义,数据精度得不到保证。基于这两种解决问题的思路,本节会仔细讨论高低温条件下 *S* 参数校准的一些方法。

5.6.1　校准件参数动态补偿法

　　Keysight® 公司开发的 Calpod[76] 和 R&S® 公司开发的 ZN-Z3X[77] 是校准件参数动态补偿法的典型代表,主要用于修正超长缆线(一般 10m 以上)机械位置变动时或变温测试时[通常是高低温测试和热真空(thermal vacuum,TVAC)测试时],温度变化对测试系统的影响。用它们搭建的变温测试系统及应用示例如图 5.129 至图 5.131 所示。下面以 Calpod 为例介绍原理。Calpod 实现高低温校准与修正可以被看作 OSL 去嵌方法的另一种应用。Calpod 包含一条直通路径和在不同温度下经过计量级标定的开路、短路及负载标准件或更多的反射标准件(一般为偏置短路),它们可由输入端的一个开关切换至不同连接状态并与矢量网络分析仪端口相连,内部还有温度传感器和控制模组通过控制缆线与控制器相连。如图 5.132 所示,实际使用时,Calpod 开关切换至直通路径,输入端经射频缆线与矢量网络分析仪端口相连,输出端尽量与被测件直接连接(注意:由于方法原理限制,任何在 Calpod 输出端与被测件之间的缆线及接头校准后的参数变化是无法被修正掉的)。首先在常温下对 Calpod 输出端口进行校准。然后进行常温测试,在改变测试温度时,温度传感器检测实际温度值并将其传递至控制器,控制器载入对应温度点开路、短路及负载标准件标定值并自动控制 Calpod,在切换至对应状态后采集数据。完成上述过程后,执行 OSL 去嵌方法计算,得到对应端口的修正 **S** 参数矩阵,这个修正 **S** 参数矩阵并不与任何实物相对应,只是用来表征测量温度与校准温度不同时对应端口的 **S** 参数的变化。在得到每个端口的修正 **S** 参数矩阵后,便可以通过 **S** 参数矩阵与 **T** 参数矩阵之间的转换,结合级联去嵌的方式,得到不同温度下被测件的"真实值",从而完成变温测试。

图 5.129　Keysight® Calpod 测试系统示例

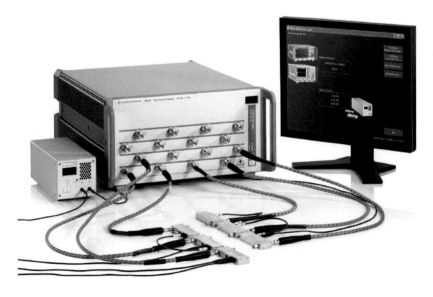

图 5.130　R&S® ZN-Z3X 测试系统示例

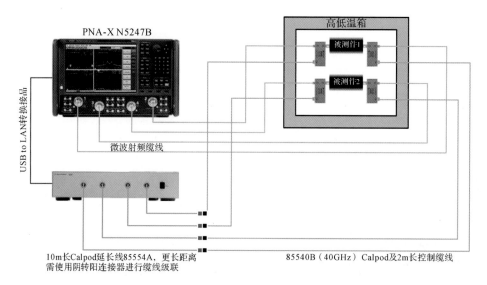

图 5.131   Keysight® Calpod 应用示例

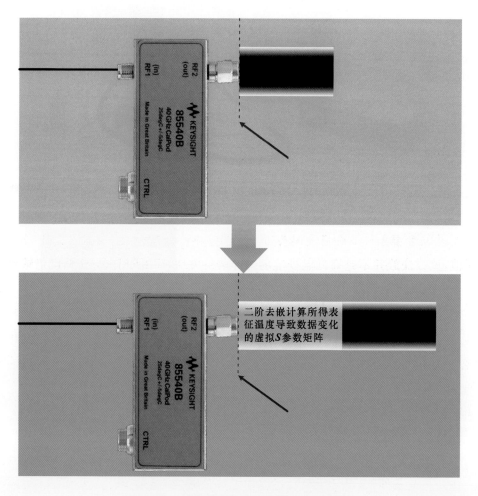

图 5.132   校准件参数动态补偿法基本原理

5.6.2　校准件恒温自校准方法

Calpod 和 ZN-Z3X 这类工具解决了同轴变温测试数据修正的问题,但是受物理条件所限,在片测试无法制造类似工具,需要另想办法。对图 5.133 所示的探针台结构分析可知,高低温测试时主载物台(main chuck)温度发生变化,而辅助载物台(auxiliary chuck)温度基本保持恒定。这就提供了另一种解决问题的可能,即保持在片校准件温度恒定,探针由温度变化带来的参数漂移通过自校准方法自行修正[78-81]。

图 5.133　Form Factor® Summit 200 探针台载物台结构

采用这一方案首先排除了明显依赖校准件参数的 SOLT 和 SOLR 方法族,而需要在自校准方法族 TRL 和 LRM 中选择最佳方法。对图 3.47、图 3.48、图 3.50 至图 3.52 所示的实际测试结果,以及由表 5.14 归一化到单位长度的各参数统计结果分析可知,MTRL 方法在变温条件下的最大误差边界即测量不确定度会大于 LRM＋和 LRRM 方法对应值,该方法族并不是高低温校准的最佳解决方法,而 LRM＋方法精度仍依赖于负载标准件的完整参数精度,这对变温测试校准并不适用。综上,LRRM 方法为首选变温测试方法,不过当频率已经在太赫兹频段内时,其他校准方法都不太适用,TRL 成为唯一选择。实际测试时,将在片校准件置于恒温的辅助载物台上,将被测件置于主载物台上,将探针尖置于被测件焊盘上并进行热交换,与之达到热平衡,继而达到测试设定温度。利用如图 5.134 所示的探针热平衡检测方法来确定系统是否处于热平衡状态。由图 5.135 的测试结果可知,系统一般在 10～15 分钟后处于稳定状态,可以开始测试。为了尽可能降低重新校准时的热损失,需要使用自动探针台、电动针座,配合光学自动识别与对焦系统及自动校准程序,全自动进行机械移动、控制及校准,在最短时间内完成校准工作。在此条件下,可认为校准过程中探针处于"准绝热"状态,温度保持恒定。再次强调,需要采用 LRRM(基于目前技术水平,最高至 220GHz,一般在 110GHz 以下)或

TRL(一般在 110GHz 以上)这两种自校准方法,在校准过程中实时获得校准件参数,从而降低对校准件参数的依赖。

表 5.14　校准件参数随温度变化

参　数	温　度			
	25℃	50℃	100℃	150℃
α_{Ref}@40GHz/dB	0.56	0.59	0.62	0.66
$C/(pF/cm)$	1.560	1.565	1.575	1.585
Z_0 实部@40GHz/Ω	47.71	47.66	47.47	47.33
Z_0 虚部@40GHz/Ω	−0.46	0.47	−0.50	−0.53
R_{Load}/Ω	49.94	50.07	50.32	50.55

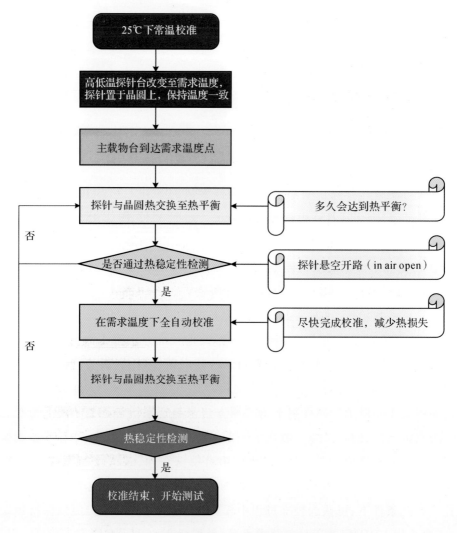

图 5.134　高低温条件下 *S* 参数测试迭代控制过程

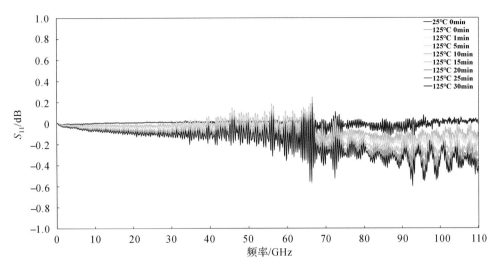

图 5.135　高低温条件下 S 参数稳定性验证

5.7　源功率校准与接收机功率校准

早期的矢量网络分析仪只能进行 S 参数测试,而 S 参数测试的本质是一个比值测试。有时需要在特定功率下进行 S 参数测试,这就要求矢量网络分析仪进行准确的绝对值测量。经多年发展,现代化的矢量网络分析仪不只能做精准比值测量,在进行相应的功率校准后,亦可实现高精度绝对值测量。

传统功率测试系统基于信号源与射频功率计或频谱仪构建而成,其结构类似于一台标量网络分析仪,测试前只进行频率响应校准,未考虑矢量修正,精度不高。功率绝对值的测试只能校准到同轴或波导端面,在片测试只能通过简单的标量运算扣除探针的插损;而且标量测试未考虑失配的影响,即便在仔细校准后,仍残存较大剩余误差无法修正。非理想匹配下两端口网络功率测试情况如图 5.136 所示。标量测试系统一般采用如式(5.605)所示的插损直减法进行误差修正,而实际考虑失配之后,b_S 与 b_2 的关系如式(5.606)所示,对比这两式,不难发现,当匹配状况变差时,式(5.605)与式(5.606)之间的差距愈发明显,测试误差逐渐增大。

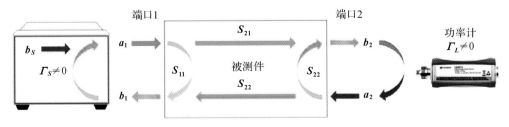

图 5.136　非理想匹配下两端口网络功率测试情况

$$b_S = \frac{b_2}{S_{21}} \tag{5.605}$$

$$b_S = b_2 \left[\frac{(1 - S_{11}\Gamma_S)(1 - S_{22}\Gamma_L)}{S_{21}} - S_{12}\Gamma_S\Gamma_L \right] \tag{5.606}$$

矢量网络分析仪内部集成了信号源与接收机,可以测量各端口输入、输出功率的幅值与相位参数,是理想的测试仪器。矢量网络分析仪测量的散射参数为 a 波和 b 波的比例测量结果,不需要精确测量绝对功率。当关心器件的功率特性时,要引入功率校准,保证绝对功率测量准确。功率校准一般分为源功率校准(source power calibration)与接收机功率校准(receiver power calibration)两个步骤,如图 5.137 所示。源功率校准是对源功率进行逐点测量与修正,将功率计的精度传递给矢量网络分析仪的内置源;接收机功率校准是将源的精度再传递给接收机,本质上是将接收机响应归一化到 0dBm 参考电平[82]。本节会从源功率校准和接收机功率校准两个方面专题讨论矢量网络分析仪绝对功率校准的原理。

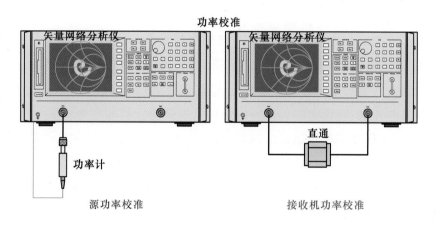

图 5.137　矢量网络分析仪功率校准过程

5.7.1　源功率校准

5.7.1.1　对源频率响应进行功率校准

源功率校准的本质是对源功率进行逐点测量和修正。校准开始时,将功率计的探测头[83-84]与测试端口连接,根据不同测试需求,将源设定成固定频率扫描功率模式或固定功率扫描频率模式乃至二维扫描模式,获取功率计的读数。之后根据与目标值的偏置,将源频率或功率调高或调低。偏置值被记录下来,作为源校准因子(SCF)。理想情况下,这个值就是图 5.138 所示的信号流图上的源传输跟踪项(STF)。然而,实际源是非线性的,存在误差,并且还有测试装置(test set)损耗,因此源校准因子变成了式(5.607),其中 ΔSrc 代表源设定值与测试装置入射值的差值。如果测试端口没有反射,则矢量网络分析仪源功率设定值 a_{vs} 与源测试装置入射值 a_{1s} 满足关系式(5.608)。影响

$\triangle Src$ 的因素是源和测试装置之间未被补偿的损耗，以及在不同设定值下源输出功率的非线性响应。

$$SCF = \triangle Src \cdot STF \tag{5.607}$$

$$a_{1S} = \triangle Src \cdot a_{VS}\big|_{\Gamma_{Load}=0} \tag{5.608}$$

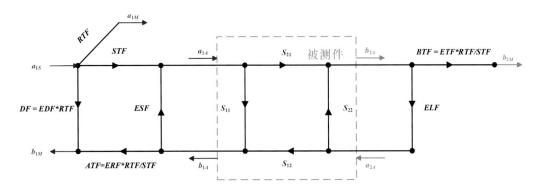

图 5.138　带有源和接收机误差的信号流图

将图 5.138 加以改进，变为图 5.139，这样更接近源的实际状态。信号在源和测试端口之间来回反射，影响了入射功率。最简单的源功率校准如下。假定功率计测量不存在反射，这时 *STF* 可以简单表示为式(5.609)。通常，*STF* 的值需要经过独立测量才能得出，然而它一般会以接收机传输跟踪项(*RTF*)比值的形式用在修正过程中，如式(5.610)所示。经推导得出的源校准因子 *SCF*、源功率误差 $\triangle Src$ 和测量功率 P_{Meas} 的关系如式(5.611)和式(5.612)所示。

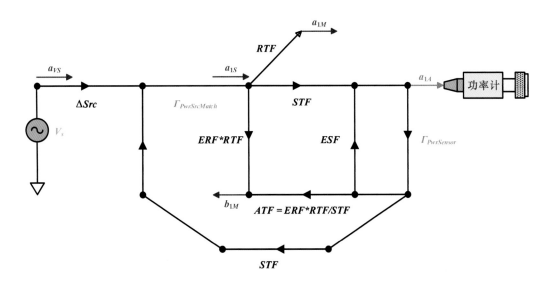

图 5.139　源功率校准过程信号流图完整误差模型

$$STF = \frac{P_{Meas}}{a_{1S}}\bigg|_{\Gamma_{Load}=0} \tag{5.609}$$

$$RTF = \frac{a_{1M}}{a_{1S}} \tag{5.610}$$

$$SCF = \frac{P_{Meas}}{a_{VS}}\bigg|_{\Gamma_{Load}=0} = \frac{\Delta Src \cdot P_{Meas}}{a_{1S}}\bigg|_{\Gamma_{Load}=0} \tag{5.611}$$

$$SCF_{dB} = P_{Meas(dB)} - a_{VS(dB)}\big|_{\Gamma_{Load}=0} \tag{5.612}$$

由于 ΔSrc 随着功率电平改变,有必要迭代源功率来获得某些特定的值。注意:与 **S** 参数误差修正不一样,这不是后置处理修正;相反,在获取被测件的数据之前,就需要利用偏置值来调整源设置。如果源是线性的,SCF 值就是常数,但有时源是非线性的,也就是说,源的值改变 1dB,a_{VS} 的值不一定也改变 1dB。因此,ΔSrc 值受源的非线性影响,只有在单一功率值处才能精确定义。

5.7.1.2　功率计探头匹配校正

从图 5.139 中可以清楚地看出,在给定功率设置的情况下,功率计探头会影响功率测量值以及 STF 和 SCF 的提取。功率计的测量值按式(5.613)计算,其本质上是 a_{1A},它是 STF 和 ESF 的函数,与矢量网络分析仪源功率 a_{1S} 相关。

$$a_{1A} = \frac{a_{1S} \cdot STF}{1 - ESF \cdot \Gamma_{Power\_Sensor}} = \frac{a_{1M}}{RTF} \cdot \frac{STF}{1 - ESF \cdot \Gamma_{Power\_Sensor}} \tag{5.613}$$

功率计校准因子包括功率计探头的失配损耗修正,因此功率计上显示的值实际上是功率传感器的入射功率,而不是被传感器吸收的功率,两者关系如式(5.614)所示。其中,ΔPM 表示吸收功率与读取功率时的值的差异,通常由功率计校准因子的误差引起。从式(5.613)和式(5.614)得知,带有非零匹配功率计的源测试装置损耗的匹配修正值 STF 可以按式(5.615)计算。

$$P_{Meas} = \frac{P_{Absorbed} \cdot \Delta PM}{1 - \left|\Gamma_{Power\_Sensor}\right|^2} = a_{1A} \cdot \Delta PM \tag{5.614}$$

$$STF = \frac{P_{Meas}}{a_{1S}}(1 - ESF \cdot \Gamma_{Power\_Sensor}) \tag{5.615}$$

在式(5.609)和式(5.612)里,源修正值是在假定功率传感器良好匹配的情况下得出的,如果不符合此种情况,源校准因子将会出错。忽略二次项,源功率可近似表示为式(5.616)。

$$a_{1S} \approx \frac{a_{VS} \cdot \Delta Src}{1 - \dfrac{\Gamma_{Power\_Src\_Match} \cdot STF^2 \cdot \Gamma_{Power\_Sensor}}{1 - ESF \cdot \Gamma^2_{Power\_Sensor}}} \tag{5.616}$$

其中,$\Gamma_{Power\_Src\_Match}$ 是与源相关的匹配,尽管功率电平会随着失配而改变,但是其值可以精确得出。注意:$\Gamma_{Power\_Src\_Match}$ 通常是未知的,在输出功率时这项也会引起不确定性。现代矢量网络分析仪在源功率校准过程中也测量功率计的原始匹配。STF 的值可以由式 (5.615) 得出。如果 STF 的损耗很大 (参考耦合头与测试端口之间存在大量损耗)，a_{1S} 的值近似恒定，也不会随被测件的匹配而改变。这时往往加入源衰减器，通常是为了给功率敏感器件提供更低的最小功率。然而，如果 STF 的损耗很小，而端口 1 负载的反射很大，那么式 (5.616) 描述的误差就会相当大。当负载匹配变化 360° 时，入射功率将发生变化，功率 a_{1A} 随着负载变化而变化，可以说峰—峰值变化就是源输入电压驻波比。因此，源功率匹配会使用 a_1 信号的功率作为被测件负载的结果。当今一些矢量网络分析仪采用的先进技术，使 a_1 接收机作为电平参考，可以显著削弱负载变化的影响。

综上，我们可以总结出以下三点：

① 源功率校准为源设置提供了合适的偏置，以获得期望的通过匹配负载的输出功率；

② 端口的失配会影响加到负载上的入射端口功率 a_{1A}；

③ 参考接收机测量结果 a_{1M}，在适当修正后，可以用来准确监测入射功率。

5.7.1.3　源功率线性度校准

矢量网络分析仪的源功率中存在由频率响应引起的误差，还有源功率线性度引起的误差 (线性度用于描述与源功率电平预定变化有关的源功率输出的准确性)。因为矢量网络分析仪接收机通常不仅仅是一组线性度较好的幅度值 (通常为 0.02dB)，测量源的线性度不是一件容易的事。通常将线性度定义为相对设定功率的功率测量值中存在的误差，参照功率预设值。也就是说，线性度误差不包括源平坦度。源功率线性度校准测量过程如下：在预设功率电平处读取参考信道功率并将其归一化，在分析仪的频率范围内，利用数据记录和数据/记录功能来实现；之后，设置新的源功率值 (通常是最大功率值或最小功率值)，相对于归一偏置，读出功率值，任何来自参考值的误差都是线性误差。

低功率情况下的线性度误差更大，这是正常的，因为自动电平控制 (automatic level control，ALC) 探测器工作在更低的信号电平上，任何直流漂移或偏置电压都会造成相对较大的影响。低功率情况下的功率值稳定性同样也比大功率情况差。在大功率情况下，源的谐波会引起线性度误差。

正常情况下，线性度误差不会被修正，除非在功率扫描模式下进行了源功率校准。否则，每个频率只保存一个源功率偏置值。这意味着如果要使用准确校准过的功率，唯一的选择是使用预设的功率作为校准功率。其他功率下的测量结果容易受线性度误差的影响。然而，先进的功率控制方法可以将这一误差去除，当今的高端矢量网络分析仪用新的方法校准参考接收机，并使用参考接收机作为接收机稳幅 (receiver leveling)，用于代替内部 ALC 探测器，这样就不需要进行功率校准了。但是上述源功率控制方法的准确性完全依赖于接收机功率校准的准确性。

5.7.2　接收机功率校准

早期矢量网络分析仪接收机功率校准是很基本的校准,本质上是将接收机响应简单地归一化到 0dBm 的参考功率。主要的步骤包括:

①将源功率精确校准到 0dBm;

②将源直接连接到接收机;

③对接收机响应归一化。

对参考接收机来说,第二步仍需要将功率计连到源测试端口上,以保证匹配的一致性。

这个过程有几个缺点:

①任何源功率校准中的误差和漂移都会成为接收机功率校准中的误差;

②因为只能使用简单的归一化,接收机功率校准只能在 0dBm 的源功率下进行;

③源和功率探头之间或源和接收机之间的任何失配都会产生误差;

④如果在连接源和接收机时使用了适配器,它的损耗和失配都会直接成为接收机功率校准误差的一部分。

5.7.2.1　参考接收机的响应校准

在现代矢量网络分析仪中,我们已认识到在源功率校准中,入射功率是完全已知的,接收机响应校正得到了改进。参考接收机的校准可以和源功率校准同时进行。

分析图 5.138 可推导得出,在矢量网络分析仪的端口良好匹配的情况下,参考接收机的前向跟踪误差项(RRF)可由式(5.617)计算。当用功率计测量入射功率时,匹配误差很小,因此式(5.617)可以估计为式(5.618)。对传输测试接收机(有时叫 B 接收机)上的功率测量来说,B 接收机传输前向跟踪项(BTF)定义为式(5.619)。得到 BTF 的一般方法是在端口 1 做一个源功率校准,再将端口 1 和端口 2 连接起来并假设 $a_{1A}=b_{2A}$。如果参考接收机是经过校准的,则 BTF 可以用式(5.620)表述。

$$RRF = \frac{a_{1M}}{a_{1A}}\bigg|_{\Gamma_{Load}=0} = \frac{RTF}{STF} \tag{5.617}$$

$$RRF \approx \frac{a_{1M}}{P_{Meas}} \tag{5.618}$$

$$BTF = \frac{b_{2M}}{b_{2A}} \tag{5.619}$$

$$BTF \approx \frac{b_{2M}}{a_{1M}/RRF}\bigg|_{S_{21\_Thru}=1} \tag{5.620}$$

在这一过程中,功率探头失配的效应、端口 1 或端口 2 失配的效应以及直通连接的损耗都没有进行补偿。直到 21 世纪初,这一直是商用矢量网络分析仪中对接收机跟踪的最佳估计。

在第 5.7.1.2 小节中，笔者已经给出了对功率计探头失配的校准方法。由式 (5.613)、式(5.614)和式(5.618)可以得出存在失配的参考接收机跟踪项的精确计算如式(5.621)所示。

$$RRF = \frac{a_{1M} \cdot \Delta PM}{P_{Meas}(1 - ESF \cdot \Gamma_{Power\_Sensor})} \tag{5.621}$$

注意：通过这种方法，如果参考接收机和功率计测量是同时进行的，那么源信号 a_1 的实际值对结果是没有影响的。这对接收机功率校准来说，不再需要先做一个精确的源功率校准。事实上，这个接收机的校准可以和源功率校准同时进行。可以通过一次对功率计匹配的单端口误差校正测量，在得到功率探头读数的同时得到 Γ_{Power_sensor}。

从过去的矢量网络分析仪直到最近的大多数现代矢量网络分析仪，接收机中对接收机跟踪项的校正是非常简单的，如式(5.622)所示。

$$a_{1A\_RcrvCal} \equiv \frac{a_{1M}}{RRF} \tag{5.622}$$

由于源匹配和被测件输入端匹配的交互影响，不能通过这样简单的响应校正得到实际的入射功率。因此，带有接收机功率校准的参考通道功率总会反映由功率源匹配导致的源功率误差，但是不会反映测试装置源匹配 *ESF* 比值的误差。

5.7.2.2　传输测试接收机的响应校准

在端口 2 上测试功率时，B 接收机的响应误差校正由式(5.623)定义。

$$b_{2A\_RcrvCal} \equiv \frac{b_{2M}}{BTF} \tag{5.623}$$

这种接收机功率校准只去掉了在 0dBm 上进行源功率校准的要求。然而，这种接收机功率校准的精度仍旧受限于源和接收机的匹配误差。直到最近，这一直是矢量网络分析仪功率测量唯一的校准方法。

5.7.2.2.1　经过匹配校正的增强型功率校准

过去矢量网络分析仪的功率校准质量一直比不上 *S* 参数校准，在很多测试系统中，仅仅因为这个原因，精度要求高的功率测量需要额外使用一个功率计。因为功率探头的匹配相对较好，而且能直接与被测件的端口相连，它们提供了一个尽管不太方便但精度还可以的功率测量解决方案。矢量网络分析仪的增益测量几近完美，而增益是元器件的一项非常关键的特性。矢量网络分析仪测试过程中很少直接测量功率。

然而，大约从 2000 年开始，矢量网络分析仪越来越多地被用于测量混频器和变频器。由于没有很好的基于比值测量的变频器增益测量方法，非比值(non-ratio)的功率测量就变得非常有必要了。

5.7.2.2.2　带有匹配校正的输入功率校准

式(5.613)给出了对入射功率测量进行匹配校正的方法。在校准的数据采集过程中，*RRF* 通过这个公式计算，测量功率值通过功率计获取。经过完整校正的入射源功率由式(5.624)计算，其中 Γ_{1M} 为测量入射功率时端口 1 的匹配。

$$a_{1A\_MatchCor} = \frac{a_{1M}}{RRF(1 - ESF \cdot \Gamma_{1M})} \tag{5.624}$$

入射源功率校准的不确定度主要来源于校准时测量到的源功率和实际源功率之间的误差，这个误差来源于功率计的校准系数、漂移与噪声及参考校准误差。对于一个高质量的功率探头来说，这些误差约为 0.15dB。

5.7.2.2.3　带有匹配校正的输出功率校准

类似的方法可以用于输出功率的计算，从而补偿矢量网络分析仪输出端口负载匹配的影响。式(5.620)中 *BTF* 的获取与计算忽略了源和负载匹配的效应，需要使用一个理想的直通。

考虑匹配校正后的传输测试接收机的传输前向跟踪误差项(*BTF*)如式(5.625)所示。对良好匹配和零长度直通，可以按式(5.625)中的边界条件进行简化。

$$\begin{aligned}
BTF &= \frac{b_{2M}}{a_{1A}} \cdot \frac{[(1 - S_{11T}ESF)(1 - S_{22T}ELF) - (ESF \cdot ELF \cdot S_{21T} \cdot S_{12T})]}{S_{21T}} \\
&\approx \frac{b_{2M}}{a_{1M}/RRF} \cdot \frac{[1 - (ESF \cdot ELF \cdot S_{21T} \cdot S_{12T})]}{S_{21T}} \Big|_{S_{11T} = S_{22T} = 0} \\
&= \frac{S_{21M} \cdot RRF \cdot [1 - (ESF \cdot ELF \cdot S_{21T} \cdot S_{12T})]}{S_{21T}} \\
&= S_{21\_Flush\_Thru\_M} \cdot RRF \cdot (1 - ESF \cdot ELF) \Big|_{S_{12T} = S_{21T} = 1}
\end{aligned} \tag{5.625}$$

BTF 可以直接通过上式计算，但如果做过一个完整两端口校准的话，不需要额外的测量就可以由(5.626)计算出来。

$$BTF = ETF \cdot RRF \tag{5.626}$$

实际上，无论是用什么校准件做的完整两端口校准，式(5.626)都成立。因此，如果参考接收机功率校准和完整两端口校准都做过了，则所有的测试接收机功率校准系数都可以计算出来。目前很多制造商的最新型矢量网络分析仪已经把源功率校准、参考接收机功率校准和 *S* 参数校准整合到了一个功率校准手册里，使用非常方便。

式(5.626)为 B 接收机的跟踪误差项提供了很好的估计，这会显著改善输出的响应校准，在获取误差项的过程中去除端口 1 和端口 2 失配的影响。然而，在测量被测件时，被测件的 S_{22} 以及端口 2 的负载产生的失配并不能通过简单的响应校准进行补偿。

经过匹配校正的功率测量如式(5.627)所示，其中 Γ_{2M} 是矢量网络分析仪端口 2 看向被测件的输出阻抗。一个简单的单端口校准与 S_{22} 测量就能够确定 Γ_{2M} 的值，当然器件必须是线性的才行。

$$b_{2A\_MatchCor\_1Port} = \frac{b_{2M}}{BTF} \cdot (1 - ELF \cdot \Gamma_{2M}) \tag{5.627}$$

为了完成所有功率的测量，经过匹配校正的反射功率可以用类似匹配校正的输入功率的方法得到，结果如式(5.628)所示。其中，S_{11_Cor} 是在端口 1 上的单端口、两端口或 N 端口的反射校正。

$$b_{1A\_MatchCor} = a_{1A\_MatchCor} \cdot S_{11\_Cor} \tag{5.628}$$

5.8　全自动在片校准与测试

有必要再次强调，现代化的高端矢量网络分析仪是一个非常强大的综合测试平台，图 2.7 已列出测试功能，实际测试界面如图 5.140 至图 5.145 所示。一台现代化的顶级矢量网络分析仪既可以测试变频器件[85]，也可以测试非变频器件；不仅可以测试简单连续波 **S** 参数，而且可以测试脉冲调制[85-88]下的 **S** 参数甚至 **X** 参数；可以同时测试单端及差分功率参数、噪声参数[89-97]、频谱及互调参数等，还可以在频域(frequency domain)亦可在时域(time domain)观测被测器件特性；最新发布的型号甚至可以进行信号调制与解调，并进行相位噪声测试。同时，矢量网络分析仪作为测试系统的核心，可以控制多台外设仪器仪表(如电源、万用表、信号源、功率计、阻抗调谐器等)完成更加复杂的测试功能应用(如负载牵引系统[98-99]、噪声牵引系统[100]、扩频系统[101]等)，形成更加强大的测试能力，成为射频微波测试系统的核心。

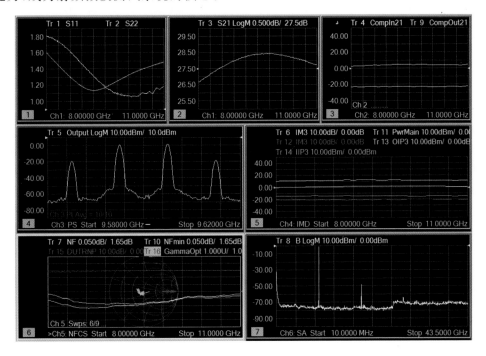

图 5.140　矢量网络分析仪多参数测试功能——低噪声放大器评估

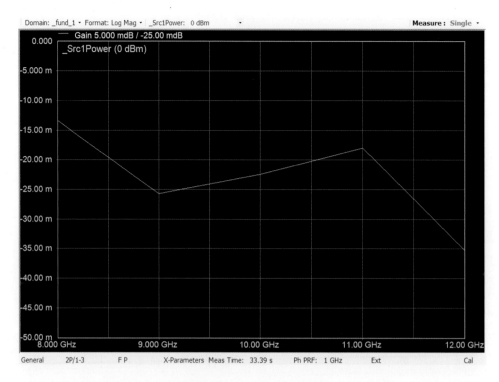

图 5.141　矢量网络分析仪多参数测试功能——X 参数

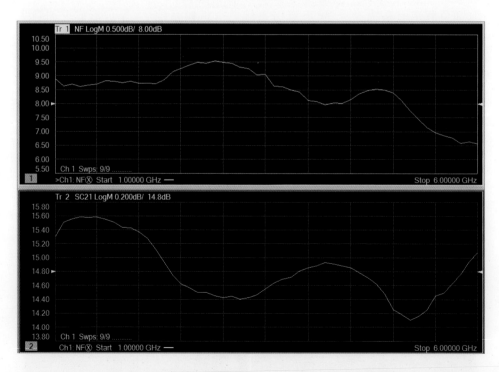

图 5.142　矢量网络分析仪多参数测试功能——混频器评估

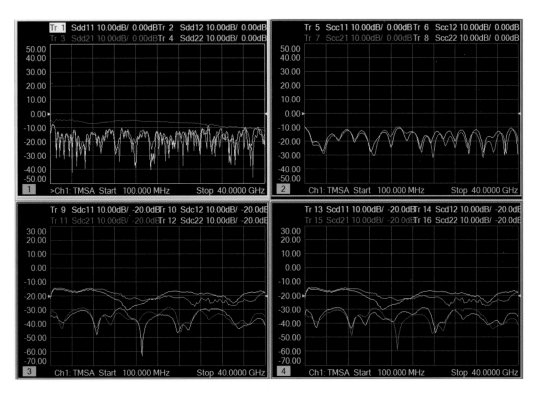

图 5.143　矢量网络分析仪多参数测试功能——差分 *S* 参数

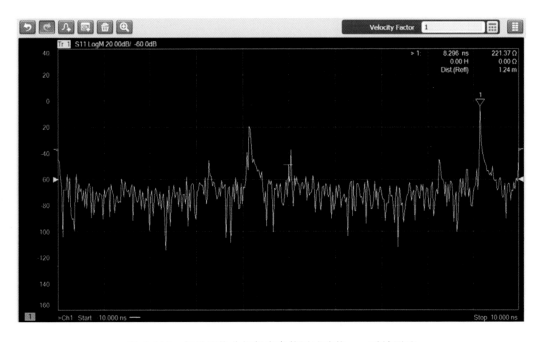

图 5.144　矢量网络分析仪多参数测试功能——时域测试

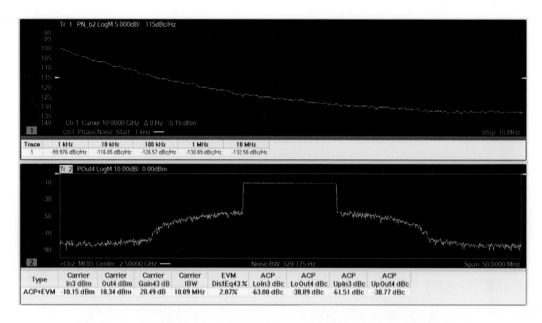

图 5.145　矢量网络分析仪多参数测试功能——相位噪声与矢量信号调制解调

　　笔者深耕射频微波测试领域多年,带领团队开发出多套射频微波测试系统,并仍在持续优化迭代中,而在片测试由于其测试平台的特殊性和要求的复杂性,更值得深入研究。本节会结合笔者多年经验及国内外迄今最新研究成果,介绍全自动在片校准与测试系统的研制进展[102-110]。

　　成熟、可靠的自动测试系统是一套光机电一体化集成、软硬件综合的复杂系统,它需要精准、可靠的自动测试仪器与自动测试平台,需要多种自动测试仪器与自动探针台等,同时还需要高效、稳定的自动测试软件。随着半导体工艺的发展,当今芯片和组件的集成度越来越高。为解决当前与未来高集成度多通道芯片与组件的测试需求,笔者开发了基于以工控机和矢量网络分析仪为双核心的控制模式以及三级驱动软件架构的自动测试系统,并对在片测试进行了专门优化,采用高低温全自动探针台,配合电动针座与自动聚焦显微镜及光学识别算法,实现全自动精准测试。如此,不仅提升了测试效能与测试精度,而且降低了测试成本。光机电一体化自动测试系统架构如图 5.146 所示。

　　目前业内已设计出多通道多功能芯片和片式组件。传统的四端口矢量网络分析仪和手动针座无法应对多端口多参数的测试需求,而多端口(端口数＞4)矢量网络分析仪和定制化探卡价格过于高昂且不能灵活更改。为解决这一难题,笔者提出的测试系统将基于矢量网络分析仪和电动针座的测试方案有机结合(图 5.147),同时采用基于PXI-e标准模块化仪表取代其他分立的台式仪表,工控机同样嵌入 PXI-e 主机中。此方案可大大节省测试成本,简化测试系统,提高测试精度。

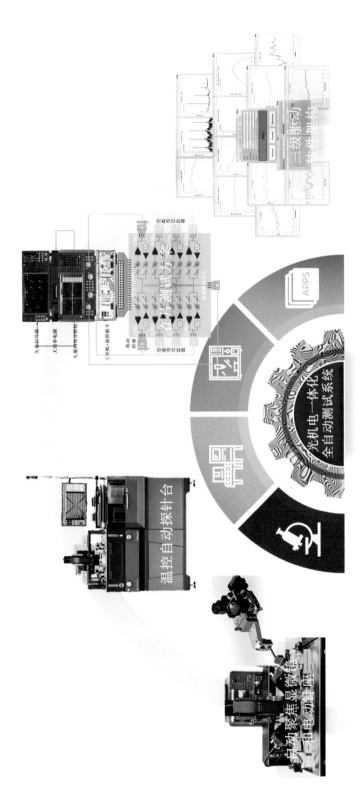

图 5.146　光机电一体化自动测试系统框架

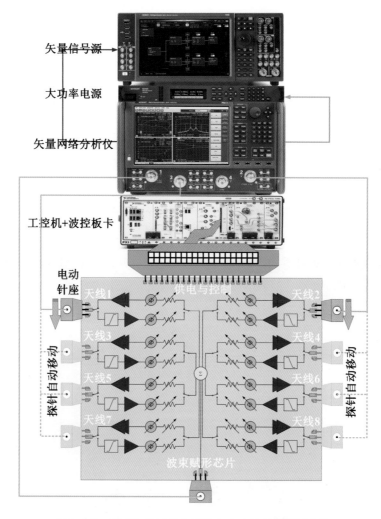

图 5.147 基于矢量网络分析仪和电动针座的测试方案

电动针座技术指标如表 5.15 所示。$X/Y/Z$ 方向由精密电机控制,使用时每个针座由自动测试软件独立控制,配合全自动探针台在 6 个维度上精密移动,完成整个测试工作。

表 5.15 Form Factor® RPP504 电动针座技术指标

主要技术指标	技术参数	样 图
移位精度	$2\mu m$	
移动行程($X/Y/Z$ 方向)	12mm/12mm/12mm	
螺纹精度($X/Y/Z$ 方向)	0.61mm/0.61mm/0.61mm	
最小步进	$0.1\mu m$	
移动速度	1mm/s	

自动聚焦技术是全自动控制显微镜系统的核心技术,主要解决如何提高聚焦的精度和速度的问题。聚焦评价函数用于衡量图像是否聚焦。显微镜聚焦方法目前主要可以分成两大类。一类是激光共焦法。它是利用激光束经照明针孔形成点光源,对被测件内焦平面的每一点扫描,被测件上的被照射点在探测孔处成像,由探测孔后的光电倍增管(photomultiplier tube,PMT)接收,迅速在计算机屏幕上形成荧光图像,该方法复杂度高,不易实现,专门的激光共聚焦显微镜成本高昂。另一类方法是通过比对焦面图像与非焦面图像的锐度、边缘等特征来实现自动聚焦,如运用绝对方差函数、平面微分平方和函数、灰度梯度算子函数、灰度差分法、能量谱函数、小波变换、罗伯茨(Roberts)算子、拉普拉斯(Laplace)算子等评价函数。该方法对硬件处理速度要求高,因此其进一步发展有一定的局限性。笔者开发的测试系统采用改进的拉普拉斯算子算法来实现显微镜的快速聚焦,由程序自动判断和控制聚焦,从而提高显微镜聚焦的精度。这点在整晶圆测试时尤为明显、切实有效,对测试点压痕和结果的一致性控制提升显著。各种测试系统优势对比如图 5.148 所示。

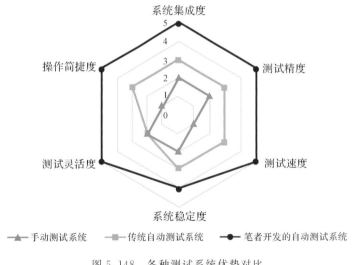

图 5.148　各种测试系统优势对比

针对更多测试端口(一般端口数＞16),由于芯片版图布置更加复杂,使用电动针座的方案会十分吃力,此时会采用类似图 5.106 所示的直流射频探卡及更复杂的探针台进行改造,结合模块化设备小型化、灵活度高的优点,构建测试系统。系统实例如图 5.149 至图 5.151 所示。该系统基于 NI® 公司 STS 平台,以模块仪表为测试核心,Form Factor® 或 TEL® 探针台定制化改造适配仪器,搭配定制化探卡,完成测试。该系统的优点是测试效率高、吞吐量大,适用于单品种大批量测试应用,缺点是系统成本高昂、灵活性差。

图 5.149　NI® 与 Form Factor® 公司联合开发的多端口芯片整体方案

图 5.150　NI® 与 TEL® 公司联合开发的多端口射频微波芯片在片测试系统整体方案

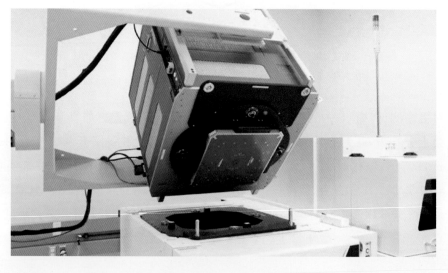

图 5.151　NI® 与 TEL® 公司联合开发的多端口射频微波芯片在片测试系统细节

当前最新的射频微波测试系统正向着平台化、集成化、系统化发展，单台仪表已难以完全满足所有测试需求。目前的发展方向是以矢量网络分析仪为测试核心，在软件层打通整个测试系统，将其他设备变成矢量网络分析仪的外设，再由更复杂的上位软件控制更为庞大的测试系统，最终完成非常复杂的测试工作。图 5.152 至图 5.154 是笔者根据当前仪器设备能力特点设计的和所知的一些现今最先进测试系统的框架与实物，希望为读者提供一定参考。

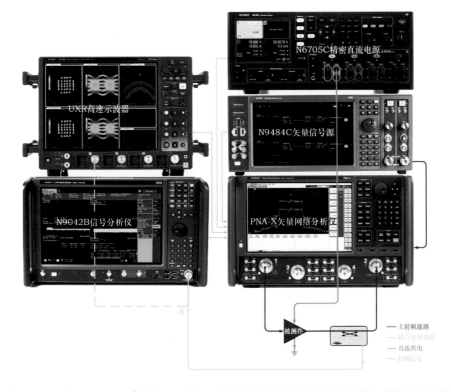

图 5.152　基于 Keysight® 公司 PNA-X 矢量网络分析仪的射频微波器件全参数测试方案

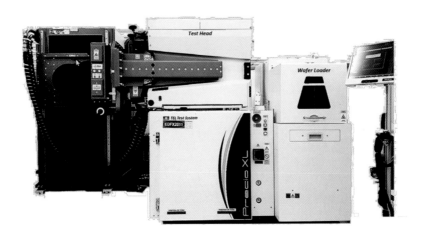

图 5.153　Teradyne® 与 TEL® 公司联合开发的多端口射频微波芯片在片测试系统

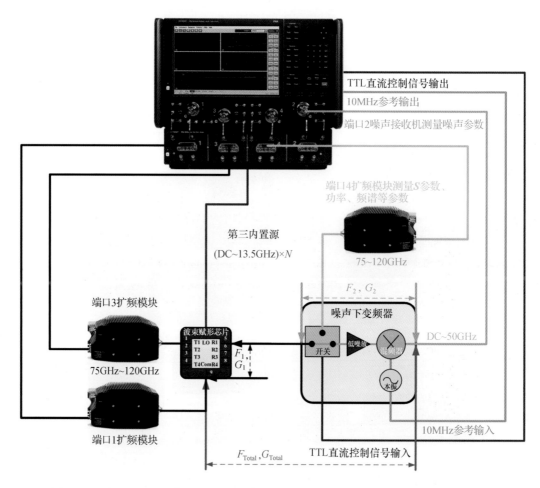

图 5.154　基于 Keysight® 公司 PNA-X 矢量网络分析仪的毫米波波束赋形芯片测试方案

5.9　本章小结

　　本章对当今所有校准方法进行了完整的梳理与比较。首先阐述了如何用开关项和隔离项修正原始数据；其次按不同端口数，依次分析了单端口、两端口和多端口校准及去嵌的各种方法的优缺点、算法原理和数据对比结果；然后介绍了数据内插算法及高低温情况下校准的相关内容；最后论述了全自动在片校准与测试系统的关键技术点及当今最新方案和研究成果。

参考文献

[1] 陈维新. 线性代数 [M]. 2 版. 北京：科学出版社，2007.

[2] 金忆丹，尹永成. 复变函数与拉普拉斯变换[M]. 3 版. 杭州：浙江大学出版社，2003.

[3] Horn R A, Johnson C R. Matrix Analysis[M]. 2nd ed. Cambridge：Cambridge University Press，1994.

[4] 盛骤，谢式千，潘承毅. 概率论与数理统计[M]. 5 版. 北京：高等教育出版社，2020.

[5] 何晓群. 多元统计分析[M]. 5 版. 北京：中国人民大学出版社，2019.

[6] 易大义，沈云宝，李有法. 科学计算[M]. 2 版. 杭州：浙江大学出版社，2002.

[7] Sauer T. Numerical Analysis[M]. 2nd ed. Hoboken：Pearson Education，2012.

[8] Zhu N H. Phase Uncertainty in Calibrating Microwave Test Fixtures[J]. IEEE Transactions on Microwave Theory and Techniques，1999，47(10)：1917-1922.

[9] Rumiantsev A，Ridler N. VNA Calibration[J]. IEEE Microwave Magazine，2008，9(3)：86-99.

[10] Lord A J. Comparing the Accuracy and Repeatability of On-wafer Calibration Techniques to 110 GHz [C]// 29th European Microwave Conference，1999.

[11] Ginley R A. Confidence in VNA Measurements[J]. IEEE Microwave Magazine，2007，8(4)：54-58.

[12] Singh D，Salter M J. Comparison of Vector Network Analyser (VNA) Calibration Techniques at Microwave Frequencies[R]. Middlesex：National Physical Laboratory，2019.

[13] Jargon J A，Marks R B，Rytting D K. Robust SOLT and Alternative Calibrations for Four-Sampler Vector Network Analyzers[J]. IEEE Transactions on Microwave Theory and Techniques，1999，47(10)：2008-2013.

[14] Ferrero A，Pisani U. QSOLT：A New Fast Calibration Algorithm for Two Port S Parameter Measurements[C]// 38th ARFTG Conference Digest，1991.

[15] Ferrero A，Pisani U. Two-Port Network Analyzer Calibration Using an Unknown 'Thru'[J]. IEEE Microwave and Guided Wave Letters，1992，2(12)：505-507.

[16] Basu S，Hayden L. An SOLR Calibration for Accurate Measurement of Orthogonal On-wafer DUTs [C]// IEEE MTT-S International Microwave Symposium Digest，1997.

[17] Stenarson J，Yhland K. Residual Error Models for the SOLT and SOLR VNA Calibration Algorithms [C]// 69th ARFTG Conference，2007.

[18] Daniel J E. Development of Enhanced Multiport Network Analyzer Calibrations Using Non-ideal Standards[D]. Tampa Bay：University of South Florida，2005.

[19] Schramm M，Hrobak M，Schür J，et al. A SOLR Calibration Procedure for the 16-Term Error Model [C]// 42nd European Microwave Conference，2012.

[20] Walker D K，Williams D F. Comparison of SOLR and TRL Calibrations[C]// 51st ARFTG Conference Digest，1998.

[21] Speciale R A. A Generalization of the TSD Network-Analyzer Calibration Procedure，Covering n-Port Scattering-Parameter Measurements，Affected by Leakage Errors[J]. IEEE Transactions on Microwave Theory and Techniques，1977，25(12)：1100-1115.

[22] Engen G F，Hoer C A. Thru-Reflect-Line：An Improved Technique for Calibrating the Dual Six-Port Automatic Network Analyzer[J]. IEEE Transactions on Microwave Theory and Techniques，1979，27(12)：987-993.

[23] Marks R B. A Multiline Method of Network Analyzer Calibration[J]. IEEE Transactions on Microwave Theory and Techniques，1991，39(7)：1205-1215.

[24] Williams D F，Marks R B. Transmission Line Capacitance Measurement[J]. IEEE Microwave and

Guided Wave Letters，1991，1(9)：243-245.

[25] Williams D F，Wang C M，Arz U．An Optimal Multiline TRL Calibration Algorithm[C]// IEEE MTT-S International Microwave Symposium Digest，2003.

[26] Zuniga-Juarez J E，Reynoso-Hernández J A，Maya-Sanchez M C．An Improved Multiline TRL Method [C]// 67th ARFTG Conference，2006.

[27] Lewandowski A，Wiatr W，Dobrowolski J．Multi-Frequency Approach to the Coaxial Multiline Through-Reflect-Line Calibration[C]// 18th International Conference on Microwaves，Radar and Wireless Communications，2010.

[28] Yau K．On the Metrology of Nanoscale Silicon Transistors above 100 GHz[D]．Toronto：University of Toronto，2011.

[29] Yadav C，Deng M，de Matos M，et al．Importance of Complete Characterization Setup on On-wafer TRL Calibration in Sub-THz Range[C]// IEEE International Conference on Microelectronic Test Structures (ICMTS)，2018.

[30] Hofmann B，Kolb S．A Multistandard Method of Network Analyzer Self-Calibration：Generalization of Multiline TRL[J]．IEEE Transactions on Microwave Theory and Techniques，2018，66(1)：245-254.

[31] Eul H J，Schiek B．Thru-Match-Reflect：One Result of a Rigorous Theory for De-embedding and Network Analyzer Calibration[C]// 18th European Microwave Conference，1988.

[32] Williams D F，Marks R B．LRM Probe-Tip Calibrations Using Nonideal Standards [J]．IEEE Transactions on Microwave Theory and Techniques，1995，43(2)：466-469.

[33] Doerner R，Rumiantsev A．Verification of The Wafer-Level LRM+ Calibration Technique for GaAs Applications up to 110 GHz[C]// 65th ARFTG Conference Digest，2005.

[34] Rumiantsev A．On-wafer Calibration Techniques Enabling Accurate Characterization of High-Performance Silicon Device at the mm-Wave Range and Beyond[D]．Brandenburg：Brandenburg University of Technology，2014.

[35] Rumiantsev A，Fu T，Doerner R．Improving Wafer-Level Calibration Consistency with TMRR Calibration Method[C]// 91st ARFTG Microwave Measurement Conference，2018.

[36] Davidson A，Jones K，Strid E．LRM and LRRM Calibrations with Automatic Determination of Load Inductance[C]// 36th ARFTG Conference Digest，1990.

[37] Pence J E．Verification of LRRM Calibrations with Load Inductance Compensation for CPW Measurements on GaAs Substrates[C]// 42nd ARFTG Conference Digest，1993.

[38] Safwat A M E，Hayden L．Sensitivity Analysis of Calibration Standards for SOLT and LRRM[C]// 58th ARFTG Conference Digest，2001.

[39] Hayden L．An Enhanced Line-Reflect-Reflect-Match Calibration[C]// 67th ARFTG Conference，2006.

[40] Padmanabhan S，Dunleavy L，Daniel J E，et al．Broadband Space Conservative On-wafer Network Analyzer Calibrations with More Complex Load and Thru Models [J]．IEEE Transactions on Microwave Theory and Techniques，2006，54(9)：3583-3593.

[41] Dahlberg K，Silvonen K．A Method to Determine LRRM Calibration Standards in Measurement

Configurations Affected by Leakage[J]. IEEE Transactions on Microwave Theory and Techniques，2014，62(9)：2132-2139.

[42] Liu S，Ocket I，Lewandowski A，et al. An Improved Line-Reflect-Reflect-Match Calibration with an Enhanced Load Model[J]. IEEE Microwave and Wireless Components Letters，2017，27(1)：97-99.

[43] Hamme H V，Bossche M V. Flexible Vector Network Analyzer Calibration with Accuracy Bounds Using an 8-Term or a 16-Term Error Correction Model[J]. IEEE Transactions on Microwave Theory and Techniques，1994，42(16)：976-987.

[44] Butler J V，Rytting D，Iskander M F，et al. 16-Term Error Model and Calibration Procedure for On-wafer Network Analysis Measurements[J]. IEEE Transactions on Microwave Theory and Techniques，1991，39(12)：2211-2217.

[45] Ferrero A，Sanpietro F. A Simplified Algorithm for Leaky Network Analyzer Calibration[J]. IEEE Microwave and Guided Wave Letters，1995，5(4)：119-121.

[46] Silvonen K. LMR 16：A Self-Calibration Procedure for a Leaky Network Analyzer[J]. IEEE Transactions on Microwave Theory and Techniques，1997，45(7)：1041-1049.

[47] Wei X Y. Niu G F，Sweeney S L，et al. Singular-Value-Decomposition Based Four Port De-embedding and Single-Step Error Calibration for On-chip Measurement[C]// IEEE/MTT-S International Microwave Symposium，2007.

[48] Liu C，Wu A H，Li C，et al. A New SOLT Calibration Method for Leaky On-wafer Measurements Using a 10-Term Error Model[J]. IEEE Transactions on Microwave Theory and Techniques，2018，66(8)：3894-2018.

[49] Kalman D. A Singularly Valuable Decomposition：The SVD of a Matrix[J]. The College Mathematics Journal，1996，27(1)：2-23.

[50] Crupi G，Schreurs D M M P. Microwave De-embedding from Theory to Applications[M]. Oxford：Academic Press，2014.

[51] Farina M，Rozzi T. A Short-Open Deembedding Technique for Method-of-Moments-Based Electromagnetic Analyses[J]. IEEE Transactions on Microwave Theory and Techniques，2001，49(4)：624-628.

[52] Lu H Y，Cheng W，Zhou Z J，et al. Measurement and Modeling Techniques for InP-Based HBT Devices to 220 GHz[C]// IEEE International Conference on Electron Devices and Solid-State Circuits，2016.

[53] Ito H，Masuy K. A Simple Through-Only De-embedding Method for On-wafer S-Parameter Measurements up to 110 GHz[C]// IEEE MTT-S International Microwave Symposium Digest，2008.

[54] 丁旭，王立平，史以群. 表征模型的构建方法、装置、设备和系统：CN202210776150.6[P]. 2022-07-04.

[55] Bu Q H，Li N，Bunsen K，et al. Evaluation of a Multi-line De-embedding Technique for Millimeter-Wave CMOS Circuit Design[C]// 2010 Asia-Pacific Microwave Conference，2010.

[56] Cho H J，Burk D E. A Three-Step Method for the De-embedding of High Frequency S-Parameter Measurements[J]. IEEE Transactions on Electron Devices，1991，38(6)：1371-1375.

［57］ Vandamme E P，Schreurs D M M P，van Dinther C. Improved Three-Step De-emdedding Method to Accurately Account for the Influence of Pad Parasitics in Silicon On-wafer RF Test-Structure［J］. IEEE Transactions on Electron Devices，2001，48(4)：737-742.

［58］ Duff C，Sloan R. Lumped Equivalent Circuit De-embedding of GaAs Structures［C］// 10th IEEE International Symposium on Electron Devices for Microwave and Optoelectronic Applications，2002.

［59］ Cha J Y，Cha J Y，Lee S. Uncertainty Analysis of Two-Step and Three-Step Methods for Deembedding On-wafer RF Transistor Measurements［J］. IEEE Transactions on Electron Devices，2008，55(8)：2195-2201.

［60］ Kang I M，Jung S J，Choi T H，et al. Five-Step（Pad-Pad Short-Pad Open-Short-Open）De-embedding Method and Its Verification［J］. IEEE Electron Device Letters，2009，30(4)：398-400.

［61］ Potéreau M，Curutchet A，D'Esposito R，et al. A Test Structure Set for On-wafer 3D-TRL Calibration ［C］// IEEE International Conference on Microelectronic Test Structures（ICMTS），2016.

［62］ Galatro L，Spirito M. Millimeter-Wave On-wafer TRL Calibration Employing 3-D EM Simulation-Based Characteristic Impedance Extraction［J］. IEEE Transactions on Microwave Theory and Techniques，2017，65(4)：1315-1322.

［63］ Chen Y，Chen B C，He J Y，et al. De-embedding Comparisons of 1X-Reflect SFD，1-Port AFR，and 2X-Thru SFD［C］// 2018 IEEE International Symposium on Electromagnetic Compatibility and 2018 IEEE Asia-Pacific Symposium on Electromagnetic Compatibility（EMC/APEMC），2018.

［64］ IEEE. IEEE Standard for Electrical Characterization of Printed Circuit Board and Related Interconnects at Frequencies up to 50 GHz：IEEE 370-2020［S］. New York：IEEE，2020.

［65］ 丁旭，王立平. 一种基于自校准的去嵌方法、系统、存储介质及终端：CN202011038481.7［P］. 2020-09-28.

［66］ Keysight®. Keysight Technologies U3047AM12 Multiport Test Set User's and Service Guide［Z］. Santa Rosa：Keysight®，2022.

［67］ R&S®. R&S® ZNBT Vector Network Analyzer Specifications Data Sheet［Z］. München：R&S®，2021.

［68］ Heuermann H. GSOLT：The Calibration Procedure for All Multi-port Vector Network Analyzers ［C］// IEEE MTT-S International Microwave Symposium Digest，2003.

［69］ Heuermann H. Multi-port Calibration Techniques for Differential Parameter Measurements with Network Analyzers［C］// 33rd European Microwave Conference，Rohde & Schwarz Workshop，2003.

［70］ Eul H J，Schiek B. Reducing the Number of Calibration Standards for Network Analyzer Calibration ［J］. IEEE Transactions on Instrumentation and Measurement，1991，40(4)：732-735.

［71］ Hayden L. A Hybrid Probe-Tip Calibration for Multiport Vector Network Analyzers［C］// 68th ARFTG Conference：Microwave Measurement，2006.

［72］ 丁旭，王立平. 一种基于自校准算法的多端口射频微波校准方法：CN202011410597.9［P］. 2020-12-03.

［73］ Form Factor®. Impedance Standard Substrate for 110 GHz and above 126-102A［Z］. Livermore：Form Factor®，2018.

［74］ Bockelman D E，Eisenstadt W R. Combined Differential and Common-Mode Analysis of Power

Splitters and Combiners[J]. IEEE Transactions on Microwave Theory and Techniques，1995，43(11)：2627-2632.

[75] Dunsmore J P，Anderson K，Blackham D. Complete Pure-Mode Balanced Measurement System[C]// IEEE MTT-S International Microwave Symposium，2007.

[76] Keysight®. Keysight® 855xxA/B Series CalPods and 85523B CalPod Controller Operations and Service Guide[Z]. Santa Rosa：Keysight®，2020.

[77] R&S®. R&S® ZN-Z3x Inline Calibration System Specifications Data Sheet [Z]. München：R&S®，2017.

[78] Chevalier P，Zerounian N，Barbalat B，et al. On the Use of Cryogenic Measurements to Investigate the Potential of Si/Sige：C HBTs for Terahertz Operation[C]// IEEE Bipolar/BiCMOS Circuits and Technology Meeting，2007.

[79] Rumiantsev A，Doerner R. Verification of Wafer-Level Calibration Accuracy at High Temperatures [C]// 71st ARFTG Microwave Measurements Conference，2008.

[80] Rumiantsev A，Fisher G，Doerner R. Sensitivity Analysis of Wafer-Level Over-Temperature RF Calibration[C]// 80th ARFTG Microwave Measurement Conference，2012.

[81] Fisher G，Rumiantsev A. Practical Considerations and Solutions for Temperature Dependent S-Parameter Measurement[Z]. Livermore：Form Factor®，2014.

[82] 丁旭，王立平，刘利平. 毫米波宽带功率校准修正方法及系统、存储介质及终端：CN202111156482.6 [P]. 2021-09-30.

[83] Keysight®. Power Meters and Power Sensors Brochue[Z]. Santa Rosa：Keysight®，2021.

[84] Keysight®. U8480 Series USB Thermocouple Power Sensors Data Sheet[Z]. Santa Rosa：Keysight®，2021.

[85] Williams D F，Ndagijimana F，Remley K A，et al. Scattering-Parameter Models and Representations for Microwave Mixers[J]. IEEE Transactions on Microwave Theory and Techniques，2005，53(1)：314-321.

[86] Roblin P，Ko Y S，Yang C K，et al. NVNA Techniques for Pulsed RF Measurements[J]. IEEE Microwave Magazine，2011，12(2)：65-76.

[87] Roblin P，Ko Y S，Jang H D，et al. Pulsed RF Calibration for NVNA Measurements[C]// 80th ARFTG Microwave Measurement Conference，2012.

[88] Keysight®. Pulsed-RF S-Parameter Measurements with the PNA Microwave Network Analyzers Using Wideband and Narrowband Detection Application Note[Z]. Santa Rosa：Keysight®，2014.

[89] Simpson G，Ballo D，Dunsmore J，et al. A New Noise Parameter Measurement Method Results in More than 100x Speed Improvement and Enhanced Measurement Accuracy[C]// 72nd ARFTG Microwave Measurement Symposium，2008.

[90] Dunsmore J P，Wood S. Vector Corrected Noise Figure and Noise Parameter Measurements of Differential Amplifiers[C]// 39th European Microwave Conference，2009.

[91] Gu D，Walker D K，Randa J. Variable Termination Unit for Noise-Parameter Measurement[J]. IEEE

Transactions on Instrumentation and Measurement，2009，58(4)：1072-1077.

［92］R&S®. Noise Figure Measurement without a Noise Source on a Vector Network Analyzer［Z］. München：R&S®，2010.

［93］Keysight®. High-Accuracy Noise Figure Measurements Using the PNA-X Series Network Analyzer［Z］. Santa Rosa：Keysight®，2020.

［94］Keysight®. Noise Figure Measurement Accuracy the Y-Factor Method［Z］. Santa Rosa：Keysight®，2021.

［95］R&S®. The Cold Source Technique For Noise Figure Measurements［Z］. München：R&S®，2021.

［96］丁旭，王立平. 一种低噪放芯片噪声系数自动化在片测试系统：CN201910715479. X［P］. 2019-08-05.

［97］王志平，丁旭，顾易帆，等. 一种定量测量评估噪声测试系统精度的系统及方法：CN201910605042. 0［P］. 2019-07-05.

［98］Dudkiewicz S. Vector Receiver Load Pull Measurement［J］. IEEE Microwave Journal，2011.

［99］Ghannouchi F M，Hashmi M S. Load-Pull Techniques with Applications to Power Amplifier Design［M］. Dordrecht：Springer，2013.

［100］Ciccognani W，Colangeli S，Serino A，et al. Generalized Extraction of the Noise Parameters by Means of Source- and Load-Pull Noise Power Measurements［J］. IEEE Transactions on Microwave Theory and Techniques，2018，66(5)：2258-2264.

［101］Keysight®. Banded Millimeter Wave Network Analysis Technical Overview［Z］. Santa Rosa：Keysight®，2022.

［102］Boulanger N，Rumelhard C，Carnez B，et al. On-wafer Automatic Three Ports Measurement System for MMIC Circuits and Dual Gate FETs［C］// 20th European Microwave Conference，1990.

［103］Adam S F. 50 Years or More on RF and Microwave Measurements［C］// IEEE MTT-S International Microwave Symposium Digest，2006.

［104］Tucker R. The History of the Automatic RF Techniques Group［J］. IEEE Microwave Magazine，2007，8(4)：69-74.

［105］Yanagimoto Y. Integrated，Turnkey Modeling and Measurement Systems［J］. Microwave Journal，2016，3.

［106］Marinissen L E J，Fodor F，de Wächter B，et al. A Fully Automatic Test System for Characterizing Wide-I/O Micro-Bump Probe Cards［C］// International Test Conference in Asia，2017.

［107］Ding X，Wang Z Y，Liu J R，et al. All-in-One Wafer-Level Solution for MMIC Automatic Testing［J］. MDPI Electronics，2018，7(57)：1-18.

［108］Form Factor®. Advanced mm-Wave and Terahertz Measurements with Cascade Probe Stations［Z］. Livermore：Form Factor®，2021.

［109］Form Factor®. Autonomous RF Measurement Assistant Brochure［Z］. Livermore：Form Factor®，2021.

［110］Form Factor®. Autonomous RF Calibrations and Measurements Brief［Z］. Livermore：Form Factor®，2021.

第 **6** 章

校准结果判断与不确定度分析

前文中关于校准的描述主要是从原理层面分析校准过程的数学与物理本质,但是只有将理论和实践紧密结合,才能保证最终结果准确。本章会从实际应用和操作的角度出发,分析和强调规范操作与合理设置的重要性,之后会给出工程和定量层面的方法,分析和判断校准结果好坏,最后会简单介绍不确定度分析理论及实际应用案例。

6.1 校准前设置注意事项

合理设置矢量网络分析仪的各项配置参数与规范操作是获得理想校准结果的必要前提。S 参数校准注意事项如表 6.1 所示。

表 6.1 S 参数校准注意事项

关键项	设置重点
频率范围	依实际测试所需设置,覆盖测试要求频率范围
频率步进	10 MHz 或 100 MHz 为宜,方便数据分析与统计
中频带宽	连续波测试一般设置为 1 kHz,高精度测试一般设置为 100 Hz,宽带法设置为脉冲宽度(简称脉宽)倒数的 1.5 倍,窄带法一般设置为 50 Hz
校准功率	0 dBm ± 5 dBm
衰减器设置	进行功率预算,设置成固定位置以满足测试要求
平均与平滑设置	平均一般不超过 10 次,平滑一般不建议开启

图 6.1 至图 6.3 给出了一些关键的设置界面,在校准之前需要着重检查以下几点:

①系统各处是否连接良好,各附件是否完好并满足 S 参数校准所需;

②起始频率、终止频率与频点数设置是否满足测试需求;

③中频带宽设置是否合理;

④平均与平滑设置是否合适;

⑤源输出功率设置是否处于适当位置;

⑥衰减器设置是否处于固定位置;

⑦注意区分连续波与脉冲测试时设置的差异。

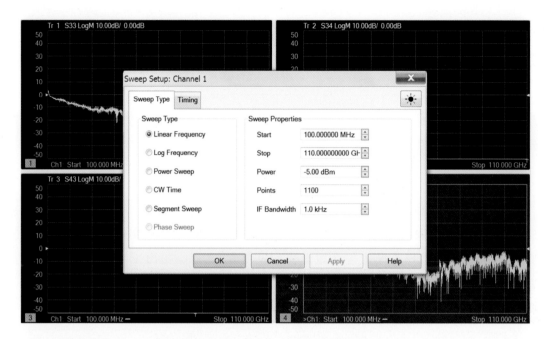

图 6.1　Keysight® PNA-X 基本设置

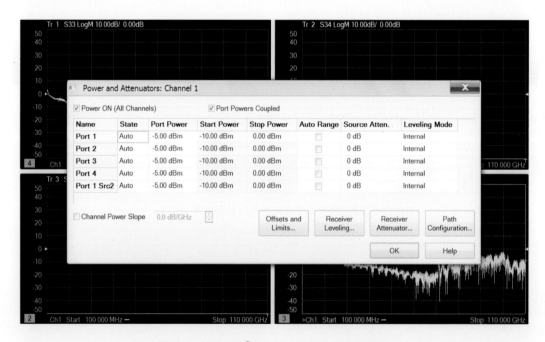

图 6.2　Keysight® PNA-X 功率和衰减器设置

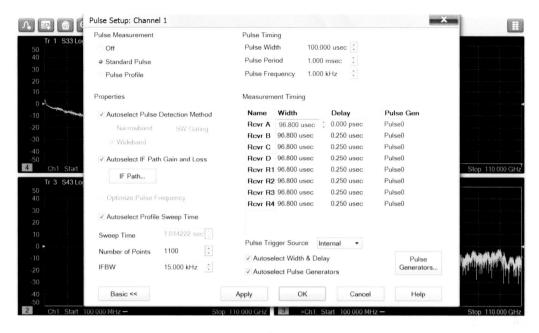

图 6.3 Keysight® PNA-X 脉冲设置

6.1.1 系统连接情况

保证系统连接良好是获得准确测试结果的基本前提。S 参数测试与一般射频测试的重要区别在于，S 参数是矢量参数，包含幅度、相位二元信息。因此，S 参数测试对系统连接的完好程度及缆线、转接头的稳相性与一致性要求更高[1-2]，一般推荐使用如图 6.4 所

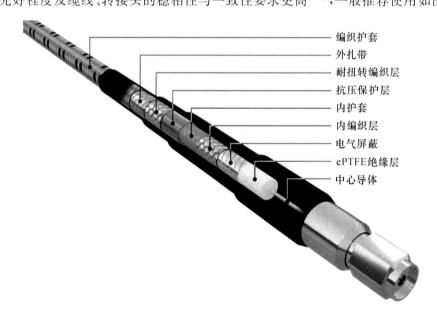

图 6.4 GORE® PHASEFLEX® 射频缆线结构

示的高品质稳相缆线[3-6]和计量级转接器[7-8],同时使用如图 6.5 和图 6.6 所示的合适力矩的扭力扳手(torque wrench)加固每一个连接点。常见的扭力扳手有转折型(break-over)和报警型(click-type)两种。关于扭力扳手的使用方法,在很多射频微波测试的基础培训资料[9-11]中都有介绍,本书仅简单强调几个关键点。

图 6.5　Pastermack® 转折型扭力扳手

图 6.6　Pastermack® 报警型扭力扳手

①当公母转接头互连时(图 6.7),保证两接头中心导体轴线对齐,先按顺时针方向手动旋紧公头而使母头固定,旋紧过程中用肉眼观察连接深度,凭手感判断顺滑程度,至感觉顺滑连接不能再转动为止。

此处固定

图 6.7　转接头正确连接方式

②完成步骤①后,使用合适力矩的扭力扳手旋紧公头(注意,按图 6.8 中的正确方法只能旋转公头及扳手开口方向),使用固定扳手固定母头。

③转折型扭力扳手的使用如图 6.9 和图 6.10 所示,弯折角度最大不得超过 45°。使用报警型扭力扳手时,听到"咔哒"声响起后,不要继续施力。

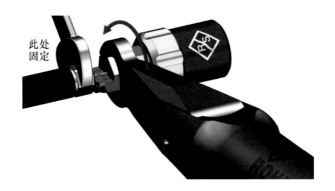

此处固定

图 6.8　扭力扳手与固定扳手正确固定转接头方式

图 6.9　扭力扳手正确使用方式

图 6.10　扭力扳手错误使用方式

　　需注意,不同的接头所需力矩是不同的。IEEE 287-2007 标准给出的具体参数详见表 6.2,应确保系统各处处于良好连接状态[1]。对于在片校准,除了加固所有转接位置外,探针尖端面的调平与否也是需要重点检查的步骤,要严格遵循调平→对位→校准的步骤进行操作。还要定期清洁与检查校准件是否完好,若发现沾污,应及时清洁,若发现损坏,则立即封存与更换。连接好坏对校准结果的影响如图 6.11 所示。未检查系统连接及附件是否完好就进行校准是初学者常犯的错误,而排查这种错误对测试结果的不良影响一般会耗费大量时间,且需要丰富的测试经验才能准确定位问题点,故希望读者引以为戒。必要时可使用如图 6.12 所示的界面规(interface gauge)[12]测试转接头的机械尺寸,超出规格的,直接报废封存处理。

表 6.2　不同转接器对应扭力扳手

名　称	外导体直径 (空气介质)/mm	额定频率/ GHz	对应扭力扳手力矩/ (N·m,lb-in)	通用性
N 型精密(50Ω)	7	18	1.35,12	无
SMA	介质接口	18	0.56,5	可与 3.5mm 和 2.92mm 接头互联,扭力扳手力矩依公头类型
3.5mm	3.5	26.5	0.9,8	可与 SMA 和 2.92mm 接头互联,扭力扳手力矩依公头类型
2.92mm(K)	2.92	40	0.9,8	可与 SMA 和 3.5mm 接头互联,扭力扳手力矩依公头类型
2.4mm	2.4	50	0.9,8	可与 1.85mm 互联
1.85mm(V)	1.85	70	0.9,8	可与 2.4mm 互联
1mm	1	110	0.45,4	无

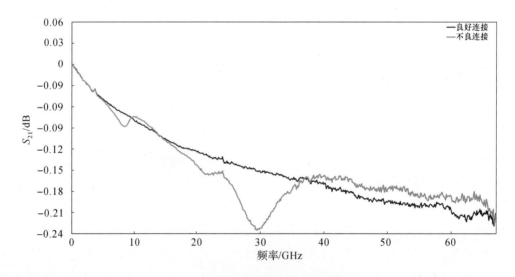

图 6.11　连接好坏对校准结果的影响

图 6.12　Spectrum Elektrotechnik GmbH® 界面规

6.1.2　中频带宽

中频带宽是指矢量网络分析仪接收机内部中频滤波器的带宽,设置中频带宽一般需要权衡动态范围(测试精度)和测量速度两个因素,进行综合考量并得到最终结果。具体来说,设置的中频带宽越宽,进入接收机的噪声越多(噪声功率是对带内噪声功率谱密度做积分得到的),底噪越高,动态范围(最大端口输出功率和底噪之差)越小,相应迹线噪声也越大;反之,设置较窄的中频带宽可以改善底噪、动态范围和迹线噪声,但是扫描速度会相应变慢。单频点采样时间为中频带宽的倒数,例如中频带宽设置为 1kHz,单频点采样时间为 1ms。这是因为滤波器带宽越窄,实现它需要的阶数越高,采样点数越多,速度越慢。设置中频带宽的总原则是在保证测量所需的动态范围和迹线噪声的前提下,尽可能使用较宽的中频带宽。在绝大多数情况下,1kHz 的中频带宽是较好的折中,高精度测试时可以将中频带宽设置为 100Hz。不建议设置更小的中频带宽,因为这会导致扫描时间过长,加大累积的漂移误差影响,得不偿失。在进行宽带法脉冲测试时,一般将中频带宽设置为脉宽倒数的 1.5 倍左右,例如当脉宽为 100μs 时,推荐将中频带宽设置在 15kHz 附近。在进行窄带法脉冲测试时,推荐将中频带宽设置为 50Hz。不同中频带宽对校准结果的影响如图 6.13 所示。

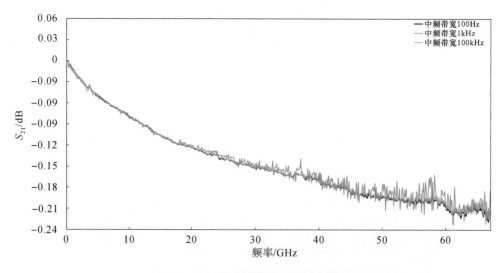

图 6.13　中频带宽对校准结果的影响

6.1.3　平均次数影响

增加平均次数($Average\_Times$)的作用与设置窄中频带宽效果类似,可以抑制噪声的影响,多次平均可以降低抖动($Jitter\_Reduction$),抑制随机误差,从而提高测试曲线的平滑程度。如式(6.1)所示,平均次数对随机抖动的抑制作用与平均次数的平方根成正比。平均算法一般分为扫描平均和逐点平均两种,区别在于扫描平均是先扫描 N 次曲线然后再将其平均,逐点平均是扫描时对每个测试点进行平均,平均算法如式(6.2)所示。合理的平均次数和适当的中频带宽配合,有利于提高测试精度;但需注意,若平均次数过多、扫描时间过长,也会累计漂移误差。平均算法对测试结果的影响如图 6.14 所示。一般的现代矢量网络分析仪会提供平滑(smoothing)处理测试曲线的功能,通常采

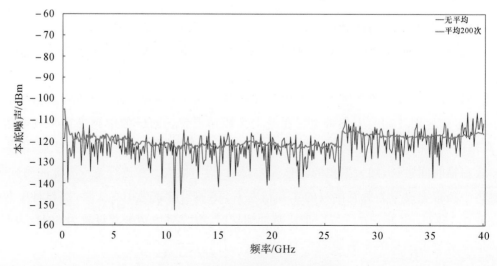

图 6.14　平均算法对测试结果的影响

用滑动平均(moving average,MA)法。需要特别强调的是,平滑处理是一种纯数学的数据处理方法,过度的平滑处理会遮盖掉原始数据曲线的很多特征,从而丧失很多重要的数据信息,所以希望读者在实际应用中谨慎使用平滑功能。

$$Jitter\_Reduction = \left(1 - \frac{1}{\sqrt{Average\_Times}}\right) \times 100\% \tag{6.1}$$

$$A_N = \left(\frac{N-1}{N}\right)Data_{Old} + \left(\frac{1}{N}\right)Data_{New} \tag{6.2}$$

6.1.4　数据平滑处理

在实际测试中,可能会遇到初始测试结果噪声太大的问题,比如要求输入功率很低导致迹线噪声过大。当无法通过优化设置来改善测试结果时,就需要一些如图 6.15 所示的简单的平滑算法对原始数据进行滤波,但是要与实际结合,选用合适的平滑算法。本小节中,笔者将分别介绍滑动平均法、加权滑动平均(weighted moving average)法、指数滑动平均(exponential moving average)法、萨维茨基-戈莱滤波(Savitzky-Golay filter,简称 SG 滤波)法等几种常用的平滑算法。

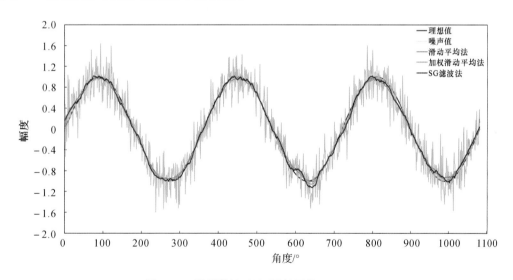

图 6.15　平滑算法对比(目标函数:$y = \sin x$)

6.1.4.1　滑动平均法

简单来说,滑动平均法对前后采样点的一共 $2n+1$ 个观测值取平均,得到当前数据点的滤波结果。这是一个比较符合直觉的平滑方法,在生活、工作中较为常用,但是很少有人去思考这么做的依据是什么,下面笔者就来仔细分析一下其中的原理。

对于一个观测序列,假设每一个观测值带有噪声,且噪声服从正态分布 $N(0,\sigma^2)$,观测值与真实值的关系如式(6.3)所示。

$$y_s = x_s + \varepsilon_s \tag{6.3}$$

其中，x_s 为观测值，y_s 为真实值，ε_s 为噪声。为了降低噪声的影响，我们对相邻采样点的观测值取平均，如式(6.4)所示。

$$f_s = \frac{\sum\limits_{i=1}^{n}(x_{s-i} + x_{s+i}) + x_s}{2n+1} \tag{6.4}$$

其中，f_s 为第 s 个采样点的滤波结果，x_{s-i} 为第 $s-i$ 时刻的观测值，n 为滑动窗口半径。将式(6.3)代入式(6.4)，可以得到式(6.5)。

$$f_s = \frac{\sum\limits_{i=1}^{n}(y_{s-i} + y_{s+i}) + y_s - \left[\sum\limits_{i=1}^{n}(\varepsilon_{s-i} + \varepsilon_{s+i}) + \varepsilon_s\right]}{2n+1} \tag{6.5}$$

前面已经假设噪声的均值为 0，所以 $\sum\limits_{i=1}^{n}(\varepsilon_{s-i} + \varepsilon_{s+i}) + \varepsilon_s$ 为 0，那么可得到式(6.6)。

$$f_s = \frac{\sum\limits_{i=1}^{n}(y_{s-i} + y_{s+i}) + y_s}{2n+1} \tag{6.6}$$

当观测值与真实值差异较小，或者变化为线性时，可以近似认为式(6.7)成立。

$$y_s \approx f_s = \frac{\sum\limits_{i=1}^{n}(y_{s-i} + y_{s+i}) + y_s}{2n+1} \tag{6.7}$$

由上述分析过程可知：当滑动窗口内的真实值变化不大时，我们可以抑制掉很大一部分噪声，滤波结果近似真实值；当滑动窗口内的真实值变化较大时，这种滤波方式就会损失一部分精确度，滤波结果接近真实值的均值。所以，窗口的大小对滤波结果有很大影响：窗口越大，滤波结果越平滑，但会在一定程度上偏离真实值；窗口越小，滤波结果越接近观测值，但噪声偏大。

6.1.4.2　加权滑动平均法

滑动平均法还有一个升级版本——加权滑动平均法。在实际应用中，每个观测值的重要程度可能不同，若忽略每个观测值的置信度，直接取平均，结果会不精确，所以就需要给观测值加权。加权滑动平均法如式(6.8)所示。

$$f_s = \frac{\sum\limits_{i=1}^{n}(w_{s-i} \cdot x_{s-i} + w_{s+i} \cdot x_{s+i}) + w_s \cdot x_s}{2n+1} \tag{6.8}$$

其中，w_s 为第 s 个观测值的权重。式(6.8)表示把每个观测值乘以权重后再取平均。这种方法适用于观测值本身带有置信度的情况。但需注意，这里有一个小问题：如果置信度的取值范围是 0 到 1，那么加权之后计算得到的观测值往往小于真实值，下面简单解释一下原因。

首先，我们假设观测值和真实值的均值是相等的，即满足式(6.9)。

$$\overline{X} = \frac{\sum_{i=1}^{2n+1} x_i}{2n+1} = \frac{\sum_{i=1}^{2n+1} y_i}{2n+1} = \overline{Y} \tag{6.9}$$

观测值乘以权重后,观测值就小于真实值的均值了,因为真实值的权重均值为 1,而观测值的权重均值为式(6.10)。

$$\overline{w}_s = \frac{\sum_{i=1}^{n}(w_{s-i} + w_{s+i}) + w_s}{2n+1} \tag{6.10}$$

该式是小于等于 1 的,最终的预测值也是小于等于真实值的,而且大概率是小于。所以我们需要将式(6.8)修正为式(6.11)。

$$\widetilde{f}_s = \frac{f_s}{\overline{w}_s} \tag{6.11}$$

这样,得到的预测值就会更加合理了。

使用滑动平均法的前提是噪声均值为 0,真实值变化不大或线性变化。如果真实值有较高频率的非线性突变,滑动平均法的效果就不够好了。同时,滑动平均法的窗口选取很重要,需要根据具体数据来选择。如果需要使用在实时滑动平均的情况下,那么就要把窗口前移,也就是对当前采样点的前 n 个观测值取平均,但这样得到的结果会明显滞后于当前观测值,窗口越大,滞后现象越严重。

6.1.4.3　指数滑动平均法

指数滑动平均法相当于加权滑动平均法的变体,主要区别在于,指数滑动平均法的权重是固定的,且随时间推移呈指数衰减。指数滑动平均法如式(6.12)所示。

$$f_s = w \cdot x_s + (1-w) \cdot f_{s-1} \tag{6.12}$$

其中,f_s 为预测值或滤波结果,w 为衰减权重(通常可设为固定值 0.9),x_s 为观测值。这是一个递推公式。我们对式(6.12)进行递推,可得式(6.13)。

$$f_{s-1} = w \cdot x_{s-1} + (1-w) \cdot f_{s-2} \tag{6.13}$$

将式(6.12)代入式(6.13),可得式(6.14)。

$$f_s = w \cdot x_s + (1-w) \cdot [w \cdot x_{s-1} + (1-w) \cdot f_{s-2}] \tag{6.14}$$

可以发现,f_s 与 f_{s-2} 的 $(1-w)^2$ 倍同阶,f_s 与 f_{s-1} 的 $1-w$ 倍同阶,故权重呈指数衰减。同时,在初始数据点有式(6.15)。

$$f_0 = x_0 \tag{6.15}$$

根据这一关系和递推公式,我们就能够得到整个算法的公式了。

由于这种指数衰减的特性,指数滑动平均法会比滑动平均法的实时性更强,更加接近当前时刻的观测值。在实际场景中,当目标波动较大时,指数滑动平均法会比滑动平均法更加接近当前的真实值。那么是不是就说明,指数滑动平均法在任意场景中都比滑动平均法更好呢?这倒不一定。我们来分析一下指数衰减法的误差项。这里为了简便表示,设定 $s=2$,同时,将式(6.3)和式(6.15)代入式(6.14),可得误差项满足式(6.16)。

$$\varepsilon = w \cdot \varepsilon_2 + (1-w) \cdot [w \cdot \varepsilon_1 + (1-w) \cdot \varepsilon_0] \tag{6.16}$$

所以误差项也是呈指数衰减的,越接近当前时刻的误差项权重越大。在当前的应用场景中,假如误差满足固定的分布且不受目标观测值影响,那么指数滑动平均法更接近真实值;假如误差会受目标观测值影响(比如我们观测的是一个连续运动的目标,中间突然出现一个偏离很远的观测点,那么这个点为误检的概率相当大,也就是该观测值的误差比之前其他点的误差要大得多),那么指数加权平均法的结果波动较大,结果就不如滑动平均了。

简单概括来说,当误差不受观测值大小影响时,指数滑动平均比滑动平均更好;当误差随观测值大小变化时,滑动平均比指数滑动平均更好。

6.1.4.4 SG 滤波法

SG 滤波法的核心思想也是对窗口内的数据进行加权滤波,但是它的加权权重是通过对给定的高阶多项式进行 OLS 拟合得到的。它的优点在于,在滤波平滑的同时,能够更有效地保留信号的变化信息。下面来介绍一下其原理。

我们同样对当前时刻的前后共 $2n+1$ 个观测值进行滤波,用 $k-1$ 阶多项式对其进行拟合。对于当前时刻的观测值,我们用式(6.17)进行拟合。

$$x_s = a_0 + a_1 \cdot s + a_2 \cdot s^2 + \cdots + a_{k-1} \cdot s^{k-1} \tag{6.17}$$

对于前后时刻(如 $s-1, s+1, s-2, s+2$ 等)的预测值,我们同样可以用式(6.17)来计算,这样一共得到 $2n+1$ 个式子,如式(6.18)所示。

$$
\begin{bmatrix} x_{s-n} \\ \vdots \\ x_{s-1} \\ x_s \\ x_{s+1} \\ \vdots \\ x_{s+n} \end{bmatrix}
=
\begin{bmatrix}
1 & s-n & (s-n)^2 & \cdots & (s-n)^{k-1} \\
\vdots & \vdots & \vdots & \ddots & \vdots \\
1 & s-1 & (s-1)^2 & \cdots & (s-1)^{k-1} \\
1 & s & s^2 & \cdots & t^{k-1} \\
1 & s+1 & (s+1)^2 & \cdots & (s+1)^{k-1} \\
\vdots & \vdots & \vdots & \ddots & \vdots \\
1 & s+n & (s+n)^2 & \cdots & (s+n)^{k-1}
\end{bmatrix}
\begin{bmatrix} a_0 \\ a_1 \\ a_2 \\ \vdots \\ a_{k-3} \\ a_{k-2} \\ a_{k-1} \end{bmatrix}
+
\begin{bmatrix} \varepsilon_{s-n} \\ \vdots \\ \varepsilon_{s-1} \\ \varepsilon_s \\ \varepsilon_{s+1} \\ \vdots \\ \varepsilon_{s+n} \end{bmatrix}
\tag{6.18}
$$

要使得上式有解,必须满足 $2n+1 > k$,这样我们才能够通过 OLS 确定参数 $a_0, a_1, a_2, \cdots, a_{k-1}$。我们把式(6.18)简化表示为式(6.19)。

$$[\boldsymbol{X}_{(2n+1) \times 1}] = [\boldsymbol{S}_{(2n+1) \times k}] + [\boldsymbol{A}_{k \times 1}] + [\boldsymbol{E}_{(2n+1) \times 1}] \tag{6.19}$$

其中,各参数下标表示它们各自的维度,如$[\boldsymbol{A}_{k \times 1}]$表示有 k 行 1 列。通过 OLS,我们可以求得$[\boldsymbol{A}_{k \times 1}]$的解如式(6.20)所示。

$$[\boldsymbol{A}] = ([\boldsymbol{S}]^{\mathrm{T}} \cdot [\boldsymbol{S}]) \cdot [\boldsymbol{S}]^{\mathrm{T}} \cdot [\boldsymbol{X}] \tag{6.20}$$

那么,模型的滤波值如式(6.21)所示。

$$[\boldsymbol{F}]=[\boldsymbol{S}]\cdot[\boldsymbol{A}]=[\boldsymbol{S}]\cdot([\boldsymbol{S}]^{\mathrm{T}}\cdot[\boldsymbol{S}])^{-1}\cdot[\boldsymbol{S}]^{\mathrm{T}}\cdot[\boldsymbol{X}]=[\boldsymbol{B}]\cdot[\boldsymbol{X}] \tag{6.21}$$

最终可以得到滤波值和观测值的关系式(6.22)。

$$[\boldsymbol{B}]=[\boldsymbol{S}]\cdot([\boldsymbol{S}]^{\mathrm{T}}\cdot[\boldsymbol{S}])^{-1}\cdot[\boldsymbol{S}]^{\mathrm{T}} \tag{6.22}$$

算出了矩阵$[\boldsymbol{B}]$,我们就能够快速地将观测值转换为滤波值。

SG 滤波法对数据的观测信息保持得较好,比较适用于一些注重数据变化的场合。

6.1.5　测试功率

$\boldsymbol{S}$ 参数校准存在一个常见的误区:将校准功率与实际测试功率设置成一致状态。这是一个很严重的错误。尤其是在测试低噪声放大器等要求在线性工作区工作的被测件时,为保证其正常工作,源输出功率一般较低,常常小于$-30\mathrm{dBm}$;而源输出功率越低,系统动态范围越小,接收机灵敏度越差,迹线噪声越大。依笔者经验,当源输出功率低于$-30\mathrm{dBm}$时,很难保证校准质量。而在过高的输入功率($\geqslant10\mathrm{dBm}$)下校准,会导致接收机处于压缩状态,产生非线性分量,也会导致校准结果变差。通过测试直通标准件,可以计算实际附加噪声,如式(6.23)所示。同时,过高的输入功率可能会超出校准件能承受的功率上限而造成损毁。

$$N_{Added}=(S_{21}-1)a_1=\left.\frac{b_2+N_{Added}}{a_1}-\frac{b_2}{a_1}\right|_{Thru} \tag{6.23}$$

不同校准功率对测试结果的影响如图 6.16 和图 6.17 所示。图 6.16 是同一连接状态下,两个通道分别以不同功率校准的结果,可以发现,在$-30\mathrm{dBm}$下校准并测试的结果与在 0dBm 下进行同样操作相比,纹波更明显,校准精度显著恶化。图 6.17 是在 0dBm 下完成校准后更改源输出功率后的影响,这里需注意,受短期漂移效应的影响(关于漂移误差会在第 7.1 节中详细讨论),0dBm 测试结果与其他功率状态测试结果的中心包络线并不重合。由上述结果不难发现,源输出功率越低,校准结果越差。而且由图 6.18 可以看出,直接在$-30\mathrm{dBm}$下校准并测试的结果明显比先在 0dBm 下校准、再将功率变更至$-30\mathrm{dBm}$的测试结果更差。综上,一般推荐将源输出功率设置为 0dBm $\pm$ 5dBm,然后进行校准。由于在毫米波以上频段($\geqslant70\mathrm{GHz}$),源输出功率明显降低,因此一般会选择$-5\mathrm{dBm}\sim-15\mathrm{dBm}$ 范围进行校准。在图 6.19 至图 6.24 中,笔者实测了 Keysight® PNA-X N5247B 和 N5251A 在不同功率下的线性度。可以看出,校准功率下,功率线性度很好,在可调整范围内,最大功率的线性度明显好于最小功率,这在测试结果中也有所体现。如图 6.25 所示,现代矢量网络分析仪内置源和接收机的线性度很好,在比较大的功率跨度上可以保证线性变化,所以可以在最佳精度功率范围内进行校准,然后将功率调至所需测试功率并进行测试,这是最佳应用方式。如要保证功率精确可控,需要增加功率校准步骤。

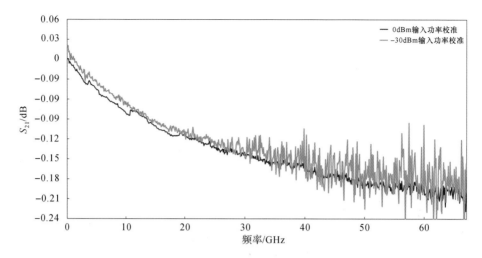

图 6.16 校准功率对校准结果的影响

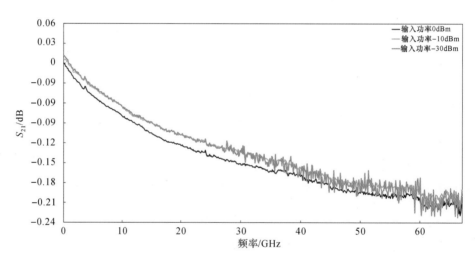

图 6.17 输入功率对校准结果的影响

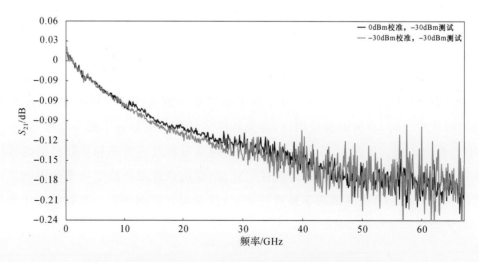

图 6.18 源输出功率－30dBm 时不同校准设置的测试结果对比

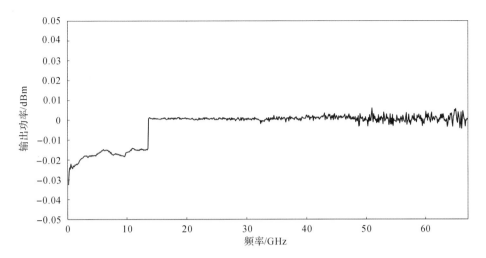

图 6.19　Keysight® PNA-X N5247B 校准功率输出功率线性度

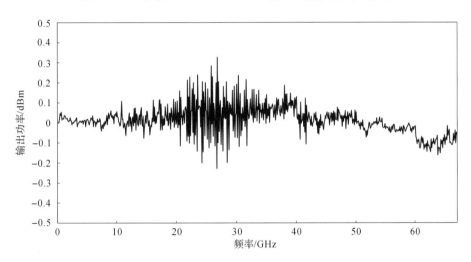

图 6.20　Keysight® PNA-X N5247B 最大可调输出功率线性度

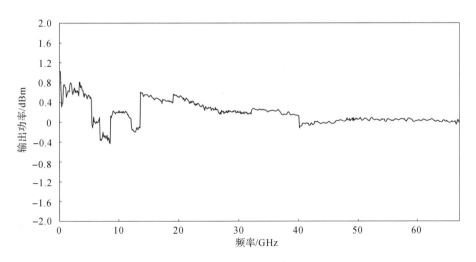

图 6.21　Keysight® PNA-X N5247B 最小可调输出功率线性度

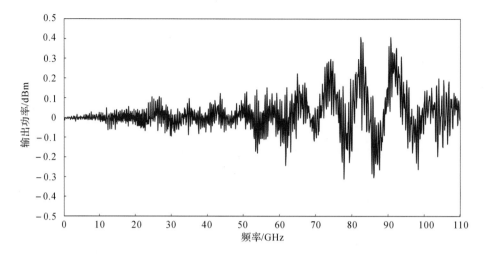

图 6.22 Keysight® PNA-X N5251A 校准功率输出功率线性度

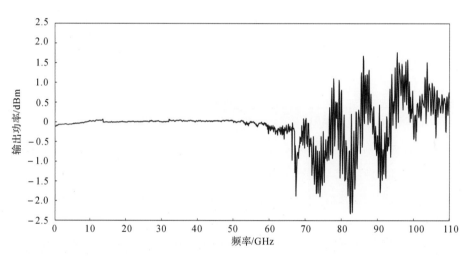

图 6.23 Keysight® PNA-X N5251A 最大可调输出功率线性度

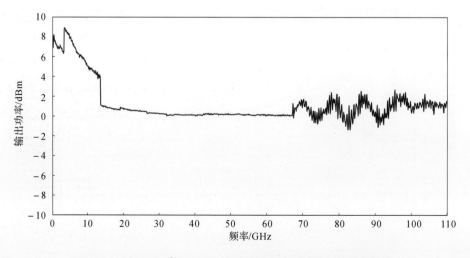

图 6.24 Keysight® PNA-X N5251A 最小可调输出功率线性度

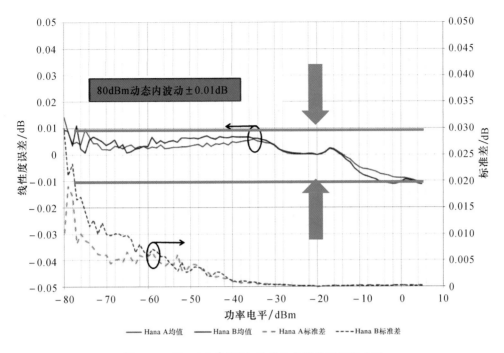

图 6.25　Keysight® PNA-X 接收机线性度测试曲线

6.1.6　衰减器影响

很多矢量网络分析仪都在参考接收机耦合器和测试接收机耦合器中间集成有步进衰减器。它们能把矢量网络分析仪的功率范围下限扩展到更低。把步进衰减器放在参考和测试耦合器中间意味着参考接收机看不到步进衰减器带来的功率变化,因此当步进衰减器变化时,校准似乎无效了。当测试源衰减一定值时,很多矢量网络分析仪通过将参考接收机的显示值加上衰减器的变化来对它进行补偿,这样做之后,参考通道的读数总显示施加到被测件上的源功率值。然而,步进衰减器是不完美的,与标称值之间一般有 0.25~0.5dB 的差别,而且步进衰减器在不同的端口匹配情况下,衰减值也会有所变化,最大的变化是从 0dB 变到其他任何状态。虽有方法可以表征衰减器的不同状态,在测量中消除衰减器切换所产生的影响,但不推荐在校准之后改变衰减值,建议在校准前做好功率预算,将衰减器置于适当挡位。校准后衰减器切换对校准结果的影响如图 6.26 所示,实际上它引入的误差比在很低的功率下校准由噪声带来的误差要小。使用去嵌技术能把衰减器切换误差减小到可以忽略的程度,这在驱动信号功率很低(如低于 −60dBm)时,会非常有用。

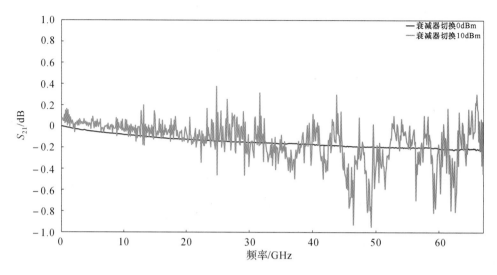

图 6.26　校准后衰减器切换对校准结果的影响

6.1.7　连续与波脉冲

在测试大功率放大器以及工作在压缩点附近的放大器时，射频耗散功率会导致被测件发热从而影响测量结果的准确性。尤其在片上测试时，由于测试系统无法给芯片提供足够的散热，影响尤甚。对于上述情况，可以采用低占空比（$Duty\_Cycle$）的脉冲调制激励进行测试，以避免被测件过热。此外，还有一些器件被设计成只能在脉冲模式下工作，所以脉冲 **S** 参数测试十分必要。脉冲信号的表达如式（6.24）至式（6.32）所示。其中，矩形函数（rectangular function）定义如式（6.25）所示；狄拉克 δ 函数（Dirac delta function）定义式（6.26）和式（6.27）所示，δ 函数与其傅里叶变换（Fourier transform）关系如式（6.28）和式（6.29）所示；Shah 函数（Shah function）实际上是一堆等间距分布的 δ 函数，它的傅里叶变换还是一个 Shah 函数，只不过间距变了，其定义及傅里叶变换如式（6.30）和式（6.31）所示；sinc 函数定义如式（6.33）所示。pw 为脉冲宽度（即脉宽），prf 为脉冲频率。脉冲信号数学表达如图 6.27 所示，脉冲信号时域与频域关系如图 6.28 所示，其中 prp 为脉冲周期，pri 为脉冲间隔，on_time 和 off_time 分别为开启时长和关闭时长。脉冲测试与连续波测试有一定区别，依测试方法不同，脉冲测试分为宽带法与窄带法，基本原理如图 6.29 所示。

$$y(t) = \left[rect_{pw}(t) \right] \cdot x(t) \cdot \text{shah}\left(\frac{t}{prf} \right) \tag{6.24}$$

$$rect_{pw}(t) = \begin{cases} 1, & |t| \leqslant \dfrac{pw}{2} \\[2mm] 0, & |t| > \dfrac{pw}{2} \end{cases} \tag{6.25}$$

$$\delta(x) = 0, \quad x \neq 0 \tag{6.26}$$

$$\int_{-\infty}^{\infty} \delta(x)\,\mathrm{d}x = 1 \tag{6.27}$$

$$F(x) = \delta(x - x_1) \tag{6.28}$$

$$f(\sigma) = \mathrm{e}^{2\pi i x_1 \sigma} \tag{6.29}$$

$$III(x) = \sum_{n=-\infty}^{\infty} \delta(x - n\Delta x) \tag{6.30}$$

$$iii(\sigma) = \sum_{n=-\infty}^{\infty} \delta\left(\sigma - n\frac{1}{\Delta x}\right) \tag{6.31}$$

$$\begin{aligned}
Y(s) &= [pw \cdot \mathrm{sinc}(pw \cdot s) \cdot X(s)] \cdot [prf \cdot \mathrm{shah}(prf \cdot s)] \\
&= [pw \cdot \mathrm{sinc}(pw \cdot s)] \cdot [prf \cdot \mathrm{shah}(prf \cdot s)] \\
&= Duty\_Cycle \cdot \mathrm{sinc}(pw \cdot s) \cdot \mathrm{shah}(prf \cdot s)
\end{aligned} \tag{6.32}$$

$$\mathrm{sinc}(x) = \begin{cases} \dfrac{\sin x}{x}, & x \neq 0 \\[2mm] 0, & x = 0 \end{cases} \tag{6.33}$$

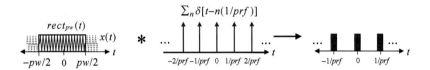

图 6.27　脉冲信号数学表达

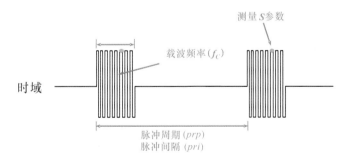

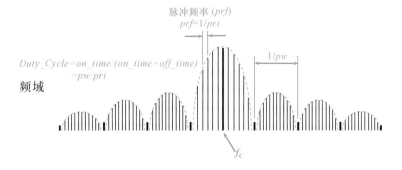

图 6.28　脉冲信号时域与频域关系

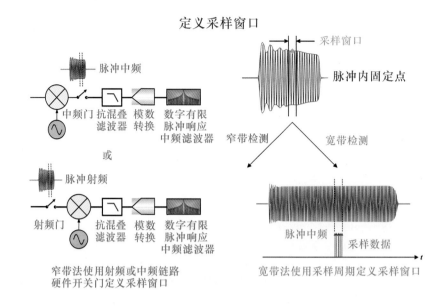

图 6.29　宽带法与窄带法原理

6.1.7.1　宽带法

宽带法基本原理如图 6.30 所示。宽带法是指采用宽带中频,以非常短的响应时间来测量脉冲导通时的射频信号。例如,为了测量一个脉宽 $10\mu s$ 的射频脉冲信号,中频带宽应至少是脉宽倒数的 1 倍,即 $\geqslant 100\text{kHz}$,这样才能将所有射频脉冲的能量都收入带内。而典型的中频带宽应至少是脉宽倒数的 1.5 倍,这样才能保证即使存在时序误差和脉冲时延,所有的中频量也都被测量。目前先进的网络仪最宽的中频带宽可达 15MHz 以上,其中 PNA-X 可达 15MHz,ZNA 可达 30MHz。宽带法可以测量最窄脉宽为 100ns 的信号。不过中频带宽越宽,相应的迹线噪声也会越大。依笔者经验,一般不建议使用宽带法测量脉宽低于 $10\mu s$ 的射频脉冲信号。不同脉宽对校准结果的影响如图 6.31 所示。

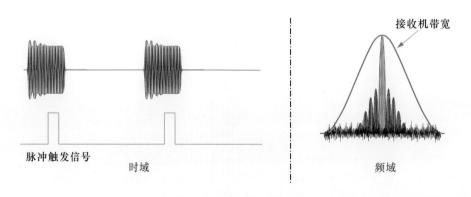

图 6.30　宽带法基本原理

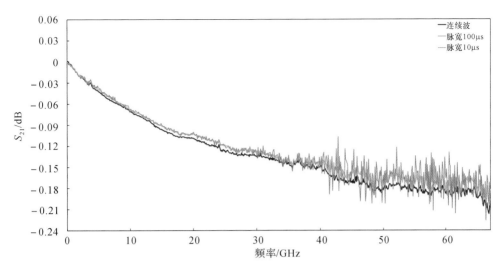

图 6.31　不同脉宽对校准结果的影响

6.1.7.2　窄带法

窄带法基本原理如图 6.32 所示。对于脉宽较窄的脉冲,或者中频带宽较窄的测量系统,可以用窄带法来测量。这种方法能够测到脉宽非常窄的脉冲,最小可达 10ns。在窄带模式下,矢量网络分析仪的接收机分时选通,脉冲信号上只有很窄一段被采集。采用如图 6.32 所示特制的数字滤波器,仅获取中心频点频谱。注意窄带法的前提是射频脉冲信号呈周期性,其频谱是离散的,各谱线的间隔即为脉冲频率。使用窄带法测量脉冲时,显示的平均功率要比真实功率小,两者比值为接收机选通时间与脉冲周期的比值。因此,用窄带法测量功率时,要对接收机的功率做修正以反映真实的脉冲功率,修正方法包括采用矢量网络分析仪的幅度偏置功能或者公式编辑器功能等。

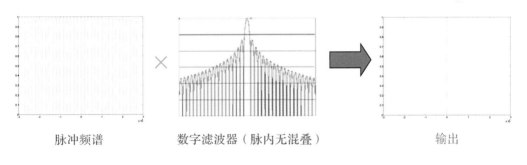

脉冲频谱　　　　　数字滤波器（脉内无混叠）　　　　　　输出

图 6.32　窄带法基本原理

6.1.8　在片校准特殊注意事项

由前文可知,在片校准件共面波导的物理结构与同轴和矩形波导情形有很大的不同,在片校准的电磁场空间分布差别很大,不再被完全束缚,校准时有一些特殊问题值得注意,本小节将对其中的关键问题进行讨论。

6.1.8.1　校准件参数设置

由表 3.3 不难发现，在片校准件由于其物理尺寸的关系，一般仅给出"零阶"模型，也不存在制造出数据基校准件的可能。由于每次校准都会对校准片有所损伤，每个校准单元的寿命不长（依笔者经验，一般在 10～20 次），实际上每次校准时，其真实参数是不同的。所以测试较高频率（依笔者经验，一般 ≥20GHz）时，会倾向于选择 TRL 和 LRRM 等对模型参数依赖度较低的自校准方法，而不使用 SOLT 进行校准。一般认为，校准片参数是探针和校准片共同作用于电磁场的结果，实际使用时，一定要一一对应。虽有一些学者[13-14] 声称开发出与探针参数无关的 SOLT 校准结构，但笔者对此持怀疑态度。

6.1.8.2　衬底材料对校准结果的影响

由于校准片是一个半开放的结构，对电磁场的束缚远弱于同轴和矩形波导情形，在单信号探针理想模式下，希望电磁场在空间中以单一球面波模式传播，但实际上校准片下不同的衬底材料对电磁场分布的影响很大。使用电磁场仿真软件（如 CST EM Studio[®]）对校准片下金属与陶瓷衬底进行仿真，结果分别如图 6.33 和图 6.34 所示。可以发现，在金属衬底影响下，电磁场传输发生了畸变；而在陶瓷衬底影响下，电磁场基本按球面波模式传播。为了进一步验证衬底材料的影响，笔者在 Form Factor[®] 104-783A 校准片下增加碳基铁氧体复合吸波材料（carbon-based ferrite composite wave absorbing materials）垫片（Form Factor[®] 116-344），与移除该材料的情形进行单一变量对比。该材料能谱分析如图 6.35 所示。验证其对校准结果的影响，对比结果如图 6.36 至图 6.40 所示。可以看出，未加吸波材料时，金属衬底对电磁场的影响导致校准结果明显恶化，所以对毫米波以上频段进行校准时，应将在片校准件放置在专门的陶瓷载物台上或专门的吸波材料垫片上。

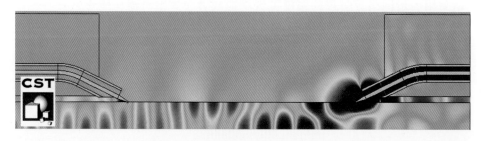

图 6.33　金属衬底对电磁场的影响

图 6.34　陶瓷衬底对电磁场的影响

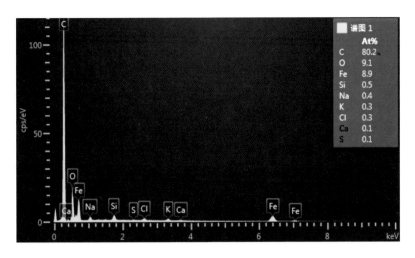

图 6.35　碳基铁氧体复合吸波材料能谱分析

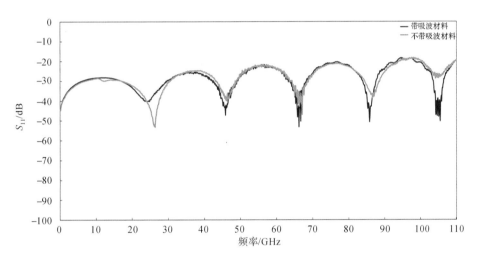

图 6.36　吸波材料衬底对校准结果的影响——S_{11} 幅值

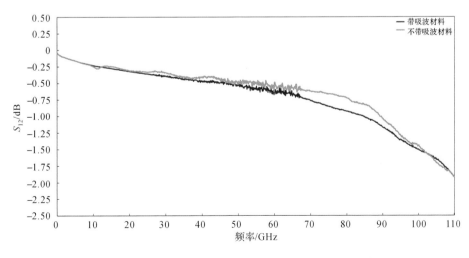

图 6.37　吸波材料衬底对校准结果的影响——S_{12} 幅值

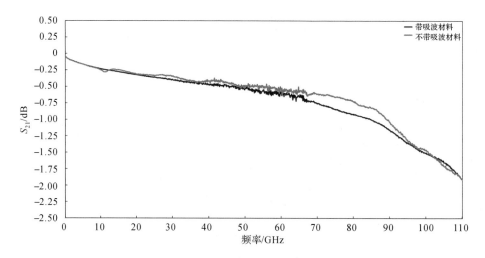

图 6.38　吸波材料衬底对校准结果的影响——S_{21} 幅值

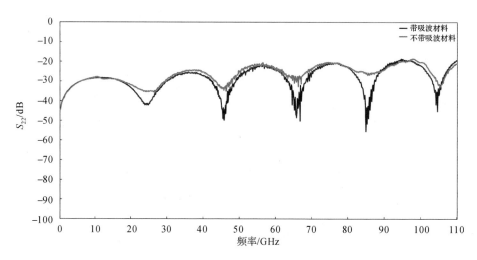

图 6.39　吸波材料衬底对校准结果的影响——S_{22} 幅值

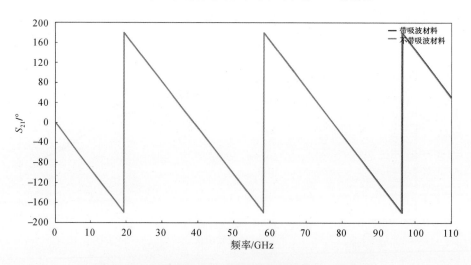

图 6.40　吸波材料衬底对校准结果的影响——S_{21} 相位

衬底材料对校准结果的影响还表现在采用不同开路方式对测试结果的影响上。笔者对比 Form Factor® Infinity 探针悬空开路和 MPI® AC-2-2 在片开路的标准件,使用 LRRM 方法进行单一变量对比,测试校准片上的短路结构,结果分别如图 6.41 和图 6.42 所示。可以发现,使用在片开路的测试结果符合物理常识,而悬空开路会出现"非物理"(non-physical)的现象。笔者认为,这是因为校准片衬底材料介电常数更大,对电磁场的束缚作用更强,LRRM 方法计算的电容更加接近实际;而悬空开路时处于空气中的探针尖边缘电容效应过于明显,LRRM 方法计算结果偏差较大,最终误差累积。因此,对毫米波及以上频段进行校准时,使用 MTRL 方法时以短路标准件作为反射标准,使用 LRRM 方法时以在片开路结构作为开路标准件。

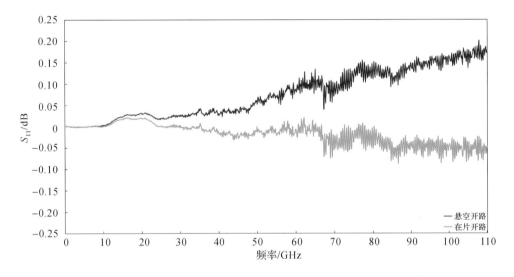

图 6.41　不同开路方式对测试结果的影响——端口 1 短路反射系数

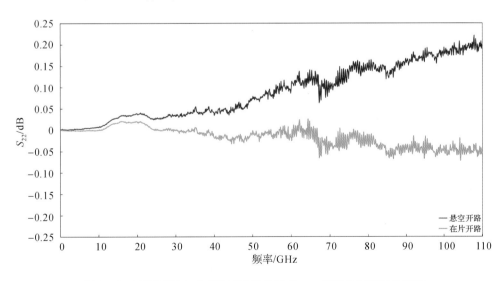

图 6.42　不同开路方式对测试结果的影响——端口 2 短路反射系数

6.1.8.3　空间电磁场分布与探针频率适用范围

　　GSG 结构和 GS 结构电磁场分布分别如图 6.43 和图 6.44 所示,GSG 结构相较于 GS 结构具有明显优势。GSG 结构具有天然的对称性,而 GS 结构的非对称性导致其频率适用范围明显低于 GSG 结构。GSG 结构在 1.1THz 以上依然适用,而 GS 结构很难在 70GHz 以上应用,且相同频率下,GS 结构的射频指标逊于 GSG 结构。随着频率升高,G 与 S 的间距(pitch)也会缩小。当频率达到 40GHz 时,GSG 结构保证性能的最大间距为 $250\mu m$;达到 110GHz 时,该值下降至 $150\mu m$;达到 220GHz 时,该值为 $100\mu m$;达到 500GHz 时,该值为 $50\mu m$;而达到 750GHz～1.1THz 频段时,该值仅为 $25\mu m$。上述问题需要在设计芯片布板时仔细考虑,保证其具有可测性。此外,还需注意,上述分析均是针对探针调平后电磁场满足共面波导模式传播的情况,探针未调平对校准结果的准确性影响很大,使用时一定要特别注意。

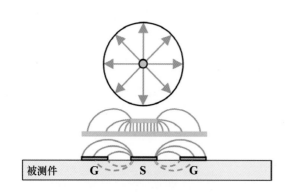

图 6.43　GSG 结构电磁场分布

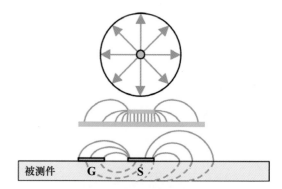

图 6.44　GS 结构电磁场分布

6.2　校准中注意事项

　　在检查并确认矢量网络分析仪及相关附件的所有软硬件设置均正确可靠后,便可以开始 *S* 参数的校准过程。为尽可能提高校准成功率,在校准过程中也要注意原始数据采集的一些细节。本节中,笔者会结合多年经验给出一些切实有效的建议。

　　根据第 5 章所述的内容,首先选择合适的校准方法,具体方法可以在矢量网络分析仪本机界面上选择,也可以使用第三方校准软件,如 Form Factor® Wincal XE、MPI® QAlibia、NIST StatistiCAL Plus 等。其中,Form Factor® Wincal XE 校准方法选择界面如图 6.45 所示。下面以 Keysight® PNA-X 本机界面使用 SOLT 方法为实例来进行介绍。

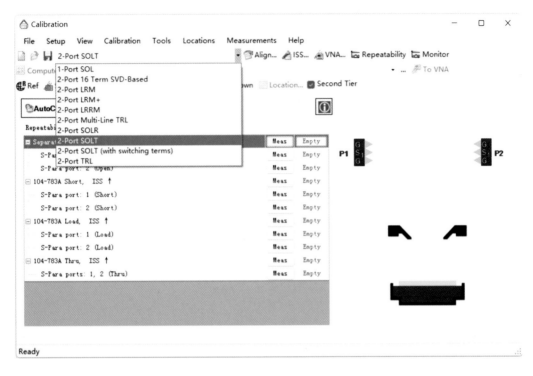

图 6.45　Form Factor® Wincal XE 校准方法选择界面

为提高校准稳定性,可选择在 **S** 参数校准前增加功率校准步骤,具体原因会在第 7 章中详细阐述。Keysight® PNA-X 矢量网络分析仪源功率校准界面如图 6.46 和图 6.47 所示。此步骤中需确保校准设置源功率在设定允许范围之内波动。

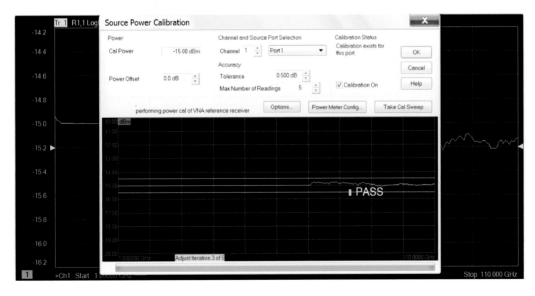

图 6.46　端口 1 源校准

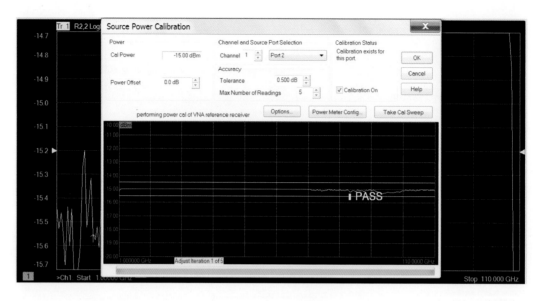

图 6.47　端口 2 源校准

在完成源功率校准后，可正式开始 **S** 参数校准。在如图 6.48 所示界面中，正确选择校准件并注意校准方法信息与预期是否一致。确认无误后，可以开始校准操作。在本实例中，选择自建 Form Factor® Infinity 探针的在片校准件，使用 SOLT 方法进行校准。

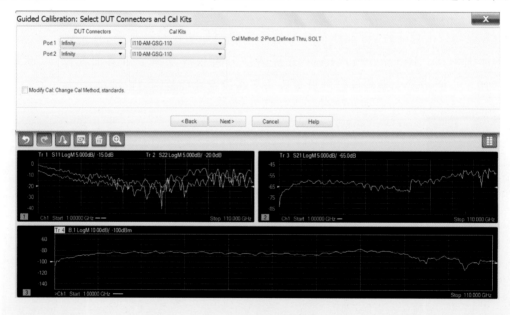

图 6.48　校准件选择

校准单端口数据时主要关注 S_{11} 和 S_{22} 的幅值，分别如图 6.49 和图 6.50 所示。对于开路数据采集，一个简单的半定量判据是按其 dB 幅值约为单端缆线＋接头＋探针传输系数的 2 倍进行估计，且中心包络线的平方根函数基本随频率增大而单调递减。这很好理解，对于网分自身标定过的端口来说，发出的信号在上述链路上往返一次，回波损耗为 2 倍插损。值得注意的是,本例是 1GHz～110GHz 的超宽带校准,70GHz 以上会经过扩频模块变频处理,会有一定抬升和起伏。

图 6.49　端口 1 开路数据采集

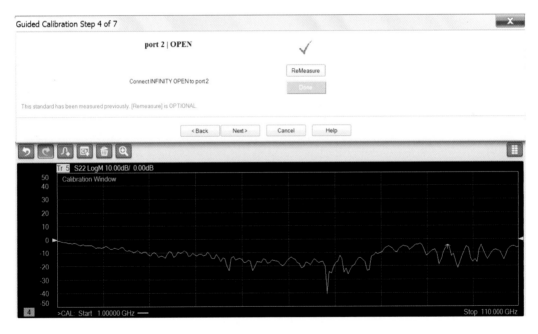

图 6.50　端口 2 开路数据采集

短路校准数据采集的判定方法与开路一致,如图 6.51 和图 6.52 所示。

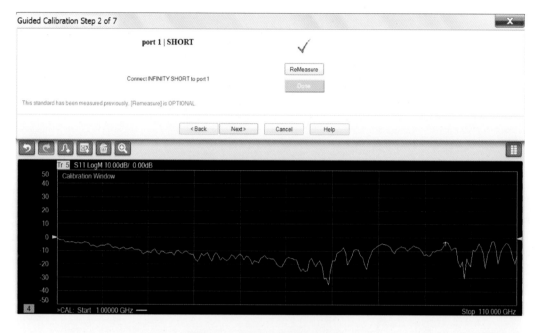

图 6.51　端口 1 短路数据采集

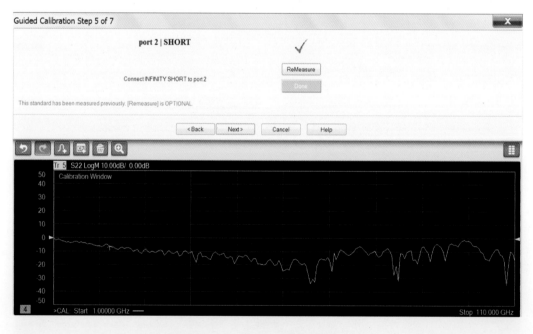

图 6.52　端口 2 短路数据采集

对于负载数据采集,反射系数越低越好,如图 6.53 和图 6.54 所示。依笔者经验,负载的反射系数一般低于−20dB,高频段会恶化到−10dB 附近。如果实测结果明显高于上述经验值,则需引起注意,要仔细排查问题原因。

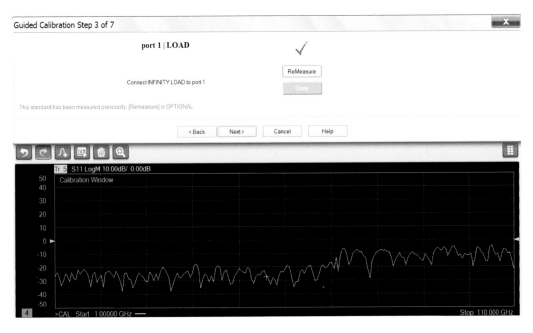

图 6.53　端口 1 负载数据采集

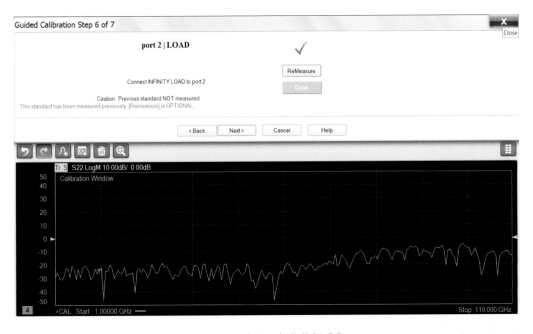

图 6.54　端口 2 负载数据采集

对于直通数据采集,需全面关注 4 个 **S** 参数,采用 8 项误差模型的还要关注开关项,如图 6.55 所示。一般正向与反向传输系数应满足互易条件,通常按双端缆线＋接头＋探针传输系数进行估计评判。因为直通标准件的特征阻抗非常接近 50Ω,所以各端口反射系数情况与负载类似,判据也一致。

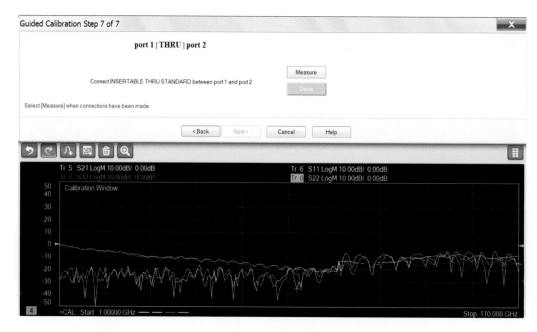

图 6.55　直通数据采集

本例中,为提高校准时间稳定性,在直通数据采集时增加了测量接收机功率校准步骤,界面如图 6.56 和图 6.57 所示。校准后,需关注功率测试结果是否满足预期设置范围。

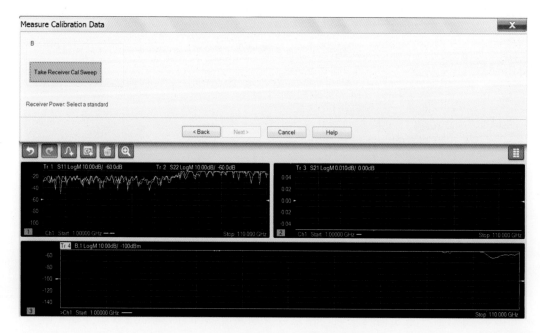

图 6.56　正向测量接收机功率校准 B(端口 1)

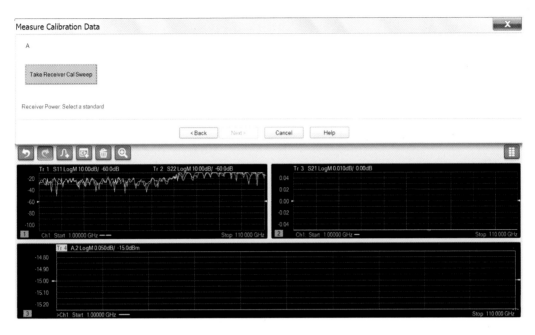

图 6.57　反向测量接收机功率校准 A(端口 2)

完成上述步骤后,校准结果验证如图 6.58 和图 6.59 所示。校准结果满足预期(传输系数误差<0.05dB,反射系数误差<0.1dB),校准合格。

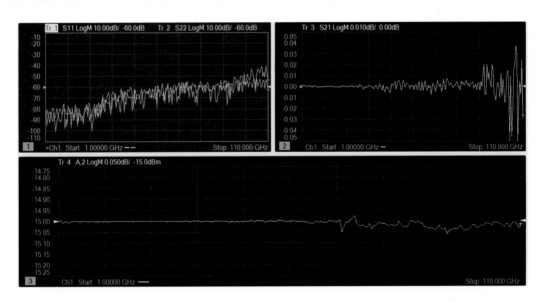

图 6.58　校准结果验证——直通

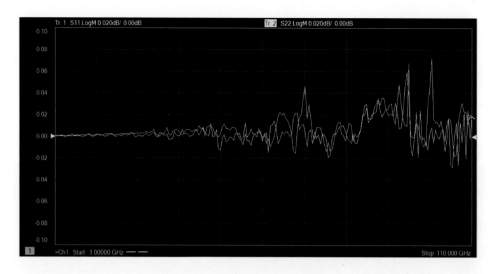

图 6.59　校准结果验证——开路

6.3　校准后结果工程判断方法

依照第 6.1 节内容,仔细设置并检查每个关键点可以大幅提高校准的成功率,但是校准结束后依然要去检查如图 6.60 所示的校准结果的好坏。如何判断校准结果的好坏是校准过程中最重要的环节。笔者经常会发现非常令人惋惜与无奈的现象——很多操作人员在校准后对校准结果不做任何判别便直接开始测试,而这么做经常会引发一连串可悲的结果:校准结果并不能满足要求→测试结果异常→数据失效→花费大量时间、人力排查问题→重新校准、测试。甚至这样的情况循环往复,迟迟不能获得理想测试数据。为解决此问题,本节中会给出几个半定量或定量的工程判断方法,以便读者在实际应用中有所参考。

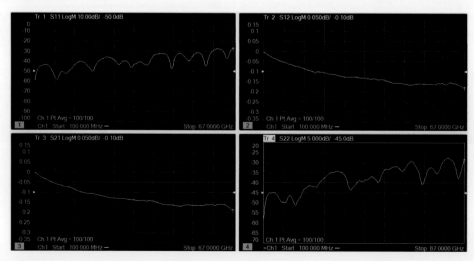

图 6.60　同轴校准结果

①在校准结束后,观察直通和开路标准件的测试结果,做一个简单的判断:一般同轴直通的插损幅值在 10GHz 以内小于 0.1dB,在 40GHz 以内小于 0.2dB,且曲线平滑,渐近线基本符合平方根函数趋势,反射系数在 40GHz 以内不高于-30dB;当反射系数达到 110GHz 时,可做适当放宽。但是有两点需要注意:其一,上述判据只是必要条件,如果结果不能满足上述指标,校准结果一定不能满足高精度测试要求,但即使满足了上述指标,也不一定能通过校准;其二,对于 SOLT 校准结果,上述判断方法并不适用,对于依 SOLT 方法进行校准后连接所用的校准件,基本上可以认为显示的结果就是依校准件模型的计算结果,这就导致实际校准结果可能很差,但是依然在直通和开路等标准件的测试结果上显示得很理想。

②为了更加准确地验证校准结果,可以测试一个品质较好[一般为计量级(metrology)]的转接器或微带线,举例来说:同轴应用依然可按插损幅值在 10GHz 以内小于 0.1dB,在 40GHz 以内小于 0.2dB,且曲线平滑,渐近线基本符合平方根函数趋势,反射系数在 40GHz 以内不高于-30dB 作为判断依据;当反射系数达到 110GHz 时,可做适当放宽。一般依此方法基本可以判断校准结果的好坏。

③如果想十分准确地验证校准结果的好坏,以计量学的方法来分析结果的偏差,那就需要使用如图 3.12 所示的专门校验件(verification kits)[15]。它们具有可溯源的计量级的测试数据,校准后,测试校验件来比对两组数据,如幅值、相位、矢量误差等,从而定量判断结果的好坏。但是对于不同的接头,需要使用不同的校验件,成本高昂,因此,这种方法不适合工程应用,基本只在专业的计量机构中应用。

以上方法比较适用于同轴和波导接口校准场景,在片校准的验证会用到一些特殊方法,将在本章后续内容中详细讨论。

6.4 校准后结果定量判断方法——校准结果验证算法

射频微波各项参数测试的一般过程可抽象概括为校准、检验和测试三个步骤,如图 6.61 所示。由第 2.2 节内容可知,测试误差来源可分为系统误差、随机误差和漂移误差三类,其中只有系统误差可以通过准确合理的校准消除,其他两类误差只能通过仔细的人工操作并结合更加精准、简捷、高度自动化的系统来尽量避免。前人在校准方案的研究上已经做了大量工作,但往往忽视了校验环节的作用,通常只依靠经验做定性判断,甚至忽略了这一环节。理想的校验方案必须准确地判断校准结果的好坏,及时发现系统异常,保证批量测试数据的准确性,同时它又必须采用定量的方式排除人为因素的影响。

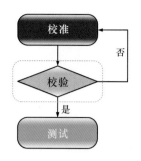

图 6.61　测试流程

完成校准后,测试工程师经常会提出疑惑:校准结果是否可信?是否能够满足测试精度要求?在同轴测试时,还可以测量一个精密制造参数已知的校验件来验证,但对于在片应用[16],流片工艺角(process corner)的波动和每次探针接触对标准件的损伤,导致在片校准标准件寿命远低于同轴校准件,这种方法不再适用。如第 6.1.8 小节所述,一般工程师会凭经验测试开路、直通等结构并做一个粗略评定,但主观因素和经验影响过大,准确性差,且无法批量复制。为此,本书中我们采用时延线校准验证模型来定量判断校准结果的优劣。

该校准验证模型将时延线等效为 LR 串联 Ⅱ 形网络,如图 6.62 所示。依式(6.34)至式(6.39),利用矩阵变换,可由测得的散射参数求出时延线电感 L 的对应时延 τ_D,以及探针和时延线接触电阻 R_C 与时延线自身电阻 R_L 的串联电阻 R_{Series}(并联电容的影响可以忽略);进而将 τ_D 和 R_{Series} 与所测时延线的标称值进行比对,定量判断校准结果的好坏,而不再依赖操作人员的经验。我们在 DC~110GHz 在片校准结束后,测量了一条非校准用的已知 1ps 时延的时延线并进行模型精度验证,通过如图 6.63 所示程序,得到如图 6.64 和图 6.65 所示的校准验证结果。经计算,时延 τ_D 接近 1ps,串联电阻 R_{Series} 均值小于 150mΩ,整体符合预期,因此该模型有效。

$$\begin{bmatrix} Y_{11} & Y_{12} \\ Y_{21} & Y_{22} \end{bmatrix} = \frac{1}{Z_0 \Psi} \begin{bmatrix} (1-S_{11})(1+S_{22})+S_{12}S_{21} & -2S_{12} \\ -2S_{21} & (1+S_{11})(1-S_{22})-S_{12}S_{21} \end{bmatrix} \tag{6.34}$$

$$\Psi = (1+S_{11})(1+S_{22})-S_{12}S_{21} \tag{6.35}$$

$$Z_A = \frac{1}{Y_{11}+Y_{12}}, \quad Z_B = -\frac{1}{Y_{12}}, \quad Z_C = \frac{1}{Y_{21}+Y_{22}} \tag{6.36}$$

$$Z_B = R_{Series} + j2\pi fL \tag{6.37}$$

$$R_{Series} = \mathrm{Re}(Z_B) \tag{6.38}$$

$$\tau_D = \frac{L}{Z_0} = \frac{\mathrm{Im}(Z_B)}{2\pi f Z_0} \tag{6.39}$$

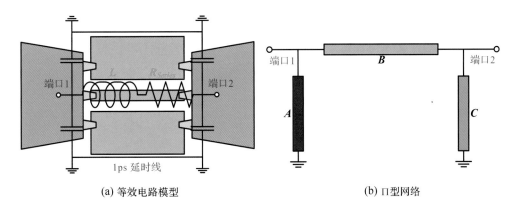

(a) 等效电路模型　　　　　　　　　　(b) Π型网络

图 6.62　时延线等效电路

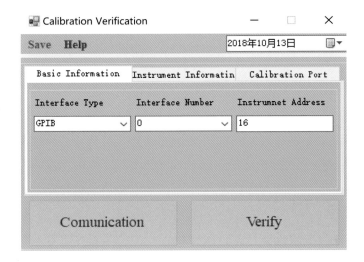

图 6.63　校准验证程序界面

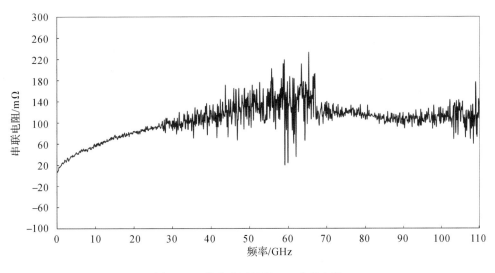

图 6.64　校准验证结果——串联电阻

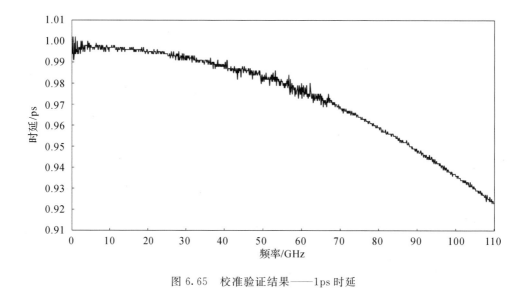

图 6.65　校准验证结果——1ps 时延

6.5　残余误差计算与不确定度分析

评判校准结果好坏的最严格与准确的方法就是进行残余误差计算和不确定度分析,这样可以真正定量分析与判断校准结果是否满足测试要求。本书中已多次强调,校准过程只能消除系统误差,而无法修正随机误差和漂移误差。虽然校准的目的是修正系统误差,但实际上由于不同方法原理与校准器件本身加工精度的局限,校准结果不能完全消除系统误差的影响,校准结束后还会存在残余误差,无法得到绝对精准的结果。为确定校准质量,可用校验件结合其他附件(如空气线)来标定系统残余误差大小,检验校准精度。本节将在原理层面讨论残余误差与不确定度的相关内容。

6.5.1　残余误差计算

残余误差即为测量结果与"真实值"之间的差异。在完成校准后,高精度的测试需要定量分析校准的质量。校准可使误差项得到补偿,但本质上任何测试方法都不是完全理想的,只能做到尽可能接近"真实值",各误差项的残余误差会累积到测量的误差之中。

重复测量校准件并不能给出与校准质量有关的信息,这样只能显示测量系统的一致性和噪声。如果重新连接了一个校准件并进行重复测量,得到的结果与该校准件的模型不符,那么可以判定测量中存在不稳定或噪声,且这样的不稳定或噪声会主导测量的残余误差。

重新测量校准件不能确定校准的质量,这是因为系统误差在重新应用于这些校准件时,会与之前的误差完全抵消,但是如果测量其他的被测件,误差不会相互抵消,这为定量判断残余误差指明了方向。一般同轴应用可以测量带有偏置时延线的单端口校准标准件,此时误差会与之前叠加,而不是相互抵消,如此,可以有效地判断校准质量。为了使这些方法有效,偏置时延线的质量必须比校准件的质量更好,而目前无珠空气线是所有校准件中参数质量最好的,完全可以满足要求。

6.5.1.1　确定残余方向性误差

残余方向性误差是负载测量值与"真实值"之间的差异。使用空气线来确定残余方向性误差可以有两种方法:一种方法需要创建一个波动包络,峰值为残余方向性误差的 2 倍;另一种方法使用时域变换来区分偏置负载和方向性误差造成的反射。

通常带有残余误差的方向性和源匹配很小,带有残余误差的反射跟踪项几乎为 1,负载的反射系数也较小,可忽略二次项。因此,对比较好的负载而言,其 S_{11} 可用式 (6.40)近似描述。

$$
\begin{aligned}
S_{11M\_Load} &= EDF_R + \frac{ERF_R \cdot \Gamma_L}{(1 - ESF_R \cdot \Gamma_L)} \\
&\approx EDF_R + ERF_R \cdot \Gamma_L \cdot (1 + ESF_R \cdot \Gamma_L) \\
&= EDF_R + ERF_R \cdot \Gamma_L + ERF_R \cdot ESF_R \cdot \Gamma_L^2 \\
&\approx EDF_R + \Gamma_L
\end{aligned}
\tag{6.40}
$$

假设使用理想的 50Ω 负载,测量到的方向性可由式(6.41)定义,残余方向性误差可由式(6.42)定义,那么根据式(6.40)至式(6.42),残余方向性误差可用式(6.43)表述。

$$
EDF_M = S_{11M\_Load} \tag{6.41}
$$

$$
\Delta EDF = EDF_M - EDF \tag{6.42}
$$

$$
\Delta EDF = \Gamma_L \tag{6.43}
$$

如果该负载曾用于校准,那么可以通过空气线的测量估计它的回波损耗,因而还可以估计残余方向性误差。在那些空气线的长度为四分之一波长的倍数的频率上,负载的阻抗可以按式(6.44)变换。若使用 SOLT 和 LRM 方法族,系统校准时会将负载阻抗设为实际的系统阻抗,因此,若以目标系统阻抗为参考,负载回波损耗的峰值是负载反射系数的 2 倍(高 6dB)。

$$
Z_{L\_\lambda/4} = \frac{Z_0^2}{Z_L} \tag{6.44}
$$

如果负载的回波损耗比较低,源匹配和反射跟踪误差就可以忽略。当然,在使用某些已知特性的器件(如电子校准件)或使用某些校准方法(如 TRL)时,空气线法将不能工作。

使用时域变换来区分偏置负载和方向性误差造成的反射这种方法,必须有足够长的缆线来区分输入误差(方向性)和空气线末端的反射,使用时不是非常方便。

6.5.1.2　确定残余源匹配误差和残余反射跟踪误差

在空气线末端加上开路或短路,会在 S_{11} 迹线上形成一个波动,通过简单地将开路响应除以短路响应,可以去除空气线损耗之后的误差峰—峰值,并通常以 dB 形式表征,这与空气线的实际损耗非常一致。如果空气线的损耗已知,就可以用来和这个计算值进行比较,通过这个误差,就可以得到残余反射跟踪误差。然而,残余反射跟踪误差通常很小,很难通过空气线法来定量表征。

波动的包络表征了残余反射跟踪误差、残余源匹配误差和残余负载匹配误差的总和。校准后开路的测量结果如式(6.45)所示。这里假设开路和短路的反射幅度为 1,残余误差项(用下标 R 表示)相对较小;方向性和匹配接近于 0,反射跟踪接近于 1。

$$S_{11M\_Open} = EDF_R + \frac{ERF_R \cdot \Gamma_O}{(1 - ESF_R \cdot \Gamma_O)}$$

$$\approx EDF_R + ERF_R \cdot (1 + ESF_R)$$

$$\approx EDF_R + ERF_R + ESF_R \tag{6.45}$$

由单端口误差模型信号流图(图 4.6)可得,源匹配是开路误差与短路误差的差别以及残余方向性误差的组合,因此有式(6.46)。

$$ESF_R \approx EDF_R + \frac{\Delta O - \Delta S}{2} \tag{6.46}$$

其中,ΔO 和 ΔS 分别是实际开路与理想开路的差别和实际短路与理想短路的差别。在实际应用中,开路和短路能够精确确定,因此残余源匹配误差几乎完全是由残余方向性误差引起的。由此可知,负载响应是校准件误差的主要来源。使用 OSL 校准时,负载响应的误差也会出现在源匹配中,成为源匹配的基础部分。这就是 TRL 校准方法,以及使用数据可回溯至用 TRL 校准方法表征的 SOLT/SOLR 电子校准件和数据基机械校准件的校准方法在理论上比传统的基于多项式模型的 SOLT 校准方法有更好的指标的原因。滑动负载校准也通过负载中空气线的质量推导出方向性误差,因此其校准质量与固定负载模型相比更接近 TRL。如果检查系统误差校正的指标,就会发现源匹配误差通常等于方向性误差或比它更差。对于一些比较新的高频校准件(如外导体直径为 1.85mm 或 1.0mm),使用一些校准标准件来得到超定解;此时,这种简单的估计残余误差源的方法就不可用了。

知道了方向性误差,就可以估计源匹配误差,额外的波动肯定是反射跟踪和源匹配的组合引起的。如果匹配误差全部是源匹配误差,那么就可以确定源匹配误差的上限如式(6.47)所示。使用一个开路和一个短路就可以确定波动的包络。

$$ESF_{R\_dB} \approx 20 \cdot \lg \left(\frac{1 - 10^{\frac{OS_{Ripple(dB)}}{20}}}{1 + 10^{\frac{OS_{Ripple(dB)}}{20}}} \right) \tag{6.47}$$

6.5.1.3 确定残余反射跟踪误差

由式(5.54)可知,反射跟踪是开路和短路响应的 dB 平均,也就是线性几何平均。那么可以用下面的方法计算和评估残余反射跟踪误差:设反射跟踪定义为 1,实际开路与理想开路的差别为 ΔO，实际短路与理想短路的差别为 ΔS，因此实际开路为 $(1+\Delta O)$，实际短路为 $-(1+\Delta S)$。推导过程依然遵循小量近似原则，忽略高阶小量，则残余反射跟踪误差可按式(6.48)推导。

$$
\begin{aligned}
ERF_R &= \frac{ERF_{Cal}}{ERF_{Act}} \\
&= \frac{ERF_{Cal}}{1} \\
&= \frac{-2\left[(1+\Delta O)-EDF\right]\left[(-1-\Delta S)-EDF\right]}{(1+\Delta O)(-1-\Delta S)} \\
&\approx \frac{-2\left[(1+\Delta O)(-1-\Delta S)-EDF(-1-\Delta S)-EDF(1+\Delta O)+EDF^2\right]}{1+\Delta O-(-1-\Delta S)} \\
&\approx \frac{-\cancel{2}\left[(-1-\Delta O-\Delta S-\cancel{\Delta O\Delta S})+EDF\cdot\Delta S-EDF\cdot\Delta O\right]}{\cancel{2}\left(1+\frac{\Delta O+\Delta S}{2}\right)} \\
&= \frac{1+(\Delta O+\Delta S)}{1+\frac{\Delta O+\Delta S}{2}}\cdot\frac{1-\frac{\Delta O+\Delta S}{2}}{1-\frac{\Delta O+\Delta S}{2}} \\
&\approx \frac{1+\frac{\Delta O+\Delta S}{2}-\cancel{\frac{(\Delta O+\Delta S)^2}{2}}}{1-\cancel{\frac{(\Delta O+\Delta S)^2}{2}}} \\
&= 1+\frac{\Delta O+\Delta S}{2}
\end{aligned}
\tag{6.48}
$$

由式(6.48)的结果可以看出反射跟踪项的几个特性：如果残余误差很小，则负载的误差不会对反射跟踪误差产生影响；开路误差与短路误差的平均值造成了残余反射跟踪误差，因此如果短路稍微长一点而开路稍微短一点，那么误差就会抵消，残余反射跟踪误差就会趋于零。只有当开路和短路的误差在同一方向时，反射跟踪误差才会包含这些误差。

可以对开路和短路造成的源匹配误差做类似分析：除了负载误差的影响之外，源匹配误差还和开路误差与短路误差之间的差别成正比。因此，如果开路稍长而短路稍短，则源匹配误差会很大；而如果开路和短路同时稍长一点，则源匹配误差不受影响。

在实际应用中，开路和短路的大小通常是已知的，对机械校准件而言尤其如此，因此反射跟踪误差通常小到可以忽略。然而，开路和短路的相位直接依赖于它们的长度是否与模型相匹配，因此这些校准件的相位误差会直接转加到源匹配误差和反射跟踪误差上。通过检查校准件残余误差可以看出，在整体误差中，反射跟踪对反射测量的影响很小，因此它几乎是可以忽略的。

一般情况下,残余反射跟踪误差接近 1,而残余源匹配误差通常比残余方向性误差稍大。但是在某些特殊情况下(如耦合器的原始方向性很差时),残余方向性误差可能比残余源匹配误差大得多。如果只考虑校准负载的匹配,那么在耦合器后边有大损耗的情况下,原始方向性的漂移和噪声就成了方向性误差项的限制因素。

6.5.1.4 确定残余负载匹配误差

残余负载匹配误差是在测量直通传输时得到的。如果直通是一个零长度直通,那么负载中的误差实际上与方向性误差一样。如式(6.49)所示,源匹配和反射跟踪都乘上了原始负载匹配。由于原始负载匹配通常很低,而反射跟踪通常非常接近 1,因此式(6.49)中的第一项乘积通常可以忽略。源匹配误差虽然通常比方向性误差大,但是乘上了负载匹配项的平方,因此也可以忽略。可见残余负载匹配误差本质上与另一端口(与待确定残余负载匹配误差的端口连接的端口)的残余方向性误差相等。

$$
\begin{aligned}
ELF_R &= EDF_{Cal} - ELF_{Act} \\
&= (EDF_R + ERF_R \cdot ELF_{Act} + ESF_R \cdot ELF_A^2) - ELF_{Act} \\
&\approx \cancel{ELF_{Act}(\cancel{ERF_R} - 1)} + EDF_R + \cancel{ESF_R \cdot ELF_A^2} \\
&= EDF_R
\end{aligned}
\tag{6.49}
$$

对于在校准中使用了非零长度直通的情况(例如使用了确定的直通,并且该直通的匹配不为零,或者直通的时延和损耗与校准件中的模型定义不匹配),就会出现额外的误差,因此,估计残余负载匹配误差时要对非零直通进行合理修正。

6.5.1.5 确定残余传输误差

残余传输误差的估计与残余负载匹配误差的情形类似。我们使用了空气线的传输测量,S_{21} 测量位上的任何波动都和传输跟踪误差有关。残余跟踪误差可以通过在式(6.46)中使用其他残余误差来计算。对零长度直通校准而言,ETF 的值可以通过 S_{21} 的测量以及其他误差项得到,推导过程如式(6.50)和式(6.51)所示。

$$
\begin{aligned}
S_{21M\_Cal} &= EXF + \frac{ETF \cdot S_{21A}}{(1 - ESF \cdot S_{11A}) \cdot (1 - ELF \cdot S_{22A}) + ESF \cdot ELF \cdot S_{21A}S_{12A}} \\
&\approx \frac{ETF}{1 - ESF \cdot ELF} \bigg|_{S_{11A}=S_{22A}=0, S_{21A}=S_{12A}=1}
\end{aligned}
\tag{6.50}
$$

$$
ETF = S_{21M\_Cal} \cdot (1 - ESF \cdot ELF)
\tag{6.51}
$$

计算 ETF 时,没有用 ESF 和 ELF 的"真实值",而是用了匹配项的提取值(或测量值),区别在于测量值只是对"真实值"的估计。残余跟踪误差可以通过计算得到的跟踪项除以实际的跟踪项得到。在推导过程中,假设源和负载匹配远小于 1,而原始误差项大于它们的残余误差项。在近似处理的过程中,忽略高阶项,残余误差项可被看作对应误差项的二次项,残余误差项乘积的平方是四次项,误差项与残余误差项的乘积是三次项,保留二次以下项,最终结果如式(6.52)所示。

$$\Delta ETF = \frac{ETF_M}{ETF}$$

$$= \frac{S_{21M\_Cal} \cdot (1 - ESF_M \cdot ELF_M)}{S_{21M\_Cal} \cdot (1 - ESF \cdot ELF)}$$

$$= \frac{1 - (ESF + \Delta ESF) \cdot (ELF + \Delta ELF)}{1 - ESF \cdot ELF}$$

$$\approx \frac{1 - ESF \cdot ELF - \Delta ESF \cdot ELF - ESF \cdot \Delta ELF - \cancel{\Delta ESF \cdot \Delta ELF}}{1 - ESF \cdot ELF} \cdot \frac{1 + ESF \cdot ELF}{1 + ESF \cdot ELF}$$

$$\approx \frac{1 - \cancel{(ESF \cdot ELF)^2} - (\Delta ESF \cdot ELF + ESF \cdot \Delta ELF) - \cancel{(ESF \cdot ELF)(\Delta ESF \cdot ELF + ESF \cdot \Delta ELF)}}{1 - \cancel{(ESF \cdot ELF)^2}}$$

$$= 1 - (\Delta ESF \cdot ELF + ESF \cdot \Delta ELF) \tag{6.52}$$

式(6.52)对理解测试系统的误差非常重要。与单端口的残余误差只依赖于校准件的质量不同,传输跟踪项既依赖于校准件的质量,也依赖于测试系统的原始源匹配和负载匹配。负载匹配项也有类似的依赖。这与单端口的结果形成了鲜明的对比,在后者中,如果忽略漂移和稳定性因素,原始系统性能对残余误差没有影响。基于这个原因,应对测试系统进行改进,提高被测件的匹配,减小残余跟踪误差。

最后强调使用空气线波动方法的两个注意点:

①空气线波动方法对幅度的误差进行了估计,但是没有估计相位或时延的误差;

②空气线的瑕疵(尤其是当它在空气线末端的连接器上时)会限制用这种方法评估残余误差的性能。

6.5.2　不确定度分析

一般可以通过确认系统残余误差的方法得出系统测量的不确定度(uncertainty)。《国际计量词汇》[17](*International Vocabulary of Metrology*)中对测量不确定度(measurement uncertainty)的定义是“parameter characterizing the dispersion of the values being attributed to a measurand,based on the information used”(基于所用信息,表征被测件的测量值离散度的参数)。进一步可解释为:不确定度或称测量误差,是一个推导出来的,为实际误差提供一定范围参考的计算值。需要强调的是,不确定度的计算通常会忽略系统的漂移,但在很多测试中后者才是决定性的误差因素。

6.5.2.1　反射测量的不确定度

反射测量的不确定度可以通过比较经过实际误差项校正的 S_{11} 和经过估计的误差项校正的 S_{11} 推导出来。实际 S_{11} 和误差校正的 S_{11} 之间的差别可以定义如式(6.53)所示。

$$S_{11A} - S_{11\_1PortCal} = S_{11A} - \frac{S_{11M} - EDF_R}{ERF_R + (S_{11M} - EDF_R)ESF_R} \tag{6.53}$$

由式(6.53)可以清晰地看出,在单端口校准测量中,只有残余误差项对不确定度起作用,原始误差项对总不确定度没有影响。理论上似乎是这样,但实际上如果在测量范围内有系统漂移(如电缆的漂移、耦合器的漂移、接收机变频损耗漂移),则原始误差项对总不确定度会产生很大影响。当原始误差项较大时,即便残余误差很小,这些漂移也会主导总不确定度。

6.5.2.2　源功率的不确定度

矢量网络分析仪驱动功率放大器,源功率的不确定度($\Delta Source\_Power$)取决于三方面的误差:源传输跟踪项(STF)、前向源匹配项(ESF)和被测件的有效输入匹配 Γ_1,不确定度(dB 形式)按式(6.54)计算。

$$\Delta Source\_Power = \left| 20 \cdot \lg\left(\frac{a_{1A}}{a_{1S}}\right) \right|$$
$$= \left| 20 \cdot \lg\left[\frac{STF \cdot (a_{1S}/a_{1R}) \cdot Source\_Linearity}{1 - |ESF \cdot \Gamma_1|}\right] \right| \quad (6.54)$$

其中,a_{1S} 为设置的源功率,a_{1A} 为实际加到被测件上的源功率,a_{1R} 为源幅度测量的参考功率。源的线性度($Source\_Linearity$)表示源功率因校准或参考值发生变化而带来的误差,通常表示一定 dB 的功率变化带来多少 dB 的误差;要在式(6.54)中使用,必须先转换成线性值。$ESF \cdot \Gamma_1$ 的绝对值用于给出最差情况的不确定度。由于不确定度通常以一个绝对值表示,因此对式(6.54)的整体取了绝对值。

误差项 STF 实际是用源驱动一个理想的 50Ω 匹配负载时的源功率误差。对信号源来说,这个误差可能是由幅度偏置误差、源平坦度和源线性度误差引起的。如果用功率计对源功率进行校准,那么 STF 就变成了式(6.55)定义的残余源跟踪误差。

$$STF = \frac{P_{Meas}}{a_{1S}}(1 - ESF \cdot \Gamma_{Power\_Sensor}) \quad (6.55)$$

当用矢量网络分析仪的源驱动被测件时,这些误差同样会对源功率起作用。在使用矢量网络分析仪的情况下,由于 ESF 经常和源匹配有关,而后者的误差依赖于功率源匹配,因此 ESF 不完全正确。但是,当使用带有接收机稳幅的增强型功率校准时,式(6.54)的误差就会变成残余误差项。总体来说,源功率误差不会影响矢量网络分析仪中的比例值测量(如 **S** 参数的测量),但会影响绝对值测量。当然,源功率误差会对用信号源和其他接收机(如功率计或频谱仪)测量增益产生影响。

6.5.2.3　测量功率的不确定度

同样,对接收机功率校准的分析也可以用于计算接收机测量的不确定度。类似于源不确定度,接收机不确定度的计算也可以用于各种接收机(如功率计、频谱仪和矢量网络分析仪的接收机)。但是,对于除矢量网络分析仪接收机之外的接收机,功率读数的不确定度依赖于被测件的原始输出匹配 Γ_2、测量接收机的前向负载匹配项(ELF)、测量接收机传输前向跟踪项(BTF)和参考接收机的前向跟踪误差项(RRF)。在功率计中接收机跟踪是参考校准误差、校准因子精度和功率计线性度这几种误差的集合。对频谱仪来说,它依赖于幅度平坦性校准(它本身可能依赖于校准源的匹配和精度)以及频谱仪的线性度。以 b_2 接收机为例,测量接收机的不确定度($\Delta Receiver\_Power$)可以通过式(6.56)计算。

$$\Delta Receiver\_Power = \left| 20 \cdot \lg\left(\frac{b_{2A}}{b_{2M}}\right) \right|$$

$$= \left| 20 \cdot \lg\left[\frac{(1 - |ELF \cdot \Gamma_2|)(b_{2M}/b_{2R})R_{DA}}{BTF} \right] \right| \quad (6.56)$$

其中,b_{2A} 为接收机的实际功率,b_{2M} 为测量功率,R_{DA} 为接收机的动态精度,b_{2R} 为接收机动态精度的参考功率。在实际应用中,接收机动态精度表示一定 dB 的功率变化带来多少 dB 的误差;因此必须先转换为线性值,才能代入式(6.56)。实际上,在现代矢量网络分析仪中,接收机动态精度非常高。如图 6.25 所示,PNA-X 在 80dB 的功率变化范围只有小于 0.01dB 的误差,因此通常可以忽略;而一个普通的功率探头在 10dB 的功率变化范围有 0.004dB 的误差,此外还有跨过的每个频带带来的频带偏差。

对功率计和频谱仪测量来说,误差全都是原始或实际系统误差。对矢量网络分析仪测量来说,BTF 在误差校正后总是一个残余误差项,可以通过式(6.57)计算,其中 RRF 由式(6.58)计算。对单纯的响应校准来说,ELF 是实际(原始)负载匹配项;对经过匹配校正的功率测量来说,应该使用 ELF 的残余误差。

$$BTF = \frac{b_{2M}}{a_{1A}} \cdot \frac{(1 - S_{11T} \cdot ESF)(1 - S_{22T} \cdot ELF) - S_{12T} \cdot S_{21T} \cdot ESF \cdot ELF}{S_{21T}}$$

$$\approx \frac{b_{2M}}{a_{1A}/RRF} \cdot \frac{1 - S_{12T} \cdot S_{21T} \cdot ESF \cdot ELF}{S_{21T}} \Bigg|_{S_{11T}=S_{22T}=0}$$

$$= \frac{S_{21M} \cdot RRF \cdot (1 - S_{12T} \cdot S_{21T} \cdot ESF \cdot ELF)}{S_{21T}} \quad (6.57)$$

$$RRF = \frac{a_{1M}}{P_{Meas} \cdot (1 - ESF \cdot \Gamma_{Sensor})} \quad (6.58)$$

6.5.2.4　传输不确定度

尽管 S_{21} 的不确定度有很多影响因素,但最主要的是测试系统的源和负载匹配,原始和残余匹配都包括在内。S_{21} 测量的不确定度可以从式(6.59)推导出来。

$$\Delta S_{21} = \left| 20 \cdot \lg\left(\frac{S_{21M}}{S_{21A}}\right) \cdot \left(\frac{b_{2Cal}}{b_{2M}}\right) \cdot R_{DA} \right|$$

$$= \left| 20 \cdot \lg\left[\frac{ETF}{(1 - |S_{11A} \cdot ESF|)(1 - |S_{22A} \cdot ELF|) - |ESF \cdot S_{11A} \cdot S_{12A} \cdot ELF|} \right]\left(\frac{b_{2Cal}}{b_{2M}}\right) \cdot R_{DA} \right| \quad (6.59)$$

其中,b_{2M} 和 b_{2Cal} 分别为测量和校准时测试接收机的功率值,R_{DA} 为接收机的动态精度。如果使用未经校正的 S_{21} 或者使用信号源和频谱仪(频谱仪作为接收机)测量所得增益,那么误差项是原始误差项。如果用一个矢量网络分析仪测量,并且做过了校准,那么误差项是残余误差项。源和负载匹配很容易理解,但是传输跟踪误差项必须从直通测量中得到。

为降低计算的复杂度,我们先以零长度直通为例进行推导。由图 4.7 所示的误差模型,使用响应校准时,ETF 可由式(6.60)提取,残余误差由式(6.61)计算;使用完整的两端口校准方法时,ETF 的估计值(测量值)ETF_M 由式(6.62)描述,其中 ESF_M 和 ELF_M 分别是源和负载匹配的估计值。

$$\frac{b_{2M}}{a_{1M}} = \frac{ETF}{(1 - ESF \cdot ELF)} \tag{6.60}$$

$$\Delta ETF_{Response\_Cal} = \left| 20 \cdot \lg\left(\frac{ETF_M}{ETF}\right) \right|$$
$$= \left| 20 \cdot \lg\left(\frac{1}{1 - |ESF \cdot ELF|}\right) \right| \tag{6.61}$$

$$ETF_M = \frac{b_{2M}}{a_{1M}}(1 - ESF_M \cdot ELF_M) \tag{6.62}$$

将由式(6.60)提取的 ETF 和式(6.62)代入式(6.61),可得式(6.63)。取出式(6.63)内部项,并将式(6.64)和式(6.65)代入,得式(6.66)。一般情况下,$1 - |ESF \cdot ELF|$ 都接近于 1,得到式(6.66)的最终简化结果。dB 形式的传输跟踪不确定由式(6.67)给出。

$$\Delta ETF_{Full\_2\_Port\_Cal} = \left| 20 \cdot \lg\left(\frac{ETF_M}{ETF}\right) \right|$$
$$= \left| 20 \cdot \lg\left(\frac{1 - |ESF_M \cdot ELF_M|}{1 - |ESF \cdot ELF|}\right) \right| \tag{6.63}$$

$$ESF_M = ESF + \Delta ESF \tag{6.64}$$

$$ELF_M = ELF + \Delta ELF \tag{6.65}$$

$$\frac{1 - |ESF_M \cdot ELF_M|}{1 - |ESF \cdot ELF|} = \frac{1 - |(ESF + \Delta ESF) \cdot (ELF + \Delta ELF)|}{1 - |ESF \cdot ELF|}$$
$$\approx \frac{1 - |ESF \cdot ELF + \Delta ESF \cdot ELF + ESF \cdot \Delta ELF + \cancel{\Delta ESF \cdot \Delta ELF}|}{1 - |ESF \cdot ELF|}$$
$$\approx \frac{1 - |ESF \cdot ELF| - |\Delta ESF \cdot ELF + ESF \cdot \Delta ELF|}{1 - |ESF \cdot ELF|}$$
$$= \frac{1 - |ESF \cdot ELF|}{1 - |ESF \cdot ELF|} - \frac{|\Delta ESF \cdot ELF + ESF \cdot \Delta ELF|}{1 - |ESF \cdot ELF|}$$
$$\approx 1 - |\Delta ESF \cdot ELF + ESF \cdot \Delta ELF| \tag{6.66}$$

$$\Delta ETF_{Full\_2\_Port\_Cal(dB)} = |20 \cdot \lg(1 - |\Delta ESF \cdot ELF + ESF \cdot \Delta ELF|)| \tag{6.67}$$

由式(6.67)可以清晰地看出传输跟踪误差依赖于原始和残余误差项。注意,这与反射测量的不确定度不同,后者只依赖于残余误差。按照类似的过程,也可以确定两端口校准测量的不确定度。在此过程中,用一个低插损的器件计算不确定度,以免给接收机的动态精度造成太大误差。为了计算两端口校准的不确定度,用实际值取代误差项的测量值。对于匹配良好低插损的被测件,推导与简化过程如式(6.68)所示,dB 形式结果如式(6.69)所示。

$$\Delta S_{21\_Full\_2Port\_Cal} = \frac{S_{21A}}{S_{21Corr}}$$

$$= \left[\frac{\dfrac{ETF}{(1-|S_{11A} \cdot ESF|)(1-|S_{22A} \cdot ELF|) - |ESF \cdot S_{12A} \cdot S_{21A} \cdot ELF|}}{\dfrac{ETF_M}{(1-|S_{11A} \cdot ESF_M|)(1-|S_{22A} \cdot ELF_M|) - |ESF_M \cdot S_{12A} \cdot S_{21A} \cdot ELF_M|}} \right]$$

$$\approx \left[\frac{\dfrac{ETF}{1-|ESF \cdot S_{12A} \cdot S_{21A} \cdot ELF|}}{\dfrac{ETF_M}{1-|ESF_M \cdot S_{12A} \cdot S_{21A} \cdot ELF_M|}} \right] \Bigg|_{S_{11A}=S_{22A}=0}$$

$$= \frac{ETF}{ETF_M} \cdot \frac{1-|(ESF+\Delta ESF) \cdot S_{12A} \cdot S_{21A} \cdot (ELF+\Delta ELF)|}{1-|ESF \cdot S_{12A} \cdot S_{21A} \cdot ELF|}$$

$$\approx \Delta ETF \cdot \frac{1-|S_{12A} \cdot S_{21A} \cdot (ESF \cdot ELF + \Delta ESF \cdot ELF + ESF \cdot \Delta ELF + \cancel{\Delta ESF \cdot \Delta ELF})|}{1-|ESF \cdot S_{12A} \cdot S_{21A} \cdot ELF|}$$

$$\approx \Delta ETF \cdot \frac{1-|ESF \cdot S_{12A} \cdot S_{21A} \cdot ELF| - |S_{12A} \cdot S_{21A} \cdot (\Delta ESF \cdot ELF + ESF \cdot \Delta ELF)|}{1-|ESF \cdot S_{12A} \cdot S_{21A} \cdot ELF|}$$

$$\approx \Delta ETF \cdot \left[1 - \frac{|S_{12A} \cdot S_{21A} \cdot (\Delta ESF \cdot ELF + ESF \cdot \Delta ELF)|}{1-|\cancel{ESF \cdot S_{12A} \cdot S_{21A} \cdot ELF}|} \right]$$

$$= \Delta ETF \cdot (1-|S_{12A} \cdot S_{21A} \cdot (\Delta ESF \cdot ELF + ESF \cdot \Delta ELF)|)$$

$$\approx \Delta ETF \cdot (1-|(\Delta ESF \cdot ELF + ESF \cdot \Delta ELF)|) \big|_{S_{12A}=S_{21A}=1}$$

$$= \Delta ETF^2 \tag{6.68}$$

$$\Delta S_{21\_Full\_2\_port\_Cal(dB)} = 2\Delta ETF_{dB} \tag{6.69}$$

与 ETF 一样,S_{21} 测量的不确定度主要来源于原始和残余的源及负载匹配。理解这个现象的一种直观方法是,当进行误差校正时,通过表征失配项,将它们从信号流图方程中去除。但是对源和负载匹配的表征是不理想的,剩下了一些残余误差。因此,当负载端出现一个反射时,这个反射用估计的负载匹配进行补偿,但是残余的负载匹配却可以从负载中反射出去并从源端再次反射。由于误差校正的运算没有考虑这个残余的再次反射,因此它没有被源匹配项校正掉,因此误差变成了残余负载匹配误差与原始源匹配误差的乘积。类似地,当一个负载端反射出去的信号被源端匹配再次反射时,它经过了估计的源匹配校正,但是仍有一部分残余的反射没有进行补偿,等于原始负载匹配乘以残余源匹配。

这些残余误差分两级:第一级残余误差出现在误差项的采集过程中,得到残余跟踪项,这就是校准的残余误差;第二级残余误差出现在被测件测量中,对低损耗被测件来说,它和校准残余误差相同。事实上,如果被测件的相位与校准直通的相位相同,这些残余误差就会相互抵消,在 S_{21} 测量中就没有误差。这就是为什么重复测量直通无法提供校准质量的有关信息。但是,测量不同长度的空气线会导致残余误差产生相位差,因此,包络法能很好地估计不确定度。

考虑到完整性,在 S_{11} 和 S_{21} 不等于零的情况下,可以简单地将残余误差效应加到输入和输出匹配误差上。因为环路项包含残余误差的乘积,值很小,所以可以忽略。因此,两端口校准 S_{21} 测量的通用不确定度由式(6.70)确定,可以清晰地看出,S_{21} 测量的不确定度不仅依赖于测试系统,还依赖于被测件的真实特性。在实际应用中,可以把所有的 **S** 参数设为1(无法在物理上实现)来计算最差情况的不确定度,由此可以给出任何器件的 S_{21} 不确定度的极限。

$$\Delta S_{21\_Full\_2\_port\_Cal(dB)} = 20 \cdot \lg\left[\frac{1 + (\mid ESF \cdot \Delta ELF \mid + \mid \Delta ESF \cdot ELF \mid)(1 + \mid S_{12A} \cdot S_{21A} \mid)}{(1 - \mid \Delta ESF \cdot S_{11A} \mid)(1 - \mid \Delta ELF \cdot S_{22A} \mid)}\right] \quad (6.70)$$

6.5.2.5　相位不确定度

到现在为止,我们给出的这些误差计算本质上都是矢量计算,因此幅度误差(Δ_{dB})和相位误差($\Delta\varphi_{deg}$)都可以计算。在已知幅度误差之后,一种确定相位误差的简化方法推导过程如式(6.71)至式(6.77)所示。其中 $Signal$ 和 $Error$ 分别为信号真实值和误差。

$$\Delta_{dB} = 20 \cdot \lg\left(\frac{Signal + Error}{Signal}\right) \quad (6.71)$$

$$Error = Signal \cdot 10^{\frac{\Delta_{dB}}{20}} - Signal \quad (6.72)$$

$$\Delta\varphi_{deg} = \frac{180}{\pi} \cdot \arcsin\left(\frac{Error}{Signal}\right) = \frac{180}{\pi} \cdot \arcsin(10^{\frac{\Delta_{dB}}{20}} - 1) \quad (6.73)$$

$$\Delta\varphi_{deg} = \frac{180}{\pi} \cdot \frac{\lim_{\Delta_{dB}\to 0} \frac{d}{d\Delta_{dB}}(10^{\frac{\Delta_{dB}}{20}} - 1)}{\lim_{\Delta_{dB}\to 0} \frac{d}{d\Delta_{dB}}(\Delta_{dB})}$$

$$= \frac{180}{\pi} \cdot \frac{\lim_{\Delta_{dB}\to 0} \frac{d}{d\Delta_{dB}}\left[\frac{10^{\frac{\Delta_{dB}}{20}}\ln(10)}{20}\right]}{1} \quad (6.74)$$

$$\lim_{x\to 0}(10^x) = 1 \quad (6.75)$$

$$\mu_1 = \Delta_L - \frac{\Delta_S}{2} - \frac{\Delta_O}{2} \quad (6.76)$$

$$\Delta\varphi_{deg} \approx 6.6\Delta_{dB} \quad (6.77)$$

由此可以看出,对小误差而言,相位误差与 dB 误差的比值接近一个常数:6.6°/dB。这个结果很有用。它既可以用在未知信号的误差上,也可以用在失配、校准误差上,还可以用在噪声以及其他误差信号为矢量的情况,使我们有信心在只知道误差或波动的 dB 值的情况下预估其相位误差。很多校准残余误差的数据都能证明,相位误差约为 dB 误差的 6.6 倍。

6.5.2.6　动态不确定度

由第 6.5.2.1 至 6.5.2.5 小节内容可知,计算被测件的不确定度既与被测件本身特性相关,又与测试系统特性相关。使用如图 6.66 所示的误差模型信号流图,可以很好地描述测试系统的误差校正。通过简化图 6.66，可以求解整个系统的不确定度。其中，δ 为残余方向性误差，$\tau_{1,2}$ 为残余跟踪误差，$\mu_{1,2}$ 为残余匹配误差，下标 1 和 2 对应端口 1 和端口 2。$C_{t1,t2}$ 表示射频缆线传输系数的变化，$C_{r1,r2}$ 表示射频缆线反射系数的变化；$R_{t1,t2}$ 表示转接头传输重复性误差，$R_{r1,r2}$ 表示转接头反射重复性误差；混频器的本底噪声 $N_{L1,L2}$ 决定了系统的灵敏度，本振和中频的大功率噪声 $N_{H1,H2}$ 是测量数据迹线噪声的主要来源；射频前端和中频的硬件将随时间和温度漂移，用符号 $S_{1,2}$ 表示其变化；与测量功率电平相关的系统非线性由动态精度 $A_{1,2}$ 描述。相关符号的具体含义如表 6.3 所示。

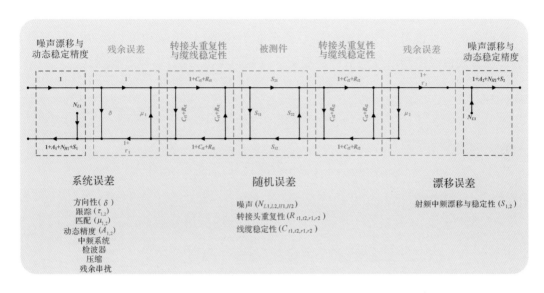

图 6.66　包含不确定信息误差模型的信号流图

表 6.3　符号及含义

符　号	意　义
δ	residual directivity 残余方向性误差
μ_1	residual Port 1 match 端口 1 残余匹配误差
μ_2	residual Port 2 match 端口 2 残余匹配误差
τ_1	residual Port 1 tracking 端口 1 残余跟踪误差
τ_2	residual Port 2 tracking 端口 2 残余跟踪误差
M_1	raw uncorrected Port 1 match 端口 1 未校准匹配
M_2	raw uncorrected Port 2 match 端口 2 未校准匹配

续表

符　号	意　义
Δ_L	error of the load，match or line standard 负载或传输线标准件误差
Δ_O	error of the open standard（0 for TRL and LRM） 开路标准件误差（使用 TRL、LRM 方法校准时该值为零）
Δ_S	error of the short standard（0 for TRL and LRM） 短路标准件误差（使用 TRL、LRM 方法校准时该值为零）

校正后的信号流图与校正前的信号流图非常相似，只是减少了误差项。被测件测试结果将因残留误差和硬件的瑕疵而恶化。以端口 1、2 为例，计算过程如式（6.78）至式（6.89）所示，残余误差主要由校准标准件的误差决定。

$$\Delta S_{11} = Systematic + \sqrt{Random^2 + (Drift \& Stability)^2} \qquad (6.78)$$

$$Systematic = \delta + \tau_1 S_{11} + \mu_1 S_{11}^2 + S_{12} S_{21} \mu_2 + A_1 S_{11} \qquad (6.79)$$

$$\Delta S_{12} = Systematic + \sqrt{Random^2 + (Drift \& Stability)^2} \qquad (6.80)$$

$$Systematic = (\mu_1 S_{11} + \mu_2 S_{22} + \mu_1 \mu_2 S_{12} S_{21} + \tau_2 + A_2) S_{11} \qquad (6.81)$$

$$\Delta S_{21} = Systematic + \sqrt{Random^2 + (Drift \& Stability)^2} \qquad (6.82)$$

$$Systematic = (\mu_1 S_{11} + \mu_2 S_{22} + \mu_1 \mu_2 S_{12} S_{21} + \tau_1 + A_1) S_{22} \qquad (6.83)$$

$$\Delta S_{22} = Systematic + \sqrt{Random^2 + (Drift \& Stability)^2} \qquad (6.84)$$

$$Systematic = \delta + \tau_2 S_{22} + \mu_2 S_{22}^2 + S_{12} S_{21} \mu_1 + A_2 S_{22} \qquad (6.85)$$

$$\delta = -\mu_2 = -\Delta_L \qquad (6.86)$$

$$\tau_1 = \frac{\Delta_S}{2} - \frac{\Delta_O}{2} \qquad (6.87)$$

$$\mu_1 = \Delta_L - \frac{\Delta_S}{2} - \frac{\Delta_O}{2} \qquad (6.88)$$

$$\tau_2 = M_1 \mu_2 + M_2 \mu_1 \qquad (6.89)$$

其中，*S* 参数的幅度不确定度由 ΔS_{11}、ΔS_{12}、ΔS_{21}、ΔS_{22} 表示，每个误差项以其幅度绝对值代入计算。方程右侧第一项是系统误差（*Systematic*），将所有误差项相加，以确定最差的误差边界；方程右侧第二项是随机性（*Random*）、漂移性（*Drift*）和稳定性（*Stability*）的均方根（root sum square，RSS）。这些方程忽略了二阶及以上效应。残余反射跟踪误差主要由校准标准件质量决定。如果校准件标称值及其不确定度已知，便可计算残余误差，这种方法仅适用于 SOLT、TRL、LRM 校准。

动态不确定度的计算过程非常复杂而烦琐，如图 6.67 所示。若读者想更进一步了解详情，可阅读文献[16,18-25]相关内容。对各种不确定度来源进行定量描述，需要利用蒙特卡洛(Monte Carlo)分析模拟(构造或描述概率过程→实现从已知概率分布→抽样建立各种估计量)来处理。幸运的是,最新的现代化矢量网络分析仪及第三方软件已经集成了该功能,如 Keysight® PNA/PNA-X 上的 S93015B 选件、R&S® ZNA 上的 K50选件以及 Maury Microwave® Insight 软件。校准件数据精度如图 6.68 所示,Keysight® PNA/PNA-X S93015B 选件 S 参数动态不确定度设置与测试结果如图 6.69 至图 6.71所示。不过 S 参数动态不确定度由于测试前期准备工作多、时间长,一般适合计量级应用,不适合规模量产应用。

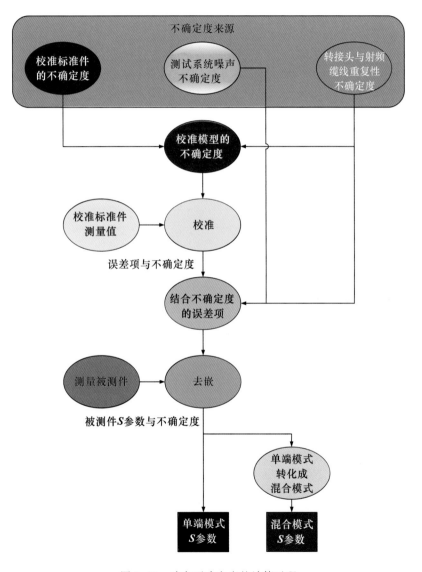

图 6.67　动态不确定度的计算过程

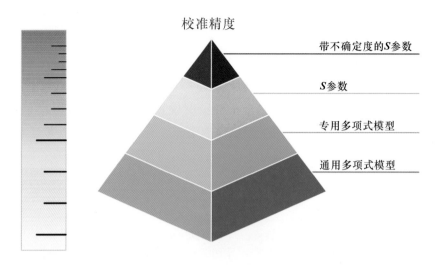

图 6.68　校准件数据精度

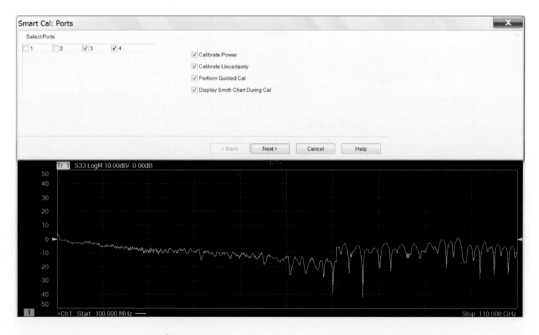

图 6.69　Keysight® PNA/PNA-X S93015B 选件开启 **S** 参数动态不确定度分析

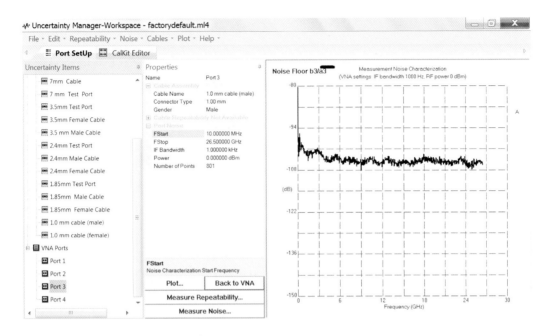

图 6.70　Keysight® PNA/PNA-X S93015B 选件校准件不确定度设置

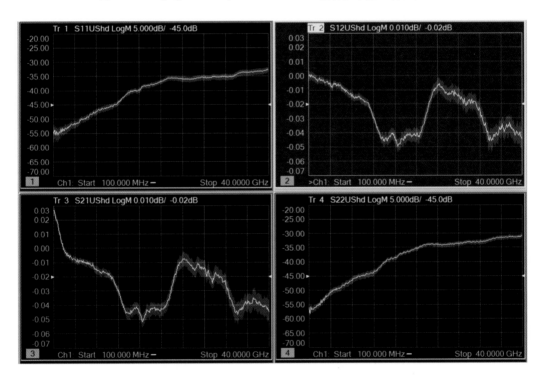

图 6.71　Keysight® PNA/PNA-X S93015B 选件 *S* 参数动态不确定度测试结果

6.6　本章小结

　　本章主要回答了困扰微波测试工程师使用矢量网络分析仪时的几个重要问题：如何保证校准结果准确？校准时该注意和检查哪些关键事项？如何判断校准结果的好坏？测试结果的误差会有多大？为此，本章首先分析了校准前需重点检查的关键点（如系统连接情况、中频带宽、平均次数设置、测试功率影响、衰减器设置、连续波与脉冲测试区别等），进而结合笔者多年测试经验，给出了推荐设置；其次，结合具体案例，阐明了校准中需要重点关注的原始数据采集情况；然后，给出了几种工程和定量判断校准结果好坏的方法；最后，介绍了不确定度分析的原理，并结合实际测试结果，给出了一组实测数据的不确定度情况。

参考文献

［1］IEEE. IEEE Standard for Precision Coaxial Connectors（DC to 110 GHz）：IEEE 287-2007［S］. New York：IEEE，2007.

［2］Jargon J A，Long C J，Feldman A，et al. Developing Models for a 0.8 mm Coaxial VNA Calibration Kit within the NIST Microwave Uncertainty Framework［C］// 94th ARFTG Microwave Measurement Symposium，2020.

［3］GORE®. Data Sheet：GORE® PHASEFLEX® Microwave/RF Test Assemblies［Z］. Newark：GORE®，2020.

［4］東京特殊電線株式會社. 高速デジタル信号、マイクロウェーブ伝送用ケーブル＆アセンブリ［M］. 東京：東京特殊電線株式會社.

［5］Huber ＋ Suhner®. SUCOFLEX® 500 High performance up to 50 GHz［Z］. Herisau：Huber ＋ Suhner®，2019.

［6］Rosenberger®. For Vector Network Analyzers（VNA）Test Port Cables and Sets［Z］. Fridolfing：Rosenberger®，2018.

［7］Spinner®. Test and Measuremen RF Test ＆ Measurement Solutions［Z］. München：Spinner®，2022.

［8］Spectrum®. Handbook Adapters［Z］. München：Spectrum®，2022.

［9］HP®. Connector Care for RF and mmWave［Z］. 2nd ed. Santa Rosa：HP®，1991.

［10］Maury Microwave®. Coaxial Measurements Common Mistakes ＆ Simple Solutions［Z］. Ontario：Maury Microwave®.

［11］R＆S®. Guidance on Selecting and Handling Coaxial RF Connectors used with Rohde ＆ Schwarz Test Equipment Application Note［Z］. München：R＆S®，2015.

［12］Spectrum®. Connector Interface Gauges［Z］. München：Spectrum®.

［13］Spirito M，Galatro L，Lorito G，et al. Improved RSOL Planar Calibration via EM Modelling and Reduced Spread Resistive Layers［C］// 86th ARFTG Microwave Measurement Conference，2015.

［14］Galatro L，Mubarak F，Spirito M. On the Definition of Reference Planes in Probe-Level Calibrations

［C］// 87th ARFTG Microwave Measurement Conference，2016.

［15］ Williams D F，Lewandowski A，Legolvan D，et al. Electronic Vector-Network-Analyzer Verification ［J］. IEEE Microwave Magazine，2009，10(6)：118-123.

［16］ Lewandowski A，Williams D F. Characterization and Modeling of Random Vector Network Analyzer Measurement Errors［C］// MIKON 2008-17th International Conference on Microwaves，Radar and Wireless Communications，2008.

［17］ Joint Committee for Guides in Metrology. International Vocabulary of Metrology［Z］. 4th ed. 2021.

［18］ Dunsmore J P. Handbook of Microwave Component Measurements：with Advanced VNA Techniques ［M］. 2nd ed. Palo Alto：Wiley，2021.

［19］ Garelli M，Ferrero A. A Unified Theory for S-Parameter Uncertainty Evaluation［J］. IEEE Transactions on Microwave Theory and Techniques，2012，60(12)：3844-3855.

［20］ EURAMET. Guidelines on the Evaluation of Vector Network Analysers（VNA）：EURAMET Calibration Guide No. 12，Version 3. 0［Z］. 2018.

［21］ Keysight®. Calculating Real Time S-Parameter and Power Uncertainty［Z］. Santa Rosa：Keysight®，2019.

［22］ Kwan G. Sensitivity Analysis of One-Port Characterized Devices in Vector Network Analyzer Calibrations：Theory and Computational Analysis［C］// NCSL International Workshop & Symposium，2002.

［23］ Dobbert M，Gorin J. Revisiting Mismatch Uncertainty with the Rayleigh Distribution［C］// NCSL International Workshop & Symposium，2011.

［24］ Buber T，Narang P，Esporito G，et al. Characterizing Uncertainty in S-Parameter Measurements［J］. Microwave Journal，2019，10：88-103.

［25］ Mubarak F A，Rietveld G. Uncertainty Evaluation of Calibrated Vector Network Analyzers［J］. IEEE Transactions on Microwave Theory and Techniques，2018，66(2)：1108-1120.

第**7**章

校准时间稳定性提升方法

矢量网络分析仪测试 S 参数基本流程如图 7.1 所示。在完成校准后，人们一般最关心的是以下两方面问题。

①校准精度如何？是否满足测试要求？在第 6 章中我们已经详细讨论了该如何解决这一问题，本章不再赘述。

②校准有效性能持续多少时间？经过多久需要重新校准？这是一个非常值得探讨的问题，将在本章中详细讨论。

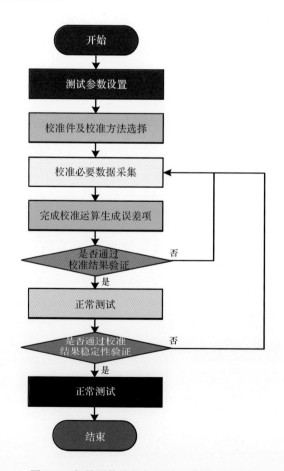

图 7.1 矢量网络分析仪测试 S 参数基本流程

7.1　短期漂移

人们使用矢量网络分析仪时有一个常见的问题:"我的校准能用多长时间?"制造商的回答通常是:"直到它变差为止!"这其实是句废话!它不解决任何问题,不仅没有定量判据,也没有具体的实际检验方法来参考。事实上,这个问题的答案跟矢量网络分析仪实际使用的环境有很大关系,涉及仪器的时间稳定性指标,多数矢量网络分析仪制造商会对这个问题保持缄默,而且每个使用者的实际环境都不同,确实难以有一个统一而标准的回答。校准时间稳定性问题属于漂移误差的范畴,由第 2.2 节内容可知,其受环境温度变化的影响最大。如果矢量网络分析仪用在温度受控的环境中,测试端口电缆非常稳定,依笔者经验,不同频率下(≤110GHz)校准有效时长可以维持几小时到几星期,一般频率越高,校准有效时长越短。多数情况下,矢量网络分析仪本身的漂移与连接电缆的漂移和测试连接器的一致性相比要小得多。

测试环境(主要是温度)对测试系统的稳定性有很大影响。仔细观察各制造商给出的数据手册,稳定性指标都有明确的温度范围。如果白天和黑夜的温差较大(这在普通办公楼里的一般实验室是很常见的现象),那么元器件的伸缩,特别是矢量网络分析仪内部和外部电缆的形变,会降低校准的质量,会使测试结果出现小的波动。即便是在一个温度受控的实验室中,制热和制冷系统也会造成附近空间几摄氏度的温度变化,因此必须小心地让测试仪器远离制热和制冷系统,比如空调的出风口。

短期漂移(short-term drift)可能在测量的几分钟内出现,可能与测试端口电缆松弛(电缆在弯曲后,需要一段时间才会回到原来的稳定状态)等因素有关,也可能与外部环境因素产生的加热或冷却效应导致的缓慢变化的响应,以及矢量网络分析仪本身微弱的散热效应有关。如果矢量网络分析仪的内部结构由几个模块构成,当矢量网络分析仪扫过不同的频带或从一个端口切换到另一个端口时,这些模块打开或关闭,就可能会出现内部散热的效应。对要求最高的计量级测量来说,可以通过保证在相同的频带和端口扫描来避免这些漂移。例如,为了保证一次扫描后回到另一次扫描开始处有同样的时延,有时候最好用一组扫描而不是一次扫描。单次扫描中,前向和反向扫描的第一次与第二次扫描之间的时延可能是任意的。但是一组扫描中第二次扫描和后面的扫描都有相同的时延。这些影响实际上非常小,只有在要求最高的计量级测量中才需要加以注意。

7.2　实例验证与分析

在第 7.1 节中我们已经分析了漂移误差的主要原因,下面我们通过一些实例来具体分析实际使用中,校准的有效性可以维持多久。

测试条件如表 7.1 所示,验证系统如图 7.2 所示,稳定性验证软件如图 7.3 所示。具体试验过程如下。按照预定测试时间点采样,比较采样时间数据与初时刻参考数据的幅度误差、相位误差、矢量误差,超过容许范围(本书设定 S_{11} 与 S_{22} 幅度误差$\leqslant 0.5\text{dB}$,相位误差$\leqslant 5°$,S_{21} 幅度误差$\leqslant 0.15\text{dB}$,相位误差$\leqslant 5°$)即判定校准失效。幅度误差($Magnitude\_Error_{\text{dB}}$)、相位误差($Phase\_Error$)、矢量误差($Vector\_Error_{\text{dB}}$)的计算方法如式(7.1)至式(7.3)所示。

$$Magnitude\_Error_{\text{dB}} = 20 \cdot \lg(|S_{ij}^{Sample}|) - 20 \cdot \lg(|S_{ij}^{Ref}|),$$
$$i = 1,2, \quad j = 1,2 \tag{7.1}$$

$$Phase\_Error = Unwrap\_Phase(S_{ij}^{Sample}) - Unwrap\_Phase(S_{ij}^{Ref}),$$
$$i = 1,2, \quad j = 1,2 \tag{7.2}$$

$$Vector\_Error_{\text{dB}} = 20 \cdot \lg(|S_{ij}^{Sample} - S_{ij}^{Ref}|),$$
$$i = 1,2, \quad j = 1,2 \tag{7.3}$$

表 7.1　测试条件

序　号	条件项	详细信息
1	环境温度	294～296K(21～23℃)
2	相对湿度	45%～55%
3	洁净等级	千级
4	电磁屏蔽环境	Form Factor® Summit 12000BM 探针台屏蔽腔体
5	仪器设备	①Keysight® PNA-X N5251A 毫米波矢量网分分析系统 1 套; ②Form Factor® Summit 12000BM 探针台 1 台; ③Keysight® U8489A USB 功率计 1 支
6	附件	①Form Factor® 104-783A 在片校准件 1 片; ②Form Factor® 005-018 调平片 1 片; ③Form Factor® I110AM-GSG-100 DC～110GHz 射频探针 2 支; ④Keysight® 85959A DC～110GHz 同轴校准件 1 套
7	软件	①Keysight® PNA Ver.12.85.04; ②Form Factor® Wincal 4.7.1; ③笔者独立编写的矢量网络分析仪稳定性验证软件
8	被测件	Form Factor® 104-783A 1ps 直通及开路标准件
9	操作人员及辅助工具	笔者使用 0.45N·m 扭力扳手操作
10	测试采样点	校准后 0min,10min,20min,30min,1h,2h,4h,6h
备注		所有测试工作在仪器开机预热 3 小时以上后进行,所有仪器设备及附件长期处于试验环境之中

图 7.2 110GHz 校准稳定性验证系统

图 7.3 笔者开发的矢量网络分析仪稳定性验证软件

　　整理测试数据,结果如图 7.4 至图 7.21 所示。可以发现,约一小时后校准即失效,这是个令人恼火的结果。这可能是因为试验所用的 PNA-X N5251A 毫米波测试系统中的扩频模块[1]由 OML® 公司代工,70GHz～110GHz 频段出厂前未进行功率校准,矢量网络分析仪内部没有修正数据,高频功率的漂移与抖动最终对校准的稳定性造成了极大的影响。

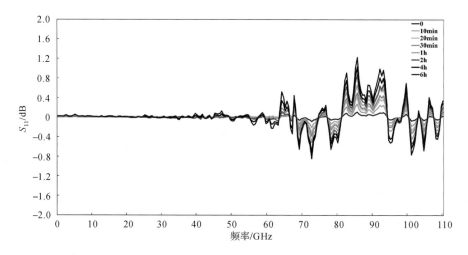

图 7.4　稳定性对比——未经功率校准开路 S_{11} 幅值变化

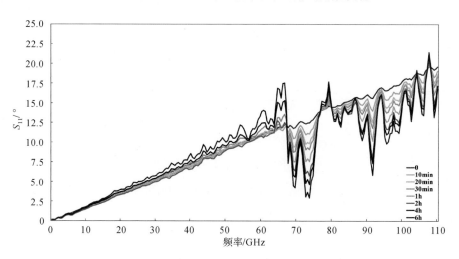

图 7.5　稳定性对比——未经功率校准开路 S_{11} 相位变化

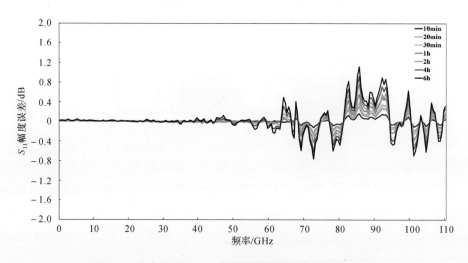

图 7.6　稳定性对比——未经功率校准开路 S_{11} 幅度误差

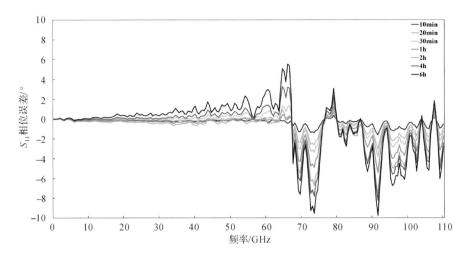

图 7.7　稳定性对比——未经功率校准开路 S_{11} 相位误差

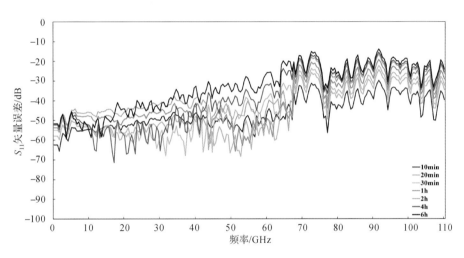

图 7.8　稳定性对比——未经功率校准开路 S_{11} 矢量误差

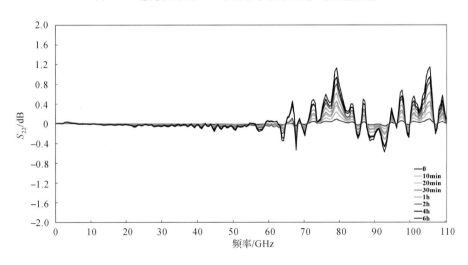

图 7.9　稳定性对比——未经功率校准开路 S_{22} 幅值变化

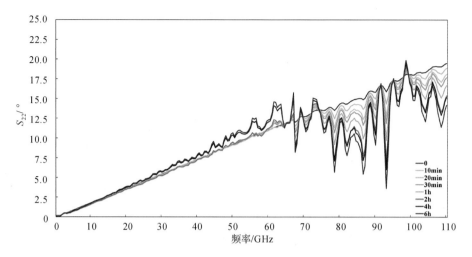

图 7.10　稳定性对比——未经功率校准开路 S_{22} 相位变化

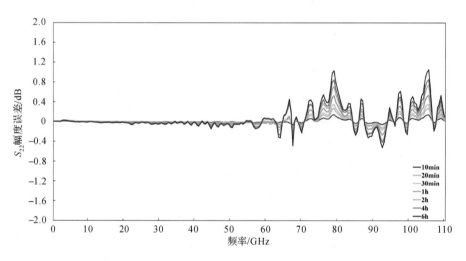

图 7.11　稳定性对比——未经功率校准开路 S_{22} 幅度误差

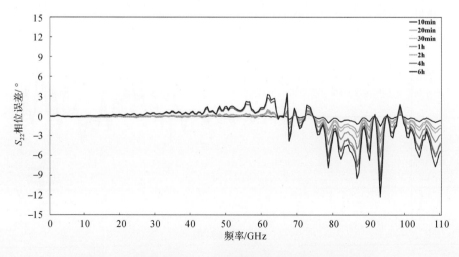

图 7.12　稳定性对比——未经功率校准开路 S_{22} 相位误差

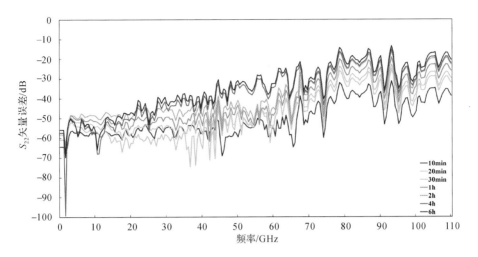

图 7.13 稳定性对比——未经功率校准开路 S_{22} 矢量误差

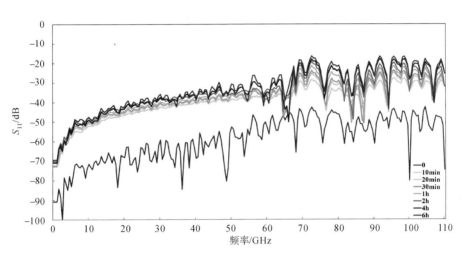

图 7.14 稳定性对比——未经功率校准直通 S_{11} 幅值变化

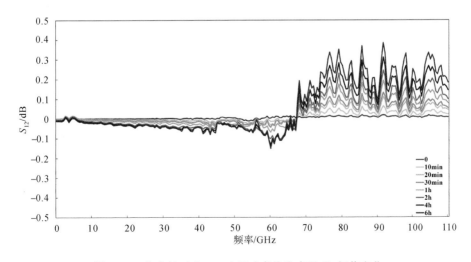

图 7.15 稳定性对比——未经功率校准直通 S_{12} 幅值变化

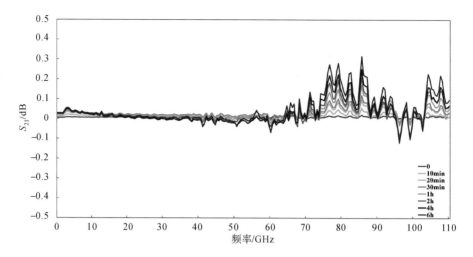

图 7.16 稳定性对比——未经功率校准直通 S_{21} 幅值变化

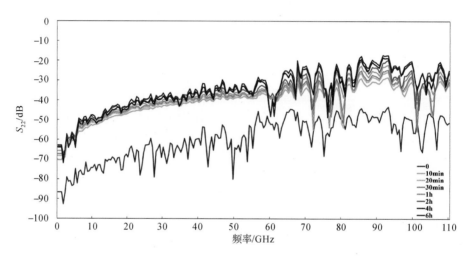

图 7.17 稳定性对比——未经功率校准直通 S_{22} 幅值变化

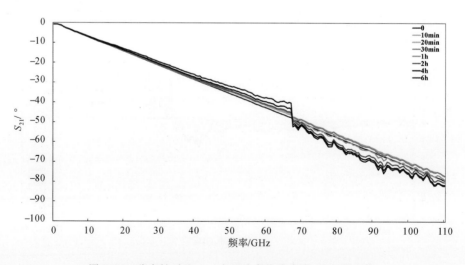

图 7.18 稳定性对比——未经功率校准直通 S_{21} 相位变化

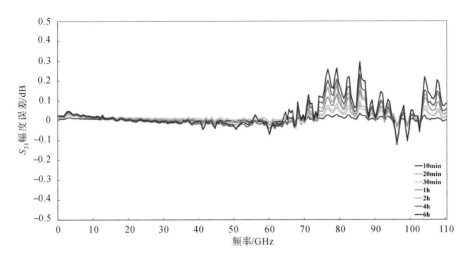

图 7.19　稳定性对比——经功率校准后直通 S_{21} 幅度误差

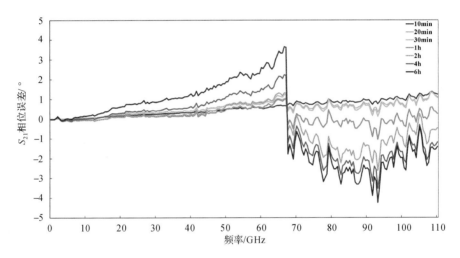

图 7.20　稳定性对比——未经功率校准直通 S_{21} 相位误差

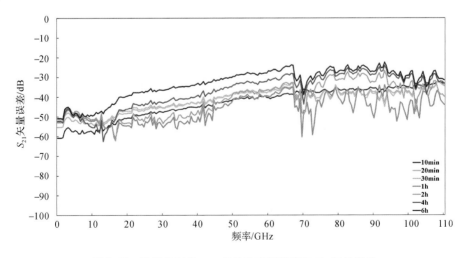

图 7.21　稳定性对比——未经功率校准直通 S_{21} 矢量误差

为了尽可能减小高频段功率漂移与抖动带来的巨大漂移误差,笔者在标准 *S* 参数校准步骤前按图 7.22 至图 7.35 所示的设置方法,增加了与文献[2]类似的源与接收机功率校准步骤。在同样测试条件下的对比测试结果如图 7.36 至图 7.55 所示,两种不同条件下的测试结果对比如表 7.2 至表 7.8 所示。可以明显发现,与不做源与接收机功率校准的试验结果相比,校准有效性时长提升明显,延长了 6～10 倍。应用这一方法基本解决了困扰测试人员的高频校准稳定性差、需要频繁校准的问题,校准频率从一小时一次减少至一天一次,极大地解放了测试人员。

图 7.22　源功率校准硬件连接

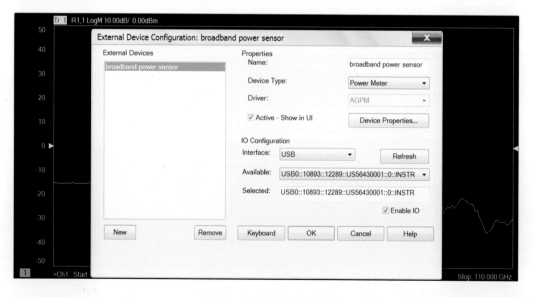

图 7.23　宽带功率计设置

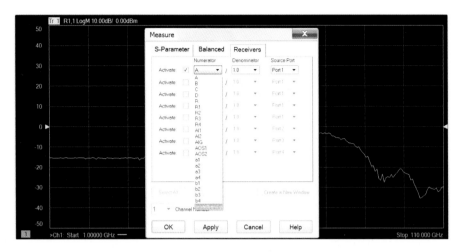

图 7.24　调出宽带功率计读数

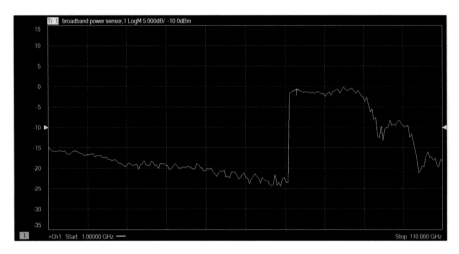

图 7.25　功率补偿表（源－15dBm 输出）

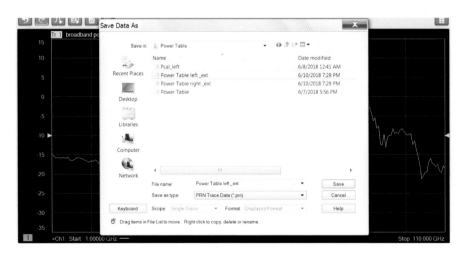

图 7.26　保存功率补偿表

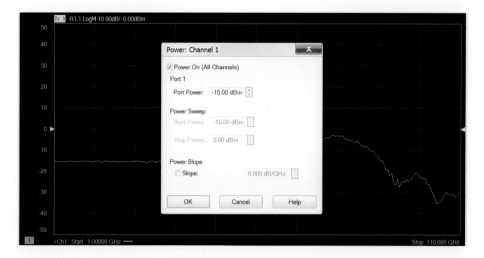

图 7.27 源输出功率设置

图 7.28 衰减器设置

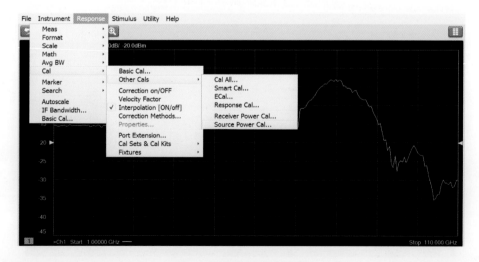

图 7.29 源功率校准设置

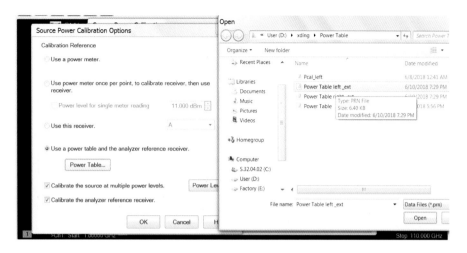

图 7.30　源功率校准方法选择

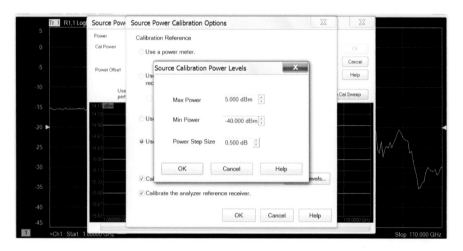

图 7.31　源功率校准功率范围

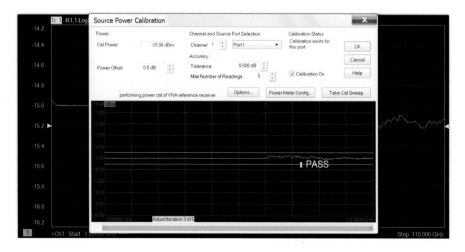

图 7.32　端口 1 源功率校准结果

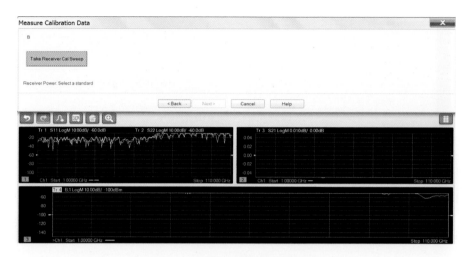

图 7.33　端口 2 源功率校准结果

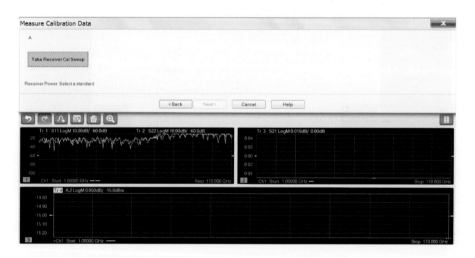

图 7.34　前向测量接收机功率校准

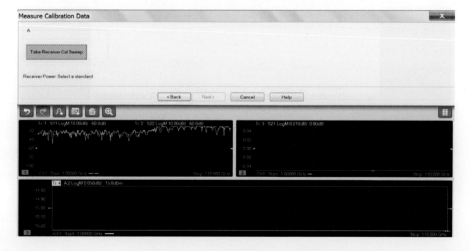

图 7.35　反向测量接收机功率校准

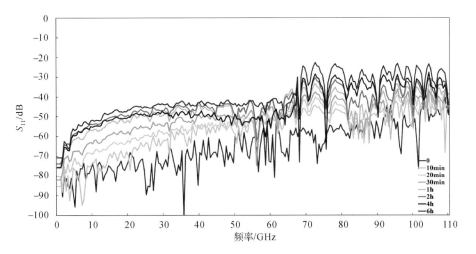

图 7.36　稳定性对比——经功率校准后直通 S_{11} 幅值变化

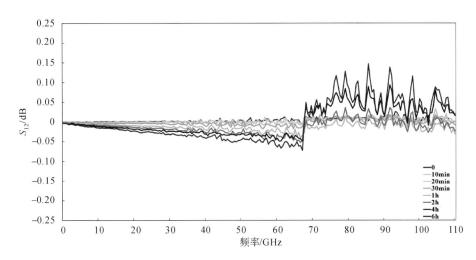

图 7.37　稳定性对比——经功率校准后直通 S_{12} 幅值变化

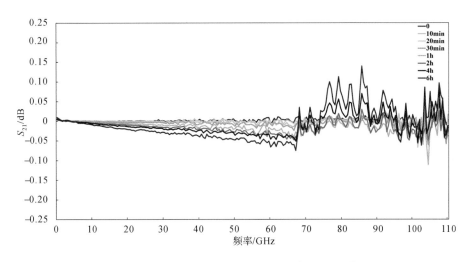

图 7.38　稳定性对比——经功率校准后直通 S_{21} 幅值变化

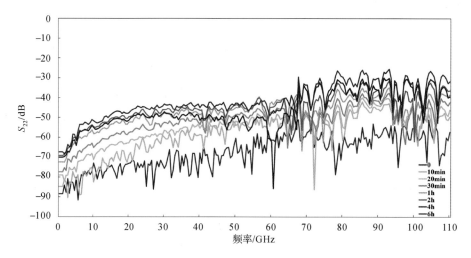

图 7.39　稳定性对比——经功率校准后直通 S_{22} 幅值变化

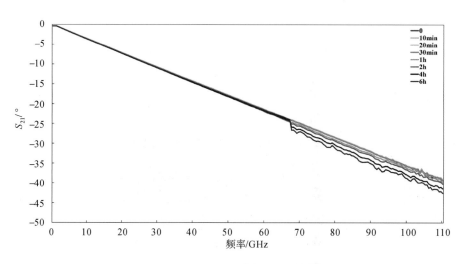

图 7.40　稳定性对比——经功率校准后直通 S_{21} 相位变化

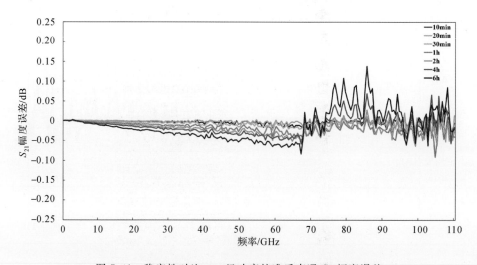

图 7.41　稳定性对比——经功率校准后直通 S_{21} 幅度误差

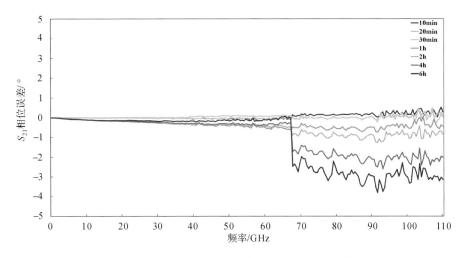

图 7.42　稳定性对比——经功率校准后直通 S_{21} 相位误差

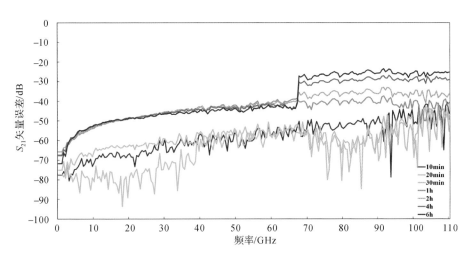

图 7.43　稳定性对比——经功率校准后直通 S_{21} 矢量误差

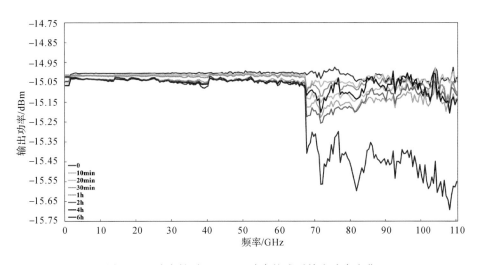

图 7.44　稳定性对比——经功率校准后输出功率变化

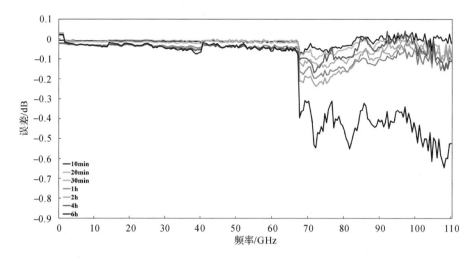

图 7.45　稳定性对比——经功率校准后输出功率幅度误差

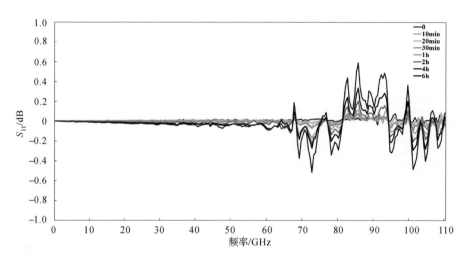

图 7.46　稳定性对比——经功率校准后开路 S_{11} 幅值变化

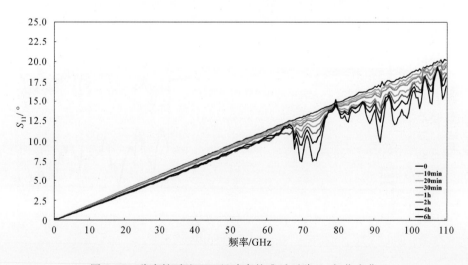

图 7.47　稳定性对比——经功率校准后开路 S_{11} 相位变化

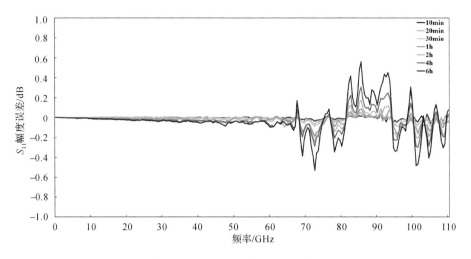

图 7.48　稳定性对比——经功率校准后开路 S_{11} 幅度误差

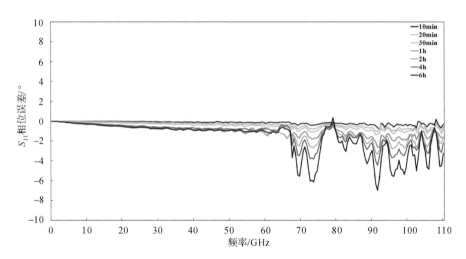

图 7.49　稳定性对比——经功率校准后开路 S_{11} 相位误差

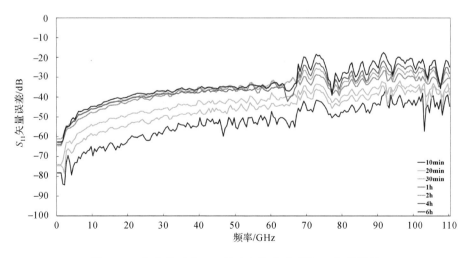

图 7.50　稳定性对比——经功率校准后开路 S_{11} 矢量误差

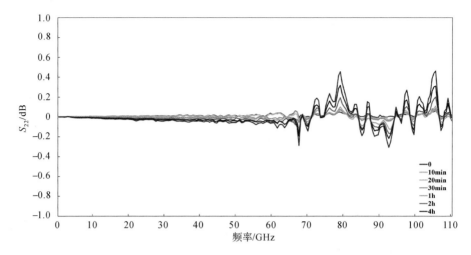

图 7.51 稳定性对比——经功率校准后开路 S_{22} 幅值变化

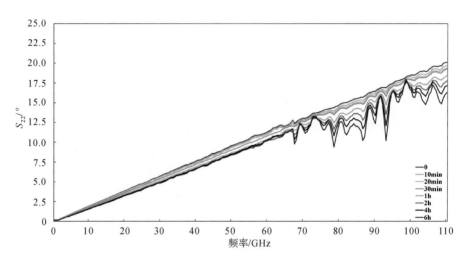

图 7.52 稳定性对比——经功率校准后开路 S_{22} 相位变化

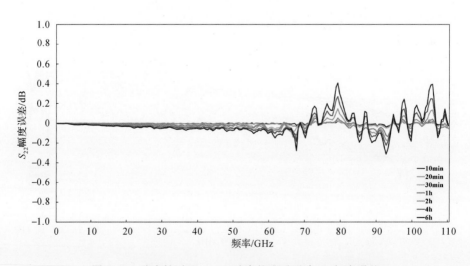

图 7.53 稳定性对比——经功率校准后开路 S_{22} 幅度误差

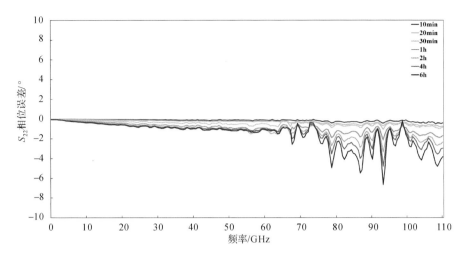

图 7.54　稳定性对比——经功率校准后开路 S_{22} 相位误差

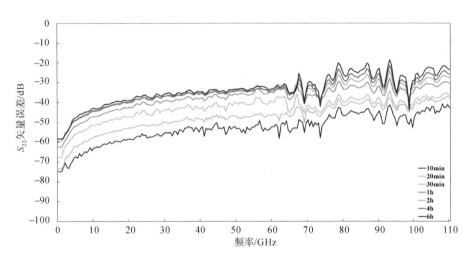

图 7.55　稳定性对比——经功率校准后开路 S_{22} 矢量误差

表 7.2　开路 S_{11} 随时间最大漂移幅度误差

采样时间	进行功率校准/dB	未进行功率校准/dB
10min	0.061	0.165
20min	0.088	0.309
30min	0.095	0.391
1h	0.191	0.56
2h	0.250	0.770
4h	0.305	0.921
6h	0.559	1.120

表 7.3 开路 S_{11} 随时间最大漂移相位误差

采样时间	进行功率校准/°	未进行功率校准/°
10min	0.844	1.639
20min	1.073	3.071
30min	1.396	3.819
1h	2.634	5.429
2h	3.338	7.639
4h	4.453	8.256
6h	6.97	9.781

表 7.4 开路 S_{22} 随时间最大漂移幅度误差

采样时间	进行功率校准/dB	未进行功率校准/dB
10min	0.039	0.145
20min	0.051	0.277
30min	0.086	0.354
1h	0.137	0.536
2h	0.175	0.743
4h	0.269	0.852
6h	0.406	1.052

表 7.5 开路 S_{22} 随时间最大漂移相位误差

采样时间	进行功率校准/°	未进行功率校准/°
10min	0.522	1.548
20min	0.791	3.119
30min	1.083	4.045
1h	2.114	6.196
2h	3.352	8.870
4h	4.796	9.884
6h	6.708	12.277

表 7.6　直通 S_{21} 随时间最大漂移幅度误差

采样时间	进行功率校准/dB	未进行功率校准/dB
10min	0.040	0.036
20min	0.052	0.078
30min	0.048	0.099
1h	0.091	0.150
2h	0.063	0.191
4h	0.069	0.231
6h	0.138	0.295

表 7.7　直通 S_{21} 随时间最大漂移相位误差

采样时间	进行功率校准/°	未进行功率校准/°
10min	0.523	1.380
20min	0.365	1.331
30min	0.504	1.349
1h	0.750	1.045
2h	1.273	2.618
4h	2.599	3.526
6h	3.806	4.243

表 7.8　输出功率随时间最大漂移误差

采样时间	进行功率校准/dB	未进行功率校准/dB
10min	0.077	—
20min	0.143	—
30min	0.116	—
1h	0.198	—
2h	0.237	—
4h	0.170	—
6h	0.645	—

7.3　本章小结

本章首先分析与讨论了影响 S 参数校准稳定性的各种因素,如短期漂移与长期漂移 (long-term drift),其中机械上,缆线的形变是短期漂移的主要来源,而环境温度的变化是影响长期漂移的主要因素。考虑到以上因素,在实际应用中需要尽可能减小系统的机械形变与温度波动范围,提高校准的稳定性。其次,通过试验验证的方法,以实际案例定量给出了 Keysight® PNA-X N5251A DC～110GHz 矢量网络测试系统的校准稳定性实测数据,对比了幅度、相位、矢量误差,从中可以发现低频段(DC～70GHz)稳定性远好于高频段(70GHz～110GHz)。然后,分析了此现象的原因,在于高频段扩频模块出厂前未进行功率校准与标定。为此,在 *S* 参数校准前增加源功率与接收机功率校准步骤,在同样条件下进行对比试验,统计分析试验结果。经过源功率与接收机功率校准后,高频段校准稳定性提升明显,这证明该方法有效地解决了毫米波频段校准时间有效性差的问题,建议在实际应用中推广。

参考文献

[1] OML®. V10VNA2 Extended Frequency Series WR10 Frequency Extension Module 67-116 GHz Datasheet[Z]. Morgen Hill:OML®,2016.

[2] Sia C B. Improving Wafer-Level S-Parameters Measurement Accuracy and Stability with Probe-Tip Power Calibration up to 110 GHz for 5G Applications[C]// 49th European Microwave Conference,2019.